焊接脆性与腐蚀和安全

第3辑

束润涛　余圣甫　马才旺　主编

中国石化出版社
·北京·

图书在版编目（CIP）数据

焊接脆性与腐蚀和安全. 第 3 辑 / 束润涛，余圣甫，马才旺主编. -- 北京：中国石化出版社，2024. 11.
ISBN 978-7-5114-7744-6

Ⅰ. TG405；TG171

中国国家版本馆 CIP 数据核字第 2024N6K891 号

中国石化出版社出版发行

地址：北京市东城区安定门外大街 58 号
邮编：100011　电话：(010)57512500
发行部电话：(010)57512575
http://www.sinopec-press.com
E-mail：press@sinopec.com
北京艾普海德印刷有限公司印刷
全国各地新华书店经销

*

710 毫米 ×1000 毫米 16 开本 25.25 印张 496 千字
2024 年 11 月第 1 版　2024 年 11 月第 1 次印刷
定价：120.00 元

《焊接脆性与腐蚀和安全》
（第3辑）
编委会

前 言

中国产业链完整且门类齐全的工业化体系促进了工业经济的高速发展，在这个快速发展的过程中，我们经历了从技术借鉴、技术消化、科研创新到全面发展的历程。焊接是许多工业门类非常重要的制造环节，也是选择性腐蚀和提前失效的关键节点。我们的论坛，旨在讨论石化、核电、电力等行业的设备制造、使用和失效的难点问题，以及新材料研发的具体思路，为解决一些共性问题提供理论依据。

感谢大家在繁杂的事务中抽出宝贵时间将科研成果、工程经验和失效分析的素材整理成论文，为第三届“焊接脆性与腐蚀和安全”高端学术论坛贡献出自己的佳作。

本论文集共收录了35篇论文，分为5个板块。其中，标准研究讨论的论文3篇、新材料和新技术研究的论文5篇、腐蚀试验研究的论文5篇，材料、焊接和热处理研究的论文11篇，失效分析研究的论文11篇。

前两辑《焊接脆性与腐蚀和安全》开辟专栏收集并讨论了TP347等含稳定化元素不锈钢的焊后稳定化热处理问题，疫情前后进行过多次线上线下的讨论，基本形成不需要进行焊后稳定化热处理的共识。但是，由于信息不对称或考虑的侧重点不同，仍有工程设计院要求对含稳定化元素的不锈钢进行焊后稳定化热处理。某化工企业321H大口径不锈钢管道施工现场，焊接接头进行稳定化热处理后出现了非常严重的“再热裂纹”事故，造成极高的返修成本，并大大延误工程建设工期。因此，本人就此问题进行了归纳总结，完成了一篇讨论稿，供大家参考。

关于焊接裂纹产生的机理分析，疲劳裂纹的预防、产生及处理，尽管有很多文献对此进行过探讨，但国内相关标准涉及到具体规定的条文很少，更没有专门的返修和预防标准。段凯扬《关于建立焊接裂纹预防及返修标准体系的思考》一文对欧美标准在焊接裂纹的返修和预防进行了归纳和总结，从标准层面深层次地讨论了焊接缺陷的安全隐患。国外相关标准提及焊缝金属和热影响区的硬度检测，国内很多专业工作者都没有认识到硬度限定的重要性和必要性，国内相关标准对焊缝和热影响区硬度限定的条文极少。低合金钢异常的组织转变及不锈钢的脆性相析出、焊接应力过大等，都会使焊缝金属和热影响区的硬度大幅提高，这是导致焊接裂纹、延迟裂纹及再热裂纹的重要原因。

347H等高温不锈钢晶粒粗大的负面影响已在本论坛多次讨论，本人整理的《不锈耐热钢晶粒过粗对焊接接头的负面影响探析》发表在2023年《压力容器》杂志第4期，在此不重复刊登。本论文集收录了《渣油加氢装置WP347高压管件焊缝裂纹原因分析及处理》，其失效机理主要由晶粒粗大产生。本论文集还收录了森松（江苏）重工有限公司上海分公司刘玉祥等撰写的《800合金焊接接头晶间腐蚀性能研究》，意在引起大家对高温高镍以及镍基高温不锈钢晶粒粗大是否有益的探讨。美国《镍基合金焊接冶金和焊接性》指出晶粒粗大对焊接会有显著的负面影响，GJB 1952A—2008《航空用高温合金冷轧板规范》中，对镍基高温合金板材的晶粒度要求，根据不同牌号规定为3级或更细、4级或更细、5级或更细，并不是ASME规范规定的更粗。由于GB/T 713.7—2023《承压设备用钢板和钢带 第7部分：不锈钢和耐热钢》标准仍沿用ASME相关规范中7级或更粗的说法，导致业界对高温不锈钢的晶粒度要求出现错乱。今年发布的GB/T 150.2—2024《压力容器 第2部分：材料》5.2.7条规定，当使用温度高于600℃时，统一数字代号S30409、S32169、S34779的不锈钢板应按GB/T 6394进行晶粒度检验，平均晶粒度应为3~7级，虽然标准对晶粒度更细的要求比较保守，但却禁止了3级以下粗大晶粒度不锈钢的使用。因此，对高温不锈钢晶粒度的规定有必要进行反复讨论，以纠正部分标准对高温不锈钢晶粒度可以更粗的规定。

戈兆文老师的文章介绍了清华大学焊接教研组陈伯蠡等著《高强钢焊缝强韧性匹配理论研究》的主要内容和观点，尽管年代久远，但仍具现实指导意义。

关于焊接脆性问题，房务农教授的《碳钢或低合金钢焊接接头中不良组织的成因分析》，宗瑞磊博士的《加氢装置碳钢高压空冷器湿硫化氢应力腐蚀开裂原因探究》，还有黄超鹏等合作的论文《低压加热器管板与壳体T型焊接接头开裂失效分析》，都明确指出低合金钢焊接熔池金属受焊接参数及$t_{8/5}$时间的影响，在焊接参数过大和冷却速度过慢则容易产生晶粒过粗的魏氏体，焊接参数过低及冷却速度过快则产生脆性马氏体，并对此进行了深入分析和讨论，建议焊接过程应严格按WPS规范进行施焊，对于低合金钢厚板和铬钼钢应严格执行预热、后热要求，确保焊缝金属保持最佳的组织状态，以避免因焊接接头出现组织脆性转变而导致开裂引发安全事故。

关于核电设备在焊接热循环的影响下焊接热影响区的韧性损失问题，哈焊所王庆江在《焊接接头冲击韧性补偿》一文介绍在ASME核级设备建造规范中，对焊接热循环造成热影响区冲击韧性下降等问题，分析并总结了ASME第Ⅲ卷各分卷对焊接接头韧性考核的原因和操作方法等，对母材性能提出了更高的要求。中核集团马新朝教授的论文《VVER核电工程低合金复合钢主管道的临界脆性控制安装工艺》也对低合金钢的焊接脆性进行了分析和讨论，并提出了优化焊接工艺等一系列措施。

关于管道内壁焊缝余高过大造成焊接接头的断裂失效，本文集收录了赵晓娟的文章，与截止阀最近的第一道焊接接头在试用阶段就出现开裂失效，分析发现焊缝余高过大大幅降低了管内流通面积，致使焊缝余高两侧的流体形成压差阻力，出现振动疲劳，而截止阀关停出现的水锤现象则进一步加剧了管道焊缝的短期失效。由此可见，管道组对间隙过大造成的管道焊缝内凸余高过大的情况应引起足够的重视，不能因为无法检验而忽略焊接过程监管。

尽管很多焊接质量问题都是由焊接不规范所致，然而，由不锈钢母材潜在质量问题所引发的焊接裂纹，并没有引起太多关注。所谓母材的潜在质量问题，是因为标准表述模糊，或标准概念偏差所致的采购原材料的质量隐患。前述不锈钢晶粒过粗是导致焊接裂纹的原因之一，而非金属夹杂物残留过多也是导致焊接裂纹和再热裂纹的重要原因。由于非金属夹杂物不是材料标准的强制检测项目，由此所引发的事故很多。非金属夹杂物级别合格与否，无法从标准层面进行判定。业界针对321和316Ti等含钛不锈钢发生在热影响区的焊接裂纹，虽然有一些讨论，但在工程应用领域从冶金机理上对组织缺陷进行深入分析和讨论的文献资料极少。《0Cr18Ni10Ti（321）不锈钢氮化物和氧化物夹杂的负面影响研究》所发现的问题，在不锈钢冶金行业比较清楚，但在应用领域是首次发现并予公开，这种质量问题隐蔽性很强，使用风险较大，应引起设计和使用单位的高度重视。

本人在对不锈钢的焊接冶金原理、敏化析出原理及失效分析进行长期研究积累后，通过碳化物和氮化物双强化机制的微合金化成分设计，自主研发出极具市场价值的“可进行冶金强化的压力容器用奥氏体不锈钢”，大幅提高了奥氏体不锈钢材料的屈服强度，至少可降低40%的设计厚度，将节省大量的镍资源和不锈钢材料的总用量，是一种资源节约型的科研成果。此外，通过冶金强化和应变强化的双重强化机制，成功开发出高温急冷器用S3470A不锈钢螺柱。这两项成果分别整理成论文供大家分享，这些研究成果将为压力容器设计和使用提供更多的选材机会。

由吴乐、吴佑明等撰写的《超高温介质环境服役的不锈钢内罩失效行为及其寿命研究》所研发的高温不锈钢新材料，在1000℃环境中的高温性能优于310S，在1200℃高温环境中与日本进口的内罩材料相当，是冶金行业内罩材料替代进口的很好成果。

本论文集还收录了我们委托华中科技大学余圣甫教授团队完成的殷瓦钢焊后热处理研究和殷瓦钢与不锈钢异种钢焊接的论文成果，在殷瓦钢的焊接和热处理方面进行了新的探索。

《15CrMoR焊条电弧焊和富氩气保焊的对比试验研究》介绍，通过试验研究，证明采用GMAW富氩气保焊焊接接头的综合性能优于焊条电弧焊的综合性能，

15CrMoR 承压设备完全可以用富氩气保焊的实心焊丝进行焊接。

《316L 不锈钢表面等离子熔覆硼化物覆层的耐蚀性研究》一文，采用等离子熔覆技术在 316L 不锈钢表面制备出 Mo_2FeB_2 金属陶瓷覆层，不仅可以大幅提高材料表面的强度，而且还可以提高材料表面的耐氯离子腐蚀能力，应用领域比较广泛，是一项值得深度开发和推广的技术成果。

双相不锈钢设备的失效案例很多。本论文集收录了两篇双相不锈钢的失效分析案例。尽管双相不锈钢是耐氯化物应力腐蚀用钢，但在氯化物浓缩倍数很高的情况下，焊接接头仍然存在一定的失效风险。此外，焊接过程中产生的 σ 脆性相，以及封头成型后热处理不规范产生的 σ 脆性相，都是导致焊接接头短期失效的重要原因。因此，双相不锈钢在焊接及制造过程中应严格按照工艺规范进行焊接、成型、检验和验收。

《碱回收锅炉高温过热器钢管腐蚀失效原因分析》一文，针对某造纸企业碱回收锅炉高温过热器钢管（T22 钢）外壁腐蚀失效进行分析，认为引起钢管短期腐蚀失效的主要原因是由于碱回收锅炉复杂的烟气介质沿晶界拓展所致。

对于运行中操作失误造成的腐蚀失效或断裂失效，是失效分析难以判断的原因。最终用户会选择性的提供一些证据，在证据链不完整的情况下，失效分析的方向会出现偏离，以致出现错误的分析结果。本文集收录了一篇《蒸汽发生器碳钢换热管腐蚀失效分析》的论文，证据指向为蒸汽水的水质浊度严重超标。浊度超标后的悬浮物大量沉积附着于换热管外表面，形成泥垢，致使硫和氯浓缩聚集而形成垢下腐蚀穿孔。该案例若没有水质报告的依据，就难以判定其责任归属。

此次论坛还收录了一篇蒙乃尔 400 复合板设备的制造工艺研究、两篇螺栓紧固件的失效分析文章，以及其它新材料、新工艺、腐蚀试验和失效分析的文章，进一步丰富了本文集的内容，再次表示衷心的感谢！

由于本人及所有参与编审的专家都是利用业余时间在审阅稿件，且本人起草撰写了 6 篇论文，还参与起草了多篇论文，耗费了大量精力，难免出现一些疏漏和差错，不足之处恳请读者批评指正。

感谢所有编审专家的辛勤付出！我们一如既往的秉承以科研的思维，公益的心态，持续的传承，与大家分享科研技术成果。期望中国传统制造业越来越强、越来越好！

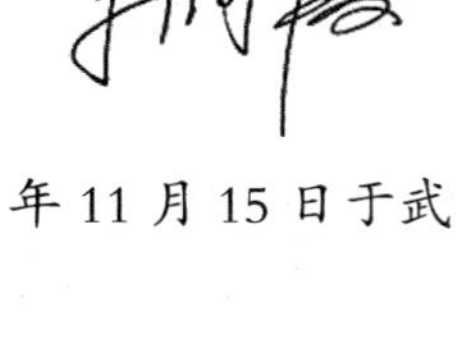

2024 年 11 月 15 日于武汉

目 录

第一部分 标准研究讨论

第二部分 新材料和新技术研究

第三部分 腐蚀试验研究

第四部分 材料、焊接和热处理研究

第五部分 失效分析研究

第一部分

标准研究讨论

321H 和 347H 是否应进行焊后稳定化热处理的讨论

束润涛

（武汉市润之达石化设备有限公司，湖北　武汉　430223）

摘要： 文章介绍了相关标准对含稳定化元素的 321H 和 347H 不锈钢是否需要进行焊后稳定化热处理的不同要求，介绍了美国和德国的不锈钢焊接专家认为焊后稳定化热处理会产生再热裂纹，列举的失效案例显示稳定化热处理后焊接接头易出现再热裂纹，两篇以科研为目的的文献指出了焊后稳定化热处理产生再热裂纹的机理和具体原因。结论认为焊后稳定化热处理弊大于利，321H 和 347H 等高温不锈钢不需要进行焊后稳定化热处理。

关键词： 321H 和 347H；稳定化热处理；失效案例

Discussion on whether 321H and 347H should be subjected to post-welding stabilization heat treatment

Shu Runtao

（Wuhan Runzhida Petrochemical Equipment Co.，Ltd.，Wuhan Hubei 430223，China）

Abstract: This paper introduces the different requirements of the relevant standards on whether the 321H and 347H stainless steel with stabilizing elements need to undergo post-welding stabilizing heat treatment. It is introduced that stainless steel welding experts from USA and Germany believe that reheat cracks will occur after stabilization heat treatment. The failure cases listed show that reheat cracks are prone to occur in welded joints after stabilized heat treatment, two papers for scientific research have pointed out the mechanism and specific reasons of reheat crack produced by post-welding stabilization heat treatment. It is concluded that the disadvantages of post-welding stabilization heat treatment outweigh

---

［作者简介］束润涛（1966—），武汉市润之达石化设备有限公司总经理兼研发中心主任，湖北省焊接技术协会常务理事。长期从事石化设备的材料、焊接和腐蚀失效的分析研究工作。E-mail：shu8088@263.net。

the advantages, and the post-welding stabilization heat treatment is not necessary for 321H and 347H high temperature stainless steel.

Key words：321H and 347H；stabilizing heat treatment；failure cases

0 前言

321H/S32109 和 347H/S34709 是美国 SA-240、ASME SA-132、SA-312 等标准规范中含稳定化元素的高温不锈钢材料。国内对应的牌号分别为 S32169 和 S34779，对应的标准为 GB/T713.7-2023 钢板和 GB/13296、GB/T5310 等管材标准，但这两个牌号稳定化元素的范围与 ASME 标准略有不同。321H 和 347H 已广泛应用于石化电力系统的高温高压环境，与含钛的 321H 相比，含铌的 347H 不锈钢高温性能更好。

目前，国内外对 321H 和 347H 等含稳定化元素的奥氏体不锈钢是否应进行焊后稳定化热处理仍存在不同理解。ASME 规范和 GB/T 150 标准对不锈钢设备和管道的焊接接头是否应进行消除应力热处理或稳定化热处理没有具体规定。理论上认为稳定化热处理可以使钢中的碳更多地与稳定化元素在晶内形成弥散稳定的碳化物，防止在后续的高温使用环境中碳从固溶体中析出到晶界，从而提高材料的耐晶间腐蚀和应力腐蚀能力。但是，321H 和 347H 不锈钢焊接接头在稳定化热处理后出现再热裂纹的案例很多，且投入使用后短期失效的案例也很多。

针对以上问题，本文通过查阅相关标准、文献资料、失效案例和科研成果进行了简要概述，并就此问题进行了深入讨论。

1 标准规定和专著介绍

1.1 标准规定

1.1.1 SH/T 3554—2013《石油化工钢制管道焊接热处理规范》

附录 C 关于“奥氏体不锈钢的稳定化热处理”规定中指出含稳定化元素的奥氏体不锈钢（如 06Cr18Ni11Ti 和 06Cr18Ni11Nb）的管道焊后通常为稳定化热处理。

该规范附录 C 对前述不确定的说法进行了解释，参照德国 BASF 公司的经验，在低于 500℃环境中使用可不进行稳定化热处理，我国神华公司调研，也认为在低于 500℃环境中使用可不进行稳定化热处理。此解释与前述“通常应进行焊后稳定化处理”的说法不一致。

1.1.2　ASME 第Ⅲ卷《核设备建造规则》NB 分卷

NB-4600 热处理，在表 4622.1-1 焊后热处理要求中 P-No.8 规定：对奥氏体不锈钢“既不要求，也不禁止焊后热处理”。在 ASME VIII-1《压力容器建造规则》UHA 32 规定中也有同样的表述。

在不要求也不禁止进行焊后热处理的材料中包括 321H 和 347H 等含稳定化元素的奥氏体不锈钢。

1.1.3　GB/T 150.4—2024《压力容器　第 4 部分：制造、检验和验收》

8.4.6 条，除设计文件另有规定，奥氏体型不锈钢、奥氏体－铁素体型不锈钢的焊接接头可不进行热处理。

1.1.4　GB/T 10068—2018《含稳定化元素奥氏体不锈钢管道焊后热处理规范》

该标准规定壁厚 <40mm 的管道在温度范围 425~500℃要进行焊后稳定化热处理，且≥500℃的任意壁厚都要进行焊后稳定化热处理。

虽然 ASME 规范和 GB/T 150—2024 标准对于奥氏体不锈钢的焊后热处理有表述，但并没有给出指导性条款或可参考执行规范，等于没有规定。

SH/T 3554—2013 附录 C 补充说明德国 BASF 和中国神华认为在≤500℃可不进行焊后热处理，而 GB/T 10068—2018 则规定 425~500℃要进行焊后稳定化热处理，且≥500℃的任意壁厚都要进行焊后稳定化热处理。这些要求和说法让人无所适从，做还是不做，取决于甲方或设计院的态度和经验。现实情况是大多数做了焊后稳定化热处理的，都存在比较严重的质量隐患，或热处理后焊缝直接开裂。

1.2　专著论述

美国专家 JohnC.Lippold，Damian J.Kotecki 认为焊后稳定化处理会出现再热裂纹，他在《不锈钢焊接冶金学及焊接性》一书中介绍，含有 Nb 并生成 NbC 的不锈钢对这种裂纹最敏感，NbC 在 800~1000℃时的析出速度最快[1]，析出时间大约 20min 之内发生。在这个温度段还有氮化铌的进一步析出和聚集，这也是 347 不锈钢焊缝韧性损失的主要因素。该文献指出 347 不锈钢焊后消除应力的稳定化热处理温度（900℃）正好处于再热裂纹 C 曲线的“鼻尖”上，见图 1。也就是说 347 材料进行焊后稳定化热处理具有很明显的再热裂纹敏感性。

通常情况下，321/321H 不锈钢所使用的焊条和埋弧焊焊丝都是 347。因为 321 不锈钢焊条中的 Ti 极易与熔融的药皮或焊剂形成氧化渣浮出焊缝，焊缝金属的 Ti 不仅不能满足稳定化要求，也极易生成氧化钛和氮化钛的脆性化合物残留于焊道。因此，347 不锈钢的再热裂纹敏感性理论同样适用于 321/321H 材料的焊接。

德国专家埃里希·福克哈德所著《不锈钢焊接冶金》一书中认为，稳定化奥氏体不锈钢和焊缝金属在固溶状态和焊态下表现出最佳的耐蚀性。就耐蚀性而言，最好完全避免热处理[2]。

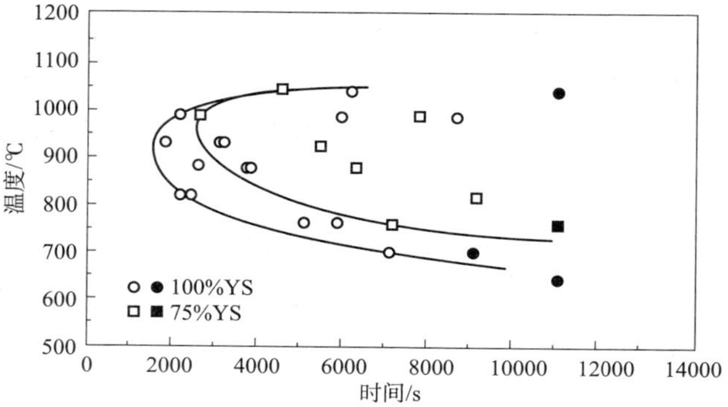

图1　347型不锈钢焊缝金属的再热裂纹敏感性试验

注：空心符号表示破坏，实心符号表示试验停止时未裂

2　焊后稳定化热处理失效的文献介绍

在很多工程实践中发现TP347/TP347H和TP321/TP321H奥氏体不锈钢焊接接头在稳定化热处理过程中会产生大量裂纹，特别是结构应力比较复杂的焊接设备和部件所产生的裂纹更多，但也有少数案例进行焊后稳定化热处理而没有发生焊缝开裂。

2.1　TP347不锈钢高压管道焊缝脆性成因分析及工艺改进

该文对某石化公司渣油加氢装置TP347厚壁管道的焊接接头在稳定化热处理后出现的大量裂纹进行了分析，发现焊缝金属冲击值较低，晶间腐蚀试验也不合格[3]。经过微观分析，发现焊缝铁素体枝晶间存在大量析出物，且在冲击试样断口发现密集碳化铌和氧化性夹杂物，认为焊接过程没有进行严格管控，导致焊接热输入过大，碳化物严重析出，而焊后稳定化热处理则进一步增加了析出物的总量。由于焊接管理失控，导致单层单道焊缝的截面较厚，药皮残留物来不及浮出而在焊道中形成夹杂，进一步降低了焊缝金属的冲击韧性。鉴于施工现场不具备稳定化热处理温度场均匀化的条件，在对焊接工艺进行严格把控的前提下，焊缝返修后取消了焊后稳定化热处理的技术上要求，投入使用后已平稳运行多年。

2.2　0Cr18Ni10Ti换热器热处理后产生裂纹原因分析及改进措施

该文针对0Cr18Ni10Ti高温高压换热器管箱焊缝的异常开裂进行了分析，认为开裂的原因为稳定化热处理所致。为了验证稳定化热处理会导致焊缝冲击值降低的说法，该公司对焊接接头进行了 850℃×5h 稳定化热处理的验证性试验，试验结果为稳定化热处理前焊缝的平均冲击值 49J，稳定化热处理后焊缝的冲击值降低到了 31~41J[4]。从试验结果来看，焊缝的冲击值都比较低，说明焊接试样的焊接热输入较大。

该文介绍稳定化热处理后没有发现 σ 相，但有碳化物析出。改进措施为将焊后稳定化热处理改为 450~500℃消除应力的热处理。

2.3 制氢装置转化炉上集合管焊缝开裂分析及措施

该文介绍某厂制氢转化炉上集合管 TP347H 三通与支管焊接接头在使用 5 个月后相继发生 3 次泄露。裂纹起裂于焊缝，然后沿热影响区晶界开裂，断口呈脆性特征，晶界有 Cl^- 腐蚀产物残留。该案例对焊接接头进行了稳定化热处理。经微观分析检测发现，焊缝及热影响区存在敏化现象，晶界有碳化物析出，裂纹沿热影响区晶界扩展。检测焊缝的维氏硬度值分别为 213HV5、256HV5、227HV5[5]。晶界碳化物析出与焊后稳定化热处理有直接关系：焊缝硬度值偏高，焊接质量较差，是焊接质量管理失控，没有严格按照工艺文件要求进行焊接，这些都是促进应力腐蚀开裂的主要因素。

作者在结尾部分指出焊后稳定化热处理没有改善焊接接头的耐腐蚀性能。

2.4 TP347H 不锈钢厚壁管不进行焊后稳定化热处理的原因和效果

该文章经失效分析后认为焊缝裂纹与碳化物沿铁素体晶界析出有关，也与稳定化处理过程中的应力松弛有关[6]。焊接接头经长时间稳定化热处理后在奥氏体和铁素体晶界发生 NbC 析出，导致焊接接头因碳化物析出而脆化，在应力松弛过程中晶格滑移产生空穴，这些空穴在扩展聚合过程中形成裂纹。

该文认为，由于稳定化热处理的时间很长，且在 800~900℃的升温过程也要 2h 以上，再加上稳定化热处理的 4~6h，给碳化物的析出创造了足够的时间。因此，TP347H 不宜进行焊后稳定化热处理。

2.5 NACE 关于加氢厚壁不锈钢管道焊后稳定化热处理问题的讨论

2002 年 NACE 公布了“加氢厚壁不锈钢管道焊后稳定化热处理问题的讨论”概要。

案例 1：介绍焊后稳定化热处理导致焊缝热影响区的失延裂纹，发现管件的晶粒度为 1 级、0 级和 00 级，晶粒过于粗大。这种晶粒过于粗大的材料属于严重的隐性质量问题。晶粒过于粗大的材料在焊接热循环过程中无延展性，在焊缝金属冷却收缩应力和稳定化热处理结构失稳的应力状态下出现裂纹是必然的。该论文表述了裂纹与材料本体的粗大晶粒尺寸有关，但忽略了 ASME SA312 标准关于晶粒度 7 级或更粗的不合理规定，未对晶粒度的级别范围进行深入讨论。

案例 2：某炼油厂 TP321 壁厚 56mm（2.2in）的大口径管道，焊后进行稳定化热处理时在法兰、管子、弯头的热影响区都发现了再热裂纹。改进措施为：降低层间温度，取消焊后热处理。

3 焊后稳定化热处理的研究介绍

3.1 TP347H 原材料检验及焊后稳定化热处理研究

该文章所述内容为中海油惠州石化公司委托本公司的专题研究项目。该文介绍了TP347H高温高压大口径钢管原材料存在不容忽视的质量问题，如硬度值过高，冲击韧性较低，背弯出现脆断等问题。通过对焊接接头稳定化热处理后的相关试验研究，发现经稳定化热处理的焊接试样在弯曲试验后在焊缝和热影响区出现微裂纹的概率较大[7]。通过研究分析发现，原材料质量问题和稳定化热处理后产生再热裂纹的主要因素如下：

1）347H 厚壁管硬度过高可能是管材高温轧制成型后省掉了固溶热处理，而只做了稳定化热处理，导致轧制应力未彻底消除，硬度值超标；

2）900℃稳定化热处理会导致焊缝金属中药皮残留的低熔点夹杂物提前溶解成液态，部分转化为气态，形成局部微区气体膨胀的高压环境，其浅表面的低熔点夹杂物在膨胀应力、局部应力松弛、晶界滑移及焊缝韧性储备不足等共同作用下易发生再热裂纹。

3.2 厚壁 TP347 钢管焊接接头再热裂纹敏感性试验研究

针对 TP347 焊接接头稳定化热处理开裂的问题，该课题的研究团队开展了厚壁 TP347 钢管焊接接头 900℃高温恒载试验和 750、900℃温度区间高温慢拉伸试验。结果表明：厚壁 TP347 钢管焊接接头在 900℃时的再热裂纹临界断裂应力为 24MPa，该应力已远低于 80%母材高温屈服强度，说明该温度下焊接接头具有较高的再热裂纹敏感性；采用高温慢拉伸试验结果表明：850、900℃区间焊接接头具有较高再热裂纹敏感性，750、800℃焊接接头稍微具有再热裂纹敏感性，随着温度升高，再热裂纹敏感性增大。采用光学金相、扫描电镜以及能谱分析等微观方法进行研究分析，发现厚壁 TP347 钢管焊接接头具有较高再热裂纹敏感性，这是因为高温加速了 Cr、Nb、Mn、Si 等元素向晶界扩散，晶界聚集析出大量的碳化物，降低了晶界的塑性[8]。因厚壁管道具有较大的焊接残余应力，高温下，在应力作用下晶界产生孔洞，孔洞合并导致了裂纹沿着晶界扩展。

4　讨论

针对 321H 和 347H 等高温不锈钢是否需要进行焊后稳定化热处理，标准并没有给出具有说服力的规定，美国专家和德国专家在其专著中并不赞同进行稳定化热处理，许多失效分析案例文献表明对焊接接头进行焊后稳定化热处理均出现比较严重的再热裂纹。而稳定化热处理研究所使用的试样是在理想状态下焊接的，实际工程建设中焊接接头的质量水平远低于用于研究试验的焊接接头。导致不锈钢焊接接头在稳定化热处理后出现再热裂纹，以及使用后不久出现非正常失效的原因，既有大厚度焊接使填充金属过多导致焊缝收缩量大的原因，也有焊接坡口角度设计过大等不合理因素，还有焊接组装间隙过大及焊接热输入过大等等原因，而原材料隐性质量问题导致的质量事故和安全隐患却极少有人关注。原材料的隐性质量问题主要存在以下两个方面：

1）母材晶粒过于粗大：如晶粒度 3 级或更粗，当焊缝的收缩应力大于晶界滑移阻力时会在熔合区和热影响区开裂，也是稳定化热处理后引起焊接接头松弛裂纹的重要原因，这样的工程事故案例较多。ASME 相关材料标准对 321H、347H 等高温不锈钢晶粒度规定 7 级或更粗，对于粗大的晶粒度级别没有限定。实际上，细晶粒的 TP347H（FG）比粗晶 TP347H 具有更好的抗蠕变疲劳性能，且焊接接头的抗热裂性能更好[9]，建议母材的晶粒度按 4~9 级进行采购和验收[10]。

321H 和 347H 不锈钢由于晶粒粗大引起的失效案例很多，本人在文献 10 的文章中有比较详细的介绍。以下案例是某石化企业 321 不锈钢 $\phi325mm\times25mm$ 氢气管道使用多年后发现焊缝和热影响区出现大量裂纹，经检测，母材平均晶粒度为 2 级。管道内壁焊接接头的宏观裂纹形貌见图 2，微观裂纹形貌见图 3。

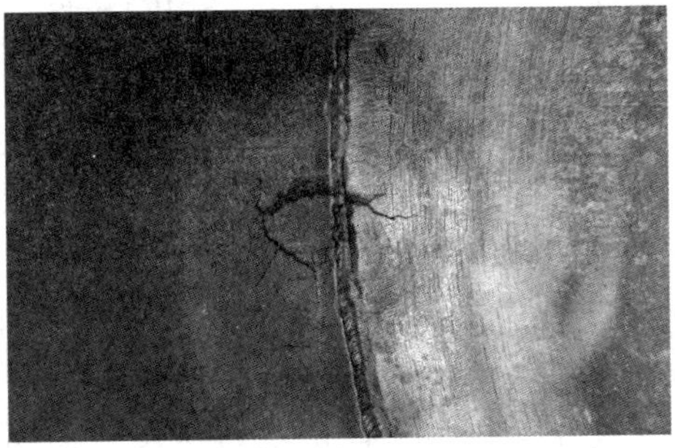

图 2　321 不锈钢管道内壁焊缝宏观裂纹

图 3　321 不锈钢管道热影响区微观裂纹形貌 100×

2）非金属夹杂物的负面影响：用钛做稳定化元素的 321 和 316Ti 不锈钢，母材中极易残留含钛的氮化物和氧化物。321 不锈钢中 TiN 和 TiO_2 夹杂对材料的综合性能会产生较大的负面影响[11~14]，在常规拉伸、冲击等试验中无法发现其踪迹。这些氮化钛和氧化钛在热影响区呈链状和带状分布也是形成焊接裂纹或使用后出现非正常开裂的主要原因。近期，笔者跟踪过几个 321 不锈钢换热管的失效案例，在试样上都发现有呈岛链状分布的氮化钛和氧化钛，见图 4。由于氮化钛和氧化钛与材料基体的电极电位差异很大，在腐蚀介质中是形成点腐蚀的根源。鉴于含钛的稳定化不锈钢无法避免氮化钛和氧化钛的夹杂物残留，建议在高风险的重要设备上不要选用含钛的 321 和 316Ti 材料，321H 可以用 347H 或 340N 代替，316Ti 可以用 316N/316LN 代替。

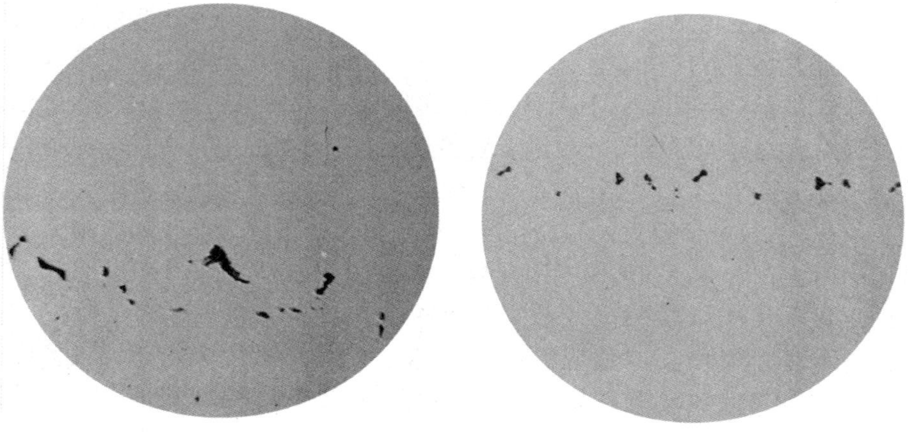

图 4　321 换热管母材中呈岛链状分布的氮化钛和氧化钛 100×

ASME SA-240 和 GB/T 713.7 等不锈钢材料标准及其它管材和锻件标准中都没有规定非金属夹杂物的检测级别，导致一些非金属夹杂物较多的原材料在市场流通，给焊接和使用带来很大的负面影响。

焊接接头的再热裂纹是在热处理或高温运行时产生，具有一定的隐蔽性，由再热裂纹所引发的事故具有不可预见性，一旦发生将会造成巨大的损失和不可挽救的破坏性后果。因此，对 321H 和 347H 等高温不锈钢不建议进行焊后稳定化热处理。

笔者于 2015 年承担中海油委托的"TP347&TP347H 焊接及焊后热处理专题试验研究"科研项目，2016 年承担了中石化荆门石化渣油加氢厚壁管道 TP347H 焊缝开裂的失效分析研究，对稳定化热处理后焊接接头形成再热裂纹的机理有了深入了解。先后参与中石化镇海炼化、中石油华北石化、大连恒力石化等渣油加氢装置，及类似高温工况 TP347H、TP321H 厚壁管道项目的焊接及焊后稳定化热处理的工艺评审，这些单位不锈钢厚壁管道的安装项目均取消了焊后稳定化热处理，使用情况良好。

本公司于2020年和2022年先后承揽制造了两台*DN*1860×11500的347H不锈钢高温急冷器，膨胀节为625镍基合金，壳程入口设计温度590℃，管程入口设计温度705℃，换热管、管板、法兰、筒体材料均为347H，管头焊、膨胀节对接焊及设备本体的所有焊接接头均未做焊后稳定化热处理，投入使用后未发现任何形式的再热裂纹，运行情况良好。

5　结论

根据以上标准、文献资料、科研成果介绍和进一步的深入讨论，认为母材壁厚越大焊缝的收缩量就会越大，焊接坡口角度过大、组装间隙过大、热输入过大等质量管理失控，以及稳定化热处理过程中碳化物和氮化物在焊缝金属的铁素体枝晶间析出等等，都将大大促进焊接接头发生再热裂纹的几率。

此外，321H和347H等高温不锈钢母材晶粒过于粗大、非金属夹杂物残留较多是原材料的隐性质量问题，也将对熔合区和热影响区再热裂纹的形成起到促进作用。

通过以上分析和讨论，充分说明321H和347H等高温不锈钢焊后稳定化热处理弊大于利，设备和管道焊接完成后不必进行焊后稳定化热处理。

后记：GB/T 713.7—2023标准中S34779（347H）漏掉了Nb的成分范围，可对照GB/T 24511—2017的标准进行勘误。

参考文献

[1] 利波尔德，科特基 . 不锈钢焊接冶金学及焊接性 [M] . 北京：机械工业出版社，2008.

[2] 埃里希·福克哈德 . 不锈钢焊接冶金 [M] . 北京：化学工业出版社，2004.

[3] 束润涛，朱华平 .TP347不锈钢高压管道焊缝脆性成因分析及工艺改进 [C] . 束润涛 . 焊接脆性与腐蚀和安全 . 北京：中国石化出版社，2017：278-289.

[4] 林罡明 .0Cr18Ni10Ti换热器热处理后产生裂纹原因分析及改进措施[J]. 石油化工设备技术，2012，33（04）：61-63+72.

[5] 张绍良，郭志军 . 制氢装置转化炉上集合管焊缝开裂分析及措施 [J] 石油化工设备，2010，39（04）：81-85.

[6] 孙树涛，贾燕中，张希堂 . TP347H不锈钢厚壁管不进行焊后稳定化热处理的原因和效果[C]. 束润涛 . 焊接脆性与腐蚀和安全 . 北京：中国石化出版社，2017：246-252.

[7] 赵岩，侯树军，束润涛，等 .TP347H 高温高压管道原材料检验及焊后稳定化热处理研究[C]. 束润涛 . 焊接脆性与腐蚀和安全 . 北京：中国石化出版社，2017：262–269.

[8] 王建军，李冬毓，俞树荣 . 厚壁 TP347 钢管焊接接头再热裂纹敏感性试验研究[J]. 压力容器，2022，39（07）：15–24.

[9] Yoshikawa K，Teranishi H，Tokimasa K，et al. Fabrication and properties of corrosion resistant TP347H stainless steel ［ J ］.Materials Engineering，1988，10：69–83.

[10] 束润涛 . 不锈耐热钢晶粒过粗对焊接接头的负面影响探析[J]. 压力容器，2023，40（04）：74–79.

[11] 曾会书 .1Cr18Ni9Ti 不锈钢锻件表面裂纹分析［ J ］. 大型铸锻件，2014（05）：20–22+30.

[12] 范培耕，曹鹏军 .1Cr18Ni9Ti 钢板表面折叠的扫描电镜分析［ J ］. 重庆钢铁高等专科学校学报，1998（04）：35–40.

[13] 李刚，魏瑞航，游定方 . 连铸 1Cr18Ni9Ti 不锈钢大型夹杂物的研究[J]. 重庆大学学报（自然科学版），1993（02）：79–83.

[14] 黄博 . 浅析 1Cr18Ni9Ti 零件表面缺陷产生的原因［ J ］. 特钢技术，2020，26（01）：53–56.

关于建立焊接裂纹预防及返修标准体系的思考

段凯扬[1]，戈兆文[2]

（1. 江苏武进不锈股份有限公司，江苏　常州　213111；
2. 合肥通用机械研究院，安徽　合肥　230031）

摘要：焊接裂纹是焊接工程在设备等制造、使用过程中发现的缺陷，在裂纹返修时也经常遇到，但国内标准规范的内容却少见焊接裂纹的预防和返修。笔者通过学习裂纹返修的国际标准，从预防、返修两个方面对相关的国际标准进行梳理，称之为裂纹预防与返修的国际标准体系。虽然国际上尚无裂纹返修标准体系的提法，但确实已经产生了大量裂纹返修的标准。AWS焊接手册也将焊接返修列为专题进行了要点梳理，给出了焊接返修的要素清单，历经不断地简化、完善后，最近一版的AWS焊接手册中，首次提出了不同产品对应的不同返修标准的分类，已经可以略见焊接返修标准体系的雏形。

关键词：焊接裂纹返修；热影响区（HAZ）；冷裂纹；预热温度；组合厚度；消氢处理；拘束度

The study of welding crack prevent & repair international standards system

Duan Kaiyang[1]，*Ge Zhaowen*[2]

（1.Jiangsu Wujin Stainless Steel Pipe Group Co.，No.1，Wucheng West Road，
Changzhou Jiangsu 213111，China；
2. Hefei General Machinery Research Institute Co.，Ltd.，Hefei Anhui 230031，China）

Abstract： Welding crack is a defect in welding production fabrication and/or operation. Although the crack repair is common，the prevention and repair of welding crack are rarely seen in domestic

---

［**作者简介**］段凯扬，高级工程师（焊接）、高级焊接检验师（CSWIP 3.2.2）、无损检测3级（ASNT RT\MT\PT 3）、国际焊接工程师IWE。主要从事国际海洋工程类项目（现从事深水装备项目）的焊接技术及检验工作，有多次负责裂纹返修的现场经验。E-mail：hejing0412@qq.com。

standards. By studying the crack repair standards, from the two aspects of prevention and repair. there is no crack repair international standards system yet, but many international standards about crack prevention and repair surly exist, and AWS welding handbook keep update info about welding repair key point as a checklist, and simplify with new revision, and latest revision of repair part even provide "Product Classifications Covered by Standards Issued by Various Organizations" , this also can be see as rudiment of weld repair standards system.

Key words: welding crack repair; heat affect zone (HAZ); cold crack、preheat temperature; combine thickness; hydrogen bakout; restraint

0 前言

焊接裂纹可细分为热裂纹、冷裂纹、延迟裂纹、再热裂纹、疲劳裂纹、应力腐蚀裂纹和结构失稳造成的裂纹等等。产生裂纹的原因涉及到结构设计不合理、原材料存在隐性缺陷、焊接违规操作、焊接过程失控等诸多因素。消除裂纹的最直接的方法就是焊接返修。裂纹返修，国内没有标准，更谈不上标准化的解决思路与方案，基本依赖于返修执行者的经验、知识和能力，也就是说裂纹返修千差万别，效果（质量）难以保证。

若将焊接裂纹返修当成“事后处理”，那么“事前处理”的焊接裂纹预防，自然是性价比最高的解决方案。

预防裂纹，ISO标准最为努力，提出了相对系统的冷裂纹、疲劳裂纹预防标准。

裂纹返修，美标比较多见，散布于各个行业的标准中，但具有实用性和先进性。“标准”的定义和应用，在美标体系中相对比较宽泛，本文也是基于这种宽泛的思路，探讨裂纹返修的标准。

ISO 3834-1 [1] 在引言中画龙点睛地指出：“焊接质量只能过程控制”和“解决严重的焊接质量问题要全局着眼：即设计、材料、制造、服役”，充分表达了制订焊接裂纹的预防及返修标准的核心思路。

国内少见焊接裂纹预防及返修的专项标准，欧美发达国家的焊接产业相对更为成熟，有许多裂纹预防及返修的专项标准或者包含裂纹返修的非专项标准。虽然国际上也尚未出现裂纹预防及返修的标准体系，但是走在最前面的AWS（美国焊接协会），已有返修的系统化及相关的分类标准。若国内系统化地引入裂纹预防及返修标准并使之本土化，必将会带来很大的效益。按照产业升级，标准先行的思路，针对复杂的裂纹返修，一旦能够建立起专项标准乃至标准体系，那无疑将大幅度降低返修难度和失误，极大地提升焊接工程的能力，也就补齐了木桶短板，价值难以估量。

千里之行始于足下，本文试图归纳裂纹预防及返修的国际标准体系，提出抛砖引玉的个人思考。

1　焊接裂纹的预防标准

焊接裂纹预防的现有标准大致分为两类：冷 / 热裂纹预防与疲劳裂纹预防。较有影响力的预防标准大致来自欧盟 EN 和 ISO 国际标准。

冷 / 热裂纹预防标准主要选取两个（体系）具有代表性的标准，BS EN 1011-2/ ISO/TR 17671-2 与 AWS D14.8M：2009（ISO/TR 17844：2004 IDT），因为这两部标准得到了国际上的广泛认可且被大量的转引。疲劳裂纹预防标准大多来自 IIW（国际焊接学会），最有代表性的标准是 ISO/TS 20273。

1.1　欧盟标准与国际标准中给出了部分裂纹及预防措施

BS EN 1011-2[2] / ISO/TR 17671-2[3] 这两个标准内容等同，且属于权威性强的熔化焊通用标准，给出了几种裂纹的预防措施，见表 1。

表 1　BS EN 1011-2 / ISO/TR 17671-2 中给出裂纹的成因分析及预防

序号	裂纹种类	给出成因及预防措施	备注
1	氢致裂纹（也叫冷裂纹）①	是	详细
2	凝固裂纹	是	详细
3	层状撕裂	是	详细
4	再热裂纹	是	略
5	应力腐蚀开裂	是	略

注：①原文“hydrogen cracking（also known as cold cracking）”。

1.2　美国焊接学会标准、国际标准对冷裂纹的预防

冷裂纹（延迟裂纹）因其更加危险，引起了焊接标准制定者们的分外重视。由于标准 ISO/TR 17844：2004 同时根据欧美标准体系予以综合评估，也被美国焊接协会（AWS）AWS D14.8M：2009 等同引用，便产生了欧美两大标准体系相互认可的冷裂纹预防标准 AWS D14.8M：2009（ISO/TR 17844：2004 IDT）[4]，更具有国际权威性。因此，以下详细介绍。

公开出版的冷裂纹预防的方法多种多样，该标准从重要的工作条件出发，选

择列出内容清单的方法，也包括在工业中有效性的评估，其中的 6 条主要输入内容（参数）已经得到了共识：

①钢化学成分；

②焊接热输入；

③接头几何形状和材料厚度；

④焊缝氢水平；

⑤预热；

⑥图形 / 计算机处理数据的公式。

1.2.1 4 种典型预防冷裂纹的方法

依据以上的输入内容（参数），AWS D14.8M：2009 （ISO/TR 17844：2004 IDT）选择了 4 种典型的预防冷裂纹方法：

1）CE（EN 1011–2/ISO/TR 17671–2，C.2– 方法 A），最早在 1973 年正式公布，使用导致临界硬度的碳当量为判据，避免热影响区（HAZ）的氢致裂纹（冷裂纹）；

2）CET （EN 1011–2/ISO/TR 17671–2，C.3– 方法 B），最早在 1980 年正式公布，基于斜 Y 型坡口焊接裂纹试验结果计算的最低预热温度为判据，预防冷裂纹；

3）CE_N（JIS B 8285），最早在 1989 年正式公布，基于斜 Y 型坡口焊接裂纹试验结果被日本钢铁制造业用来评估可焊性，并于 1995 年修正后向世界公布。

4）P_{cm}（AWS D1.1），通过两种途径避免裂纹，HAZ 硬度控制及扩散氢控制。

对每种预防冷裂纹的方法，都是根据以下 7 项条件进行评估：

①设计该方法所依据的试验方法和数据，例如，搭接接头（CTS）焊接裂纹试验、斜 Y 型坡口焊接裂纹试验等等；

②母材金属化学成分和适用范围；

③材料厚度和适用范围；

④扩散氢水平和焊接工艺；

⑤热输入范围；

⑥其他因素 / 特定的评估；

⑦决定预热温度（一步步地举例说明）。

1.2.2 综合对比 4 种裂纹预防方法——母材化学成分

该标准综合对比了 4 种裂纹预测方法所适用的母材化学成分的范围，见表 2。

表 2 对比 4 种裂纹预防方法所适用的母材化学成分的范围 %

<table>
<tr><td rowspan="3">元素</td><td>CE
（EN 1011-2 / ISO/TR 17671-2，C.2-方法 A）</td><td>CET
（EN 1011-2 / ISO/TR 17671-2，C.3- 方法 B）</td><td>CEN
（JIS B 8285）</td><td>Pcm
（AWS D1.1）</td></tr>
<tr><td>0.30≤CE≤0.70</td><td>0.20≤CET≤0.50</td><td>0.20≤CEN≤0.50</td><td>无规定</td></tr>
<tr><td>计算公式见注 1）</td><td>计算公式见注2）</td><td>计算公式见注 3）</td><td>计算公式见注 4）</td></tr>
<tr><td>C</td><td>0.05~0.25</td><td>0.05~0.32</td><td>0.05~0.30</td><td rowspan="10">无规定 *
* AWS D1.1[5] 虽然没有化学成分规定范围，表 6.9 规定的结构钢材料范围，最高屈服强度 690MPa，CET 适用的最高屈服强度 960MPa，因此可以大致参考 CET 接近这个化学成分范围。</td></tr>
<tr><td>Si</td><td>≤0.8</td><td>≤0.8</td><td>≤0.6</td></tr>
<tr><td>Mn</td><td>≤1.7</td><td>0.5~1.9</td><td>≤2.0</td></tr>
<tr><td>Cr</td><td>≤0.9</td><td>≤1.5</td><td>≤2.5</td></tr>
<tr><td>Cu</td><td>≤1.0</td><td>≤0.7</td><td>≤1.0</td></tr>
<tr><td>Ni</td><td>≤2.5</td><td>≤2.5</td><td>≤3.75</td></tr>
<tr><td>Mo</td><td>≤0.75</td><td>≤0.75</td><td>≤0.75</td></tr>
<tr><td>V</td><td>≤0.20</td><td>≤0.18</td><td>≤0.10</td></tr>
<tr><td>Nb</td><td>无规定</td><td>≤0.06</td><td>≤0.10</td></tr>
<tr><td>B</td><td>不适用</td><td>≤0.005</td><td>≤0.0003</td></tr>
<tr><td>材料范围</td><td>ISO 15608：2000 组别 1~3（笔者经验认为约适用至组别 3.1）。</td><td>ISO 15608：2000 组别 1~4 和组别 11。</td><td>适用于材料屈服强度（YS），300MPa≤YS≤800MPa，及 2.25% Cr-1%Mo，3.5%Ni 钢。</td><td>适用于材料屈服强度（YS），YS≤690MPa 的 AWS D1.1 表 6.9 规定的结构钢。</td></tr>
</table>

注：1）CE_{IIW}=C+Mn/6+（Cr+Mo+V）/5+（Ni+Cu）/15；

2）CET=C+（Mn+Mo）/10+（Cr+Cu）/20+Ni/40；

3）CEN=C+f（c）［Si/24+Mn/6+ Cu/15+Ni/20+（Cr+Mo+V）/5］（f（c）是个系数，随碳含量降低而减小，f（c）=0.75+0.25tanh{20（C-0.2）}）；

4）Pcm=C+Si/30+Mn/20+Cu/20+Ni/60+Cr/20+Mo/5+V/10+5 × B。

1.2.3 综合对比 4 种裂纹预防方法——氢含量

该标准对比了 4 种裂纹预防方法与氢含量的关系，见表 3 和图 1。

表 3　4 种裂纹预防方法与氢含量的关系

	CE（EN 1011-2 / ISO/TR 17671-2，C.2- 方法 A）		CET（EN 1011-2 / ISO/TR 17671-2，C.3- 方法 B）	CEN（JIS B 8285）	Pcm（AWS D1.1）
氢含量单位	ml/100g，测量方法 ISO 3690				
氢含量范围	氢含量	扩散氢级别	1~20mL/100g	1~20mL/100g	结合碳当量和敏感度指数，氢含量分 3 个等级：H1=5mL/100g H2=10mL/100g H3=30mL/100g
	>15	A			
	10≤15	B			
	5≤10	C			
	3≤5	D			
	≤3	E			
氢含量计算预热温度	不适用		适用，原理见表底图 1	不适用	不适用

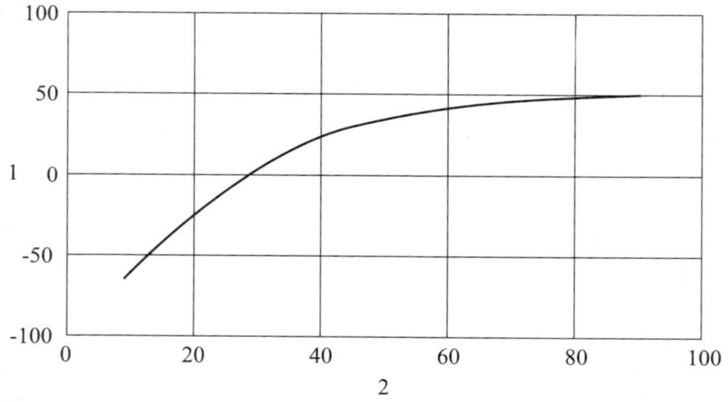

图 1　CET 裂纹预测方法 - 根据氢含量计算预热温度原理

在图 1 中，1 为纵坐标 TpHD（氢含量相关预热温度）=62 × HD0.35-100，单位℃；2 为横坐标 HD 氢含量单位 mL/100g。

1.2.4　综合对比 4 种裂纹预防方法——厚度和接头形状

该标准对比了 4 种裂纹预防方法与材料厚度和接头几何形状的关系，见表 4。

表 4　对比 4 种裂纹预防方法与厚度和接头几何形状的关系

	CE（EN 1011-2 / ISO/TR 17671-2，C.2- 方法 A）	CET（EN 1011-2 / ISO/TR 17671-2，C.3- 方法 B）	CEN（JIS B 8285）	Pcm（AWS D1.1）
覆盖板厚	≤100mm	≤100mm	≤200mm	≤100mm

续表

	CE（EN 1011-2 / ISO/TR 17671-2, C.2- 方法 A）	CET（EN 1011-2 / ISO/TR 17671-2，C.3- 方法 B）	CEN（JIS B 8285）	Pcm（AWS D1.1）
组合厚度	适用，组合厚度 = d1+d2+d3，见图 2	不适用	不适用	不适用
对接、角接焊缝预热温度（是否）相同	不相同（由于组合厚度原理，角焊缝预热温度高于对接焊缝）	相同	相同	相同

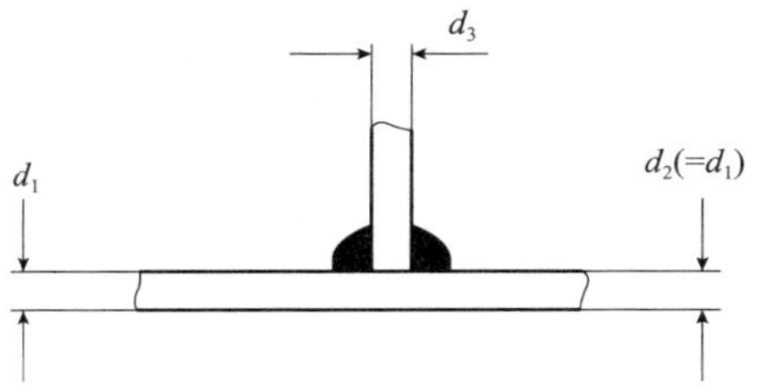

组合厚度 $=d_1+d_2+d_3$

图 2　CE 裂纹预测方法 – 组合厚度原理

1.2.5　综合对比 4 种裂纹预防方法——热输入范围

该标准中 CET 裂纹预防方法提出了独特的预热温度与热输入的关系，给出了热输入影响预热温度的公式 T_{pQ}=（53 × CET−32）× Q−53 × CET+32，见图 3。

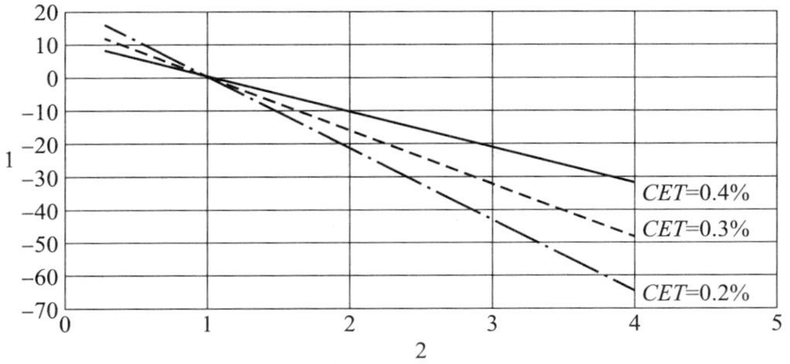

图 3　CET 裂纹预测方法 – 热输入推导预热温度原理图

图 3 中 1 为纵坐标表示预热温度 T_{pQ}，单位℃；2 为横坐标代表热输入 Q，单位 kJ/mm。

1.2.6　综合对比 4 种裂纹预防方法——其他因素

该标准对比了 4 种裂纹预防方法其它因素与特定的考量，见表 5。

表 5　对比 4 种裂纹预防方法其它因素与特定的考量

序号	CE （EN 1011–2 / ISO/TR 17671–2，C.2– 方法 A）	CET （EN 1011–2 / ISO/TR 17671–2，C.3– 方法 B）	CEN （JIS B 8285）	Pcm （AWS D1.1）
1	更加严格控制的情况（建议增加2~3h后热）： 1）厚度 50mm 及以上的双面焊打底焊缝； 2）高强钢焊缝金属 Mn 含量超过 1.5%，焊缝脆性增加，易开裂； 3）降低硫含量、氧含量。当 HAZ 硬度增加时，HAZ 冷裂倾向增加	增加焊接后热，降低氢含量： 当冷裂风险增加时，特别是钢材屈服强度≥460MPa 且厚度≥30mm 时，使用多道埋弧焊的接头要降低氢含量，焊接区域要保持 200~300℃，适当时间（由板厚决定）	要防止以下细节会导致焊缝金属扩散氢含量从 1mL/100g 增加到 3mL/100g： 1）焊接时坡口内有油、锈； 2）使用了储存不当因而受潮或锈蚀的焊材； 3）焊接现场潮湿闷热	对于氢控制的方法，把焊缝分3个拘束度等级： 1）低拘束度：一般自由度角焊缝、对接焊缝； 2）中等拘束度：已经焊在主结构上的附件，自由度受限制； 3）高拘束度：几乎没有自由度的元件上的焊缝，例如厚板上的返修焊缝
2	放宽要求： 1）整体预热或预热范围增加至 2 倍； 2）一个或更多方向不易散热； 3）使用奥氏体或者镍基焊材可以放宽甚至不预热，如果熔敷金属氢含量很低	降低预热温度的考量：多层多道焊时，如果能够增加层间温度，改善焊接顺序，缩短不同焊道间的时间，有可能降低预热温度	焊缝层道数与焊缝强度： 1）多层多道焊的根部开裂风险降低； 2）焊缝残余应力越高，氢致裂纹风险越高。因此，焊缝金属屈服强度增加残余应力增大，使得根部开裂、焊趾开裂和层间开裂风险增大	
3			高拘束度增加氢致裂纹风险；返修焊接一般属于高拘束度。因此，不推荐降低预热要求	
4			焊缝氢致裂纹：特别注意低碳含量高强钢，当母材的碳当量 CEN 低于焊缝时，应该使用焊缝金属的碳当量 CEN 来评估	

1.2.7 综合对比 4 种裂纹预防方法——预测结果对比

标准 AWS D14.8M：2009（ISO/TR 17844：2004 IDT）最后用 10 种钢材（碳锰钢、低合金正火钢、控轧控冷（TMCP 钢）、调质钢），屈服强度从 235MPa 到 960MPa，各种要素变化下的预热温度进行了各种对比，并给出了大量的表格和曲线，此处从略。

需要指出的是以上条款多是推荐，实践中被经验证明了的更低预热温度应该优先执行。

特别应该注意 AWS D1.5 给出的提示：冷裂纹更有可能出现在高拘束度条件下[6]。

2.2 ISO、AWS 和 IIW 对疲劳裂纹的预防

关于疲劳裂纹预防的标准，ISO、AWS 有相关标准，细究源头，这些标准多引用 IIW（国际焊接学会）的研究成果。

AWS D1.5 指出疲劳裂纹一般来说是焊缝或邻近焊接缺欠的母材的缺口，或设计细节造成的种种应力集中经年累月（承受载荷）的结果；作为钢结构建造最具有国际权威性的标准 AWS D1.1，给出了若干改善疲劳强度的 5 种方法：改善焊缝外形轮廓、焊趾打磨、锤击、钨极氩弧焊（GTAW/TIG）重熔焊趾，并指出这些方法来自国际焊接协会（IIW）；AWS D14.4 直接规定疲劳设计应执行 IIW–2259–15；涉及焊缝质量与疲劳强度的 ISO 标准 ISO/TS 20273：2017[7] 直接就是由 IIW 制定的。该标准提出了较先进的设计理念：基于产品的服役条件进行设计，经量化分析载荷而提出量化的焊缝质量和疲劳强度要求。本文依据该标准的思路整理了疲劳裂纹预防的相关国际标准，详见表 6 焊缝疲劳强度与焊缝质量典型标准。

表 6 焊缝疲劳强度与焊缝质量典型国际标准

<table>
<tr><td rowspan="8">结构疲劳载荷的焊缝质量等级</td><td rowspan="8">产品标准的焊缝质量要求</td><td rowspan="4">1</td><td rowspan="4">焊趾形状</td><td rowspan="4">对接焊缝、角焊缝焊趾半径</td><td>ISO/TS 20273：2017，6.2.2 条</td></tr>
<tr><td>XIII–2177–07</td></tr>
<tr><td>AWS D1.1/D1.1M：2020，图 10.1 和图 C–10.2.3.6（角焊缝）</td></tr>
<tr><td>ISO 5817：2014 ①，表 C.1，5052</td></tr>
<tr><td rowspan="4">2</td><td rowspan="4">未对准</td><td rowspan="4">对接焊缝、角焊缝未对准</td><td>ISO/TS 20273：2017，6.2.3 条</td></tr>
<tr><td>IIW–2259–15 ②</td></tr>
<tr><td>ISO 5817：2014，表 C.1，5071（对接）</td></tr>
<tr><td>IIW XIII–2510–13 ③</td></tr>
</table>

续表

结构疲劳载荷的焊缝质量等级	产品标准的焊缝质量要求	3	咬边	对接焊缝、角焊缝咬边	IIW-2259-15
					ISO/TS 20273：2017，6.2.4 条
					AWS D1.1/D1.1M：2020，表 8.1，7（B）
					AWS D1.1/D1.1M：2020，图 C-10.2
					ISO 5817：2014，表 C.1，5011，5012
		4	冷搭	对接焊缝、角焊缝冷搭	ISO/TS 20273：2017，6.2.5 条
					IIW XIII-2510-13
		5	夹杂和气孔	对接焊缝、角焊缝的夹杂和气孔	ISO/TS 20273：2017，6.2.6 条
					IIW-XIII-817-77
					IIW-XIII-1954-02
					AWS D1.1/D1.1M: 2020, 表 8.1, 7（B),（C); 8.12.2.1;
					ISO 5817：2014， 表 C.1，2011~2016；300~302；
		6	裂纹和类似裂纹缺欠	2 百万次疲劳计算对接焊缝 / 角焊缝焊趾表面裂纹、埋藏裂纹	ISO/TS 20273：2017，6.2.7 条
	使用模拟设计实验	用于对接焊缝 / 角焊缝的缺口效应使用模拟设计实验的参数：			ISO/TS 20273：2017，6.3
	高质量焊缝的疲劳设计	1	改善焊趾形状	通过焊接技巧	AWS D1.1/D1.1M：2020，图 C-10.2
				通过焊趾熔修、焊趾打磨改善	ISO/TS 20273：2017，6.4.3 条
					AWS D1.1/D1.1M：2020，C-11.5.1
					IIW-2142-10 ④
					EN 15085-3：2022+A1：2023 ⑤，7.4.2
		2	通过残余压应力改善	高频机械改善（振动）	IIW-XIII-2452r1-13
					AWS D14.4/14.4M：2019 ⑥，10.4
				锤击、喷丸	AWS D1.1/D1.1M：2020，C-11.5.1
					ISO/TS 20273：2017，6.4.4 条
					IIW-2142-10
					AWS D14.4/14.4M：2019，10.3
					AWS D14.6/14.6M：2012 ⑦，7.6
					EN 15085-3：2022+A1：2023，7.4.4
				消除应力热处理	EN 15085-3：2022+A1：2023，7.4.3

续表

焊缝根部侧疲劳要求	1	根部疲劳评估		IIW-XIII-2380r3-11/2383r3-11
	2	承载焊缝通常根部是关键		ISO/TS 20273：2017，7.2 条
	3	规定熔透程度		ISO/TS 20273：2017，7.3 条
				IIW-XIII-2240-08/XV-1289-08
	4	承载接头实验设计		ISO/TS 20273：2017，7.4 条
				IIW-2259-15
	5	熔深比焊喉对疲劳更有效		ISO/TS 20273：2017，7.5 条
				IIW-XIII-2240-08/XV-1289-08
				IIW-2259-15
合乎使用（已存在裂纹类缺欠）	1	裂纹扩展疲劳评估		ISO/TS 20273：2017，8.2 条
				IIW XIII-2510-13
	2	裂纹扩展的材料参数		ISO/TS 20273：2017，8.3 条
				IIW-2259-15
	3	应力强度因子公式	膜应力下的表面裂纹应力强度因子	ISO/TS 20273：2017，8.4.2.1 条
				IIW-2259-15
			十字角焊缝接头根部间隙裂纹应力强度因子	ISO/TS 20273：2017，8.4.2.2 条
			放大函数的解	ISO/TS 20273：2017，8.4.3 条
			断裂力学评估	ISO/TS 20273：2017，8.4.4 条（案例）
				BS 7910

注：① ISO 5817：2014. 焊接 – 钢、镍、钛及其合金的熔化焊接头（束焊除外）– 欠缺质量等级；

② HOBBACHER. A. 焊接接头和部件的疲劳设计建议，第 2 版，（ IIW Document IIW-2259-15 ）；

③ IIW 与疲劳强度有关的焊接质量指南（ IIW Document XIII-2510-13 ）；

④ IIW 提高焊接接头疲劳强度的方法建议，IIW-2142-10；

⑤ EN 15085-3：2022+A1：2023. 铁路应用 – 轨道机车车辆以及轨道机车车辆部件的焊接 . 第三部分：设计规定；

⑥ AWS D14.4/14.4M：2019. 机械和设备焊接接头设计规范；

⑦ AWS D14.6/14.6M：2012. 设备的旋转元件的焊接规范。

1.3　NACE 标准对腐蚀裂纹的预防

美国腐蚀工程师学会（NACE）出版了大量关于预防腐蚀裂纹的标准，影响较大的几部标准，如：NACE MR0175 /ISO 15156-1《石油天然气工业 – 用于硫化氢作业的材料 -1 抗开裂材料选择的一般原则》[8]，该标准提出用户决定服役条件是否适用的原则；NACE MR0175 /ISO 15156–2《石油天然气工业－用于硫化氢作业的材料－2 抗开裂碳钢和低合金钢及铸铁的使用》[9]；NACE MR0175/ISO 15156–3《石油天然气工业－用于硫化氢作业的材料－3 抗开裂 CRAs（耐蚀合金）和其它合金》[10]；NACE MR0103/ISO17495–1《石油天然气工业－金属材料在腐蚀性石油精炼环境中抗硫化物应力开裂》[11]、NACE SP0472 推荐标准《碳钢焊缝在石油精炼环境下腐蚀的保护与控制方法》[12]，NACE 系列标准对于腐蚀裂纹、应力腐蚀裂纹、腐蚀断裂预防给出了很多专业标准化预防方案。分别从材料的成分要求、合金材料的耐蚀指标、热处理状态及硬度范围、服役温度、是否酸性环境、焊材成分等方面进行了规定以避免腐蚀裂纹，见表 7。

表 7　NACE MR0175/ISO15156 标准对焊接腐蚀裂纹预防措施

<table>
<tr><th>材料的类别</th><th colspan="2">预防腐蚀裂纹的预防措施（焊接工艺评定要求）</th><th colspan="2">备注</th></tr>
<tr><td rowspan="8">碳钢、
低合金钢</td><td colspan="2">焊后（或焊后热处理（以下简称 PWHT））接头硬度不超过 22HRC</td><td rowspan="8">NACE MR0175 –2021/ ISO 15156–2：2020</td><td rowspan="6">A.2.1.4</td></tr>
<tr><td colspan="2">焊材镍含量不超过 1%，除非通过附录 B 的 SSC 试验</td></tr>
<tr><td colspan="2">屈服强度≤360MPa（52ksi）的表 A.2 钢管，在用户同意时可免除 PWHT</td></tr>
<tr><td colspan="2">屈服强度 >360MPa（52ksi）的 A.2.2.2 钢管，满足表 A1 条件时可免除 PWHT</td></tr>
<tr><td colspan="2">不满足细则的材料均需进行 PWHT（参数执行 7.3），接头硬度≤250HV，或按照 7.3.3，接头硬度≤22HRC</td></tr>
<tr><td colspan="2">低合金钢 PWHT 温度不得低于 620℃</td></tr>
<tr><td colspan="2">管线钢 SMYS≤450MPa（65ksi），接头硬度≤280HV SSC2 酸性环境</td><td>A.3.3</td></tr>
<tr><td colspan="2">管线钢 SMYS≤550MPa（80ksi），接头硬度≤300HV SSC1 酸性环境</td><td>A.4.3</td></tr>
<tr><td>铁素体不锈钢</td><td colspan="2">接头硬度≤280HV</td><td rowspan="5">NACE MR0175–2021/ISO 15156–3：2020</td><td>A.5.3</td></tr>
<tr><td rowspan="4">马氏体不锈钢</td><td colspan="2">接头任何点硬度不得大于母材标称硬度</td><td rowspan="4">A.6.3</td></tr>
<tr><td colspan="2">非低碳马氏体钢焊缝须进行 PWHT，温度不得低于 621℃</td></tr>
<tr><td rowspan="2">低碳马氏体钢焊后应先冷却至 25℃</td><td>单循环 580℃ 至 621℃ PWHT</td></tr>
<tr><td>双循环先 671℃ 至 691℃ PWHT,再冷却至25℃或以下，再做 580 至 621℃ PWHT</td></tr>
</table>

续表

<table>
<tr><th>材料的类别</th><th>预防腐蚀裂纹的预防措施（焊接工艺评定要求）</th><th colspan="2">备注</th></tr>
<tr><td rowspan="3">双相不锈钢</td><td>HAZ 硬度不得大于母材标称硬度
焊缝硬度不得超过填充金属合金系标称硬度</td><td rowspan="8">NACE MR0175–2021/ISO 15156–3：2020</td><td rowspan="3">A.7.2</td></tr>
<tr><td>400 倍微观金相试验，且在晶粒边界应没有连续的沉淀物，金属相间的氮化物和碳化物应不超过总量的 1.0%，σ 相不应超过 0.5%</td></tr>
<tr><td>按 ASTM E562 测定焊缝金属根部和盖面焊道的铁素体含量，在 30% 至 70% 体积百分数的范围内</td></tr>
<tr><td>奥氏体型不锈钢、沉淀硬化型不锈钢、沉淀硬化镍基、钴基合金、钛和钽各种合金</td><td>HAZ 硬度不得大于母材标称硬度
焊缝硬度不得超过填充金属合金系标称硬度</td><td>A.3.3
A.4.3
A.8.3
A.9.2
A.10.2
A.11.2</td></tr>
<tr><td rowspan="4">耐蚀合金堆焊</td><td>堆焊耐蚀层材料为 A.2~A.11</td><td rowspan="4">A.13.2</td></tr>
<tr><td>堆焊后的基材性能须符合 NACE MR0175–2021/ISO 15156–2 或 –3：2020 标准要求</td></tr>
<tr><td>堆焊的最低厚度应依照 ASME IX 和 ISO 15614–7 进行工艺评定</td></tr>
<tr><td>因康镍 625 堆焊层应使用同质焊材，最低堆焊厚度评定应通过铁含量 5% 或 10% 来限制</td></tr>
</table>

NACE MR0103/ISO 17495–1 标准基于 NACE MR0175/ISO 15156 条件下，针对炼厂酸洗环境的标准，而后者是针对油气开采行业的标准，对焊接裂纹的预防要求也有区别，见表 8。

2 焊接裂纹的返修标准

裂纹返修影响因素众多，更少有返修标准，但是随着技术进步，返修体系已经开始了从无到有雏形。这里主要借助 AWS《焊接手册》的思路，在 1996 年第 8 版《焊接手册》中，给出的返修决策者是“专家”[13]，也就是焊接返修对经验的依赖度高；但是到了 2011 年第 9 版《焊接手册》中，对焊接返修部分进行了大量增删，删除了“专家”进行返修决策的说法，而代之以简化及条理清晰的返修决策清单[14]，这也就开启了返修标准化的大门。

表 8　NACE MR0173/ISO17495-1 和 NACE SP0472 标准对焊接腐蚀裂纹预防措施

<table>
<tr><th>材料的类别</th><th colspan="2">预防腐蚀裂纹的预防措施</th><th colspan="4">参见相关文献及条款</th></tr>
<tr><td rowspan="7">碳钢、
低合金钢</td><td colspan="2">ASME IX 中 P–No.1 材料，焊接方法限于（NACE SP0472）即 SMAW、GTAW、GMAW、FCAW、SAW</td><td rowspan="12">NACE MR0103–2015/ISO 17495–1：2015（R2023）</td><td>13.1.7.2</td><td rowspan="7">NACE SP0472–2020</td><td>2.2.2</td></tr>
<tr><td colspan="2">ASME IX 中 P–No.1 材料，母材和 HAZ 硬度符合（NACE SP0472），即焊缝区硬度≤200HBW，HAZ 硬度≤248HV</td><td>13.1.9.2</td><td>表 1</td></tr>
<tr><td colspan="2">ASME IX 中 P–No.3、4、5A 材料，焊态或 PWHT 后硬度≤248HV10</td><td>13.1.8</td><td>—</td></tr>
<tr><td rowspan="4">堆焊和热喷涂</td><td>ASME IX 中 P–No.1 材料堆焊，母材和碳当量应符合（NACE SP0472），即：C≤0.18%，碳当量 CE≤0.43%；壁厚超过 1 英寸（25.4mm）后 CE≤0.45%，用户可限制 CE 最大值，V≤0.02%，Nb≤0.02%，V+Nb≤0.03%</td><td>13.1.9.2</td><td>2.3.4.2</td></tr>
<tr><td>合金钢或 ASME IX 中非 P–No.1 材料堆焊，硬度≤HRC22（237HBW），其中 P–No.3，4，10A，10B，10C，11 材料硬度≤225HBW；P–No.5A，5B，5C，6，7 材料硬度≤235HBW</td><td>13.1.9.3</td><td>—</td></tr>
<tr><td>ASME IX 中 P–No.1 材料热喷涂，母材任何一点温度超过 AC1，则该焊接工艺评定应按照 NACE SP0472 进行评定</td><td>13.1.9.4</td><td>所有</td></tr>
<tr><td>合金钢或 ASME IX 中非 P–No.1 材料热喷涂，母材任何一点温度超过 AC1，则该焊接工艺评定应增加 PWHT，硬度≤HRC22（237HBW），其中 P–No.3，4，10A，10B，10C，11 材料硬度≤225HBW；P–No.5A，5B，5C，6，7 材料硬度≤235HBW</td><td>13.1.9.5</td><td>—</td></tr>
<tr><td>铸铁和
球墨铸铁</td><td colspan="2">不允许焊接铸铁和球墨铸铁</td><td colspan="3">13.2</td></tr>
<tr><td>铁素体不锈钢</td><td colspan="2">材料硬度≤22 HRC，焊评照附录测试，接头硬度≤248 HV10</td><td colspan="3">13.3</td></tr>
<tr><td rowspan="3">马氏体
不锈钢</td><td colspan="2">马氏体钢 UNS S41000，S42000，J91150［CA15］，J91151［CA15M］，焊缝应进行 PWHT，温度≥621℃，接头硬度≤248 HV10</td><td colspan="3">13.4.3.1
13.4.1</td></tr>
<tr><td colspan="2">低碳马氏体钢焊接只允许 12Cr–4Ni–Mo，UNS J91540（CN6NM），UNS S42400，硬度小于 23HRC（255HBW 或 275HV10）焊后应先冷却至室温，然后双循环 PWHT，先 671 至 691℃ PWHT，再冷却至室温，再做 580 至 621℃ PWHT，焊评接头硬度≤275HV10</td><td colspan="3">13.4.3.2
13.4.2</td></tr>
<tr><td colspan="2">马氏体钢堆焊工艺可以是：焊接、银钎焊、热喷涂，焊评硬度≤248HV10，对于标准 13.4.2 的材料，焊评硬度≤275HV10</td><td colspan="3">13.4.3.2</td></tr>
</table>

续表

材料的类别	预防腐蚀裂纹的预防措施	参见相关文献及条款	
奥氏体不锈钢、固溶镍合金、钴镍铬钼合金 R31233、铝合金、铜合金	焊接及堆焊无硬度限制	NACE MR0103–2015/ISO 17495–1：2015（R2023）	13.5.4 14.1.1.7 14.2.5 14.5.2 14.6.2
双相不锈钢	焊评硬度测试按照附录 C，平均值≤310HV，单个值≤320HV 按 ASTM E562 测定焊缝铁素体含量，在 30% 至 65% 体积百分数的范围内，相对误差≤10%		13.8.2
沉淀硬化不锈钢	焊接件硬度限制：UNS J92200（CB7Cu–1）≤302HV（熔覆金属）；UNS S45000≤310HV10；UNS S17400 与 UNS S15500 与 UNS J92110（CB7Cu–2）≤327HV（熔覆金属）；UNS S66286≤345HV10		13.9.3
沉淀硬化镍合金	焊评硬度测试按照附录 C，不同材料硬度范围 35~43HRC		14 1.1.2 和条目下表 6

2.1　AWS 焊接返修总结略见体系雏形

AWS 作为权威机构，对焊接返修的总结不断改进，在其《焊接手册》中，对焊接返修已经从早期的特重视经验发展成为逐渐建立起初见体系雏形的返修决策要素清单及引入不同标准分管的产品分类。

指出随着金属疲劳、断裂力学、金属性能方面的更深入理解，以及便携式光谱仪（PMI），理化试验、无损检测（NDT）及焊接技术的进步，给出了不同产品的返修标准分类清单（见表 9）以及首次给出了返修决策要素清单（见表 10）。

表 9　美标不同产品的标准组织分类根据[15]修正

产品	ABS	AISC	API	AREMA	ASME	NBBPVI	ASTM	AWS	FED	PFI	NACE
母材	X			X	X		X	X	X		X
桥梁		X						X	X		
建筑		X		X				X			X
工程设备								X	X		
吊车，起重机					X			X			
电梯，自动扶梯					X						
填充金属	X				X			X	X		X
食品，药品设备					X						X

续表

产品	ABS	AISC	API	AREMA	ASME	NBBPVI	ASTM	AWS	FED	PFI	NACE
机械工具								X			X
军用设备									X		
发电设备	X				X	X			X		X
管道	X		X	X	X			X	X	X	X
压力机								X			
压力容器，锅炉	X		X		X	X					X
铁路设备				X				X			X
金属板制造								X			X
船舶	X							X	X		X
储罐	X							X			X
一般结构		X		X				X			X
车辆								X	X		X

注：ABS—美国船级社；AISC—美国钢铁结构协会；API—美国石油协会；AREMA—美国铁路工程与维修协会；ASME—美国机械工程师协会；NBBPVI—美国锅炉压力容器检验委员会 / 统一锅炉压力 容器法律协会；ASTM—美国材料试验协会；AWS—美国焊接协会；PFI—美国管制造商协会；NACE—美国腐蚀协会。

表 10　返修要素清单

<table>
<tr><th>序号</th><th colspan="3">返修要素清单</th></tr>
<tr><td rowspan="7">1</td><td rowspan="7">母材</td><td colspan="2">1.1 是否焊接结构？</td></tr>
<tr><td rowspan="6">1.2 何种母材？</td><td>1.2.1 文件显示信息</td></tr>
<tr><td>1.2.2 操作维修手册和图纸显示信息</td></tr>
<tr><td>1.2.3 理化测试母材化学成分、强度、硬度</td></tr>
<tr><td>1.2.4 母材热处理状态</td></tr>
<tr><td>1.2.5 母材焊接性限制条件</td></tr>
<tr><td>1.2.6 是否异种金属焊接？</td></tr>
<tr><td rowspan="4">2</td><td rowspan="4">缺陷类型、位置、检测方法</td><td colspan="2">2.1 外观检测</td></tr>
<tr><td colspan="2">2.2 无损检测</td></tr>
<tr><td colspan="2">2.3 破坏性检测且缺陷移除</td></tr>
<tr><td colspan="2">2.4 金相检测</td></tr>
</table>

续表

序号	返修要素清单		
3	缺陷返修和服役条件	3.1 缺陷是否必须返修?	
		3.2 缺陷条件和状态是否允许返修?	
		3.3 服役历史中是否进行过返修?	
		3.4 返修是否会增加将来服役失效的风险?	
		3.5 元件是否应该更换?	3.5.1 更换是否成本更低?
			3.5.2 更换对进度计划的影响?
			3.5.3 更换后是否依然会出现同样缺陷?（缺陷是否设计不当的结果?）
		3.6 元件是否应该继续使用?	3.6.1 允许重新服役的基础是什么?
			3.6.2 服役或操作时间内有何必须遵守的规定?
			3.6.3 设计工程师或其它相关方是否接受继续使用?
4	缺陷或损坏元件返修准备	4.1 返修区域和检验区域是否可进入	
		4.2 焊接返修前是否需要火工矫正或其它操作?	
		4.3 工作环境是否确保清洁且安全?	
		4.4 缺陷是否彻底移除?	
5	变形与收缩	5.1 结构情况及热膨胀拘束如何?	
		5.2 过程拘束如何?	
		5.3 需要何种缓解措施（例如：预热、焊后热处理、锤击或其它）	
6	规范、标准、和规章	6.1 工业规范和标准	
		6.2 工业规章，例如地方政府规章	
		6.3 客户规格书或设备最初制造规格书	
		6.4 适用的焊接规范、标准和指南	
		9.5 军标	

2.2　EN、ISO 体系尚未见返修标准体系雏形

EN 1011-2 附录 A 给出了再热裂纹和应力腐蚀裂纹的解决思路；在欧标中地位类似 AWS D1.1 的权威标准 EN 1090-2 [16] 对于裂纹返修却远不及前者详细，只是在 10.9 条，12.5.3.2 条各给了一句话而已。

挪威标准 NORSOK M601 [17] 甚至直接 11.1 条规定在役管道返修执行 ASME PCC-2，由此可见欧洲在返修方面缺乏影响力较大的标准。

2.3 现有含裂纹返修标准举例

由于没有先例可循，笔者资料有限，以下仅列出部分含裂纹返修的国际标准，详见表 11。

表 11 部分（含）裂纹返修国际标准

序号	标准名称	备注
1	API 579-1/ASME FFS-1 2021 Fitness-for-Service《合乎使用》	API 美国石油学会标准
2	API 579-2/ASME FFS-2 2009 Fitness-for-Service Example problem manual《合乎使用的问题案例》	
3	API Bull 939-E 2013 Identification，Repair，and Mitigation of Cracking of Steel Equipment in Fuel Ethanol Service《燃料乙醇服役中钢铁设备开裂的识别、修复和缓解》	API 美国石油学会公告
4	API INSPECTION CODE 510 2022，Pressure Vessel Inspection Code：In-Service Inspection Rating Repair and Alteration《压力容器检验规范 - 在役检验等级　修理和改造》	API 美国石油学会检验规范
5	API INSPECTION CODE 570 2024，Piping Inspection Code In-service Inspection Rating Repair，and Alteration of Piping Systems《管道检验规范 - 在役检验等级管道系统的修理和改造》	API 美国石油学会检验规范
6	API publication 939-B 2002，Repair and Remediation Strategies for Equipment Operating in Wet H_2S Service《湿硫化氢作业设备的维修和补救策略》	API 美国石油学会出版物
7	API Recommended Practice 6DR 2012 reaffirmed 2020，Recommended Practice for the Repair and Remanufacture of Pipeline Valves《管道阀门维修和再制造的推荐实施规程》	API 美国石油学会推荐标准
8	API Recommended Practice 945 2003 reaffirmed 2020，Avoiding Environmental cracking in Amine unit《避免胺装置的环境开裂》	API 美国石油学会推荐标准
9	API standard 653 Fifth Edition，2014，Includes Addendum 1（2018），Addendum 2 （2020），Tank Inspection，Repair，Alteration，and Reconstruction；《油罐检查、修理、改造和重建》	API 美国石油学会标准
10	API technical report 934-J 2021，Inspection，Assessment，and Repair of Coke Drums and Peripheral Components in Delayed Coking Units《延迟焦化装置中焦炭桶和外围部件的检查、评估和修理》	API 美国石油学会技术报告
11	API technical report 942-A 2014，Materials，Fabrication，and Repair Considerations for Hydrogen Reformer Furnace Outlet Pigtails and Manifolds《氢重整炉出口尾纤和管汇的材料、制造和修理评估》	API 美国石油学会技术报告

续表

序号	标准名称	备注
12	API technical report 942-B 2017, Materials, Fabrication, and Repair Considerations for Austenitic Alloys Subject to Embrittlement and Cracking in High Temperature 565 degrees C to 760 degrees C (1050 degrees F to 1400 degrees F) Refinery Services, First Edition《奥氏体合金在高温 565 至 760 摄氏度（1050 华氏度至 1400 华氏度）下易脆化和开裂的材料、制造和修理注意事项，第一版》	API 美国石油学会技术报告
13	Saudi Aramco engineer standard SAES-D-108 2018, Repair, Alteration and Reconstruction of Storage Tanks《储罐的修理、改造和重建》	ARAMCO 沙特阿美技术标准
14	ASME PCC-2-2022. Repair of pressure equipment and piping《管道和承压设备的修理》	ASME 标准
15	DEP 30.10.60.18-GEN 2017. welding of metals (Amendments/supplements to API RP 582)《金属焊接 API RP 582 修订 / 补充》	DEP 壳牌规范
16	DNVGL-RP-B204 2020 welding of Subsea production system equipment《水下生产系统装备焊接》	DNV 挪威船级社推荐标准
17	DNVGL-RP-F113 2016 amended 2018. pipeline Subsea repair《水下管道修理 2018 修订》	DNV 挪威船级社推荐标准
18	DNVGL-ST-F101 2021. Submarine pipeline system《海底管道系统》	DNV 挪威船级社标准
19	GMW 14056-2018. Weld Acceptance Criteria and Repair Methods: Arc Welded and Arc Brazed Joints《电弧焊和电弧钎焊接头：焊缝接受条件和返修方法》	GM 美国通用公司（全球）技术标准
20	GMW 14057-2014. Weld Acceptance Criteria and Repair Methods Resistance Spot Welds – Steel《钢电阻点焊：焊缝接受条件和返修方法》	GM 美国通用公司（全球）技术标准
21	GMW 15425-2013. Weld Acceptance Criteria and Repair Procedures Laser Fillet Welds in Lap Joints – Steel《钢搭接接头的角焊缝激光焊：焊缝接受条件和返修程序》	GM 美国通用公司（全球）技术标准
22	GMW 16435-2014. Weld Acceptance Criteria and Repair Procedures for Resistance Projection Welding – Steel《钢电阻凸焊：焊缝接受条件和返修程序》	GM 美国通用公司（全球）技术标准
23	IACS Rec 47 Shipbuilding and Repair Quality Standard – Rev.10《船舶建造和修理质量标准 第 10 版》	IACS 国际船级社协会标准
24	NACE SP0296-2020. Detection, Repair, and Mitigation of Cracking in Refinery Equipment in Wet H2S Environments《湿硫化氢环境下炼油厂设备裂纹的检测、修复和缓解》	NACE 美国腐蚀协会规程

续表

序号	标准名称	备注
25	NACE SP0590-2015. Prevention, Detection, and Correction of Deaerator Cracking《除氧器开裂的预防、检测和纠正》	NACE 美国腐蚀协会规程
26	NAVSEA S9074-AR-GIB-010/278-1995. REQUIREMENTS FOR FABRICATION WELDING AND INSPECTION AND CASTING INSPECTION AND REPAIR FOR MACHINERY PIPING AND PRESSURE VESSELS《机械管道和压力容器的制造、焊接和检验及铸造检验和修理要求》	NAVSEA 美国海军标准
27	NBIC NB 23 PART 3 National Board Inspection Code – Part 3 Repairs and Alterations-2023《国家委员会检验规范 – 第 3 部分 维修和更换》	NBIC 美国锅炉压力容器检验委员会规范
28	PRCI PR-186-0324 pipeline repair manual《管道修理手册》	PRCI 国际管道研究协会报告
29	PRCI PR-185-0451 Advanced Welding Repair and Remediation《先进焊接维修和补救》	PRCI 国际管道研究协会报告
30	ALBERTA TRANSPORTATION Technical standards branch. REPAIR OF BRIDGE STRUCTURAL STEEL ELEMENTS MANUAL release 1.0《阿尔伯塔运输技术标准分支 – 桥梁钢结构修理手册》	阿尔伯塔省政府技术标准（加拿大）
31	Steel Tank Institute SP031. standard for repair of shop fabricated aboveground tanks for storage of combustible and flammable liquids《车间制造的储存可燃和易燃液体的地上储罐的修理标准》	STI 钢储罐协会标准
33	Australian Rail Track Corporation LTD engineering （track & civil） EGH-09-01. Structure repair guideline《结构修理导则》	澳大利亚铁路公司（澳大利亚政府企业）
34	Welding technology Institute of Australia TGN-PE-04. Weld repair of creep damaged steel《钢蠕变损伤焊接修理》	WTIA 澳大利亚焊接协会技术文件
35	Maryland department of transportation state highway administration. Office of structures. Structural detail manual. Chapter 11-structural repairs《MDOT（美国）马里兰州交通部国家公路管理局 . 结构办公室 . 结构细节手册 第 11 章 – 结构修理》	MDOT（美国）马里兰州交通部国家公路管理局 – 结构办公室

另外，根据 AWS 焊接手册[14]说明，AWS B2.1 的系列 SWPS（标准焊接工艺指导书）可以用于返修，而某些 SWPS 也确实明文规定了适用于返修，例如 AWS B2.1-1-003[20]，对于 AWS B2.1 的系列 SWPS，此处不再赘述，笔者另有专文表述[21]。

2.4　关于裂纹返修典型问题的国际标准规定

诸多的裂纹返修标准中固然有很多特定的条款，但是也有些通用的内容，国内焊接返修工作中经常遇到的问题，在国际标准中往往已经有了定论，试举几例如下：

2.4.1　返修次数限制

不同材料的焊接性不同，不同标准对返修焊接的质量要求不同，例如 DNVGL-RP-B204 2020 限制耐蚀复合管同一部位返修次数最多 2 次，双相不锈钢同一部位返修次数最多 1 次，小口径（≤50mm）双相不锈钢管不允许返修[18]；中国船级社指导性文件《海上自升式钻井平台桩腿裂纹检验与修复指南》规定屈服强度 690MPa 的桩腿材料可以返修 4 次[22]；AWS B2.1-1-003 对普通钢材（组别 -1 碳钢）不限制返修次数[20]。

2.4.2　返修焊接工艺评定

国内未见返修焊接工艺的标准规定，国际上有标准规定了返修焊接工艺评定，典型的如 DNVGL-RP-B204 2020 给出了较为系统的相关规定。

2.4.3　消氢温度与焊前、焊后消氢处理规定

钢结构返修中，经常会需要去除扩散氢，因此选择焊后消氢处理（postweld hydrogen bakeout）就成了返修工艺中的常见规定，但是也有些标准建议裂纹返修焊前消氢处理（preweld hydrogen bakeout），国内的各种资料对于消氢处理温度大相径庭，国际标准规定如下：

1）焊前消氢处理

AWS D10.10、API RP 945 规定：焊前消氢处理温度时间范围 230~316℃，每 25mm 厚度 2h，且不少于 2h[19，23]。

2）焊后消氢处理

AWS D10.10，5.3 条规定上限温度不得超过 427℃，推荐焊后消氢处理参数[23]：260~316℃，每 25mm 厚度 2h；但是该标准同时也指出“ASME III，NB-4622.9 条要求的焊后消氢处理是 232~288℃，时间不少于 2h；NBIC 第 3 部 2.5.3 条规定焊后消氢处理温度最低 232℃，时间不少于 2h…”。

3　结论

有焊接就有返修，而裂纹返修在焊接工程中也屡见不鲜。国内标准未给出系统的裂纹返修的办法，更少见裂纹返修标准。欧美作为焊接产业的先行者，已经

出版了很多裂纹返修或含裂纹返修的标准，甚至有发达国家政府部门、国有企业对裂纹返修也有专门的规定来解决，没有标准的规定，焊接返修的质量就难以保证满足产品设计、使用条件，而根据木桶效应，焊接产品的返修区域尤其是裂纹返修区域，往往会成为焊接工程的隐患乃至质量的短板，根据产业升级，标准先行的思路，如果焊接产品有裂纹返修标准，就相当于提升了木桶的短板，直接就提升了整体的品质，所以意义非凡。

迄今为止，国际上也并无裂纹返修标准体系的说法，本文只是笔者个人的探索与思考，囿于经验与知识有限，错误在所难免，敬请同仁批评指正。

参 考 文 献

[1] ISO 3834-1：2021. Quality requirement for fusion welding of metallic materials part 1：Criteria for the selection of the appropriate level of quality requirements [S]. Switzerland. ISO. 2021.

[2] BS EN 1101-2：2001. Welding-Recommendations for welding of metallic materials part 2：Arc welding of ferritic steel [S]. UK. BSI. 2001.

[3] ISO/TR 17671-2：2002. Welding-Recommendations for welding of metallic materials part 2：Arc welding of ferritic steel [S]. Switzerland. ISO. 2002.

[4] AWS D14.8M：2009（ISO/TR 17844：2004 IDT）. Standard Methods for the Avoidance of Cold Cracks [S]. Miami. AWS. 2009.

[5] AWS D1.1/D1.1M：2020. Structure welding Code-steel [S]. Miami. AWS. 2020.

[6] AASHTO/AWS D1.5M/D1.5：2020. Bridge welding Code [S]. American. AWS. 2020.P428.

[7] ISO/TS 20273：2017. Guidelines on weld quality in relationship to fatigue strength [S]. Switzerland. ISO. 2017.

[8] ANSI/NACE MR0175/ISO 15156-1：2020 Petroleum，petrochemical，and natural gas industries-Materials for use in H2S-containing environments in oil and gas production- Part 1：General principles for selection of cracking-resistant materials [S]. Houston. NACE/ISO. 2020.

[9] ANSI/NACE MR0175/ISO 15156-2：2020 Petroleum，petrochemical，and natural gas industries -Materials for use in H2S-containing environments in oil and gas production-Part 2：cracking-resistant carbon and low alloy steels，and the case of irons [S]. Houston. NACE/ISO. 2020.

[10] ANSI/NACE MR0175/ISO 15156-3：2020 Petroleum，petrochemical，and natural gas industries-Materials for use in H2S-containing environments in oil and gas production-Part 3：cracking-resistant CRAs（corrosion resistant alloys）and other alloys [S]. Houston. NACE/ISO. 2020.

[11] ANSI/NACE MR0103/ISO 17459-1：2015（R2023） Petroleum，petrochemical，and natural

gas industries–metallic materials resistant to sulfide stress cracking in corrosive petroleum refining environments ［S］. Houston. NACE/ISO. 2023.

［12］NACE SP0472–2020 methods and controls to prevent in–service environments cracking of carbon steel weldments in corrosive petroleum refining environments ［S］. Houston. NACE. 2020.

［13］AWS Welding Handbook. Volume 3 eighth Edition ［M］. Miami：American Welding Society，1996，p418–444；

［14］AWS Welding Handbook. Volume 4 nineth Edition ［M］. Miami：American Welding Society，2011，p566–607；

［15］AWS Welding Handbook. Volume 1 tenth Edition ［M］. Miami：American Welding Society，2018，p795；

［16］BS EN 1090–2：2018. Execution of steel structures and aluminum structures part 2：technical requirements for steel structure ［S］. Brussel. CEN. 2018.

［17］NORSOK M–601：2016. Welding and inspection of piping. ［S］. NORWAY. NORSOK. 2016.

［18］DNVGL–RP–B204 2020 welding of subsea production system equipment ［S］. Oslo. DNV.GL. 2020.

［19］NACE SP0296–2020. Detection，Repair，and Mitigation of Cracking in Refinery Equipment in Wet H2S Environments ［S］. Houston. NACE. 2020.

［20］AWS B2.1–1–003：2002（R2013）. Standard Welding Procedure Specification （SWPS） for Gas Metal Arc Welding （Short Circuiting Transfer Mode） of Galvanized Steel （M–1），18 through 10 Gauge，in the As–Welded Condition，with or without Backing ［S］ Miami. AWS. 2019.

［21］段凯扬，戈兆文．焊接工艺评定国际新趋势——焊接经验评定与标准焊接工艺规程［J］．压力容器，2020，37（5）：6.

［22］CCS GD 09–2007 中国船级社 指导性文件 海上自升式钻井平台桩腿裂纹检验与修复指南 ［S］北京：人民交通出版社，2009.

［23］AWS D10.0/10.0M：2021. Recommended Practices for Local Heating of Welds in Piping and Tubing ［S］. Miami，AWS，2021.

ASME 第Ⅲ卷焊接接头冲击韧性补偿分析

王庆江，张学刚，胡鹏亮，刘满雨，孙婷婷，陈　波，徐　锴

（哈尔滨威尔焊接有限责任公司，黑龙江　哈尔滨　150006）

摘要：鉴于核级设备的重要性及其潜在风险，美国 ASME 标准对核级设备的韧性要求提出特殊要求和试验方法，本文对 ASME 第Ⅲ卷各分卷中冲击韧性要求相关条款如 NX−4335 等进行梳理，针对 ASME 核级设备建造中更加关注焊接热循环可能造成的焊接热影响区冲击韧性下降等问题，分析总结了 ASME 第 III 卷各分卷对焊接接头韧性考核的原因和操作方法等，ASME 第 III 卷通过冲击韧性的补偿提出更高的母材性能要求，对工程是有益的，因而有其必要性。但按照 ASME 第Ⅲ卷 NX−2330 规定母材、焊缝和 HAZ 均有考核要求，同时要求按照 NX−4335.2 评定热影响区时，这种的评定实施可能会造成母材的采购存在不确定性。

关键词：ASME 焊接接头；热影响区；冲击韧性补偿

Analysis of impact toughness compensation for welded joints in ASME Section Ⅲ

Wang Qingjiang，*Zhang Xuegang*，*Hu Pengliang*，*Liu Manyu*，*Sun Tingting*，*Chen Bo*，*Xu Kai*

（Harbin Welder Welding Co.，Ltd.， Harbin 150006， China）

Abstract：In view of the importance and potential risks of nuclear grade equipment, the American ASME standard puts forward special requirements and test methods for the toughness requirements of nuclear grade equipment. In this paper, relevant clauses on impact toughness requirements such as NX−4335 in each sub−volume of ASME Section III are reviewed. In view of ASME nuclear grade equipment construction, more attention is paid to the impact toughness reduction of welding heat affected zone caused by welding thermal cycling. This paper analyzes and summarizes the reasons and operation methods for inspecting the toughness of welded joints in ASME Section III. ASME Section III requires higher base

［**作者简介**］王庆江（1987—），男，硕士，高级工程师，主要从事焊接材料与工艺等研究。

material properties through compensation for impact toughness, which is beneficial to engineering and therefore necessary. However, in accordance with ASME Section III NX-2330 base materials, welds and HAZ are required to be evaluated, and in accordance with NX-4335.2, the implementation of such evaluation may cause uncertainty in the procurement of base materials.

Key words：ASME welded joint；Heat affected zone（HAZ）；Impact toughness compensation

0　前言

焊接是核电设备制造和安装中大量应用的、不可缺少的工艺方法，焊接质量直接影响到核电厂承压边界的质量水平，影响核电厂的安全。鉴于其重要性，各核电大国均在其核电建造规范中制订有专门针对焊接的文件，如法国 RCC-M S 篇、俄罗斯 ПНАЭГ-7-009-89，美国 ASME 规范等。我国在三代核电 AP1000 技术引进、消化与吸收过程中，不仅包括核电站设计、制造、建造、运行等具体技术，同时也包括其所对应的美国 ASME 核电标准体系和运行机制的理解和消化。

在各类机械设备中，核电设备的重要性是最高的。为此，核电设备建造规范对材料提出了较高的韧性要求。了解和掌握 ASME 核电部分的焊接接头韧性要求，有助于工程中的熟练应用。ASME 第Ⅲ卷中 NX-4335 中规定了焊接工艺评定试验中的冲击试验要求，需要进行焊缝、热影响区和母材的冲击试验，并重点关注了热影响区的冲击试验。其试验目的不仅要评定热影响区的韧性是否达到了母材要求值，还要评价焊接热作用对热影响区韧性的影响，要求将焊接热影响区韧性与母材比较，如果焊接热作用造成热影响区冲击韧性降低，那么要求对降低量进行试验测定，分别以韧性值（如冲击吸收能量或侧向膨胀值）和温度值补偿到母材的验收标准中，提高母材的韧性要求。国内和国外其他的同类别的标准均不考虑焊接接头热影响区冲击韧性的降低，但是 ASME 核电部分则明确要求对这种降低进行确认[1-4]。

1　ASME 第Ⅲ卷 N-4335 条款冲击韧性补偿

焊接热作用在焊缝两侧的母材产生热影响区，距焊缝不同距离的各点，所经历的热循环过程是不同的，这种快速不均加热和冷却过程引起热影响区的组织和性能不均匀。因此，在某些情况下热影响区的性能决定了焊接结构的使用性能[2]。

1.1　韧性补偿原因分析

核安全级铁素体材料，尤其是在一回路中遭受辐照的铁素体材料，对冲击韧性的要求非常高。主要原因是随着在役运行时间的加长，铁素体在遭受辐照后会变脆，无塑性转变温度会升高。为此，在制造的时候就要考虑母材的冲击韧性要好，有足够的余量，使设备在服役40年或60年后，依然有足够的冲击韧性或好的无塑性转变温度。为了保证设备具有足够的冲击韧性，NX-2000会对母材的冲击韧性有规定，NX-2300对焊材（也就是焊缝）的冲击韧性也有要求，唯一未能应对就是焊接热影响区，ASME第Ⅲ卷在NX-4335.2焊接工艺评定冲击试验要求做了详细规定，这样就全面覆盖了母材、焊缝和热影响区的冲击韧性，确保设备在服役期间有好的冲击韧性和较低的无塑性转变温度。这也是ASME第Ⅲ卷要求确认热影响区冲击韧性的一方面原因。

提高焊接热影响区的性能的主要方法包括：改变焊接工艺，进而提高焊接热影响粗晶区的性能；提高母材的性能，这样即便是焊接热影响区韧性有所降低，但是母材性能有足够的余量，保证焊接热影响区依然保证一定的韧性。ASME第Ⅲ卷规范中采取后者来提高热影响区性能，这种方法是最直接、最有效，并且可控性好[4]。

1.2 ASME第Ⅲ卷冲击韧性补偿依据

ASME规范中规定，在工程的结构设计中采用夏比V型缺口冲击试验和落锤试验评价铁素体钢低温韧性。ASME第Ⅲ卷NX-4335.2条要求进行热影响区冲击试验，其试验目的不仅要评定热影响区的性能是否达到了规范对母材规定的合格门槛，还要评价焊接热影响区韧性的损失程度，并规定了一系列要求对热影响区进行韧性补偿。热影响区韧性补偿合格指标与母材的要求一致，例如NB分卷中NB-2331条规定要求在RTNDT+33℃下要求母材的冲击吸收能量应≥68J，而侧向膨胀值值应该≥0.89mm，在NB-4335.2中热影响区冲击吸收能量和侧膨胀值的合格指标就为0.89mm，热影响区的合格指标与达母材性能相同[5]。

ASME第Ⅲ卷中对母材的冲击韧性作出了相应的规定，各个分卷中的NX-2330条款规定了母材的试验要求和验收标准，因此热影响区冲击韧性合格指标也因母材要求不同而有所区别。第Ⅲ卷对母材的韧性要求可以分为三类，第一类要求准确测得无延性转变温度 T_{NDT}，并采用冲击试验找到 RT_{NDT}；第二类不要求准确测得无延性转变温度，但要求定点温度落锤试验和冲击试验；第三类仅要求满足在规定温度下的冲击试验要求[3, 5-11]。

第一类的应用对象是核设备中安全级别最高的设备部件，即核1级部件，包括高温核1级部件和堆芯支撑结构，第一类母材韧性试验要求[3, 5, 10]见表1，冲击试验温度为 T_{NDT}+33℃。

表 1　第一类母材韧性试验要求

序号	应用对象	规范条文	冲击试验温 /℃	冲击试验合格标准	
				侧向膨胀值 /mm	吸收功 /J
1	核 1 级部件中的容器承压母材，焊材及焊评试板各区域	NB-2331 NB-2332（b）	$\leqslant T_{NDT}+33$	$\geqslant$0.89	$\geqslant$68
2	核 1 级部件中厚度大于 64mm 的管道，泵和阀承压件材料，焊材及焊评试板各区域		$\leqslant T_{NDT}+56$		
3	厚度大于 50mm 的堆芯支撑材料，焊材及焊评试板各区域	NG-2332（a）	$\leqslant T_{NDT}+33$	$\geqslant$0.89	$\geqslant$68

第二类的要求适用于按 NC 分卷建造的 2 级部件和按 NE 分卷建造的 MC 级部件中厚度超过 64mm 的承压件材料，及用于焊接这类材料的焊接工艺评定试板上的焊缝金属，第二类母材韧性试验要求[3, 6, 7]见表 2。对于按这 2 个分卷建造的设备中厚度不超过 64mm 的承压件材料及其使用的焊接材料和焊接工艺评定试板上各区域，以及用于焊接厚度超过 64mm 的这类材料的焊接材料和焊接工艺评定试板上除焊缝金属以外的其他区域，也可以参照表 2。

表 2　第二类母材韧性试验要求

序号	应用对象	规范条文	试验方法	试验温度	合格标准
1	厚度 >64mm，核 2 级承压部件母材及焊评试板上的焊缝金属	NC-23322（a）	落锤试验	≤LST-A	至少 2 个试样不断裂
2	厚度 >64mm，核 2 级承压部件的焊材，焊评试板上未受焊接热影响的母材及热影响区	NC-23322（b）			
3	厚度≤64mm，核 2 级承压部件母材，用于焊接该类部件的焊材及焊评试板上的各区域	NC-23321			
4	厚度 >64mm，MC 级承压部件母材及焊评试板上的焊缝金属	NE-23322（a）	落锤试验	≤LST-A	至少 2 个试样不断裂
5	厚度 >64mm，核 2 级承压部件的焊材，焊评试板上未受焊接热影响的母材及热影响区	NE-23322（b）			
6	厚度≤64mm，NC 级承压部件母材，用于焊接该类部件的焊材及焊评试板上的各区域	NE-23321			

第三类仅要求在规定温度下进行夏比 V 型缺口试验，即在不高于某规定温度下进行夏比 V 型缺口冲击试验，测定吸收功或侧向膨胀值，达到规定合格指标则为合格，否则为不合格，只是合格标准比对常规压力容器的要求高。第三类主要适用于按 ND 分卷建造的 3 级部件，以及按 NF 分卷建造的支撑。另外，它还适用于其他分卷除强制规定必须按前两类试验要求以外的其他受试对象，第三类母材韧性试验要求[3-11]见表 3。

表 3　第三类母材韧性试验要求

序号	应用对象	规范条文	试验温度	合格标准所在位置	
				侧向膨胀值	吸收功
1	核 1 级部件中厚度不超过 64mm 的管道，泵和阀承压件材料，焊材及焊评试板各区	NB-2332（a）	≤LST	表 NB-2332（a）-1	无要求
2	用于核 1 级部件的螺栓材料	NB2333	≤LST 或预紧温度中较低值	表 NB-2333-1	
3	核 2 级部件中厚度不超过 64mm 承压件材料，用于这类承压件的焊材，焊接工艺评定试板各区域	NC-23321	≤LST	表 NC-23321-1	表 NC-23321-2
4	用于厚度超过 64mm 的核 2 级部件的焊接材料和焊评试板上的热影响区和母材部分	NC-2332（b）	≤LST	表 NC-23321-1	表 NC-23321-2
5	用于核 2 级部件的螺栓材料	NC-23323	≤LST	NC-23323-1	
6	核 3 级部件中承压件材料，用于这类材料焊接的焊接材料及焊评试板各区域	ND-2331	≤LST	表 ND-2331（a）-1	ND-2331（a）-2
7	用于核 3 级部件的螺栓材料	ND-2333	≤LST 或预紧温度中较低值	表 ND-2333-1	
8	MC 部件中厚度不超过 64mm 的承压件材料，用于这类材料的焊材，及焊评试板各区域	NE-23321	≤LST	表 NE-23321-1	表 NE-23321-2
9	厚度大于 64mm 的 MC 部件用焊材，焊评试板的热影响区及母材	NE-2332（b）	≤LST	表 NE-23321-1	表 NE-23321-2
10	MC 部件用螺栓材料	NE-23323	≤LST≤（LST-17）℃	表 NE-233323（a）-1	表 NE-233323（b）-1

续表

序号	应用对象	规范条文	试验温度	合格标准所在位置	
				侧向膨胀值	吸收功
11	1 级部件和 1 级管道支撑	NF-2331	规定温度	表 NF-2331（a）-1	NF-2331（a）-4
12	2 级部件和 2 级管道支撑			表 NF-2331（a）-2	NF-2331（a）-1
13	3 级部件和 3 级管道支撑			表 NF-2331（a）-3	NF-2331（a）-2
14	MC 级部件和 MC 级管道支撑			表 NF-2331（a）-2	NF-2331（a）-1
15	支撑上的螺栓材料	NF-2333	规定时间	表 NF-2333-1	不要求
16	厚度不超过 50mm 的堆芯材料，及用于其上的焊材和焊评试板各区域	NG-2331	≤LST	表 NG-2331（a）-1	不要求

由于焊接的热作用导致热影响区脆性增加、韧性下降，因此 ASME 第Ⅲ卷中 NX-4335.2 要求进行焊接工艺评定试验组件的热影响区夏比 V 型缺口冲击试验，用于确认焊接热作用对热影响区最薄弱的区域粗晶区造成韧性降低的程度进行确认。如果焊接热影响区的粗晶区在要求试验的温度下冲击韧性达到或者超过同温度下母材的冲击韧性，即焊接热影响区的粗晶区冲击韧性好于母材，那么就不要下一步的确认；如果焊接热影响区的粗晶区在要求试验的温度下冲击韧性低于同温度下母材的冲击韧性，即焊接热影响区的粗晶区冲击韧性低于母材，那么 ASME 第Ⅲ卷 NX-4335.2 要求对焊接热影响区的粗晶区冲击韧性的降低量进行确认。进而将这个降低量加到母材上，对母材提高要求。

2　ASME 第Ⅲ卷对热影响区冲击韧性要求

ASME 第Ⅲ卷适用于核电厂和其他设施的物项的设计、建造、打印记和超压保护的要求。共分为三册，第一册 N 系列适用于金属容器、热交换器、贮罐、管系、泵、阀、堆芯支撑结构、支撑件和类似产品。第二册适用于混凝土安全壳容器。第三卷 W 系列用于存储和运输核燃料、高放射性和废物的金属安全容器系统。第一册中 NB 分卷的内容是用于建造核 1 级部件所包含的材料、设计、制造、检测、试验、超压保护、标志、印记以及证书持单位编写报告等方面要求的规则。NC 分卷的内容是用于建造 2 级部件所包含的材料、设计、制造、检测、试验、超压保护、标志、印记以及证书持单位编写报告等方面要求的规则。ND 分卷的内容是用于建造 3 级部件所包含的材料、设计、制造、检测、试验、超压保护、标志、印记以及证书持单位编写报告等方面要求的规则。NE 分卷的内容是用于金属安全壳的材料、设计、制造、检测、试验、超压保护、标志、印记以及证书持单位编写报告等方面要求的规则。NF 分卷适用于部件和管道支撑件的材料、设计、制作、检测、安装和合格文件的编制等方面要求的规则。NG 分卷是适用于堆芯支撑结构的制造和安装过程中材料、设计、制作、检测和编写报告的规则，NG 分卷不适用于防止冷却剂泄露的密封结构。D3 卷用于建造运输与储存废燃料和高放射性材料的安全容器。NB 分卷和 NG 分卷核一级材料的韧性要求非常严格。其中第一卷 N 系列中的第 NX-4335 条规定了焊接工艺评定试验中的冲击试验要求，需要进行焊缝、热影响区和母材的冲击试验，NX-4335.2 重点关注了热影响区的冲击试验，各个分卷的具体规定如下所述。ASME 第Ⅲ卷 NX-2331（a）中明确规定母材韧性试验要求，NX-2331（b）规定 NX-2331（a）试验要求适用于焊缝、热影响区。例如 NB-2331（a）规定了容器材料的韧性要求，在 NB-2331（b）中进一步规定其焊缝和热影响区韧性合格指标应与母材的相同，因此如果热影响区韧性值低于母材要求的合格值则为不合格需要重新评定，要求进行热影响区韧性补偿的前提是热影响区韧性不低于合格值。[5~11]

2.1 ASME 第Ⅲ卷各分卷热影响区韧性补偿规定

ASME 第Ⅲ卷 NX-4335.2 焊接热影响区韧性试验要求，各分卷的要求有相同的部分，也有有区别的部分。其相同部分为 NX-4335.2（a）条款“焊接接头厚度超过 16mm 要求进行热影响区夏比 V 型韧性试验，对于 P.No1、P.No3 和 SA-336F12 材料焊缝，如果采用除电渣焊、气电立焊或热剂焊以外的任何焊接方法焊接并经过热处理，那么可不进行热影响区冲击试验。”，但是 ASME 第Ⅸ卷没有免除热影响区冲击试验规定。

各个分卷不同部分对韧性补偿的要求不同，根据其应用的类别可以分为两大类，第一类是核一级及堆芯支撑结构相关部件相关，第二类为非核一级部件，将两大类关于热影响区韧性补偿总结如下：

2.1.1 第一类热影响区韧性补偿

第一类是适用于核一级部件，具体为 NB 和 NG 分册，对热影响区韧性提出明确的要求，具体的热影响区韧性试验要求总结如下：

1）确定母材的 T_{NDT}，在（T_{NDT}+33）℃条件下进行母材和热影响区冲击试验或者在 NB-2331 要求下进行。

2）热影响区冲击试样的平均侧向膨胀值应大于等于母材的平均侧向膨胀值，如果小于应采用以下方法对热影响区韧性进行补偿调整。

3）调整的方法如下：

①在不同温度下进行母材和热影响区系列冲击试验，每组三件，测量其侧膨胀值，绘制平均侧膨胀值与温度曲线，规定合格指标对应的温度（热影响区和母材）为 T_{HAZ} 和 T_{UBM}，定义 T_{ADJ} 为温度调整量，T_{ADJ} 为判断是否需要补偿的依据，

$$T_{ADJ}=T_{HAZ}-T_{UBM}$$

②如果 $T_{ADJ}\leqslant 0$，取 $T_{ADJ}=0$，不需要补偿。

③如果 $T_{ADJ}>0$，并且热影响区侧膨胀值大于合格指标值，再看热影响区与母材的平均侧向膨胀值的差值，如果差值小于 0.13mm，T_{ADJ} 可取 8℃，可以采用 4）中的①和②两种方法中任何一种进行补偿。

④如果差值大于 0.13mm，应采用 4）中的③方法进行补偿。

4）补偿的方法有三种：

①应通过修正 T_{ADJ} 来提高 RT_{NDT}，或者提高由设计技术规格书规定的最低使用温度。

②可以通过修正温度 T_{ADJ} 来降低材料的规定冲击试验温度。

③新焊接工艺规程（WPS）中母材的夏比 V 型侧膨胀值大于母材要求的最小侧向膨胀值加上母材与热影响区的平均侧向膨胀值之差，则产品所焊接的材料可以按该 WPS 进行焊接。

2.1.2　第二类热影响区韧性补偿

第二类是适用于非核一级部件，具体为 NC、ND、NE 和 NF 分册，热影响区韧性试验要求总结如下：

1）应在在小于等于规定的试验温度下进行热影响区和母材的冲击试验。

2）热影响区冲击试样的平均韧性值应大于等于母材的平均韧性值，如果小于应采用以下方法对热影响区韧性进行补偿调整。

3）调整的方法如下：

①在不同温度下进行母材和热影响区系列冲击试验，每组三件，测量其韧性值，绘制韧性值与温度曲线，规定合格指标对应的温度（热影响区和母材）为 T_{HAZ} 和 T_{UBM}，定义 T_{ADJ} 为温度调整量，T_{ADJ} 为判断是否需要补偿的依据，

$$T_{ADJ}=T_{HAZ}-T_{UBM}$$

②如果 $T_{ADJ}\leqslant 0$，取 $T_{ADJ}=0$，不需要补偿。

③如果 $T_{ADJ}>0$，并且热影响区韧性值大于合格指标值，再看热影响区与母材的平均韧性值的差值，如果冲击吸收能量差值小于 10J 或者侧向膨胀值小于

0.13mm，T_{ADJ} 可取 8℃，可以采用 4）中的①和②两种方法中任何一种进行补偿。

③如果韧性值差值大于 10J 或者侧向膨胀值大于 0.13mm，应采用 4）中的③方法进行补偿。

4）补偿的方法有三种：

①应通过修正 T_{ADJ} 来提高由设计技术规格书规定的最低使用温度。

②可以通过修正温度 T_{ADJ} 来降低材料的规定冲击试验温度。

③新焊接工艺规程（WPS）中母材的夏比 V 型韧性值大于母材要求的最小韧性值加上母材与热影响区的平均韧性值之差，则产品所焊接的材料可以按该 WPS 进行焊接。

另外 NE 分卷还规定，可以在比 NE-2331 要求温度低 17℃的温度下进行母材的冲击验，若冲击韧性值大于合格指标值，则不需要进行热影响区韧性。

2.2 热影响区冲击韧性要求分析

影响热影响区冲击韧性补偿的主要因素有三个方面：1. 母材的影响，包括母材的状态和不同类别的母材对冲击韧性补偿的影响，母材公称成分、组织状态，即 ASME 中的类别不同热影响区冲击韧性降低量是不同的；2. 热处理状态的影响，包括在焊态和热处理态条件下，热影响区冲击韧性是否降低以及是否需要补偿等；3. 焊接方法的影响，不同焊接方法热影响区所经历的热循环不同，冲击韧性变化不同，其对冲击韧性补偿有一定的影响。

根据 2.1 的总结及各分卷具体要求，有以下几个关键点：

1）标准中韧性值与金属学中韧性值

在第一类核一级部件中明确要求采用侧向膨胀值绘制曲线确定热影响区韧性补偿量，在第二类非核一级部件中要求采用韧性值绘制曲线，确定热影响区韧性补偿量。韧性值在金属学中定义为单位面积内熔敷金属的冲击吸收能量，在 ASME 第Ⅲ卷中描述的韧性值为“applicable toughness values”，例如 NC-4335.2（b）（2）提到“The Charpy V-notch tests of the unaffected base material shall meet the applicable requirements of Table NC-2332.1-1 or Table NC-2332.1-2，as applicable，or additional testing shall be performed at higher temperatures until either of the above requirements are met.”，其中表 NC-2332-1 为冲击功合格指标值、表 NC2332.1-2 为侧向膨胀值，紧接着在 NC-4335.2（b）（3）中就出现“The average applicable toughness values of the heat affected zone specimens shall equal or exceed the average values of the unaffected base material specimens，or the adjustment given in （4） through （6） shall be made.”[6] 因此根据上下行文的意思，认为“applicable toughness values”为冲击吸收能量和侧向膨胀值，其他分卷也有类似的陈述。另外文献［2］观点也是应绘

制冲击功和侧向膨胀值的温度曲线。

综上所述，ASME 第Ⅲ卷中的韧性值为冲击吸收能量或者侧向膨胀值，因此在绘制韧性值 - 温度曲线时，应绘制冲击吸收能量和侧向膨胀值与温度的曲线。

2）韧性值与温度曲线

韧性值与温度曲线画法，ASME 第Ⅲ卷在 NB-4335.2 中理解为采用高于冲击韧性值合格指标值之上的数据点绘制冲击韧性值与温度曲线，例如 NB-4335.2（c）（5）中规定“Additional Charpy V-notch tests shall be performed on either the heat affected zone or the unaffected base material，or both，at temperatures where the lateral expansion value of all three specimens tested is not less than 35mils （0.89mm）. The average lateral expansion value for each test meeting this requirement shall be plotted on a lateral expansion versus temperature graph.，NC-4335.2（b）（4）中规定“Additional Charpy V-notch tests shall be performed on either the heat affected zone or the unaffected base material，or both，at temperatures where the applicable toughness values of all three specimens tested is not less than that specified in （2）. The applicable average toughness values for each test meeting this requirement shall be plotted on an applicable toughness value versus temperature graph.”[5]。根据文献［2］中的观点，要绘制完整的韧性值 - 温度曲线一般应要包括上下平台及过渡区域，而 ASME 要求绘制韧性值 - 温度曲线所有数据点应高于合格指标值，不包含下平台的数据。

2.3　NE 分卷的特殊要求

另外 NE-4335.2（b）（3）单独提出“可在 NE-2331 要求低 17℃的温度下，进行产品材料的冲击试验”，即 NE 分卷 MC 部件材料可以在比标准低 17℃条件下，进行冲击试验，如果满足技术要求那么可以热影响区韧性补偿试验。标准做出这样的规定，可以理解为“17℃”为韧性值降低量最大值对应的 T_{AD}≤17℃，即最大保守值为 17℃。

NC/ND/NE/NF 分卷的 NX-4335.2 中有一条关于评定合格的冲击试验的焊接工艺规程（WPS）的代用关系，例如按照 NC 分卷评定合格的冲击试验 WPS 可以用来代用 ND/NE/NF 的冲击试验要求；按照 NE 分卷评定合格的冲击试验可以用来替代 NC/ND/NF 分卷的冲击试验，这个逻辑关系如图 1 所示。在工程中为了提高效率，往往在利用这种引用关系对采购的材料提出降低一定的温度后，来提高要求验收。

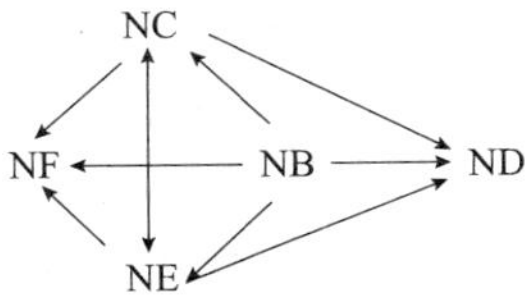

图 1　引用关系

3 ASME 中冲击韧性补偿方法

ASME 规范采用的补偿办法有三种，一是提高设备部件的使用温度，降低对材料韧性的要求；二是提高韧性合格标准，提高对母材和焊材的韧性要求值；三是降低母材和焊材韧性试验的温度，要求在更低的试验温度下进行试验，并达到规定的合格指标。后面两种方法都是提高对母材和焊材韧性的要求，使得即使发生了因焊接热作用引起的热影响区韧性降低，热影响区的实际韧性水平仍然保持不低于规范规定的合格值。

那么为确定韧性补偿量，ASME 规定用了三种确定韧性补偿量的方法，一是采用侧向膨胀值的补偿方法，二是采用温度的补偿方法，三是采用冲击吸收能量的补偿方法。ASME NX–4335.2 规定通过一定的试验程序，绘制热影响区和母材的侧向膨胀值与试验温度的关系曲线以及热影响区和母材的冲击吸收能量与试验温度的关系曲线，并由此确定温度调整量 T_{ADJ} 和侧向膨胀值调整量 ΔEXP 以及冲击吸收能量调整量 ΔAEN。按照规定的补偿办法，将母材的试验温度降低 T_{ADJ}，或将韧性合格指标提高 ΔEXP 或者 ΔAEN，或将设备部件的使用温度提高 T_{ADJ} 等方法来实现热影响区韧性补偿。

NX–4335.2 条中规定如果热影响区的侧膨胀值补偿量 $\Delta EXP \leq 0.13$mm 或者冲击吸收能量补偿量 $\Delta AEN \leq 10$J，即热影响区与母材的韧性相差不大，采用冲击吸收能量和侧膨胀值补偿量后对韧性的提高不明显，那么这个时候应采用温度补偿，按照保守原则取 $T_{ADJ}=8$℃。当 $\Delta AEN>10$J 或者 $\Delta EXP>0.13$mm 时，热影响区和母材的韧性相差较大，采用冲击吸收能量和侧膨胀值补偿，对韧性的提高比较明显。

ASME 第Ⅲ卷各分卷关于冲击韧性补偿的规定不完全相同，NB 分卷和 NG 分卷只要求绘制侧向膨胀值曲线来确定温度补偿量 T_{ADJ} 和侧向膨胀值补偿量 ΔEXP，NC 分卷、ND 分卷、NE 分卷和 NF 分卷规定要求绘制侧向膨胀值曲线或者冲击吸收能量曲线来确定温度补偿量 T_{ADJ} 和侧向膨胀值补偿量 ΔEXP 及冲击吸收能量补偿量 ΔAEN。材料的冲击吸收能量与材料的强度有关系，在一定范围内强度越高，冲击韧性越好，而 NB 分卷采用侧向膨胀值计算补偿量是因为侧向膨胀值不用考虑不同材料强度的变化带来的影响[1~11]。

在多个不同的温度下进行热影响区冲击试验，并根据试验数据绘制热影响区和未受影响母材部分的冲击吸收能量和侧向膨胀值平均值曲线与试验温度的关系图。

根据 ASME NX 4335 中阐述可在不同温度下将母材与热影响区冲击韧性值绘成图 2 的形式[2]，再从图 2 中可以求出 2 个参数：

1）热影响区和未受影响母材各自都满足规定的合格指标（例如 NB 分卷规定的侧膨胀值合格值为 0.89mm），这个值所对应的热影响区的温度 T_{HAZ} 和母材的温

度为 T_{UBM}，并由此求得温度调整量 $T_{ADJ}=T_{HAZ}-T_{UBM}$，若 $T_{ADJ}<0$ 则不存在补偿，若 $T_{ADJ}>0$，T_{ADJ} 就是温度补偿量。

2）在热影响区刚好满足侧向膨胀值合格指标下的温度时，未受影响母材和热影响区侧向膨胀值之差 ΔEXP（NB4335.2（c）（7））也就是侧膨胀值补偿量。

3）若 $\Delta EXP \leq 0.13$mm 时，T_{ADJ} 可取 8℃，若 $\Delta EXP > 0.13$mm 时，可取侧膨胀值补偿量 ΔEXP 来增加对母材的要求，也可采用温度补偿量。

4）把图 2 中的侧向膨胀值换成冲击吸收能量，按照 1）、2）的步骤也会得到类似的温度补偿量和冲击吸收能量补偿量。

ASME NB-4335.2 和 NG 4335.2 和中没有采用冲击吸收能量做冲击韧性的补偿，而是采用侧向膨胀值。其他分卷均要求用韧性值补偿，那么这里韧性值可以是冲击吸收能量也可以侧向膨胀值，因此补偿量也应该可以采用冲击吸收能量（按 NB-2331 合格指标为 68J）或者侧向膨胀值来确定。

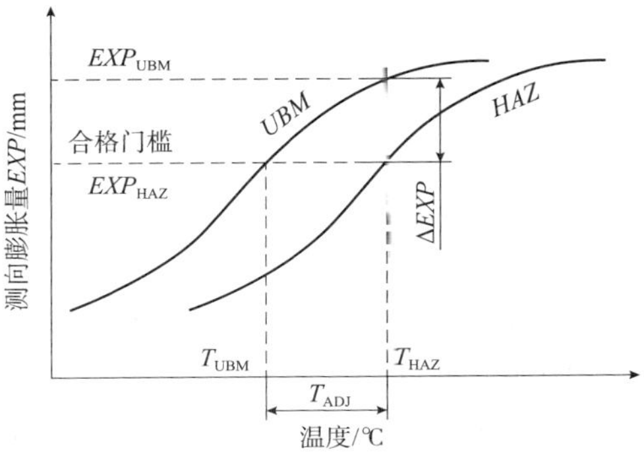

图 2　热影响区韧性补偿量的确定

4　结论

热影响区常常是焊接接头最为薄弱的区域，在一定的条件下，这个区域有发生脆性断裂的可能，为了防止这种情况的发生，ASME 第Ⅲ卷要求对热影响区冲击韧性进行确认，与母材比较，确认焊接循环是否造成了热影响区冲击的降低，如果降低，则应采取温度补偿或者韧性补偿的方法来提高母材的要求，进而提高热影响区的性能。

由此 ASME 第Ⅲ卷 NX-4335.2 对热影响区冲击试验做出了一系列的规定，采用三种方法来补偿由于焊接热循环造成了热影响区韧性的损失程度，分别为温度补偿，侧膨胀值补偿和冲击吸收能量补偿。

ASME 第Ⅲ卷中 NX-4335.2 的规定在逻辑上是一个闭环过程，各分卷的规定有相同地方也有不同的地方，其中几个特殊规定如下：

1）如果焊接热影响区和未受焊接热影响母材部分的韧性性能平均值都达到或超过了规范相应分卷规定的合格标准，且两部分韧性相差不超过 10J（吸收功）或 0.13mm（侧向膨胀值），则 T_{ADJ} 可取为 8℃（例如 NB-4335.2（c）（6）及 NE-4335.2（c）（2）的规定）。

2）如果焊接热影响区和母材韧性值达到或者超过规定的合格指标，韧性相差超过 10J（冲击吸收能量）或者 0.13mm（侧向碰撞量），那么此时应该采用韧性值补偿到母材中。

3）对按 NE 分卷建造的 MC 级部件，也可直接在比标准要求低 17℃的情况下完成冲击试验，看是否大于标准值，即 $T_{ADJ(max)}$=17℃（NE-4335.2（b）（3））。也就是说该规范分卷认为，为弥补焊接热影响区的韧性损失，需要降低的韧性试验温度最大不会超过 17℃。

4）对母材 P 号为 1 和 3 的材料，和材料 SA-336 F12，如果对设备部件进行焊后热处理，使用的焊接方法又是除电渣焊、电气焊和热剂焊以外的其他规范允许的焊接方法时，则不要求进行焊评试板焊接热影响区的韧性试验，也就是说不考虑韧性补偿。这一例外 7 个分卷中都有（但 NE 分卷要求 P.No1 有上述要求）。

参考文献

[1] 郭晶，王平安，冯爱秀，等.ASME 核电建造规范对材料韧性的要求［J］. 石油化工设备，2011，40（01）：42-48.

[2] 王平安，李艳，张丽，等.ASME 核电建造规范对焊接热影响区韧性降低的补偿要求［J］. 压力容器，2010，27（09）：42-50.

[3] 隋士武，王小叶，李艳，等.ASME 核电建造规范中韧性试验的三种模式［J］. 压力容器，2010，27（05）：44-50.

[4] 王庆江，陈佩寅，戴红，等.SA508-3 钢冲击韧性补偿影响因素的分析［J］. 焊接，2015，505（07）：17-21+73-74.

[5] ASME Boiler and Pressure Vessel Code，Section III Rules for construction of nuclear facility components，Division 1，Subsection NB，Class 1 Components［S］. 2013.

[6] ASME Boiler and Pressure Vessel Code，Section III Rules for construction of nuclear facility components，Division 1，Subsection NC，Class 2 Components［S］. 2013.

[7] ASME Boiler and Pressure Vessel Code，Section III Rules for construction of nuclear facility components，Division 1，Subsection ND，Class 3 Components［S］. 2013.

[8] ASME Boiler and Pressure Vessel Code，Section III Rules for construction of nuclear facility components，Division 1，Subsection NE，Class MC Components［S］. 2013.

[9] ASME Boiler and Pressure Vessel Code，Section III Rules for construction of nuclear facility components，Division 1，Subsection NF，Supports Components［S］. 2013.

[10] ASME Boiler and Pressure Vessel Code，Section III Rules for construction of nuclear facility components，Division 1，Subsection NG，Core Support Structures Components［S］. 2013.

[11] ASME Boiler and Pressure Vessel Code，Section III Rules for construction of nuclear facility components，Division 1，Subsection NH，C lass 1 Components in Elevated Temperature Service［S］. 2013.

第二部分

新材料和新技术研究

可进行冶金强化的压力容器用奥氏体不锈钢

束润涛，束昱辰

（武汉市润之达石化设备有限公司，湖北　武汉　430000）

摘要： 本文通过理论分析和研究，创造性地提出通过C+N双微合金化的组合设计，在并不降低材料综合性能的前提下，大幅提高材料的拉伸强度，以此达到降低材料使用厚度、节省镍资源的目的。通过对S30408不锈钢进行微合金化的试验研究，发现屈服强度比常规S30408高出50%以上，各种性能指标满足设计预期。采用微合金优化对奥氏体不锈钢进行改性提高的技术思路，可衍生出S3040A、S3470A、S3160A、S3170A、310SA、904LA等屈服强度得到大幅提升的奥氏体不锈钢材料，将大量节省镍资源和不锈钢的总用量，为压力容器设计制造提供更多的选材机会。

关键词： 冶金强化；不锈钢；屈服强度

Austenitic stainless steel for pressure vessels for metallurgical strengthening

Shu Runtao, *Shu Yuchen*

（Wuhan Runzhida Petrochemical Equipment Co. Ltd., Hubei Wuhan 430000, China）

Abstract: Through theoretical analysis and research, this paper creatively proposed that the combination design of C+N double microalloying can greatly improve the tensile strength of the material without reducing the comprehensive properties of the material, so as to achieve the purpose of reducing the thickness of the material and saving nickel resources. The results show that the yield strength of S30408 stainless steel is more than 50% higher than that of conventional S30408. The technical idea of modifying and improving austenitic stainless steel with microalloy optimization can be derived from the austenitic stainless steel materials with greatly improved yield strength such as S3040A, S3470A, S3160A,

［**作者简介**］束润涛（1966—），武汉市润之达石化设备有限公司总经理兼研发中心主任，湖北省焊接技术协会常务理事。长期从事石化设备的材料、焊接和腐蚀失效的分析研究工作。E-mail：shu8088@263.net。

S3170A, 310SA and 904LA, which will greatly save nickel resources and the total amount of stainless steel. Provide more material selection opportunities for the design and manufacture of pressure vessels.

Key words: metallurgical strengthening, stainless steel, yield strength

0 前言

压力容器用奥氏体不锈钢的常规牌号为3系列的304、304L、304LN、321、347、316、316L、317L、310等，这些材料均无法通过热处理强化，而且不含稳定化元素的3系列不锈钢在敏化温度段进行热加工、热处理或在高温使用后，晶界析出碳化物导致其韧性和耐腐蚀性能均大幅下降[1-4]，在焊接热循环作用下的热影响区也会因焊接应力和碳化物析出而出现应力腐蚀开裂[5]。不锈钢压力容器在国民经济中应用十分广泛，由于其固溶态的屈服强度较低，在设计计算选用的材料厚度较大。这不仅大大浪费了不锈钢中贵金属元素的镍资源，而且也加大了焊接的工作量。由于不锈钢的物理特性为热膨胀系数大、导热系数低的特点，使得焊缝的热量过于集中，随着截面厚度的增加，焊缝收缩量也随之增加，其结果是焊接应力也很大，导致的应力失效案例非常多。由于奥氏体不锈钢存在碳化物的敏化析出问题，不适宜做焊后消除应力的退火处理，相应也增加了应力腐蚀风险。

目前，LNG储罐普遍采用应变强化手段来提高强度[6-11]，但S30408LNG封头使用后在热影响区出现应力开裂的失效案例较多[12-15]，在石化压力容器行业并不允许采用应变强化进行设计和制造。

1 关于奥氏体不锈钢冶金强化的文献介绍

金属材料的强化机制通常为固溶强化、应变强化、细晶强化和析出强化四种方法。常规奥氏体不锈钢除了应变强化外，可以通过增加碳和氮来实现固溶强化，并随C或N含量的增加，强度随之增加。但过多的C或N易导致材料敏化而出现有害的析出相，析出强化相一般为$M_{23}C_6$、MN_2等，析出强化的奥氏体不锈钢材料通常被认为不可靠或者会有晶间腐蚀、应力腐蚀破坏的灾难性风险。美国金属学会热处理手册D卷《钢铁材料的热处理》指出传统奥氏体不锈钢不能通过热处理强化，高氮奥氏体不锈钢也不能通过热处理强化[16]；《超级奥氏体不锈钢和高镍耐蚀合金》指出氮以氮化物的形式存在时则是有害的，钒、铌、钛易形成氮化物，因而它们不可能作为提高氮在钢中溶解度的元素[17]。这些说法阻碍了冶金工作者对奥氏体不锈钢进行析出强化的相关研究工作，等于给奥氏体不锈钢进行冶金强化的研究关上了一道大门。

镍基强化不锈钢除奥氏体基体相外，通常还有第二相存在。镍基不锈钢通常采取添加 Ti、Nb、Co、Al、Cu 等通过长时间沉淀获得第二相析出来满足镍基材料的高强度要求。当这些第二相碳化物以细小弥散析出的微粒均匀分布于基体相中时，会产生显著的强化作用。这些强化相有 γ'-Ni_3Al、γ'-Ni_3Ti、γ'-Ni_3Nb 等[18]。为达到第二相析出的目的，这些镍基不锈钢需要在 600~800℃之间进行长时间的时效热处理，以促使这些强化相能够足够多的析出。但是，在长时间时效处理过程中，这些强化相不仅仅在晶内析出，而且也大量析出在晶界，导致材料的韧性大幅降低。由于镍基沉淀强化奥氏体不锈钢价格极其昂贵，且韧性储备不足，焊接难度也很大，在压力容器行业使用的不多。

与镍基沉淀硬化不锈钢不同，现有常规 3 系列奥氏体不锈钢都不可以通过热处理来进行强化。含有稳定化元素的 321 和 347 不锈钢，在 900℃进行稳定化热处理后碳化物在晶内析出并向晶界扩散[19]，由于其负面影响明显，通常也不将其作为可以进行析出强化用钢进行使用和研究。

2　常规奥氏体不锈钢的热处理试验

根据不锈钢固溶强化和析出强化理论，选取 304LN 含氮、321H 含钛和 347H 含铌的不锈钢板材在敏化温度段进行热处理试验，以了解现有常规奥氏体不锈钢固溶强化和析出强化的性能及效果。

304LN、321H 和 347H 不锈钢都是在常规 304 不锈钢基础上进行改进的不锈钢品种。按 GB/T 11170—2008《不锈钢 多元素含量的测定　火花放电原子发射光谱法》标准，对这 3 个牌号的板材取样后进行化学成分分析，分析结果见表 1。

表 1　304LN、321 和 347H 板材化学成分分析结果（质量分数）　%

	C	Si	Mn	S	P	Cr	Ni	N	Ti	Nb
304LN	0.012	0.38	1.73	0.005	0.024	19.13	11.18	0.10	—	—
321H	0.046	0.59	1.25	0.001	0.024	17.08	9.248	0.03	0.60	—
347H	0.055	0.46	1.73	0.001	0.020	17.35	9.06	0.04	—	0.48

根据成分测试结果可知，340LN 的碳含量很低，第二相以氮化铬为主；321H 和 347H 不含氮，主要是靠 Ti 和 Nb 对 C 起稳定化作用，第二相以碳化钛和碳化铌为主。

试验用板材厚度均为 20mm，对 3 种材质的试样进行 1050℃固溶后、再从 900℃每降低 50℃到 750℃为止的一系列热处理试验。3 种材质的热处理试验结果分别见表 2、表 3 和表 4。

表 2　304LN（含氮）不锈钢热处理试验结果

热处理状态	抗拉强度 R_m/MPa	屈服强度 $R_{p0.2}$/MPa	伸长率 A/%	硬度/HB	冲击值 KV_2/J	
					常温	−196℃
1050℃固溶 /1h	598	287	57.0	164	426	319
固溶 +900℃ /4h	600	270	55.5	156	440	314
固溶 +850℃ /4h	607	279	53.5	160	441	289
固溶 +800℃ /4h	604	284	53.0	164	446	282
固溶 +750℃ /4h	604	292	52.5	167	436	211

304LN 热处理后的抗拉强度和屈服强度与固溶态相比几乎没有提升，该材质没有析出强化的功效。

表 3　321H（含钛）不锈钢热处理试验结果

热处理状态	抗拉强度 R_m/MPa	屈服强度 $R_{p0.2}$/MPa	伸长率 A/%	硬度/HB	冲击值 KV_2/J	
					常温	−196℃
1050℃固溶 /1h	638	209	50.0	155	340	137
固溶 +900℃ /4h	626	198	47.5	157	281	98
固溶 +850℃ /4h	629	202	47.0	163	257	92
固溶 +800℃ /4h	633	219	46.0	168	265	82
固溶 +750℃ /4h	625	224	47.5	178	240	65

321H 不锈钢在 850℃和 900℃热处理后与固溶态相比的屈服强度略有下降，在 800℃和 750℃时的屈服强度虽略有上升，但抗拉强度却有所下降。表明钛虽然可以对材料中的 C 起到稳定化作用，基本上也没有析出强化的功效。

表 4　347H（含铌）不锈钢热处理试验结果

热处理状态	抗拉强度 R_m/MPa	屈服强度 $R_{p0.2}$/MPa	伸长率 A/%	硬度/HB	冲击值 KV_2/J	
					常温	−196℃
1050℃固溶 /1h	574	235	56	155	324	138
固溶 +900℃ /4h	611	230	56	187	256	102
固溶 +850℃ /4h	607	237	56	187	290	97
固溶 +800℃ /4h	608	240	58	191	289	86
固溶 +750℃ /4h	606	231	58	181	277	68

347H 在敏化温度热处理后抗拉强度与固溶态相比有所提升，但屈服强度的强化效果基本没有。

根据以上 3 个不锈钢材料的热处理试验结果可知：3 种材质在不同敏化温度进行时效处理，仅 347H 不锈钢的抗拉强度有明显提升，340LN 和 321H 均未明显体现出析出强化的功效。

3 种材料中，321 的抗拉强度明显高于 304LN 和 347H，304LN 的屈服强度明显高于 321H 和 347H。这 3 种材料在高温敏化温度可以体现 2 种不同的析出模式，即氮化物和碳化物析出。根据以上热处理研究基本可以判定，GE/T 713.7 承压设备不锈钢钢板和带材标准中的奥氏体不锈钢通过热处理强化的路径不通。

3　奥氏体不锈钢微合金化的强化试验研究

3.1　采用微合金化的成分优化设计

通过 3 种材质的热处理研究表明，304LN 中添加氮是提高材料屈服强度的有效手段，而 321H 和 347H 虽然添加了钛和铌，但所形成的碳化物不足以大幅提高材料的强度，且含钛的 321H 和含铌的 347H 在焊接热影响区存在明显的敏化特征，过高的碳含量又将会产生更严重的碳化物析出。因此，钛或铌并不是碳化物固溶强化和析出强化的最佳元素。

通过对碳化物的形成元素进行筛选、组合，我们摸索到一种既可以提高材料强度，又不向晶界扩散的碳化物元素组合，即将几种能够与 C 结合的元素进行组合设计，与氮化物一起，形成 C+N 的混合化合物，达到双重强化效果。

按以上思路，以常规 304、347、316 和 310 等奥氏体不锈钢的化学成分为基础，采用适当控制碳，添加 N，并混合添加形成碳化物和氮化物的金属元素，再以 Si 和 Mn 为合金元素，促成混合碳氮化物 $M_{23}(CN)_6$ 的在晶内形核并钉扎，不向晶界扩散，从而起到固溶强化和析出强化的效果。材料经冶炼→轧制或锻造后，采用合适的热处理来大幅提高材料的强度，并确保材料具有足够的塑性和韧性。

在对材料进行组合设计时，还要兼顾材料的焊接性能。碳化物和氮化物元素的总量过大将影响材料的冷成型性能和焊接性能，不符合压力容器用钢的安全性和可靠性使用原则。需要在析出强化与良好的焊接性之间找到平衡。

3.2　采用微合金进行冶金强化的试验研究

3.2.1　对 S30408 进行微合金化设计

采用以上思路对 S30408 不锈钢采用添加微合金进行成分优化，形成新的牌号

3040A，成分范围见表 5。

表 5　S3040A 化学成分分析（质量分数）　%

C	Si	Mn	S	P	Cr	Ni	N	碳化物和氮化物元素
≤0.10	≤2.0	≤5.0	≤0.015	≤0.025	18.0~20.0	9.0~11.0	≤0.25	（元素组合不公开）≤1.8

根据以上成分设计，该材料为没有铁素体残留的纯奥氏体不锈钢。

参阅双相不锈钢的高温析出动力学曲线[20]，SAF2205 在 750℃左右大约 2min 开始析出碳化物，氮化物在 820℃左右 3min 开始析出，随保温时间延长，析出速度加快，析出的温度范围也更宽。自氮化物析出开始，氮化物与碳化物的析出温度段重合。在保温大约 100 分钟以后，氮化物的析出温度扩展到大约 690℃ ~880℃，碳化物的析出温度扩展到大约 570~920℃。这些析出相虽然对双相不锈钢有害，但却对纯奥氏体不锈钢的负面影响很小。

3.2.2　对微合金化的 S3040A 进行热处理研究

为了研究析出强化对微合金化的不锈钢塑性和韧性的对应关系，对 3040A 展开了热处理的强化试验研究。将析出强化的试验温度范围确定在 700℃ ~900℃，首先对材料进行 1050℃ /1h 的固溶处理，再在 700℃ ~900℃温度区间每隔 50℃做一组保温 4h 的拉伸试验，并进行维氏硬度和冲击试验。试验结果见表 6。

表 6　3040A 奥氏体不锈钢热处理强化试验研究

热处理状态	抗拉强度 R_m/MPa	屈服强度 $R_{p0.2}$/MPa	伸长率 A/%	硬度 /HV	冲击值 KV_2/J	
					常温	−196℃
1050℃固溶 /1h	689	333	46.5	190	345	135
固溶 +900℃ /4h	695	340	46.0	186	318	120
固溶 +850℃ /4h	718	390	41.0	208	220	100
固溶 +800℃ /4h	743	440	36.5	216	221	87
固溶 +750℃ /4h	739	438	39.0	225	218	85
固溶 +700℃ /4h	727	412	39.0	220	200	70

从表 6 中数据可以看出，在复合添加碳化物和氮化物的情况下，固溶强化的效果明显。该材料固溶态的抗拉强度为 689MPa，屈服强度为 333MPa，抗拉强度比 321H、347H 和 304LN 略高，但屈服强度与其它材料相比提高的幅度很大。3040A 固溶态的屈服强度比表 3 中 321H 的固溶态高了 124MPa，比表 4 中 347H 的固溶态高了 98MPa。3040A 在热处理试验中，800℃和 750℃的高温力

学性能最好，屈服强度比固溶态提升了 100MPa 以上，而常温冲击值和超低温冲击值却仍能维持良好状态，说明对化学成分进行微合金化优化后的性能非常优越。

3.2.3 微观分析

根据光学显微镜分析，3040A 材料的不同热处理状态的所有试样均为带孪晶的纯奥氏体组织，无任何铁素体残留。见图 1。

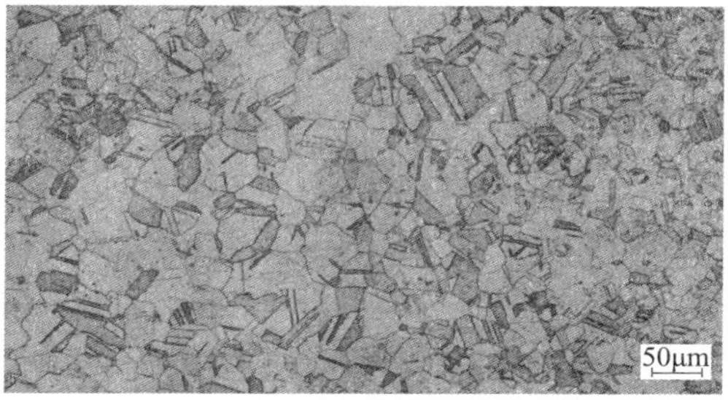

图 1 母材为带孪晶的纯奥氏体组织 200×

对 800℃ /4h 热处理试样进行电镜观察，在放大 200 倍时基本看不到析出物，见图 2。将视场放大 2000 倍后，观察析出物最大长度不到 2μm，团聚在一起的长度也不超过 5μm，更多则为纳米级的析出物，见图 3。

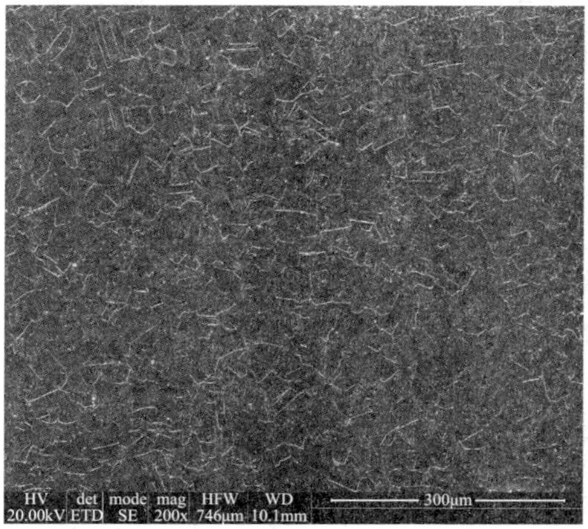

图 2 细小弥散的析出物 200×

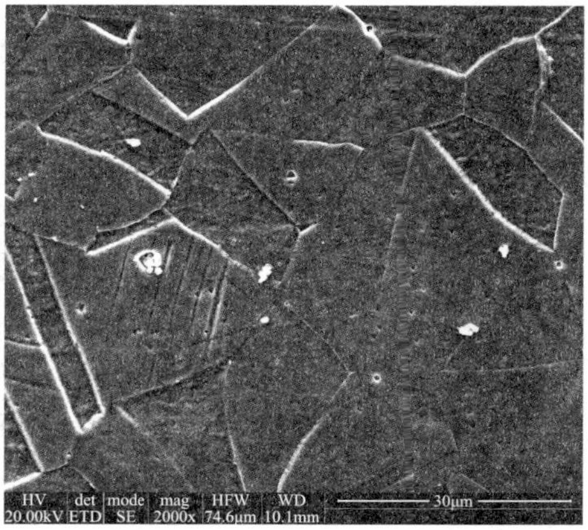

图 3 极细小的微米级析出物 2000×

经热处理后析出纳米和微米级的碳氮化物，在晶内强化的同时并不向晶界扩散，因此具有优良的高温加工性能。据此可以判定，封头、管件和锻件等压力容器主要受压部件在热加工时完全不必考虑有害相析出的负面影响，这是现有常规奥氏体不锈钢所不具备的良好特性。

4　成分优化后的经济性和可靠性评价

4.1　经济性评价

Ni 是重要的战略资源，不锈钢的工程应用消耗了大量的 Ni 资源，而我国的 Ni 资源并不丰富，需要大量进口。GB/T 713.7 承压设备用板材标准中 S30408 不锈钢镍的成分为 8.0~11.0%，由于镍价昂贵，市场上 S30408 不锈钢的 Ni 都是按下限在提供。而 Ni 走下限后，不锈钢中的铁素体比例相应增加，而母材残留的铁素体对焊接热循环、热加工及使用寿命都会有负面影响[21-23]。为了强化奥氏体，将铁素体比例控制在 1% 以下，则需要添加更多的 Ni 来维持奥氏体的相平衡。那么，N 就是最廉价和非常有效的替代元素。在 S30408 的镍含量维持在最低下限的情况下，将氮含量提高到 0.10% 以上，则可以有效的限制铁素体的残留，而 N 的成本几乎可以忽略不计，理论上还可以节省 3% 的镍资源。

根据目前 3040A 的热处理强化后的性能，设定抗拉强度≥650MPa，屈服强度确定为≥380MPa。设计一台常规不锈钢容器，常温，正压工况，直径 1000 设备，依据 GB150.1 表 4.1 求取许用应力，根据 GB150.3 中 3.3 求取厚度，经计算壳体厚度为 12mm。而同等条件用 S30408 时的屈服强度为 230MPa，则需要用 20mm 的厚度，可以节省 40% 的不锈钢材料。

相应地，由于微合金化元素的加入，虽然也会适当增加一定的冶炼成本，但与镍资源的大量消耗相比，成本占比很低。在可预见的将来，这项技术实施后的经济效益和社会效益巨大。

4.2　可靠性评价

通过 C+N 微合金化的双固溶强化模式和碳氮化物双析出的强化特点，将纳米级析出物和微米级析出物钉扎在晶内，并不向晶界扩散，因此不会产生晶间腐蚀。由于 N 扩大了奥氏体的相比例，材料中无铁素体残留，高温使用时，产生 σ 脆性相的比例较小，生成 σ 相的时间也将大大延长，因为纯奥氏体不锈钢对提高材料的高温性能有利，而铁素体残留对高温性能不利[24]。此外，当采用以上微合金化思路的奥氏体不锈钢做复合板时，可以提高爆炸态复合板以及封头成型后的退火温度，最大限度地降低爆炸残余应力和加工应力，而不必担心碳化物析出的敏化问题，更不会出现复合板封头热影响区开裂的失效问题[25]，其安全可靠性更高。

经热处理强化的 S3040A 不锈钢，焊接性能良好。随着材料强度的提升，使用厚度的降低，焊接热循环次数减少，焊接应力也随之大幅降低。随着焊接应力的降低，产生应力腐蚀的概率也将大幅降低，其安全可靠性不言而喻。

5 结语

该技术是在现有奥氏体不锈钢无法通过热处理强化的基础上，通过微合金化的组合设计，在并不降低材料综合性能的前提下，大幅提高材料的屈服强度，以达到降低材料使用厚度、节省镍资源的目的，是一项资源节约型的技术创新。

通过对微合金化的S3040A进行试验研究，发现屈服强度比常规S30408高出50%以上，各种性能指标满足设计预期。采用微合金优化对奥氏体不锈钢进行改性提高的技术思路，可衍生出S3040A、S3470A、S3160A、S3170A、310SA、904LA等屈服强度得到大幅提升的不锈钢材料，经全国锅炉压力容器标准化技术委员会评审后将可以正式进入工业化应用，也将为石化、核电、军工等行业的工程建设和装置改造提供更多的选材机会。

参考文献

[1] 梁成浩，高扬.304不锈钢敏化热处理对耐蚀性的影响[J].化工机械，1995，22（02）：25-29.

[2] 单家富.奥氏体不锈钢敏化态晶间腐蚀及其控制[J].太钢科技，1991（03）：86-92.

[3] 姜爱华，陈亮，丁毅，等.304不锈钢晶间敏化行为[J].腐蚀与防护，2013，34（05）：423-425.

[4] 裴继斌，张斌，傅强.旋风分离器奥氏体不锈钢接头敏化温度区服役后性能分析[J].中国设备工程，2017（09）：174-175.

[5] 李乘安，冯道臣，章霖，等.TP347H不锈钢焊接接头敏化特性分析[J].焊接学报，2024，45（01）：64-72+133.

[6] 陈勇，陆戴丁，孔韦海.应变强化奥氏体不锈钢的低温冲击韧性[J].机械工程材料，2015，39（06）：73-78.

[7] 舒翔宇，郑津洋，寿比南，等.应变强化奥氏体不锈钢焊接接头冲击试验研究[J].浙江大学学报（工学版），2012，46（07）：1162-1167+1206.

[8] 韩豫，陈学东，刘全坤等，应变强化奥氏体不锈钢力学行为研究及应用[J].中国机械工程，2011，22（21）：2633-2637.

[9] 孔韦海.压力容器用应变强化奥氏体不锈钢组织转变及低温力学性能研究[D].合肥：合肥工业大学，2021.

[10] 陈益芳，刘秀春．应变强化奥氏体不锈钢低温深冷罐式集装箱的内容器设计［J］．石油和化工设备，2015，18（11）：9-11+25.

[11] 韩豫，陈学东，姜恒．应变强化奥氏体不锈钢焊接接头断裂韧性试验研究［C］// 中国机械工程学会压力容器分会．压力容器先进技术——第八届全国压力容器学术会议论文集，合肥，2013：276-280.

[12] 石生芳，吴兴华，汤晓英，等.LNG 卧式储罐开裂原因分析［J］．金属加工（热加工），2014（04）：73-75.

[13] 杨力.LNG 卧式贮罐 304 不锈钢内胆开裂原因分析［C］// 中国金属学会.2008 年国际冶金及材料分析测试学术报告会论文集．中国北京市北京市，2008：1464-1469.

[14] 卢雪梅，仲重州，宋文明，等.LNG 储罐泄漏原因分析［J］．理化检验（物理分册），2019，55（09）：657-662.

[15] 梁慕.LNG 低温贮罐底部内胆封头裂纹研究［J］．中国新技术新产品，2016（06）：69-70.

[16] Jon L.Dossett，George E.Totten. 美国金属学会热处理手册 D 卷：钢铁材料的热处理［M］．北京：机械工业出版社，2018：400-444.

[17] 陆世英等．超级不锈钢和高镍耐蚀合金［M］．北京：化学工业出版社，2012：85.

[18] John N.DuPont，John C.lippold，Samuel D.Kiser. 镍基合金焊接冶金和焊接性［M］．上海：上海科学技术出版社，2014：14-40.

[19] 王建军，李冬毓，俞树荣．厚壁 TP347H 钢管焊接接头再热裂纹敏感性试验研究［J］，压力容器，2022，39（07）：15-24.

[20] 吴玖．双相不锈钢［M］．北京：冶金工业出版社，1999：155.

[21] 束润涛.304 和 304L 焊接接头敏化热处理后的晶间析出行为研究［J］，石油化工腐蚀与防护，2020，37（02）：6-12.

[22] 李巧霞，饶光斌，束润涛，340L 法兰颈焊后开裂分析［C］．第二届焊接脆性与腐蚀和安全会议，武汉，2019：233-239.

[23] 庞宗旭，王勇，胡昕明，等.S31609 奥氏体不锈钢中残留 δ 铁素体的腐蚀行为［J］．中国冶金，2021，31（03）：59-65.

[24] SFA-5.9/ SFA-5.9M. 不锈钢光焊丝和填充丝标准［S］.2019.

[25] 王芳芳，陈高俊，贾丙中，等．不锈钢复合板封头开裂原因分析［J］．管道技术与设备，2021（04）：33-35+43.

高温急冷器用 S3470A 不锈钢螺柱开发研究

束润涛[1]，李金科[2]，燕传亮[3]，王清春[3]，贺优优[1]，宋星星[1]，束昱辰[1]

（1. 武汉市润之达石化设备有限公司，湖北　武汉　430223；
2. 南京天华化学工程有限公司，江苏　南京　210000；
3. 利华益利津炼化有限公司，山东　东营　257000）

摘要： 本文针对高温急冷器用的 B8C CL1/M48 不锈钢双头预紧力螺柱失效的进行了简要分析，提出了提升 B8C M48 双头螺柱强度的研发思路，并规定了 B8C CL3 螺柱试制件的强度指标。对影响材料性能的 S、P 含量、非金属夹杂物和晶粒度提出了具体要求。对固溶态和两种新工艺制造的螺柱进行了常温力学性能研究、高温拉伸性能研究、硬度检测、高温松弛及微观分析等研究，其开发的 S3470A CL3 螺柱试制件满足性能预期要求，在高温急冷器上的使用效果良好。

关键词： S3470A；高温不锈钢；螺柱；研究

Development of S3470A stainless steel M48 stud for high temperature quencher

Shu Runtao[1]，*Li Jinke*[2]，*Yan Chuanliang*[3]，*Wang Qingchun*[3]，
He Youyou[1]，*Song Xingxing*[1]，*Shu Yuchen*[1]

（1.Wuhan Runzhida Petrochemical Equipment Co.，Ltd.，Wuhan Hubei 430223，China；
2.Nanjing Tianhua Chemical Engineering Co.，Ltd.，Nanjing Jiangsu 210000，China；
3.Shandong Lihuayi Lijin Refining and Chemical Co.，Ltd.，Dongying Shandong 257000，China）

Abstract: In this paper, the failure of B8C CL1/M48 stainless steel double-head preload stud for high temperature quencher is briefly analyzed, and the research and development idea of improving the strength of B8C M48 double-head stud is put forward, and the strength index of B8C CL3 stud is

［作者简介］束润涛（1966—），武汉市润之达石化设备有限公司总经理兼研发中心主任，湖北省焊接技术协会常务理事。长期从事石化设备的材料、焊接和腐蚀失效的分析研究工作。E-mail：shu8088@263.net。

specified. The specific requirements of S、P content、non-metallic inclusions and grain size which affect the properties of materials are put forward. The mechanical properties，tensile properties，hardness testing，relaxation and microscopic analysis of the solid solution and two new process studs were studied. The S3470A CL3 studs developed by the test met the expected performance requirements and were used well in high temperature quencher.

Key words：S3470A；High temperature stainless steel；stud；study

0 前言

某石化公司高温急冷器设备的壳体、锻件和管材等主体材质均为 347H，膨胀节为 625 镍基不锈钢，换热面积 646m^2。其中设备紧固件螺柱螺母规定为英国某公司的 ASME SA-193/193M B8C CL1 不锈钢双头预紧力螺柱，规格为 M48×620，B8C 对应 UNS 的材料标号为 S34700。虽然 B8C CL1 螺柱强度满足设计要求，但在现场试压升温到 400℃时发生蒸汽泄漏，继续紧固后螺柱发生屈服失效，被迫采用焊接的方式将设备法兰进行密封。

ASME SA-193/193M 标准中 B8C CL1 的交货状态为固溶，强度较低。SA-193/193M CL2 应变强化的强度虽然较高，但标准规定的最大规格为 M36。该设备 M48 的不锈钢螺柱不在标准规定的范围之内，没有力学性能指标可以参考。而国内现有的 GB/T 3098.6—2000 标准不是压力容器专用的紧固件标准，其奥氏体不锈钢螺柱的最大规格也仅为 M24，且没有对标 B8C 的材料牌号，参考价值不大。国内不锈钢紧固件失效的案例很多，很多失效螺栓的化学成分不满足压力容器相关材料标准要求[1-2]，有些存在碳化物晶间析出的敏化问题[3-4]，也有严重混晶造成的失效断裂[5]，还有些与材料的非金属夹杂物过多有关。如何满足高温设备大直径法兰不锈钢紧固件的密封性能，是一个必须要突破的技术瓶颈，本公司自主立项对其开展了相关研究。

1 B8C CL1 螺柱高温失效分析

该设备管程工作压力为 0.135MPa，设计温度为 705℃，入口工作温度为 675℃，出口 521℃；壳程工作压力 0.188MPa，设计温度为 590℃，入口工作温度为 240℃，出口 431.7℃。

设备上部 *DN*1250 管程横向大接管在使用受热后产生的膨胀应力很大，没有设置高温膨胀节，上部管道膨胀应力传导的弯矩对设备法兰及上管箱均产生了一定的横向位移载荷（见图 1）。

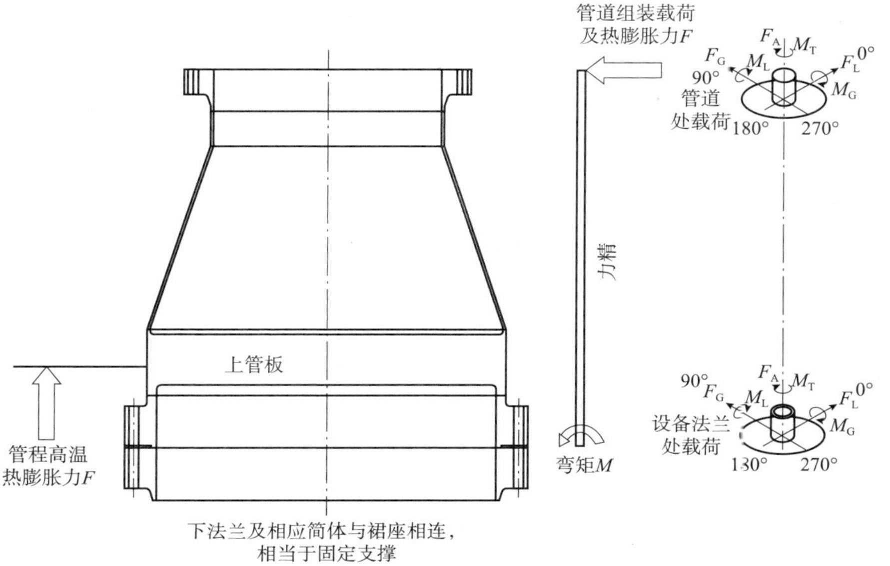

图 1　设备法兰受入口管道高温膨胀产生弯矩应力影响示意

其次，尽管设备法兰与紧固件螺柱材质相同，设计计算并不考虑法兰传导到螺柱的温度损失，但螺柱与设备本体实际上存在一定的温差，在外部起连接作用的螺柱温度低于法兰本体的温度，因此，螺柱的膨胀量低于法兰的膨胀量，螺柱在使用时承受了较大温差应力的影响。

综上所述，SA-193 B8C CL1 的紧固件在该设备的高温工况中无法胜任。鉴于设备上部管线无法重新布置膨胀节，在不考虑材质向镍基 700 系升级的前提下，应通过工艺技术攻关来提高 B8C 材料 M48 大直径螺柱的强度等级，以确保该设备安全可靠运行。

2　不锈钢大直径高温螺柱的研发思路

2.1　原材料冶金质量控制

2.1.1　化学成分控制及微量元素调整

ASME SA-193/193M《高温或高压及其他特殊用途用合金钢和不锈钢螺柱材料》及 ASME SA-276/276M《不锈钢棒材和型材》标准对原材料的硫磷含量控制范围过宽，且没有规定坯料非金属夹杂物的级别要求，导致不锈钢螺柱冶金质量参差不齐。S 含量偏高会产生硫化锰、硫化铁的非金属夹杂物，而 P 会沿晶界偏聚[6]，含量偏高会产生含磷的间隙化合物，从而降低材料的综合性能。因此，将标准规定 B8C（S34700）的 S 含量≤0.035% 进一步控制在≤0.015%；将 P 含量≤0.045% 进一步控制在≤0.035%。同时添加其它微量元素，目的是提高紧固件材料的抗高温性能。因此，将合金成分优化后的材料牌号改为 S3470A。

2.1.2 非金属夹杂物规定

非金属夹杂物对不锈钢紧固件的负面影响很大[7-8]，非金属夹杂物过多会导致材料性能变差且高温强度降低。为确保紧固件具有更好的冶金性能，规定对螺栓和螺母棒料按 GB/T10561 标准中的 A 法进行非金属夹杂物检测，其 A/B/C/D 类粗系和细系的各类夹杂物级别应≤1.5 级，A、B、C、D 粗系或细系之和不大于 4.0 级；DS≤1.5 级。

2.2 力学性能要求

ASME SA-193M 规定 B8C-CL1 固溶态螺柱的门槛值为≥205MPa；B8C-CL2 应变强化态螺柱规格为≤M20 的屈服强度（$R_{P0.2}$）规定为≥690MPa，而 >M30~M36 屈服强度的规定则降低到了≥345MPa。也就是说规格在 M20 以上随着螺柱直径增加，应变强化对螺柱整体强度提升的效果降低。SA-193 标准附录 X1 解释应变强化是一种在低于再结晶温度以下由于塑性变形造成的强度和硬度的升高现象。大直径棒料的塑性变形主要发生在周向外侧区域，因此，应变硬化提高的强度和硬度主要作用在靠近棒料的浅表层。

为了解决急冷器设备不锈钢紧固件螺柱的强度问题，本公司研发技术团队对 S3470A/M48 的不锈钢螺柱进行了各种强化试验研究，掌握了大幅提升螺柱常温强度和高温强度的工艺路线，规定试制件的强度类别代号为 CL3，并确定了试制件力学性能的目标值。表 1 是 SA-193 B8C 螺柱强度类别 CL1、CL2 的标准规定，以及 CL3 螺柱试制件力学性能的目标值。

表 1 SA-193M B8C（S3470A）与试制螺柱力学性能的目标值

强度类别	螺柱规格 M	抗拉强度 R_m/MPa	屈服强度 $R_{P0.2}$/MPa	伸长率 A/%	布氏硬度 /HBW
CL1	所有规格	≥515	≥205	≥30	≤223
CL2	>30~36	≥690	≥345	≥28	≤321
CL3 目标值	M48	≥655	≥515	≥20	≤321

拉伸试验的取样部位为螺柱截面直径的 1/4 处，拉伸试样为圆形试样。硬度检测为螺柱截面 1/2R 的圆周处，每个样品检测 3 个点以上，取平均值。

S3470A/M48 CL3 级试制件的屈服强度规定为≥515MPa，是 SA–193 CL1 屈服强度的 2.51 倍，是 SA–193 CL2 较大规格（>30~36）屈服强度的 1.493 倍，这对 CL3–M48 大直径螺柱的制造是一个极大的挑战。

2.3　无损检测要求

ASME SA–193M 规范和 GB/T 3098.6 标准都没有超声波检测规定，导致不锈钢紧固件使用过程中的隐患较多。本技术方案规定螺柱坯料进行 UT 检测，螺纹加工后的成品应逐件进行 PT 检测，按 NB/T 47013.5—2015 中Ⅰ级合格。

2.4　晶粒度要求

ASME SA–193 标准补充要求 S9 条，对使用温度≥540℃奥氏体不锈钢晶粒度规定为 7 级或更粗，而晶粒过于粗大将降低晶界总面积，使碳化物在晶界析出的敏感性增加[9]，且 S34700 不锈钢高温环境长期使用仍然会有碳化物析出[10]，晶粒过于粗大将降低螺柱的使用寿命。

GB/T 41157.3—2022《核电厂用紧固件》第 3 部分：不锈钢螺柱、螺钉和螺柱：规定奥氏体不锈钢晶粒度 3 级或更细。GJB 1952A—2008《航空用高温合金冷轧板规范》中将不同牌号高温合金的晶粒度分别规定为 3 级或更细、4 级或更细、5 级或更细。

因此，参考核电用紧固件标准及航空用高温合金冷轧板规范，将 S3470A CL3 螺柱的平均晶粒度规定按 GB/T 6394 标准中的 4 级或更细。

3　试验研究

S3470A 试验按 CL1 固溶态、CL3–1# 和 CL3–2# 两种不同强化工艺制造的 3 组试样进行分析研究。3 组试样分别取自同一个棒料，分别进行固溶和不同的强化处理，并进行了化学成分分析、非金属夹杂物分析、力学性能试验，增加了高温拉伸、维氏硬度、超声波检测、微观分析等等，并根据 SA–193 补充要求进行了冲击试验和应力松弛试验研究。试验研究的部分试样见图 2。

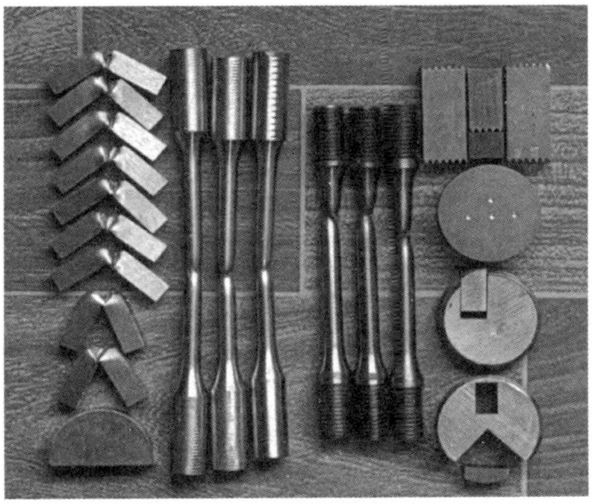

图 2　S34700/M48 螺柱试验研究的试样照片

3.1　化学成分分析

按 GB/T 11170—2008《不锈钢多元素含量的测定　火花放电发射光谱法》，用台式直读光谱仪对 M48 试制螺柱的棒料进行了成分分析，分析结果见表 2。

表 2　S3470A/M48 螺柱棒料化学成分分析结果（质量分数）　%

C	Si	Mn	S	P	Cr	Ni	Nb
0.035	0.41	1.53	0.014	0.027	17.36	9.24	0.36

S3470A 棒料化学成分分析结果满足 ASME SA–193 标准规定，且满足本技术项目规定 S≤0.015%、P≤0.035% 的控制要求，其它微量元素暂不公开。

3.2　非金属夹杂物分析

按 GB/T 10561—2005《钢中非金属夹杂物含量的测定标准评级图显微检验法 A 法》，用金相显微镜对 S3470A 螺柱进行取样分析。经检测分析，棒料的非金属夹杂物控制良好，纯净度非常高。具体分析结果见表 3。

表 3　M48 螺柱非金属夹杂物检测结果

A		B		C		D		DS
细	粗	细	粗	细	粗	细	粗	
0	0	0	0	0	0.5	0	0	0

3.3　常温力学性能试验

按 GB/T 228.1—2021《金属材料拉伸试验 第 1 部分：室温试验方法》，用微机控制电子万能试验机对 M48 三个螺柱试样取样后进行拉伸试验，取样部位位于截面 1/2*R* 处，圆形试样。硬度检测为螺柱截面 1/2*R* 的圆周处，每个样品检测 4 个点，取平均值。其力学性能试验结果见表 4。

表 4　S3470A/M48 螺柱常温力学性能试验结果

样品类别	试验类型	抗拉强度 R_m/MPa	屈服强度 $R_{P0.2}$/MPa	断后伸长率 *A*/%	截面硬度值 /HBW
固溶态 CL1	圆形截面	630	265	53.5	156
CL3–1# 工艺	圆形截面	690	477	43.0	215
CL3–2# 工艺	圆形截面	735	632	37.5	255

CL3–1# 试样的抗拉强度满足 CL3 规定的目标值，但屈服强度不满足 CL3 规定的目标值；CL3–2# 试样的抗拉强度和屈服强度均满足 CL3 规定的目标值，且富余量足够大。

3.4　高温拉伸试验

按 GB/T 228.2—2015《金属材料拉伸试验　第 2 部分：高温试验方法》，用高温电子万能试验机对 M48 试制螺柱进行高温拉伸试验，试样取样部位位于截面 1/4 处，圆形试样。其高温力学性能试验结果见表 5。

表 5　S3470A/M48 螺柱高温拉伸试验结果

样品状态	试验温度 /℃	抗拉强度 R_m/MPa	屈服强度 $R_{P0.2}$/MPa	断后伸长率 A/%
固溶态 CL1	600	376	189	39.0
CL3–1# 工艺	600	452	424	14.5
CL3–2# 工艺	600	470	429	18.5

固溶态 CL1 高温强度较低，CL3–1# 和 2# 的抗拉强度分别是 CL1 的 1.2 倍和 1.25 倍；CL3–1# 和 2# 的屈服强度都是 CL1 的 2 倍以上，是 GB/T 24511 附录 D 相近牌号 S34779（600℃高温拉伸试验屈服强度不小于 130MPa）门槛值规定的 3 倍以上。

3.5　螺柱维氏硬度检测

虽然螺柱研制技术要求规定在螺柱截面的 1/2*R* 处进行布氏硬度检测，但为了研究螺柱齿纹牙顶和牙底及螺柱本体硬度的趋势变化，在螺柱截面齿纹的牙顶和牙底 50μm 部位及以下 1.0mm、2.0mm、3.0mm、4.0mm 以及芯部共 5 个点位进行了维氏硬度检测。3 个试样在齿纹和牙底及以下部位各测一组数据，齿纹及本体硬度测试见表 6，牙底及本体硬度测试见表 7。

表 6　螺柱齿纹及本体维氏硬度测试结果（HV）

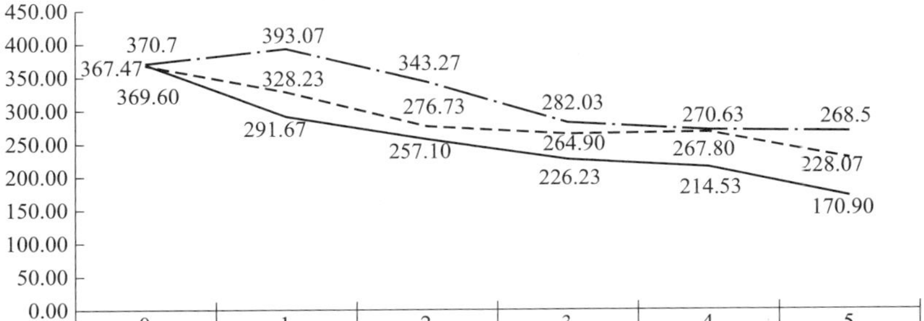

	0	1	2	3	4	5
—— 固溶态	369.60	291.67	257.10	226.23	214.53	170.90
- — - CL3-1#工艺	367.47	328.23	276.73	264.90	267.80	228.07
—— CL3-2#工艺	370.7	393.07	343.27	282.03	270.63	268.5

图表中从齿纹牙顶到芯部的检测序号分别为 0~5 共 6 个测试数据。

横坐标 0 号位置距牙顶约 50μm 位置测 3 个点，后面每隔 1mm 测一组，5 号位置为螺柱芯部检测数据，共检测 6 组数据，图表中的数据均为平均值。

表 7　螺柱齿纹牙底及本体维氏硬度测试结果（HV）

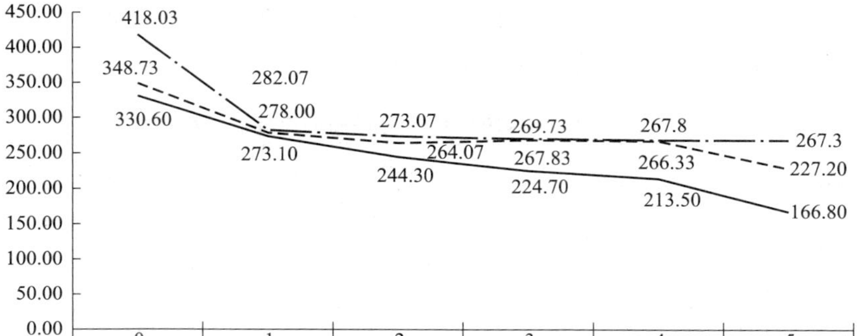

	0	1	2	3	4	5
—— 固态态	330.60	273.10	244.30	224.70	213.50	166.80
- - - CL3-1#工艺	348.73	278.00	264.07	267.83	266.33	227.20
—— CL3-2#工艺	418.03	282.07	273.07	269.73	267.8	267.3

图表中从牙底到芯部的检测序号分别为 0~5 共 6 个测试数据。

横坐标 0 号位置距牙顶约 50μm 位置测 3 个点，后面每隔 1mm 测一组，5 号位置为螺柱芯部检测数据，共检测 6 组数据，图表中的数据均为平均值。

CL3–2# 螺柱从牙底 1mm 处到芯部的硬度值在 282~267HV 之间，其芯部的硬度值高于 CL3–1# 螺柱，且远高于固溶态 CL1 的硬度，说明 CL3–2# 螺柱的强化效果更优。

3.5　冲击试验

根据 SA–193 标准补充试验要求，按 GB/T 229—2020《金属材料夏比摆锤冲击试验方法》，用金属摆锤试验机对 S3470A/M48 试制螺柱进行冲击试验，在截面直径的 1/4 处纵向取样，试验结果见表 8。

表 8　S3470A/M48 螺柱冲击试验结果

样品类别	尺寸 /mm	缺口型式	温度	冲击吸收能量 KV_2/J	
				实测值	平均值
固溶态 CL1	10 × 10 × 55	V	室温	253，269，257	260
CL3–1# 工艺	10 × 10 × 55	V	室温	218，221，221	220
CL3–2# 工艺	10 × 10 × 55	V	室温	202，217，225	215

冲击试验结果没有规定门槛值，但试验数据很好。

3.6　应力松弛试验

根据 SA–193 标准补充试验要求 S8.1 条要求，采用 ASTM E328–2013 试验方法，对 S3470A/M48 螺柱进行了应力松弛试验。试验温度 454℃，试验应力 345MPa，试验时间 100h。在截面纵向 1/4 处取样，试验结果见表 9。

表 9　S3470A/M48 螺柱应力松弛试验结果

样品类别	试验温度 /℃	持续时间 /h	初始总应变 /%	初始应力 /MPa	剩余应力 /MPa
固溶态 CL1	454	100	0.218	345	311
CL3-1# 工艺	454	100	0.263	345	332
CL3-2# 工艺	454	100	0.242	345	314
标准规定	454	100	—	345	≥117

试验结果表明，两种新工艺螺柱与固溶态的剩余应力相差不大，但都远高于标准规定的下限值。

3.7　超声波检测

奥氏体不锈钢各向异性的微观组织使超声波检测的判定难度增加。而超声波检验是不锈钢大直径螺柱质量检验的重要环节，为确保检测效果，根据本次试验的项目要求，按 UT 检测 I 级要求预制了规格为 M48 的专用人工缺陷试块，并进行了多次操作检测后，对 M48 的螺柱坯料和成品进行了 UT 检测，检测结果为 I 级合格，满足本项目规定的技术要求。

4　微观分析

4.1　金相和晶粒度分析

S3470A/M48 螺柱 3 个样品状态的微观组织基本相同，均为纯奥氏体，奥氏体中有部分亚晶和孪晶，无铁素体残留。图 3 和图 4 是 CL3-2# 螺柱直径截面 1/4 处的金相组织和晶粒长度的标尺分析，按 GB/T 6394 标准判定 CL3-2# 的晶粒度为 8~8.5 级，为细晶粒的奥氏体不锈钢。

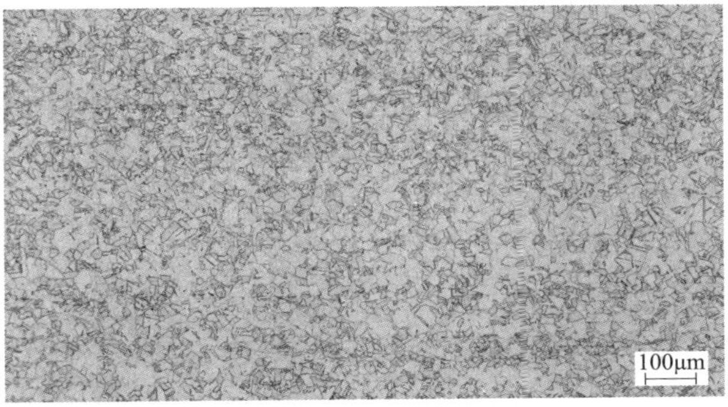

图 3　微观组织为纯奥氏体 100×

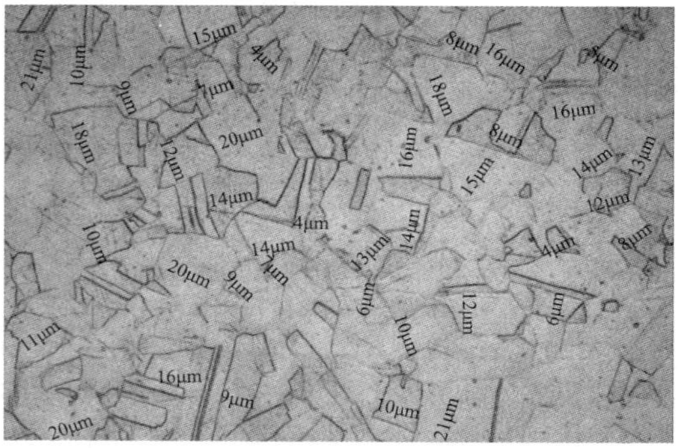

图 4　奥氏体晶粒的标尺分析 500×

4.2　螺柱电镜形貌分析

对 S3470A/M48 螺柱 3 个样品截面 1/4 处取样进行电镜分析，固溶态及试制件 CL3-1# 和 2# 样品进行电镜分析发现碳化物均呈弥散析出状态，晶界无析出物聚集。电镜分析结果见图 5。图 5（b）和图 5（c）中的析出物颗粒明显大于图 5（a），且图 5（c）中的析出物数量比图 5（b）的数量更多，说明 CL3-2# 样品起到了更好的析出强化效果。

(a)固溶态

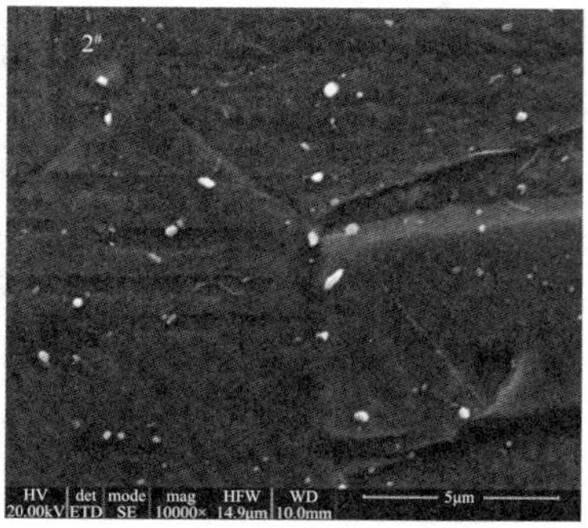

(b)试制件CL3-1#

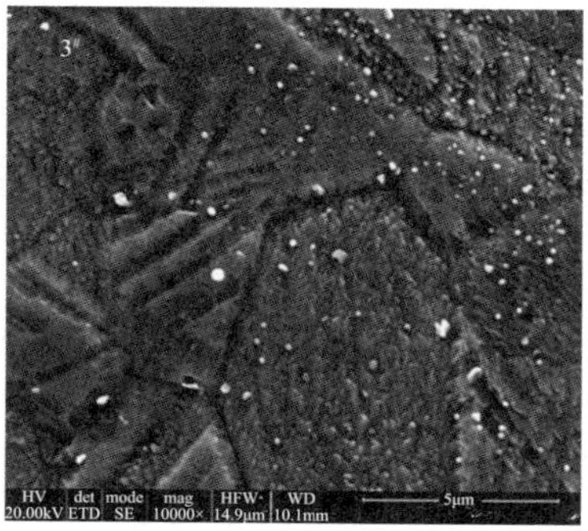

(c)试制件CL3-2#

图 5　固溶态与试制件的电镜分析照片 10000×

5 结论

S3470A 大直径紧固件螺柱在进行成分优化的前提下，用 CL3-1#、CL3-2# 两种强化处理工艺制造的螺柱力学性能均大幅提升，高温强度远超预期。CL3-2# 工艺的综合性能更优，工艺路线合理。

通过晶粒度分析、光学显微镜及电镜分析，说明 CL3-1# 螺柱和 CL3-2# 螺柱均具有细晶强化和析出强化的双重功能，电镜分析结果显示 CL3-2# 螺柱的性能更优。

按 CL3-2# 工艺制造的 S3470A 不锈钢 M48 大直径螺柱，在设计温度为 590℃ 的高温急冷器上投用后未出现松弛失效，无不良信息反馈，满足性能预期。

参考文献

［1］杨喜昌，史慧琴 .304 不锈钢螺栓断裂原因分析［J］. 金属热处理，2011，36（S1）：134-136.

［2］翟红波 . 奥氏体不锈钢螺栓断裂失效机理及防护措施研究［D］. 上海：华东理工大学，2011.

［3］姚来娣 . 不锈钢闸阀填料压盖螺栓断裂失效原因分析［J］. 设备管理与维修，2022（15）：159-163.

［4］史宝良，李岩，张腾飞，等 . 液氨储存罐 304 不锈钢法兰连接螺栓断裂失效分析［J］. 理化检验（物理分册），2017，53（10）：740-745+749.

［5］南广利，郑端阳 . 高温螺栓断裂的失效分析及处理［J］. 化工机械，2023，50（03）：413-417+426.

［6］陆世英 . 不锈钢［M］. 北京：原子能出版社，1995：226.

［7］刘城城，张立峰，任英，等 . 非金属夹杂物对不锈钢耐点蚀性能影响的综述［J］. 钢铁研究学报，2021，33（10）：1040-1051.

［8］李道明 . 不锈钢中非金属夹杂物的危害及去除［J］. 山西冶金，2008（04）：24-26+55.

［9］束润涛 . 不锈耐热钢晶粒过粗对焊接接头的负面影响探析［J］. 压力容器，2023，40（04）：74-79.

［10］赵勇 .TP347H 奥氏体不锈钢高温过热器爆管原因分析［J］. 吉林电力，2012，40（01）：50-51+56.

超高温介质服役的不锈钢内罩失效行为及其寿命分析

吴　乐[1]，吴佑明[1]，汪选国[2]，程志恩[3]

（1. 武汉武钢绿色城市技术发展有限公司，湖北　武汉　430083；
2. 武汉理工大学材料科学与工程学院，湖北　武汉　430070；
3. 湖北群有长物环保科技有限公司，湖北　武汉　430083）

摘要： 本文分析了奥氏体不锈钢310S材料在1000℃以上高温氧化行为，指出310S在1200℃超临界温度下抗氧化性能不足，即使采用渗铝工艺提升其抗氧化性能也有限，不能很好满足使用要求。通过随炉挂片实验对YUS701试样进行了“原位跟踪”观察，分析了奥氏体不锈钢在ROF内罩工作环境下晶粒尺寸、形貌及晶粒取向变化的规律。结合YUS701和310S材料内罩产品失效行为及机理分析，开发了自研内罩材料和配套焊材及焊接工艺，通过实际使用，自研材料内罩寿命与日本内罩相当，且寿命周期内不需更换内罩裙部，寿命优于310S材料内罩。

关键词： 不锈钢内罩；高温氧化；失效分析；焊接工艺；寿命

Analysis on failure behavior and service life of stainless steel inner cover in ultra-high temperature media

Wu Le[1]，*Wu Youming*[1]，*Wang Xuan'guo*[2]，*Cheng Zhien*[3]

（1.Wuhan WISCO Green City Technology Development Co.，Ltd.，Wuhan Hubei 430083，China；
2.School of Materials Science and Engineering，Wuhan University of Technology，Wuhan Hubei 430070，China；
3.Hubei Qunyou Changwu Environmental Protection Technology Co.，Ltd.，Wuhan Hubei 430083，China）

Abstract：The high-temperature oxidation behavior of austenitic stainless steel 310S was analyzed at temperatures above 1000°C，and it was pointed out that the anti-oxidation performance of 310S is

［**作者简介**］吴乐（1994—），男，技术员，大学专科，主要从事冶金设备、压力容器制造和钢结构设计制造等相关工作。E-mail：915098265@qq.com。

insufficient at supercritical temperatures of 1200℃, even though the aluminum infiltration process was used to enhance its oxidation resistance, it is still limited and cannot meet the usage requirements. Through coupon tests, "in-situ tracking" observation was conducted on YUS701 samples to analyze the changes in grain size, morphology, and grain orientation of austenitic stainless steel under the working environment of ROF inner shields. Combining the the failure behavior and mechanism analysis of YUS701 and 310S inner cover products, the self-developed inner cover material and supporting welding material and welding process were developed. Practical application showed that the service life of the self-developed inner cover material can reach four years, and the skirt part of the inner cover does not need to be replaced within its life cycle, offering high cost-effectiveness and significantly reducing the usage costs of expensive consumable inner covers.

Key words: stainless steel inner cover; high temperature oxidation; failure analysis; welding procedure; service life

0 前言

内罩是对取向硅钢进行高温退火的环形退火炉（ROF）热处理关键设备。内罩在650℃保温17h，高温一次均热的目的在于除去钢卷内涂层的水分，使温度均匀化；在最高工作温度1200℃左右（国内有1170℃与1215℃两种工艺）二次均热27h，通过再结晶形成单一的（110）［011］织构，此阶段必须使用纯氢气保护，不同时段采用H_2和N_2不同比例的还原保护气体，退火周期150h。作为内罩内保护气体泄漏的对策，氢气供给压力150~200kPa，罩外压力25kPa，明显低于罩内，少量气体外溢到炉膛作为废气燃烧，内罩外部炉堂以煤气为燃烧介质，内罩下部插入炉台白硅砂密封。

由以上超高温、煤气与氢等的介质环境因素可以看出，内罩的服役环境非常严酷，且1200℃的温度已经达到了不锈钢塑性软化温度，因此在内罩实际制造中，要求所选用的内罩材料应具有优异的高温持久强度、抗高温氧化能力和耐介质腐蚀能力。

国内几大钢厂早期引进日本新日铁硅钢环形退火炉，其内罩采用日本新日铁自己研制的专用材料YUS701（25Cr-13Ni-2Si-0.8Mn-0.25N）制造，价格昂贵，但实际使用寿命也不达预期。后来很多钢厂采用性价比高的国产奥氏体不锈钢310S（06Cr25Ni20）制造内罩，当然也有钢厂自己仿制YUS701并加以改进，都没有得到很好解决。我们很早就开展了环形炉国产化制造研究，研究提出了我们自己的内罩材料（简称自研材料），取得了不错的效果。

1　奥氏体不锈钢310S在超高温（1000℃及以上）服役的高温氧化

根据姚红红等人[1-2]循环氧化实验研究，奥氏体不锈钢310S在800~1000℃循环氧化环境下，试样表面形成的氧化膜有三层结构，分别是最外层致密的尖晶石$MnCr_2O_3$、中间层的Cr_2O_3和最里面很薄的SiO_2。三层致密的氧化膜结构加上氧化物本身的良好抗氧化性能，从而使耐热不锈钢310S在1000℃以下具有优异的抗氧化性，属完全抗氧化。循环氧化实验过程中，随着时间的延长，氧化增重的趋势，呈现先高后缓趋势。氧化增重曲线如图1所示，符合高温氧化动力学抛物线规律，氧化反应生成致密的膜能对金属产生保护作用。

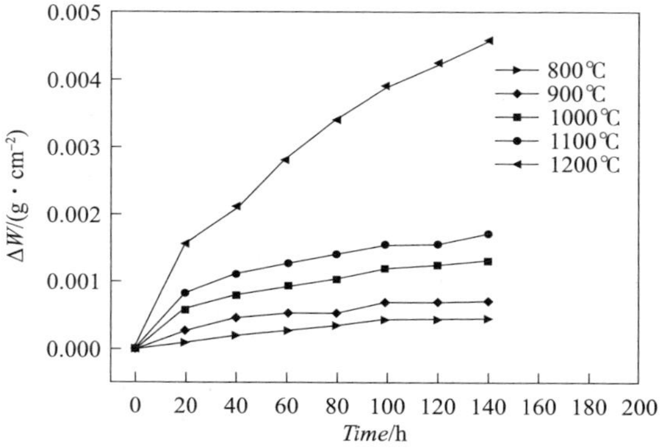

图1　310S循环氧化增重曲线

图1显示，1000℃循环氧化增重曲线在20h后增重明显，与试样表面氧化物开裂或部分脱落有关，致密的氧化膜开始遭到破坏。温度高于1000℃后，Cr_2O_3膜会进一步氧化并发生分解，氧化膜变薄，氧化膜致密性降低，氧原子容易扩散到基体中，基体内部被氧化，因此氧化增重明显。这也是导致310S不锈钢在1200℃以上抗氧化性降低的主要原因。1200℃试样氧化增重基本呈直线上升，此温度下耐高温氧化性能急剧下降，此时Cr_2O_3的生长主要通过Cr的外向扩散进行，氧化过程受扩散过程控制，1200℃高温下，由于温度升高氧活度增加扩散速度增加，Cr_2O_3膜分解成CrO_3，最后的致密SiO_2氧化膜分解，也遭到破坏脱落而循环，高温氧化速率增加，氧化动力曲线属于分段抛物线型，抗氧化性能由完全抗氧化性下降了2个级别，到次氧化级别[3]，同时伴随晶粒严重长大而脆化。内罩工作温度已超过不锈钢310S高温抗氧化极限，是不锈钢310S内罩寿命低的主要原因。

2　内罩用奥氏体不锈钢在超高温服役工况的组织转变

2.1　奥氏体不锈钢显微组织在超高温服役转变的“原位跟踪”观察方法

为了准确研究材料在处理、加工及服役过程中的组织转变过程对样品中典型位置的“原位”观测是非常重要和必要的。但对材料进行的“原位（in-situ）”观测必须借助特殊甚至是昂贵的专用实验仪器或样品台，例如：材料塑性变形或高温转变过程的“原位”观察需要在扫描电镜（SEM）中增加特殊的拉伸或加热样品台等装置。

本文作者所在课题组通过多次的实验探索和验证提出了一种新的“原位跟踪”观察和测量方法[4]。即利用 SEM 及 EDS 和 EBSD 附件在形貌观察和结构分析方面的特点，通过对样品感兴趣区域的仔细标识和定位并进行“处理－观测－再处理－再观测……”系列实验过程获得一组能反映特定区域显微组织与性能发生连续变化的系列照片和结果。对奥氏体不锈钢及其焊接接头在超高温（1200℃）条件下的显微组织转变规律的系统研究表明该方法即不需要使用昂贵的“原位”专用实验样品台又能够获得满意的实验结果。为深入分析晶界迁移和晶粒长大的本质原因，进一步分析超高温下奥氏体不锈钢的失效机理提供了重要方法。

2.2　奥氏体不锈钢超高温工况下晶粒尺寸变化和晶界转变的 EBSD“原位”观察和测量

以日本 YUS701 材料挂样样品在原始状态、环形炉挂样运行 1 个周期（150h）及运行 30 天后的状态为例，利用“原位跟踪”观察方法，在形貌观察的同时进行了 EBSD 的观察和测试。图 2 和图 3 分别利用 EBSD 技术获得的晶粒取向图和晶粒尺寸分布曲线。原始样品的平均晶粒尺寸在 26μm 左右，而高温运行以后，晶粒急速长大，其平均尺寸分别为环形炉挂样一周期 64um、30 天 105um，且晶粒长大较均匀，典型的一次再结晶特征。同时还发现运行一周期后晶粒长大速度较运行 30 天后要快，说明在晶粒生长过程中，温度较时间的影响作用更大。图 4 为晶粒取向差直方图，可以看出，原始材料的晶界性质主要由大角晶界（晶粒取向差值大于 15）组成；而高温运行后，大角晶界明显减少，界面能低的小角晶界显著增多，相应的晶粒平均取向差值分别为 38.71，37.54，32.12，其中小角晶界的比例分别为 17%，26%，36%。

(a)原始材料

(b)运行1个周期

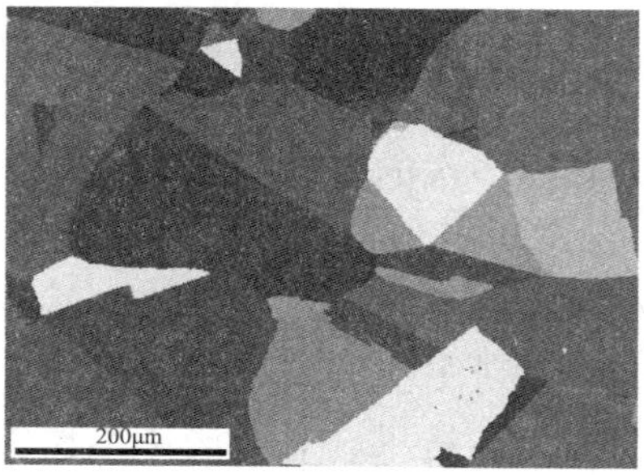

(c)运行4个周期

图 2　奥氏体不锈钢 YUS701 在高温下晶粒分布转变的 EBSD 形貌（与 SEM 位置对应）

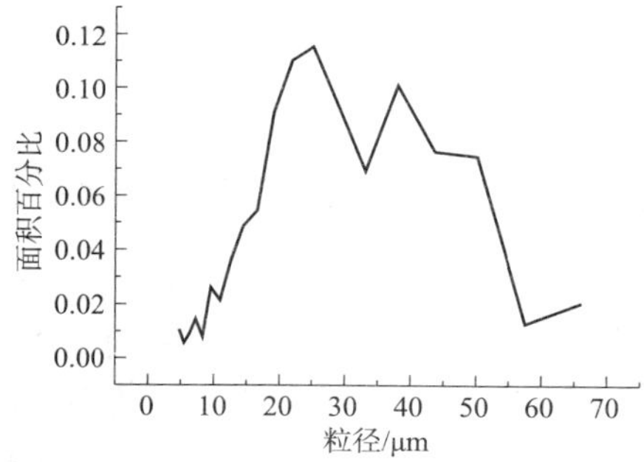

(a)原始材料

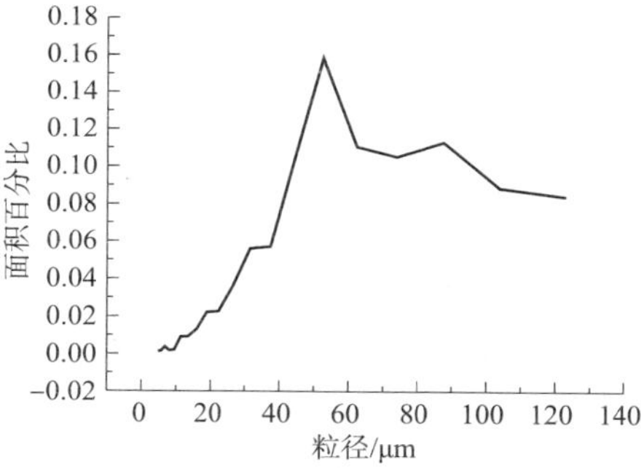

(b)运行1个周期

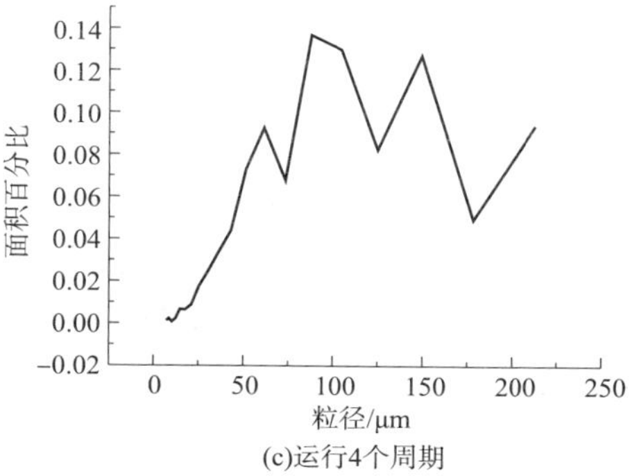

(c)运行4个周期

图 3　对应的晶粒尺寸曲线分布

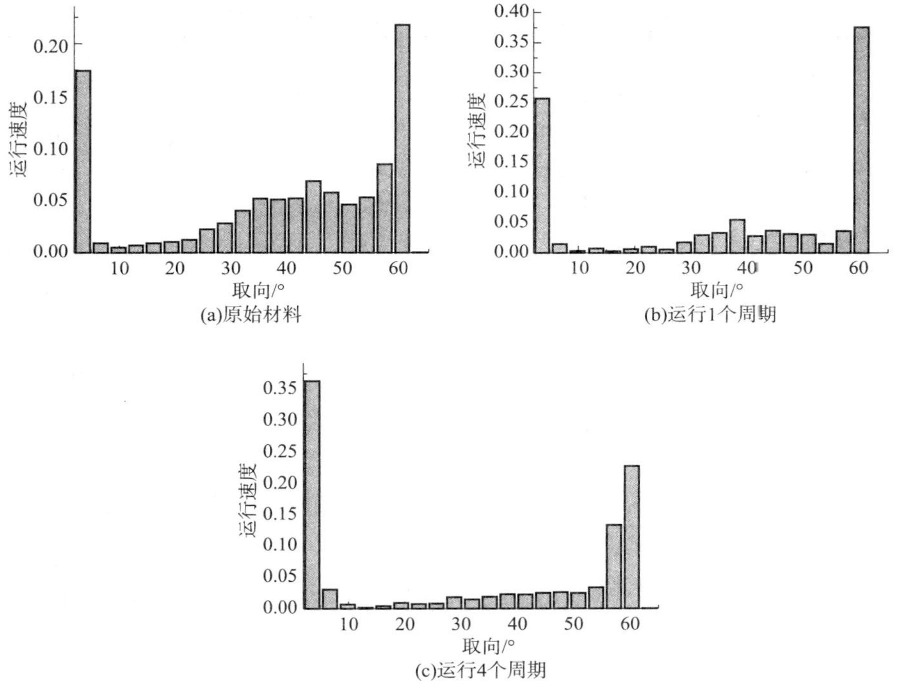

图 4　对应的晶粒取向分布

通过“原位”观察可以发现，高温服役运行 1 个周期和 4 个周期以后，同样部位的晶粒明显在不断长大，并且晶界更加清楚，这是由于晶界上有析出物的缘故，析出物有 $M_{23}C_6$ 碳化物和 σ 相，但 $M_{23}C_6$ 碳化物先于 σ 相析出[5]。与 1000℃以下的常规高温服役相比，奥氏体不锈钢在 1200℃超高温运行中的“回复与再结晶”过程加快。具体表现为：晶粒长大严重，晶界明显被平直化和小角晶界明显增加。这与材料中的位错快速运动和相互作用有关，其晶粒长大机制仍然符合位错模型，这些高温下的转变现象将导致材料的强度降低，耐高温氧化和腐蚀性下降，工件过早失效。

2.3　三种内罩材料环形炉挂样样品抗氧化性能

为了对比日本材料 YUS701、国产材料 310S 和自研材料在超高温服役工况下的抗氧化性能，将三种材料制成同样尺寸的挂样样品，挂在环形炉中经历不同运行时间，然后对其硬度和氧化皮脱落的氧化失重进行检测。

由表 1 可以看出，日本材料 YUS701 在环形炉挂样运行 1 周期后的失重较少，但是运行 30 日后的失重最大，并且显微硬度有所增加。而与其它材料的失重和硬度变化趋势基本相同，即，随着服役时间的增长，硬度下降，失重增加。

表 1 经历不同运行周期环形炉挂样样品的硬度与失重率

材料	试样运行状态	显微硬度 /HV	失重率 /%
日本材料 YUS701	原始材料	239.89	—
	运行 1 周期（150h）	219.17	0.008
	运行 4 个周期	223.9	1.3253
国产材料 310S	原始材料	184.39	—
	运行 1 周期（150h）	167.72	0.1523
	运行 4 个周期	157.53	0.9809
自研材料	原始材料	163.59	—
	运行 1 周期（150h）	171.19	0.1435
	4 个周期	164.67	0.7785

3 三种奥氏体不锈钢内罩产品超高温服役失效分析及其寿命

3.1 日本 YUS701 材料内罩不同部位的组织变化规律及其失效分析

内罩材料为 YUS701，焊条为 40K，内罩编号：WJ–103，运行周期：约 240 周期（4.2 年）。分析样品取自该内罩相应部位。

内壁的组织特征：内罩内壁皆有沿晶腐蚀特征，如图 5。由于 ROF 内罩长期在高温下服役，$M_{23}C_6$ 碳化物会沿晶界析出，这也造成了晶界贫铬，严重时最后逐步“吞食”掉整个晶粒，造成腐蚀失效；内壁边缘至心部之间有一个“白亮带区”，其主要由呈针状、棒状和圆球状的金属间化合物 σ 相组成，σ 相在该区富集的原因可能与氢在 ROF 内罩中的扩散有关。

外壁的组织特征：取样自内罩上部正常罩体部分的外壁，没有观察到沿晶腐蚀和烧损特征，而仅有一层富 Cr 氧化物和点状腐蚀，这是因为该部分与高温大气接触，并且有富 Cr 相形成而导致局部贫 Cr 造成的。不锈钢基体表面所形成的氧化膜具有多膜层结构，致密性好，具有良好的热保护作用。经成分测试表明，基体表面形成的保护氧化膜主要为 SiO_2 和 Cr_2O_3 双层氧化层，如图 6。

日本 US701 材料内罩裙部“沟槽”失效机理分析：当 ROF 内罩高温服役运行一定时间后，在距下端 50~150mm 处产生沟槽，如图 7 所示，该处也是 ROF 内罩、砂、炉膛大气三者交接部位。宏观上看这个部位有一个很深的“凹槽”或称“沟槽”，表面呈“铁锈色”有一层氧化皮，一拔就会掉下来。电镜观察发现其显微组织与内壁明显不同，呈现出“疏松圆坑形组织平行向内部推移”的特征。也就是说，不是沿晶界优先腐蚀或氧化，而是整个晶粒或表面同时被氧化而失效。从这个现象可以判断该处内罩外壁是被高温熔融氧化逐步“烧损”的[6]。

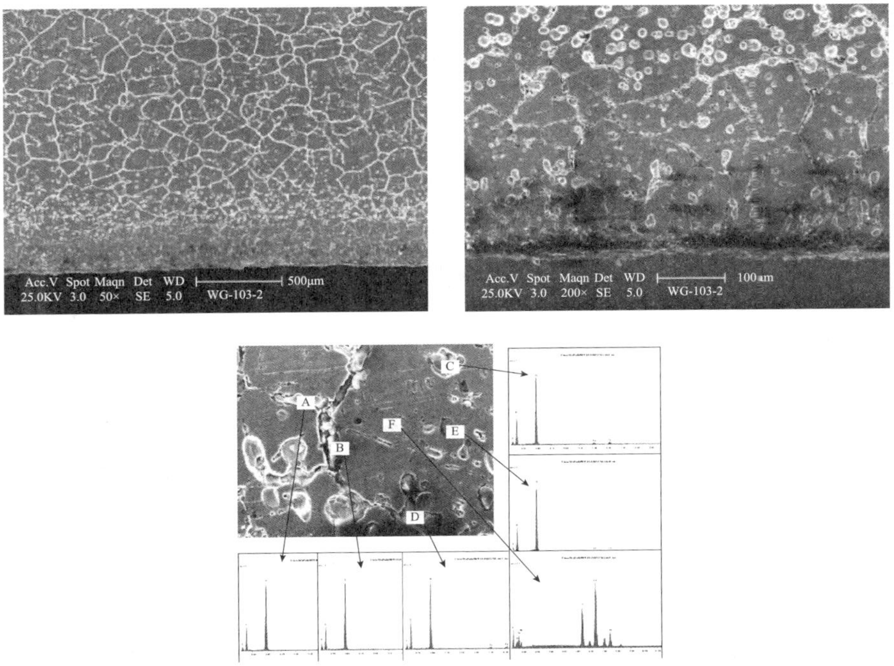

图 5　日本材料 YUS701 高温服役 240 周期内表面的显微组织与化学成分特征

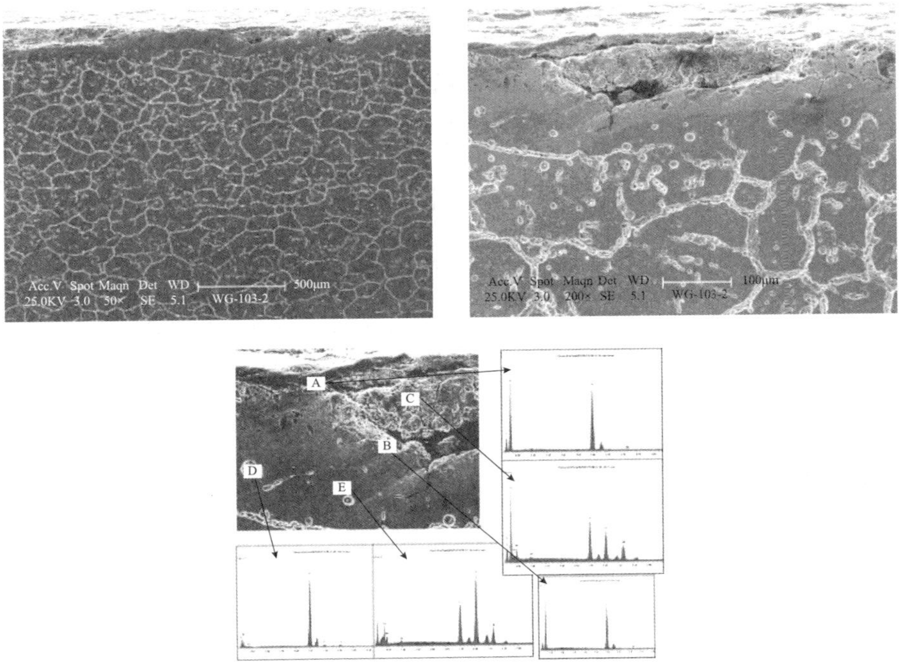

图 6　日本材料 YUS701 高温服役 240 周期外表面（未埋在砂中）的显微组织与化学成分特征

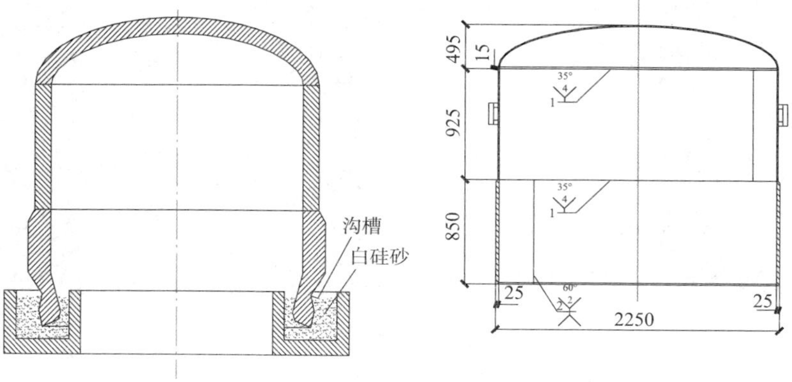

图 7　ROF 内罩工作及结构示意

3.2　国产 310S 渗铝材料内罩失效分析

内罩材料为国产 310S，在已失效产品的变截面下部 400mm 外壁取样分析，厚度 25mm，内外表面渗铝，失效产品服役时间：30 个月。

在使用前期渗铝层还有一定保护作用，约半年就全部氧化脱落，所以试样表面未见渗铝层，可见中后期渗铝基本不起作用，靠 310S 材料本身在抗高温氧化，但能力明显不足；与其它材料相比，该样品中的奥氏体晶粒异常长大，在低倍数下也很难看到一个完整晶粒，如图 8 所示。氧化腐蚀以生成氧化皮的均匀失效为主。气蚀坑成分中 Cr 含量略高，是 σ 相（FeCr）大部分已经脱落；颗粒状夹杂物为含 S 和 Mn 元素的 MnS。该区以氧化皮均匀腐蚀为主，氧化腐蚀造成的材料减薄较焊缝部分严重。

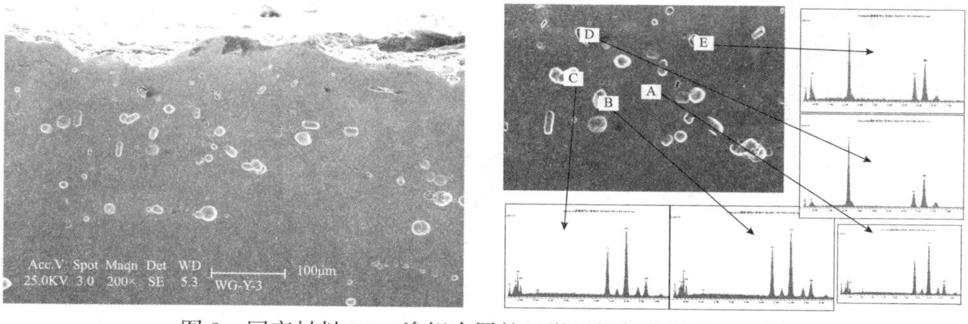

图 8　国产材料 310S 渗铝内罩的显微组织与化学成分特征

3.3　自研材料内罩失效分析

自研材料试制内罩使用 2~3 年后，在产品上取样，观察使用情况，以便大面积推广使用。产品编号 WY-72，试制产品服役约 30 个月，减薄 2.1mm；产品编号 WE-109，试制产品服役约 24 个月，减薄 1.6mm。分析样品取自 ROF 内罩上部环缝，该部位为顶部与壁部的交接位置。

WY-72 母材组织特征（图 9）：母材外表面有气坑蚀；心部晶粒仅长大现象；内表面有沿晶腐蚀及气坑蚀现象，晶界夹杂物多，富含 C、O、Si，如图 10 所示。

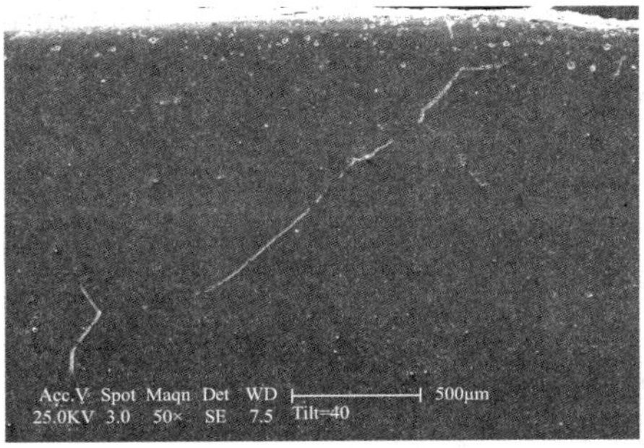

(a)外表面

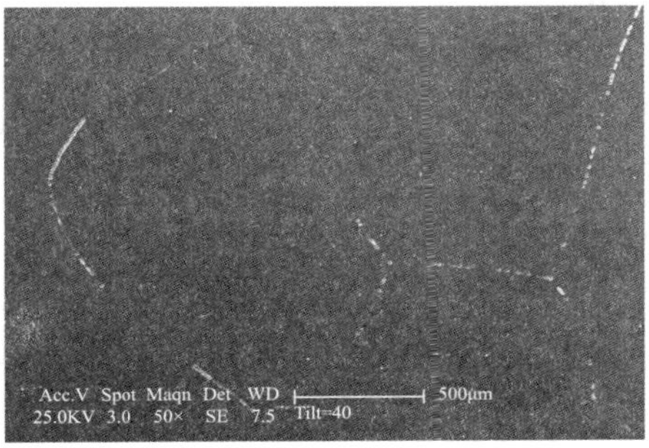

(b)心部

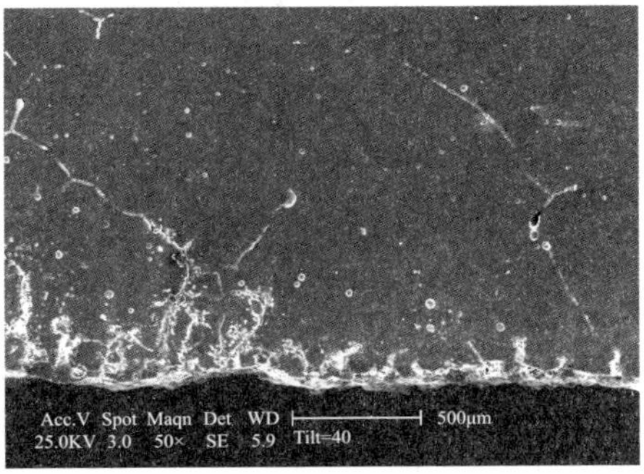

(c)内表面

图 9　WY-72 母材组织图特征

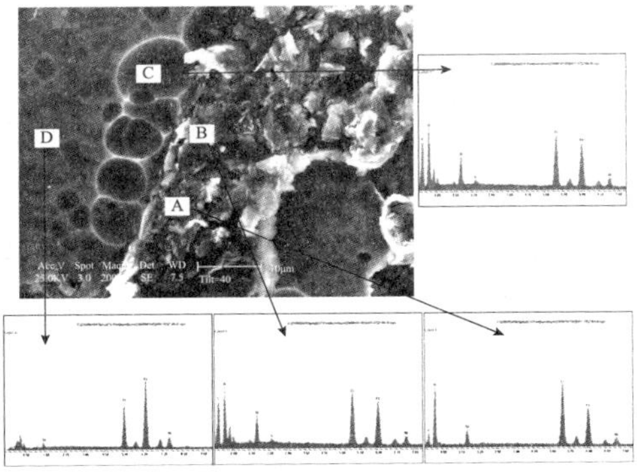

图 10　WY-72 母材内表面氧化皮各膜层元素分布

WE-109 母材组织特征：母材内外表面现象较一致，均有晶粒长大及气坑蚀现象，内部晶粒长大更为明显，如图 11 所示。

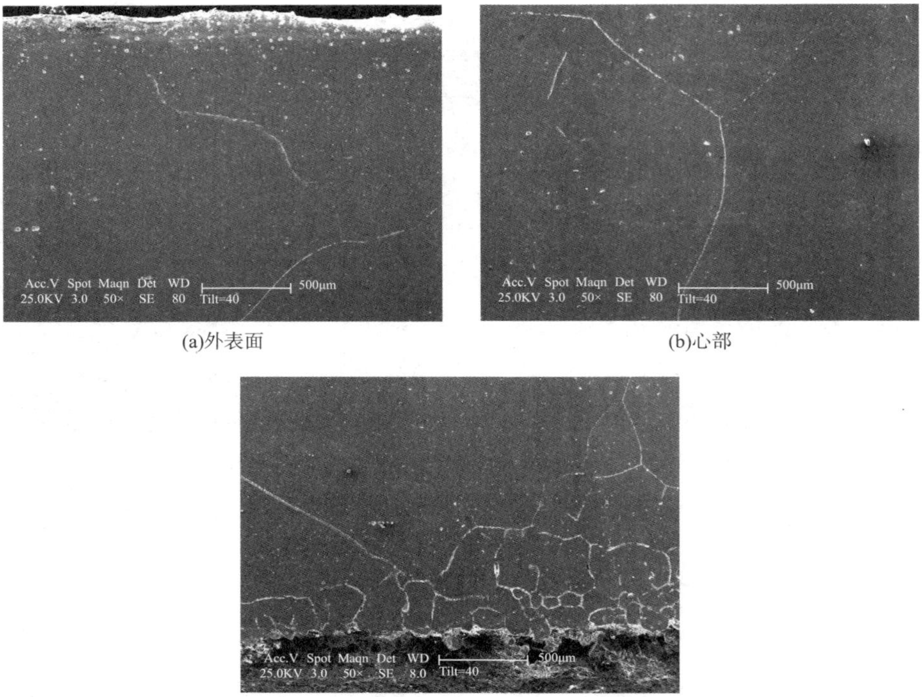

(a)外表面　　(b)心部

(c)内表面

图 11　WE-109 母材组织图特征

WY-72 和 WE-109 服役相差半年，从图 9 和图 11 对照看，二者组织差异不明显，结合前面挂样分析及二者壁厚氧化减薄说明，高温组织转变经一定时间后趋于变化稳定。另外自研材料 ROF 内罩下部“沟槽”不明显，明显好于日本材料，在寿命周期内不需更换下面 300mm 裙部。

3.4　三种材料内罩实际使用寿命比较

ROF 内罩外壁处在炉膛大气煤气燃烧为主的氧化性气氛，三种材料内罩均以氧化皮均匀腐蚀为主，抗腐蚀性能取决于氧化保护膜致密性。内罩内壁处在还原性 H_2 和 N_2 保护气氛，主要呈沿晶腐蚀特征。在接触介质的 ROF 内罩内侧边缘有一个富 σ 脆化相区，其断口呈现完全脆性特征，其断口呈现完全脆性特征。该区的脆化主要与 σ 相的数量和形态有关。另外，从介质中扩散过来的氢原子在 σ 相与奥氏体界面上的聚集也是其中的主要原因之一。

日本 YUS701 材料内罩裙部抗变形能力最好，国产自研材料与国产 310S 渗铝内罩相当，这与材料自身高温性能有关。

从寿命上来看，日本 YUS701 材料内罩寿命四至五年，但需要在寿命周期里更换裙部。国产 310S 材料及其渗铝内罩寿命为 2~3 年，不能很好满足硅钢内罩使用环境要求。自研材料内罩寿命与日本材料内罩寿命相当，性价比高，避免了 ROF 内罩下部“沟槽”明显产生，寿命周期内不需更换下面 300mm 裙部。

4　国产自研材料内罩焊接及配套焊丝

4.1　自研内罩材料的配套焊材

提高耐热钢抗氧化能力的根本途径是保持氧化膜层的连续性和增强氧化膜层的致密性。所以在自研内罩材料及配套焊材的成份设计中，添加一定量的硅，用来提高抗氧化能力，由于硅与氧形成 SiO_2，增强了以 Cr_2O_3 为主的氧化膜层的致密性。参考进口焊条，结合实际焊接工艺评定和实际使用情况，确定自研内罩材料焊条及焊丝基本成分如表 2。

表 2　ROF 内罩焊材化学成分（质量分数）　%

焊接材料	化学成分							
	C	Si	Mn	P	S	Ni	Cr	其他
日本 40K 焊条	0.38	0.76	1.11	0.016	0.005	20.9	24.65	—
德国 E2520R26 焊条	0.08	0.32	2.09	0.021	0.009	20.1	25.09	—
自研配套焊条	≤0.15	1.8~3.2	≤2	≤0.03	≤0.03	10~12	25~30	≤2.5
自研配套焊丝	≤0.10	—	2.88	≤0.03	≤0.03	20~22	26~28	1~1.7

4.2　自研内罩材料焊接工艺

为提高工效，采用自研配套焊丝，选用 EWM PHOENIX 401 BASIC forceArc 双脉冲焊机，利用超威弧综合 MIG/MAG 短路过渡电弧与射流电弧的优点，是一种更短及压力更大的射流过渡电弧，可获得优秀的溶深效果，良好的焊缝根部以及表面成形。通过焊接工艺实验和工艺评定，最后确定 10mm 板厚对接接头坡口角度 35°，钝边 2~3mm，坡口间隙 3~4mm，1.2mm 直径焊丝，焊接电流 220~250A，焊接电压 21~24V，焊接速度 370~480mm/min 最佳，既能保证焊透，又能节约焊缝填充量。自研配套焊丝，采用优化的焊接工艺，提高了焊接效率一倍以上，解决了不清根焊透的工艺难题。

5 结论

1）内罩在使用过程中，高温抗氧化占主导地位，其内壁与氮氢还原介质接触呈现晶间腐蚀明显，外壁与煤气为主的氧化燃烧气氛的氧化腐蚀严重，年腐蚀0.8mm左右，后期加剧；内罩使用1年后就产生顶部塌陷、中部筒体塌腰等明显变形，并随运行时间加剧至失效报废。

2）国产310S材料在1000℃及以下满足三层氧化膜致密结构，符合氧化动力曲线符合抛物线规律，但1200℃超临界服役，致密的氧化膜遭到破坏，Cr_2O_3膜分解成CrO_3，最后的致密SiO_2氧化膜分解，材料处于次氧化级别。国产310S材料内罩，包括附加渗铝工艺提升高温性能也有限，其寿命只有2~3年，而日本YUS701材料内罩产品寿命为4~5年。

3）对日本YUS701材料采用ROF随炉挂样及“原位跟踪”观察方法，获得了奥氏体不锈钢在ROF内罩工作环境下晶粒尺寸、形貌及晶粒取向变化的规律。具体表现为：晶粒长大严重，晶界明显被平直化和小角晶界明显增加，这是导致奥氏体不锈钢材料在ROF内罩工作环境下的强度降低、耐高温氧化腐蚀性下降和工件过早失效的重要原因。

4）结合日本YUS701材料内罩、310S内罩及其渗铝产品失效行为及机理分析，开发了自研内罩材料及其配套焊材和工艺。通过实际使用，自研材料内罩寿命与日本内罩相当，且寿命周期内不需更换内罩裙部，大幅降低了昂贵消耗品内罩的使用成本，实现了内罩产品制造技术的完全国产化。

参考文献

[1] 姚红红.奥氏体耐热不锈钢310S的高温氧化行为及氧化机理[D].西安：西安建筑科技大学，2017：47-50.

[2] 任培东，宋仁伯.310S耐热不锈钢高温循环氧化性能[J].钢铁研究学报，2017，29(10)：844-851.

[3] 曹歌.环形炉内罩失效分析及其抗高温技术的研究[D].上海：华东理工大学，2014：34-44.

[4] 黄亚敏，吴佑明，付强，等.用SEM和EBSD的“原位跟踪”观测技术研究奥氏体不锈钢及其焊接接头的超高温组织转变过程[J].电子显微学报，2008，27(06)：432-438.

[5] 苗华军，李国平.310S耐热不锈钢高温长期失效过程中的组织演变[J].金属热处理，2021，46(07)：56-59.

[6] 冯仁辉，潘春旭，吴佑明，等.奥氏体不锈钢ROF内罩的失效机理分析[J].机械工程材料，2000(02)：45-47.

LNG 储罐用高锰低温钢埋弧焊焊接材料及工艺研究

陈　成，汪昌红，包润新，汪　涛，魏　艳，张　翔，余　超

（武汉铁锚焊接材料股份有限公司，湖北　武汉　430084）

摘要： 研制出适用于LNG储罐用高锰低温钢配套的埋弧焊丝和焊剂。采用C–Mn–Cr–Ni–Mo合金体系设计，形成的焊缝金属中Mn含量为22.5%~25.5%，焊缝金属抗拉强度和 –196℃低温冲击等力学性能优良，与奥氏体高锰低温钢匹配性良好。通过分析道间温度和热输入对熔敷金属力学性能的影响，结果表明，在焊接奥氏体高锰低温钢时，须控制好道间温度和采用较小的热输入，确保焊缝金属具有优良的综合力学性能。

关键词： 高锰低温钢；–196℃低温冲击；埋弧焊丝；焊剂；道间温度

Study on SAW of high manganese cryogenic steel for LNG storage tank

Chen Cheng, *Wang Changhong*, *Bao Runxin*, *Wang Tao*, *Wei Yan*, *Zhang Xiang*, *Yu Chao*

(Wuhan Temo Welding Consumables Co., Ltd., Wuhan Hubei 430084, China)

Abstract: The submerged arc welding wire and flux suitable for high manganese cryogenic steel used in LNG storage tank were developed. The C–Mn–Cr–Ni–Mo alloy system was used to design, and the Mn content in the weld metal formed is 22.5%~25.5%.The weld metal has excellent mechanical properties such as tensile strength and –196℃ low temperature impact, and has a good match with austenitic high manganese cryogenic steel. By analyzing the influence of inter–pass temperature and heat input on the mechanical properties of deposited metal, the results show that when welding austenitic high

［作者简介］陈成（1990—），男，硕士，工程师，主要从事焊接材料设计与工艺研究。E-mail：cc19901020@126.com。

manganese cryogenic steel, inter-pass temperature controlled and smaller heat input must be used to ensure that the weld metal has excellent comprehensive mechanical properties.

Key words: high manganese cryogenic steel; −196 ℃ low temperature impact; submerged arc welding wire; welding flux; inter-pass temperature

0 前言

随着液化天然气（Liquefied Natural Gas，LNG）能源消费占比不断攀升，LNG 储罐得到了全球各国的重视[1-3]。在 LNG 安全生产、运输和使用等过程中，储罐材料的性能至关重要[4-6]。目前，运输液态天然气的 LNG 船和储存液态天然气的储罐主要采用 9Ni 钢，由于镍元素的价格昂贵，使得 9Ni 钢的冶炼和使用成本大大提高，使用的焊材价格昂贵。高锰（22.5%~25.5%Mn 含量）低温钢与 9Ni 钢具有相同的物理冶金特点，韧－脆转变温度低于 −196℃，在 −196℃下组织稳定，完全满足运输和储存液态天然气等的要求，有望取代 9Ni 钢作为 LNG 储罐用钢极具竞争力的首选材料[7-10]。

焊接在 LNG 储罐的制造过程中至关重要，根据压力容器安全事故调查结果，90% 以上的压力容器事故是焊接缺陷导致的。因此，选择合适的焊接材料和制定合理的焊接工艺，从而获得组织稳定的焊缝组织，对 LNG 储罐焊接接头的力学性能的提高有重要作用。目前，高锰低温钢是一种新材料，我国对其匹配的焊接材料、焊接工艺及焊接接头性能研究和评价尚处于探索阶段。

鉴于 LNG 储罐制造特点，埋弧焊（SAW）可用在平位置和横位置的拼板焊方面具有较高的效率，也有较为广泛的应用，特别是在横位置环焊缝焊接中。而且埋弧焊焊缝质量高，熔渣隔绝空气的保护效果好，焊接参数可以通过自动调节保持稳定，焊缝成分稳定，机械性能优异。

本文介绍了研制 LNG 储罐用高锰低温钢配套的埋弧焊丝和焊剂的过程，开展了焊接工艺研究，分析了道间温度和热输入对熔敷金属力学性能的影响，为超低温及低成本容器钢工业应用提供了试验基础及理论分析。

1 焊材研制思路

1.1 焊丝合金体系的设计

根据中国船级社《高锰奥氏体低温钢应用指南》相关要求，高锰奥氏体低温钢焊接材料的力学性能须符合以下要求：

用于高锰奥氏体低温钢的焊接材料熔敷金属试验的力学性能要求如表1所示。

表 1　熔敷金属力学性能

抗拉强度 /MPa	屈服强度 /MPa	伸长率 /%	冲击吸收功（-196℃）KV_2/J
≥660	≥400	≥22	≥27

用于高锰奥氏体低温钢的焊接材料对接焊试验的力学性能要求如表 2 所示。

表 2　对接接头力学性能

抗拉强度 /MPa	冲击吸收功（-196℃）KV_2/J
≥660	≥27

根据中国船级社《高锰奥氏体低温钢应用指南》相关要求，高锰奥氏体低温钢化学成分如表 3 所示。

表 3　高锰低温钢主要化学成分（质量分数）　%

C	Si	Mn	Cr	Cu	N	S	P
0.35–0.55	0.1–0.5	22.5–25.5	3.0–4.0	0.3–0.7	≤0.05	≤0.01	≤0.03

选取了和母材类似的合金体系，研制出高锰低温钢配套埋弧焊丝 MCJGMn。选用与母材相近的高锰（22.5%~25.5%Mn 含量）合金体系，添加适量的 Cr、Ni 和 Mo，其中 Cr、Mo 的加入，可形成碳化物或氮化物，以提高焊缝强度。Mo 还能缩小固液共存区间，可以有效抑制热裂纹发生，添加适量的 Ni，可进一步稳定奥氏体组织，以提高 –196℃冲击功。

1.2　焊剂成分设计

根据埋弧焊冶金特点以及焊缝金属高合金化学成分含量要求（合金含量≥35%），为确保焊接工艺优良和力学性能满足指标要求，主要考虑选用低 S、低 P 氟碱性烧结焊剂、硅钙型烧结焊剂以及低锰高硅中氟熔炼焊剂，经过系列试验，择优选取力学性能和工艺性能最优组合。焊剂成分如表 4 所示。

表 4　焊剂主要化学成分（质量分数）　%

焊剂品种	SiO_2+TiO_2/%	CaO+MgO/%	Al_2O_3+MnO/%	CaF_2/%	碱度
TM.SJGMn–A	≤20	6–10	30–40	40–50	2.5
TM.SJGMn–B	35–45	20–30	20–30	5–15	0.8
TM.HJGMn–C	30–35	20–25	20–30	20–25	0.4

1.3 熔敷金属组织成分

熔敷金属的组织为全奥氏体，主要合金成分体系如下：以 Mn、C 为主要稳定奥氏体化元素，适当添加 Ni 等合金化元素，以保证 -196℃仍为全奥氏体组织。尽量控制杂质元素 S、P 含量等，以降低热裂纹敏感性。

2 试验材料及方法

试验材料为南京钢铁股份有限公司生产的高锰低温钢钢板，主要化学成分如表 5 所示。

表 5 钢板主要化学成分（质量分数） %

C	Si	Mn	Cr	Cu	N	S	P
0.43	0.20	23.8	3.53	0.33	0.04	≤0.01	≤0.015

熔敷金属试验采用钢板规格为 400mm×200mm×20mm，坡口面单边角度 10°，根部间隙为 16mm 带钢衬垫进行。对接接头试验采用钢板规格为 400mm×200mm×20mm，坡口面单边角度 30°，根部间隙为 2mm 进行。熔敷金属试验和对接接头试验的坡口示意图如图 1 所示。试验按照 GB/T 2650—2008 焊接接头冲击试验方法和 GB/T 2652—2008 焊缝及熔敷金属拉伸试验方法进行。

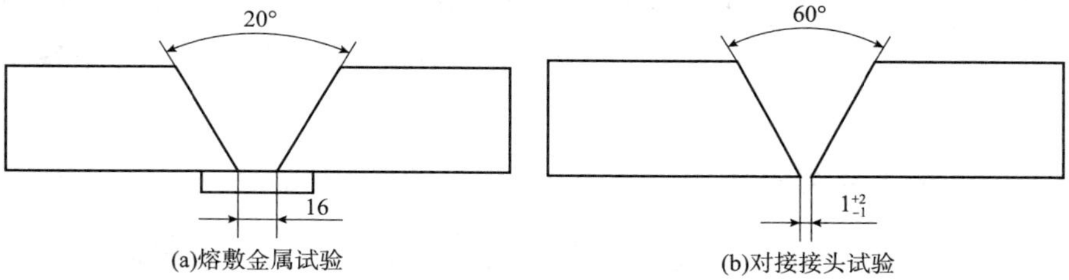

图 1 坡口示意

3 试验结果及分析

3.1 工艺性能

良好的焊接工艺性是保证焊缝质量和性能的前提。在埋弧焊中，考察焊接工艺性能需要测试的项目有：电弧稳定性、脱渣能力、焊缝成形等。选用 Φ4.0mm 规格 MCJGMn 埋弧焊丝搭配表 4 中焊剂，采用相同的焊接工艺试验参数如表 6 所示。对上述三组焊接材料进行焊接工艺性能对比试验。

表 6　焊接工艺参数

焊接材料	焊接方式	电弧电压 U/V	焊接电流 I/A	焊接速度 v/(cm·min^{-1})	道间温度 T/℃
MCJGMn/TM.SJGMn-A	直流平焊	31	480	36	100
MCJGMn/TM.SJGMn-B	直流平焊	31	480	36	100
MCJGMn/TM.HJGMn-C	直流平焊	31	480	36	100

单层焊焊缝形貌如图 2 所示，在单层焊接试验中观察到：MCJGMn/TM.SJGMn-A 在平板焊接时，熔池流动性较好，焊缝成型良好，表面有轻微氧化色，脱渣性良好，表面无粘渣，未发现气孔等缺陷。MCJGMn/TM.SJGMn-B 在平板焊接时，熔池流动性较好，焊缝成型良好，表面有轻微氧化色，脱渣性良好，表面无粘渣，但焊缝边缘有粘渣，未发现气孔等缺陷。MCJGMn/TM.HJGMn-C 在平板焊接时，熔池流动性一般，焊缝成型一般，表面有轻微氧化色，脱渣性较差，焊缝表面和边缘均有粘渣，未发现气孔等缺陷。

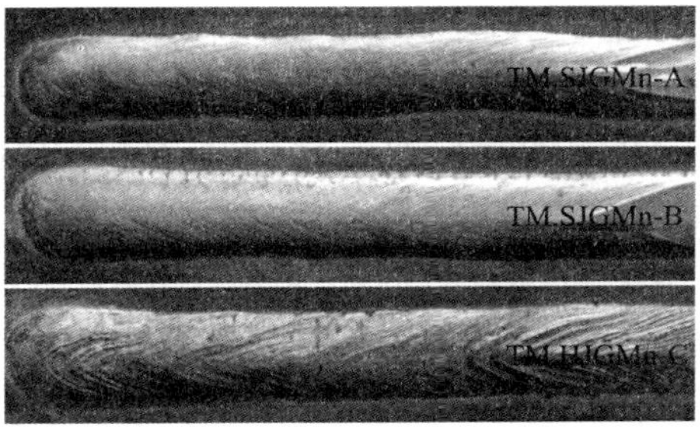

图 2　焊剂对比试验单层焊焊缝形貌

坡口内焊缝形貌如图 3 所示，在进行坡口内焊接试验中发现：MCJGMn/TM.SJGMn-A 坡口内焊接性能良好，熔池流动性较好，焊缝成型良好，表面无氧化色，脱渣性良好，表面无粘渣，未发现气孔等缺陷。MCJGMn/TM SJGMn-B 坡口内焊接性能一般，熔池流动性较好，焊缝成型良好，表面无氧化色，脱渣性一般，表面无粘渣，但焊缝边缘有粘渣，未发现气孔等缺陷。MCJGMn/TM.HJGMn-C 坡口内焊接性能一般，熔池流动性一般，焊缝成型一般，表面无氧化色，脱渣性较差，焊缝表面和边缘均有粘渣，未发现气孔等缺陷。对比试验工艺性能评价如表 7 所示。

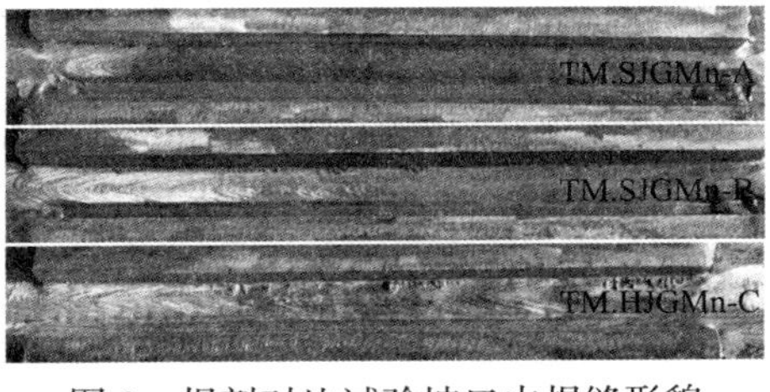

图 3　焊剂对比试验坡口内焊缝形貌

综上所述，埋弧焊丝和焊剂 MCJGMn/TM.SJGMn-A 在焊接工艺性能方面是最优组合。

表 7　对比试验焊接工艺性能评价表

焊接材料	电弧稳定性	脱渣性	焊缝成型	焊缝氧化色(坡口)
MCJGMn/TM.SJGMn-A	稳定	良好	良好	无
MCJGMn/TM.SJGMn-B	稳定	一般	良好	无
MCJGMn/TM.HJGMn-C	一般	稍差	一般	无

3.2　力学性能

对上述三组焊接材料开展熔敷金属试验和对接接头试验，力学性能结果分别如表 8、表 9 所示，焊接工艺试验参数如表 6 所示。MCJGMn/TM.SJGMn-A 熔敷金属和对接接头抗拉强度达 700MPa 以上，-196℃冲击吸收功在 100J 以上，熔敷金属具有良好的伸长率，弯曲试验未出现裂纹。由表 8~ 表 9 可以看出，MCJGMn/TM.SJGMn-A 综合力学性能均优于 MCJGMn/TM.SJGMn-B 和 MCJGMn/TM.HJGMn-C。结合表 4 中焊剂化学成含量分析可知，TM.SJGMn-B 和 M.HJGMn-C 都含有较多的酸性氧化物，具有较强的氧化能力，焊缝金属中合金元素的烧损量较大，对焊缝的强度和低温性能影响较大。

表 8　熔敷金属力学性能

焊接材料	抗拉强度 R_m / MPa	屈服强度 $R_{P0.2}$/ MPa	伸长率 A/%	冲击吸收功（-196℃）KV_2/J
MCJGMn/TM.SJGMn-A	703	496	45.0	121/116/121
MCJGMn/TM.SJGMn-B	680	454	43.5	92/84/83
MCJGMn/TM.HJGMn-C	666	437	42.5	68/65/68

表 9　对接接头力学性能

焊接材料	抗拉强度 R_m / MPa	正反弯曲试验 D=4a（120°、180°）	冲击吸收功（-196℃）KV_2/J
MCJGMn/TM.SJGMn-A	750	合格	113/125/115
MCJGMn/TM.SJGMn-B	711	合格	94/103/90
MCJGMn/TM.HJGMn-C	692	合格	72/84//89

对于 LNG 高锰低温钢的实际工程使用来说，在保证母材使用性能的前提下，焊缝在超低温服役条件下的强度和冲击韧性，是影响 LNG 储罐使用安全和服役时长的最大因素。根据上述试验结果，本文研制的 LNG 储罐用高锰低温钢配套埋弧焊丝和焊剂 MCJGMn/ TM.SJGMn-A 是最优组合，对其力学试样进行了形貌和组织分析。

3.3　力学试样形貌和组织分析

MCJGMn/TM.SJGMn-A 熔敷金属拉伸试样和对接接头拉伸试样宏观断裂形貌分别如图 4、图 5 所示。对接接头弯曲试样的宏观形貌如图 6 所示。当弯曲角度达到 180° 时，正反弯试样均没有裂纹，表现出良好的弯曲性能。

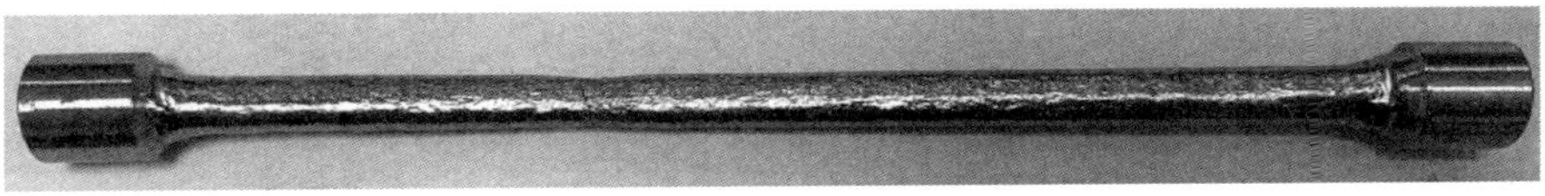

图 4　熔敷金属拉伸试样的宏观断裂形貌

图 5　对接接头的宏观断裂形貌

图 6　对接接头弯曲试样的宏观断裂形貌

对 MCJGMn/TM.SJGMn-A 冲击断口组织进行金相分析，如图 7 所示。焊缝的微观组织主要为奥氏体组织和析出相，在靠近熔合线区域主要为奥氏体柱状晶和析出相，且方向性强，其生长方向沿冷却速度下降最快的方向。熔合线区域在焊接时处于局部熔融状态，组织粗大，成分不均匀，靠近熔合线的粗晶区组织主要为粗大的奥氏体组织和少量孪晶。

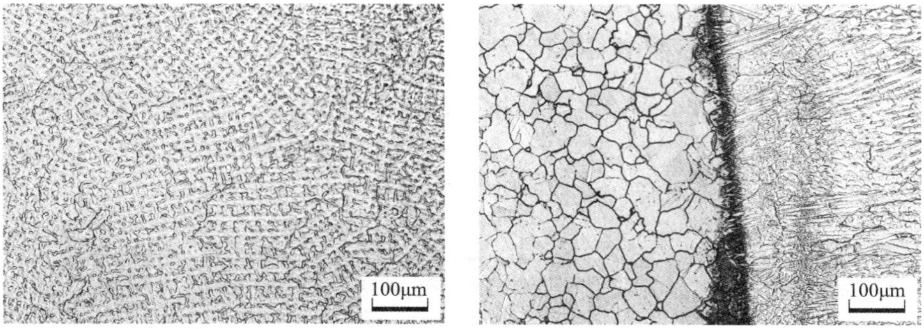

(a)焊缝组织　　(b)熔合线

图 7　MCJGMn/TM.SJGMn-A 接头的金相组织

3.4　道间温度和热输入对熔敷金属力学性能的影响

采用 Φ4.0mm 规格埋弧焊丝 MCJGMn/TM.SJGMn-A 进行熔敷金属试验，焊接过程中道间温度分别控制在 80℃、100℃和 150℃，通过控制焊接电流来调整热输入大小，试验工艺参数如表 10 所示。

表 10　道间温度和热输入试验工艺参数

焊接材料	编号	焊接方式	电弧电压 /V	焊接电流 /A	焊接速度 /（cm · min^{-1}）	热输入 /（kJ·cm^{-1}）	道间温度 /℃
MCJGMn/TM.SJGMn-A	1#	直流平焊	31	420	36	21.7	80
	2#	直流平焊	31	480	36	24.8	80
	3#	直流平焊	31	560	36	29	80
	4#	直流平焊	31	420	36	21.7	100
	5#	直流平焊	31	480	36	24.8	100
	6#	直流平焊	31	560	36	29	100
	7#	直流平焊	31	420	36	21.7	150
	8#	直流平焊	31	480	36	24.8	150
	9#	直流平焊	31	560	36	29	150

熔敷金属试验力学性能如表 11 所示，力学性能变化如图 8 所示。抗拉强度在道间温度 80℃时为 690MPa 左右，随着道间温度提高到 100℃，抗拉强度有小幅度提高，但当道间温度提高到 150℃时，抗拉强度会有一个较大幅度的下降，且相同道温，不同热输入时，抗拉强度变化较小，即道温变化对抗拉强度影响较大。屈服强度在相同道温，不同热输入时变化较大，热输入为 29.0kJ/cm 时，屈服

强度下降幅度较大。冲击功在道间温度 80℃时为 85J 以上，随着道间温度提高到 100℃，冲击功有小幅度提高，但当道间温度提高到 150℃时，冲击功会大幅度的下降。

表 11　力学性能结果

焊接材料	编号	抗拉强度 / MPa	屈服强度 / MPa	伸长率 /%	冲击吸收功 (-196℃) KV_2/J
MCJGMn/ TM.SJGMn-A	1#	697	485	44.5	103、95、94
	2#	694	472	43.5	97、99、104
	3#	690	428	42.5	91、87、85
	4#	705	483	44.0	103、103、105
	5#	710	474	47.0	105、106、114
	6#	703	415	41.5	95、101、92
	7#	679	474	43.0	65、57、51
	8#	682	468	44.0	63、59、63
	9#	674	424	42.0	47、68、65

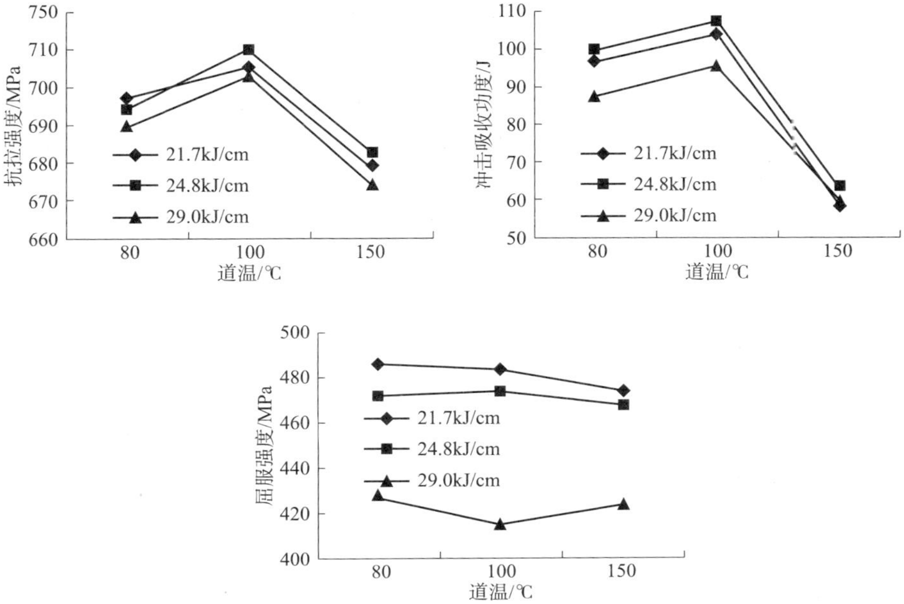

图 8　力学性能变化示意

从以上分析可知，道温变化对抗拉强度和冲击功影响较大，这是因为道间温度越高，焊缝金属的 t8/5 延长，而 800~500℃是碳化物析出温度区间，导致脆性的碳化物析出数量增加，焊缝金属抗拉强度和冲击韧性下降。热输入的变化对屈服强度影响较大，在焊接热输入较大的情况下，会造成焊缝的冷却速度较慢，组织过热，引起初生奥氏体晶粒长大，易产生粗化组织。同时由于高温时间停留较长，析出粒子长大，钉扎作用减弱，晶粒尺寸较大，导致屈服强度降低。

根据上述研究结果和分析，在焊接奥氏体高锰低温钢时，须控制道间温度为100℃左右，采用较小的热输入，确保焊缝金属具有优良的综合力学性能。

4 结论

本文研制的 LNG 储罐用高锰低温钢配套埋弧焊丝和焊剂 MCJGMn/TM.SJGMn-A，通过渣系和合金体系设计，其焊接工艺性能优良，力学性能稳定，具有良好的综合性能：

1）焊接工艺性能优良，电弧稳定，熔池流动性较好，焊缝成型美观，脱渣性良好，表面无粘渣。

2）采用 C-Mn-Cr-Ni-Mo 合金体系设计，形成的焊缝金属中 Mn 含量为 22.5%~25.5%，综合力学性能优异，特别是 -196℃低温冲击韧性较好。

3）焊缝金属组织是奥氏体，在焊接奥氏体高锰低温钢时，须控制道间温度为100℃左右，采用较小的热输入。

4）研制的埋弧焊丝和焊剂与南钢生产的高锰低温钢钢板匹配性良好，并且符合中国船级社《高锰奥氏体低温钢应用指南》中对焊接材料力学性能的要求。

参考文献

[1] 朱彤 . 中国能源工业七十年回顾［J］. 企业观察家，2019（10）：38-41.

[2] 贾承造，张永峰，赵霞 . 中国天然气工业发展前景与挑战［J］. 天然气工业，2014，34（02）：8-18.

[3] 林珑，曹传超，刘燕妮，等 . 液化天然气发展现状及前景展望［J］. 能源研究与利用，2017（03）：30-32.

[4] 朱仁庆，侯玲 .LNG 船液舱晃荡数值模拟［J］. 江苏科技大学学报（自然科学版），2010（01）：1-6.

[5] 张敏，褚巧玲，李继红 .9Ni 钢焊接接头低温性能研究［J］. 兵器材料科学与工程，2013，36（04）：10-14.

[6] 于平川 .LNG 储罐大型化及国产化发展趋势分析［J］. 化工管理，2019（31）：149-150.

[7] 张鑫宇，亢淑梅，杜青林 . 液化天然气储罐用高锰钢超低温韧性的提升方法 [J] . 河南科技，2021，40（01）：135–137.

[8] Dash S，Dutta A. Design of high–manganese nanostructured austenitic steel with particle swarm optimization ［ J ］. Materials and M–anufacturing Processes，2020，35（6）：635–642.

[9] 罗强，孙超，李东晖，等 .25Mn 低温钢力学性能研究 [C]. 第十一届中国钢铁年会论文集——S06. 钢铁材料 . 北京：冶金工业出版社 2017：167–172.

[10] 赵东升，窦钧，刘玉君 .LNG/LPG 船耐低温材料的焊接发展综述 [J]. 船舶，2019，30（03）：47–56.

钛－钢双金属复合管空冷器的研发和应用

毕　超，束润涛，赵天波，伍　砚，黄　冲

（湖北长江石化设备有限公司，湖北　荆州　434000）

摘要：为满足石化行业空冷器材料的耐腐蚀需要，成功开发出具有结合紧密、性能可靠的钛－钢双金属复合管空冷器翅片管的基管，钛－钢双金属复合管与钛复合管板采用特殊连接方法进行焊接制造。该产品工艺成熟，满足使用要求，并有 20 多台成功使用的案例。

关键词：钛－钢复合管；空冷器；制造

Research，development and application of titanium-steel bimetallic composite tube air cooler

Bi Chao，*Shu Runtao*，*Zhao Tianbo*，*Wu Yan*，*Huang Chong*

（Hubei Changjiang Petrochemical Equipment Co.，Ltd.，Jingzhou Hubei 434000，China）

Abstract：To meet the corrosion resistance needs of air coolers used in petrochemical industry，a base tube with compact bond and reliable titanium-steel bimetallic composite finned tube has been successfully developed.The titanium-steel bimetallic composite tubes and the titanium composite tubesheet are made and jointed using a special connection method. Moreover，the product has mature manufacturing processes and meets usage requirements with more than 20 successful case applications.

Key words：titanium-steel composite tube；air cooler；manufacture

0　前言

空冷器在生产运行过程中实现热量的传递，完成工艺介质的冷凝或冷却，是

［作者简介］毕超，工程师，专业从事空冷器的设计和产品研发工作。E-mail：bichao0708@163.com。

保证石油化工装置生产过程正常运行的关键设备。空冷器在受各种介质的腐蚀侵蚀、流动冲刷，在温度和压力的共同作用下，使空冷器换热管不断的减薄直至穿孔或者开裂，导致流体泄漏，严重威胁装置的生产安全。

石化装置涉及到各种工艺环境，为适应空冷器的各种腐蚀工况，空冷器的材质会不断升级，从碳钢到09Cr2AlMoRE、双相钢、钛材和镍基合金等等。在湿硫化氢腐蚀工况可以选用09Cr2AlMoRE，当09Cr2AlMoRE满足不了严重腐蚀工况的情况下，可以选用双相不锈钢材料，但双相不锈钢焊接过程易产生 σ 脆性相和铁素体比例过大的情况，许多制造企业并不了解双相不锈钢材料的性能和焊接冶金学原理，在石化装置中出现过一些意外事故，目前工程公司和甲方用户设计使用双相不锈钢比较谨慎。

在高盐高酸等苛刻工艺条件下，可以使用钛材和镍基材料，但钛材和镍基材料价格昂贵，虽然耐腐蚀性能很好，但价格昂贵。为降低投资成本，我们从用户的角度考虑，使用薄壁钛管和碳钢基管进行双金属复合管的研发技术攻关，将其制造成空冷器翅片管的基管。薄壁钛管在内，碳钢基管在外，利用碳钢基管的强度和刚性与薄壁钛管的耐腐蚀性相结合，确保具有足够的贴合率和导热效果，使得产品满足苛刻腐蚀环境的耐腐蚀性能。

1　钛-钢双金属复合管制造的技术攻关

由于钛材的屈服强度较高，变形后很容易回弹，添加一定量的镍元素后的回弹性能更好，有形状记忆合金之称[1]。同时，钛材和钢材的物理性能差异很大，要想将两种金属很好的贴合在一起，难度很大，在结合界面经常出现松动缝隙。项目组经过无数次的试验研究，终于完成钛－钢复合钢管制造的工艺攻关。

首先，将基管内壁进行抛光或喷砂处理，以去除氧化层，钛管进行脱脂处理。采用过盈方法实现钛－钢复合管的装配，将基管预热到200℃以上，使基管适度膨胀，将钛管插入基管。然后采用爆炸胀接方法进行复合：将装配好的复合管放置在水槽内，将集束炸药植入内衬管轴线，通过炸药瞬间产生的爆炸力，巨大的爆炸当量将内衬管向外扩张，外基管在水槽外部水压的作用下，随外基管继续扩张直至压力消失，实现双金属复合管的制造成型。

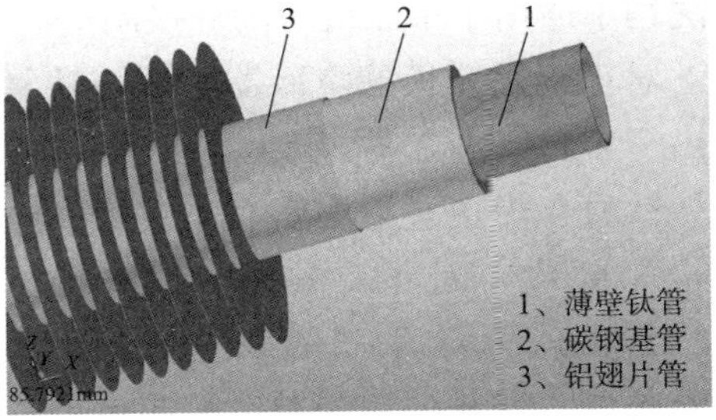

图1　钛－钢双金属基管与铝管轧制翅片管示意

钛－钢双金属基管与铝管轧制结合翅片管示意见图1，空冷器翅片管实物截面见图 2。为了解钛 – 钢双金属结合界面及碳钢管的结合界面情况，对翅片管的截面进行了抛磨，用金相显微镜观察，见图 3。

图 2　钛 – 钢双金属复合管与铝翅片管剖面实物照片

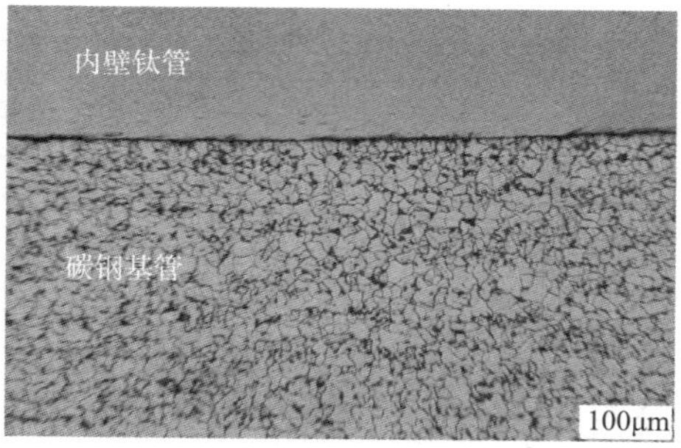

图 3　碳钢和钛材结合面微观形貌 100×

通过微观金相分析可以看出，钛 – 钢双金属复合钢管之间的结合情况良好，看不到任何微观缝隙。

2　钛复合管与管板的焊接技术攻关

众所周知，钛和钢的熔点不同。钛的熔点约为 1668℃，而钢的熔点一般在 1350~1500℃之间。而且钛的耐腐蚀钝化膜非常致密，钝化膜（TiO_2）的熔点更是高达 1843℃。在钛与钢的焊接过程中，由于熔点差异较大，使得焊接变得困难。此外，钛是一种非常活泼的金属，在高温下极易与空气中的氧、氮、氢等元素发生反应，形成氧化物、氮化物和氢化物等。在焊接过程中，也与铁基金属中的碳和铁形成大量 TiC、TiFe、$TiFe_2$ 等金属间化合物的脆性相，这些脆性相的存在会降低焊接接头的韧性和延展性，使其容易发生脆性断裂。因此，钛和钢存在物理性能和化学性质的巨大差异，使得它们不能进行直接焊接。

为了实现钛与钢的连接，通常需要采用特殊的焊接方法和工艺，如爆炸焊、扩散焊、钎焊等，并使用中间过渡层来缓解两种材料之间的差异，但这几种焊接方法均不适用于承压设备的焊接制造。

对于钛复合板的空冷器管板与钛复合管的焊接则完全是一个新的课题，我们提出了多套解决方案并进行了反复试验，取得很好的焊接效果。

钛材在焊接过程中具有高温吸氧、吸氮和吸氢的功能，若气氛保护不好，焊缝极易脆化。因此，根据 TSG Z6002–2010 考规[2] 和 HG/T 20584 NB/T 11270—2023 钛制压力容器[3] 的规定，钛材焊缝表面必须为金黄色和银白色，不允许出现深蓝色、深紫色和深灰色等颜色。对于颜色不合格的焊缝，必须用砂轮将其全部磨去，重新施焊。补焊次数不能超过两次。焊缝外观检查合格后再进行着色检查。着色检查按 NB/T 47013.5—2015 标准，Ⅰ级合格。

以下是钛复合管空冷器管头焊实物照片和成品实物照片，见图 4 和图 5。

图 4　钛 – 钢双金属复合管与钛复合管板的管头焊焊接

图 5　钛 – 钢双金属复合管空冷器成品照片

钛 – 钢双金属复合管的空冷器，管板及管箱采用钛复合板的整体设计，将所有腐蚀介质用钛材进行了有效隔离，可以获得非常优异的耐腐蚀效果。

3　钛复合管导热性能测试

本技术方案中钛 – 钢双金属复合管的结合面虽然不属于冶金结合，但由于结合紧密，并不影响热传导效果。虽然基管与复合层的膨胀系数不同，但也仅限于换热管的轴向滑移，并不存在复合层界面间隙扩大的问题。

按照 GB/T 27698《热交换器及传热元件性能测试方法》标准，采用单管性能试验台架，随机抽取 1.5m 长度试验样管 3 件，其测试段不低于 300mm，保证流经试件的空气稳定流动后开始测试，试验如图 6 所示。

图 6　钛 – 钢双金属复合管的传热系数试验

由于钛 – 钢双金属复合管贴合紧密，在空气质量 $6kg/m^2 \cdot s$ 下，3 件试件的传热系数分别为 832W/（$m^2 \cdot K$）、837W/（$m^2 \cdot K$）和 843W/（$m^2 \cdot K$），均超过了 NB/T 47007 的 Ⅰ 级能效标准。

4　钛的耐腐蚀机理

钛材表面覆盖着一层致密且极为稳定、附着性强、保护性强的氧化膜，因此具有优异的耐腐蚀性能。

钛在室温大气中的氧化膜厚度约为 1.2~1.6nm，并随时间的延长而增厚，约一年以后逐渐增加到 8~9nm。采用强化氧化条件（例如加热、采用氧化剂或阳极氧化等）可以加速表面氧化膜的生长并得到较厚的氧化膜，从而提高钛的耐腐蚀性能。因此、阳极氧化及热氧化生成的氧化膜，都会明显提高钛的耐腐蚀性。

最外层的氧化膜为 TiO_2，氧化膜与金属界面则既有 TiO，又有 TiO_2，但多以 TiO 为主。

钛材具有优良的耐应力腐蚀性能和优异的耐点腐蚀性能。纯钛材具有很好的耐海水、氯化物、氧化性无机酸的腐蚀能力，在浓度低于 3%HCl 的常温和低于 0.5%HCl/ 温度 100℃沸腾环境中具有优异的耐腐蚀性能[4]。尽管钛材在大多数石化行业的腐蚀环境中均能得到获得很好的应用效果，但在一些特殊腐蚀介质和温度下仍然需要谨慎使用。

钛材在沸点状态下不耐甲酸腐蚀。钛材在干氯气中也不耐腐蚀，容易引起燃烧。钛是一种活泼性很强的金属，当氢与钛接触达到一定浓度，且温度≥250℃时，在金属表面会生成氢化钛的第二相，当温度升高到 315℃以上时，钛将很快吸氢变脆，因此，钛材的使用温度应控制在≤300℃以内。

5　钛复合管空冷器的性价比及应用情况

5.1　性价比

钛–钢双金属复合管空冷器与全钛材的空冷器相比，大大降低了空冷器设备的造价成本。以下翅片管的材料成本测算中，纯钛管的直径和厚度按 $\phi25 \times 1.5$，内衬钛复合管的直径和厚度为 $\phi20 \times 0.5$，由于直径和厚度差异很大，薄壁内衬钛复合管的重量仅相当于纯钛管的 28%。钛–钢双金属复合管的材料成本仅及纯钛管的 49.38%，即便加上钛–钢复合管的加工制造费用，钛–钢双金属复合管的成本优势仍然十分明显。

表 1　纯钛管与钛复合管的成本比较

<table>
<tr><th></th><th>外径和壁厚 /mm</th><th>长度 /mm</th><th>重量 /kg</th><th>单价 /（元 · kg⁻¹）</th><th>单支价格 / 元</th></tr>
<tr><td>纯钛管</td><td>$\phi25 \times 1.5$</td><td>9000</td><td>4.49</td><td>180</td><td>808.2</td></tr>
<tr><td rowspan="2">钛–钢复合管</td><td colspan="2">薄壁钛管 $\phi20 \times 0.5$</td><td>1.26</td><td>260</td><td rowspan="2">327.6+71.47=399.07</td></tr>
<tr><td colspan="2">碳钢基管 $\phi25 \times 2.0$</td><td>10.21</td><td>7</td></tr>
</table>

5.2　应用情况

翅片管的换热管为钛–钢双金属复合管，且内衬钛管的厚度很薄，这使得钛复合管与管板的焊接难度很大。经过多次反复试验，已摸索出一整套成熟的钛–钢双金属复合管与钛管板的焊接制造技术，并已得到成熟应用。

钛–钢双金属复合空冷器特别适合常压塔顶、分馏塔顶等较高腐蚀工况，2013 年为镇海某石化企业制造了 4 台钛复合管空冷器，2015 年和 2017 年为该公司先后生产制造了 4 台钛–钢复合管空冷器。由于钛–钢复合管耐腐蚀性能良好，使用寿命长，维护成本低，深得用户信赖。2022 年某石化企业在 1100 万吨 / 年常压蒸馏装置中又设计选用了 12 台钛–钢复合管空冷器，2023 由本公司年顺利完成生产制造，目前已进入平稳运行阶段。

6　结论

钛及其钛合金具有卓越的耐腐蚀性能，已被广泛应用于石化行业的各种腐蚀工况。钛–钢双金属复合管空冷器的研制成功，为石化行业耐腐蚀空冷器的设计选材多了一个新的选择。钛–钢复合管空冷器可用于石化行业的 $HCl–H_2S–H_2O$、$H_2S–HCN–H_2O$、$H_2S–CO_2–H2–H_2O$、$HCl–H_2S–CO_2–NH_3–H_2O$ 等苛刻腐蚀环境，解决普通材质不能解决的腐蚀问题，具有良好的应用前景。

参考文献

[1] 于启湛. 钛及钛合金的焊接 [M]. 北京：机械工业出版社，2020.

[2] TSG Z6002—2010：特种设备焊接操作人员考核细则 [S].

[3] NB/T 11270—2023：钛制压力容器 [S].

[4] 李晓君，戚连义，姜奕阳. 钛的耐腐蚀性能 [J]. 化学工程师，2000，14 (01)：46-47-49.

第三部分

腐蚀试验研究

碳钢在微量 HCl 中的腐蚀行为研究

赵　博[1,2]，姜少磊[2,3]，孙永辉[1,2]，代　强[1,2]，金　栋[1,2]，蒋丽娜[1,2]

（1. 中特检验集团有限公司，北京　100029；
2. 中国特种设备检测研究院，北京　100029；3. 北京工业大学，北京　100124）

摘要： 本文主要研究碳钢在微量 HCl 中的腐蚀行为，通过分子动力学计算发现氯离子在 fcc 位 Fe（111）表面吸附最为稳定，当氯离子吸附于最临近 fcc 位时，氯原子的存在会促进氢原子吸附，加速金属腐蚀。通过电化学研究发现，碳钢在微量 HCl 溶液溶液中腐蚀电位远低于微量 NaCl 溶液溶液，碳钢在微量 HCl 溶液中更易发生腐蚀，腐蚀电流密度也显示碳钢在微量 HCl 溶液环境中腐蚀速率更快，约为微量 NaCl 溶液环境的 56 倍。

关键词： 碳钢；HCl 腐蚀；极化曲线；表面吸附能

Corrosion behavior of carbon steel in trace HCl

Zhao Bo[1,2]，*Jiang Shaolei*[2,3]，*Sun Yonghui*[1,2]，*Dai Qiang*[1,2]，
Jin Dong[1,2]，*Jiang Li'na*[1,2]

（1.China Special Equipment Inspection Group Co.，Ltd.，Beijing 100029，China；
2.China Special Equipment Inspection and Research Institute，Beijing 100029，China；
3.Beijing University of Technology，Beijing 100124，China）

Abstract：This paper mainly studies the corrosion behavior of carbon steel in trace HCl. Molecular dynamics calculations show that chloride ions are most stable on the surface of Fe（111）at the fcc site. When chloride ions are adsorbed at the nearest fcc site，the presence of chlorine atoms will promote the adsorption of hydrogen atoms and accelerate metal corrosion. Through electrochemical research，

［**作者简介**］赵博（1984—），高级工程师，2013 年毕业于北京科技大学新材料技术研究院，获工学博士学位。中国特种设备检测研究院腐蚀与老化实验室负责人。作为课题或任务负责人参加国家重点研发计划 3 项，国家部位科技计划项目 5 项，以及其他横纵向科研项目若干。以第一作者发表 SCI/EI 收录学术论文 20 余篇，专利近 30 项，参加国家 / 行业 / 团体标准编写 5 项。现任中国腐蚀与防护学会装备智能检测专委会委员、非金属材料专委会委员。同时担任美国防腐蚀工程师协会（NACE）亚太及环太平洋区承压设备专家咨询委员会（STAG P73）秘书长。

it is found that the corrosion potential of carbon steel in trace hydrogen chloride solution is much lower than that in trace sodium chloride solution, and carbon steel is more prone to corrosion in trace hydrogen chloride. The corrosion current density also shows that the corrosion rate of carbon steel in trace hydrogen chloride environment is faster, about 56 times that of trace sodium chloride environment.

Key words: carbon steel ; HCl corrosion ; polarization curve ; surface adsorption energy

0 前言

苯酚是一种重要的化工原料，被广泛应用于化工产品的生产制造，苯酚在生产过程中不可避免会有 Cl^- 的夹杂，氯化物在高温高压环境中热解气化易生成 HCl[1-2]。HCl 可以气液两种形式存在，这为 HCl 的扩散创造了条件，在高温环境中混合气体中 HCl 气体浓度往往很低，但容器中局部 HCl 浓度也可能很高[3-4]，HCl 会与金属发生氯化反应，导致金属材料发生腐蚀[5]。通过分子动力学模拟发现氯离子存在可以促进腐蚀发生，氯离子可造成局部酸化加速腐蚀速率[6-7]，氯离子还可能造成氧化膜破坏，引起钝化金属腐蚀[8-9]。由于苯酚溶液中仅含有微量 Cl^-，关于微量 HCl 对金属腐蚀影响并不完善，因此有着重要的研究意义。

1 材料与实验方法

1.1 试样材料和溶液

材料选择为承压设备中有机热载体常用的 20# 碳钢，试验选用材料的实测化学元素成分与 GB/T 699—2015 要求进行对比，如表 1 所示。由表可知，材料化学成分符合标准要求。

表 1 主要化学成分（质量分数） %

元素	C	Si	Mn	Cr	P、S	Cu	Ni
20# 碳钢	0.17~0.24	0.17~0.37	0.35~0.65	≤0.25	<0.035	≤0.25	≤0.25

溶液选择为两种，分别为微量 HCl 水溶液和微量 NaCl 水溶液。其中微量 HCl 浓度为 0.092g/L，微量 NaCl 溶液浓度为 0.148 g/L。微量 HCl 水溶液的浓度为针对苯酚溶液中酸值换算得到。为了保证电荷数相同，微量 NaCl 水溶液选择与微量 HCl 水溶液同等摩尔浓度的溶液体系。

1.2 分子动力学模拟计算

由于两种溶液中的溶液溶质浓度较低，腐蚀反应过程中溶解氧为主要去极化物质，阴极反应以吸氧腐蚀为主，常规试验的离子传质作用可能难以直接观测。为了验证 Cl^- 和 H^+ 在腐蚀过程中对电极反应的影响，本研究采用分子动力学模拟计算认知微量溶质离子差异对腐蚀行为的影响。

为了通过分子动力学模拟计算得到 H 原子与 Cl 原子在 Fe（111）表面的吸附行为，根据面心立方的 Fe 单胞构建 Fe（111）表面，在其四个吸附对称位：Fe 原子顶位；Fe–Fe 桥位；表面 fcc 位；表面 hcp 位。对以上四个吸附对称位进行计算，根据计算结果对结构、电荷转移和吸附能的分析。

1.3　电化学试验

电化学试验采用动电位扫描法测量 20# 材料在微量 HCl 溶液及微量 NaCl 溶液中的极化曲线试验测试仪器为 Gamry Reference 600。电化学试样尺寸为 10mm × 10mm × 2mm，试样表面用机械加工打磨光滑，试样用焊锡与铜导线连接并用环氧树脂封装成电化学测试试样，测试时使用甘汞电极作为准参比电极，Pt 片为辅助电极。

1.4　微观形貌观察

将电化学腐蚀试验后的试件进行微观形貌观察，观察腐蚀形貌进行腐蚀机理分析。微观观察仪器为 HIROX KH–8700 数字视频显微镜。

2　实验结果

2.1　分子动力学计算结果

H 原子吸附，将 H 原子置于上述四个对称位，经第一性原理计算获得两个稳定吸附结构，即 H 原子在 fcc 和 hcp 位吸附，如图 1 所示。

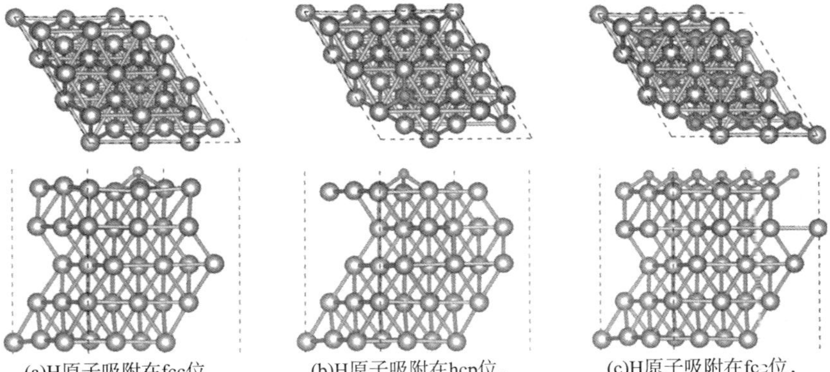

(a)H原子吸附在fcc位，覆盖度为1/9ML　(b)H原子吸附在hcp位，覆盖度为1/9ML　(c)H原子吸附在fcc位，覆盖度为1ML

图 1　H 原子在 Fe（111）表面吸附的优化构型图

Cl 原子吸附，同样将 Cl 原子置于四个吸附位，经第一性原理计算获得两个稳定吸附结构，即 Cl 原子在 fcc 和 hcp 位吸附，如图 2 所示。

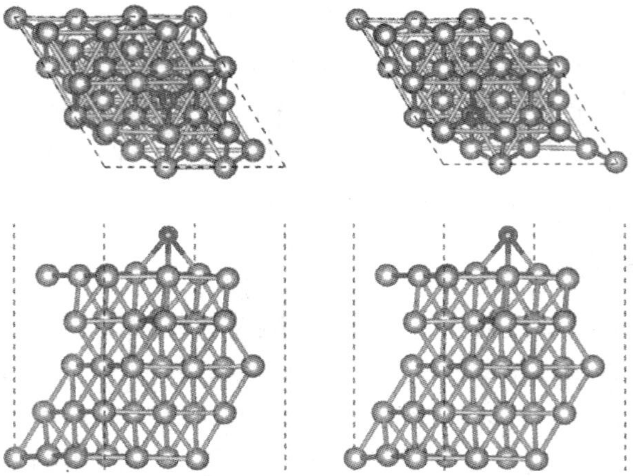

(a)Cl原子吸附在fcc位，覆盖度为1/9ML　　(b)Cl原子吸附在hcp位，覆盖度为1/9ML

图 2　Cl 原子在 Fe（111）表面吸附的优化构型图

Cl 原子吸附对 H 原子吸附的影响，选取 H 原子在 fcc 位吸附的稳定构型，将 Cl 原子置于其次近邻 fcc 位和最近邻 fcc 位进行结构优化，得到的结构如图 3 所示。

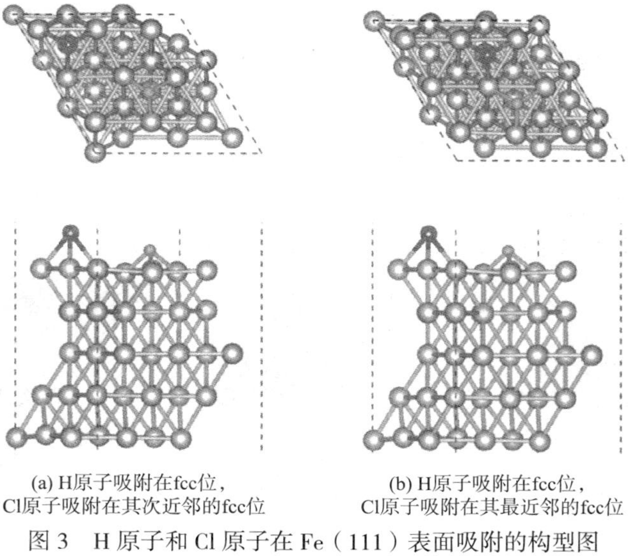

(a) H原子吸附在fcc位，Cl原子吸附在其次近邻的fcc位　　(b) H原子吸附在fcc位，Cl原子吸附在其最近邻的fcc位

图 3　H 原子和 Cl 原子在 Fe（111）表面吸附的构型图

通过计算结果提取 H 原子和 Cl 原子在 Fe（111）表面吸附的键长、电荷转移和吸附能，得到表 2 所示结果。

表 2　H 原子和 Cl 原子在 Fe（111）表面吸附的键长、电荷转移和吸附能

结构	距离 /Å		电子转移 /e		吸收能量 /eV
	Fe–H	Fe–Cl	Fe → H	Fe → Cl	
Surf–H（fcc）	1.74	—	0.0563	—	–0.601
Surf–H（hcp）	1.73	—	0.0558	—	0.22
Surf–9H（fcc）	1.71	—	0.0432	—	–0.679
Surf–Cl（fcc）	—	2.30	—	–0.2076	–2.817
Surf–Cl（hcp）	—	2.33	—	–0.1963	–2.721
Surf–H（fcc）–Cl（fcc）–1	1.77	2.32	0.0524	–0.2067	–2.45
Surf–H（fcc）–Cl（fcc）–2	1.71	2.31	0.0659	–0.1919	–3.905

由表 2 可知，无论 fcc 位还是 hcp 位吸附，H 原子和 Cl 原子，均与 Fe 原子之间的距离均小于二者的原子半径和，说明 H 原子和 Cl 原子均可与 Fe 原子形成化学键，以化学吸附方式吸附在表面。对比吸附能和电荷转移的数据可知，fcc 位为 H 原子和 Cl 原子在 Fe（111）表面的最稳定吸附位。

由于溶液中 Cl 为同一浓度，溶液区别主要为了认知微量 H 对腐蚀行为的影响。为了探究 H 原子浓度对吸附行为的影响，将表面全部 fcc 位放置 H 原子进行结构优化，H 原子同样以化学键的形式吸附在表面，且每一个 H 原子的玫附能降低，说明随着 H 原子浓度的升高，吸附加剧，H 原子更容易吸附在表面。

2.2　电化学实验结果

如图 4 所示为 20# 钢在微量 HCl 溶液与微量 NaCl 溶液中的极化曲线。

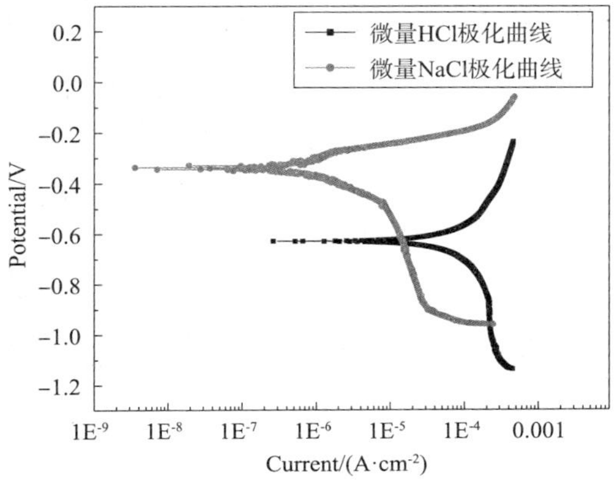

图 4　电化学极化曲线

在微量 HCl 溶液环境中 20# 钢的腐蚀电位为 –625mV，腐蚀电流密度为 2.605×10^{-5}A/cm^2；在微量 NaCl 溶液环境中 20# 钢腐蚀电位为 –323 mV，腐蚀电流密度为 4.652×10^{-7}A/cm^2。

2.3 腐蚀形貌

20# 碳钢材料在微量 HCl 与微量 NaCl 中电化学腐蚀局部结果如图 5 所示，局部形貌照片中可看出碳钢在微量 HCl 溶液与微量 NaCl 溶液环境发生了不同程度的腐蚀。在微量 HCl 溶液中碳钢材料腐蚀坑深度明显大于微量 NaCl 溶液环境，微量 HCl 溶液环境中腐蚀更为严重，发生均匀腐蚀的同时局部发生点蚀痕迹。氯化钠腐蚀环境中材料仅在表层发生了轻微均匀腐蚀，无明显腐蚀坑。

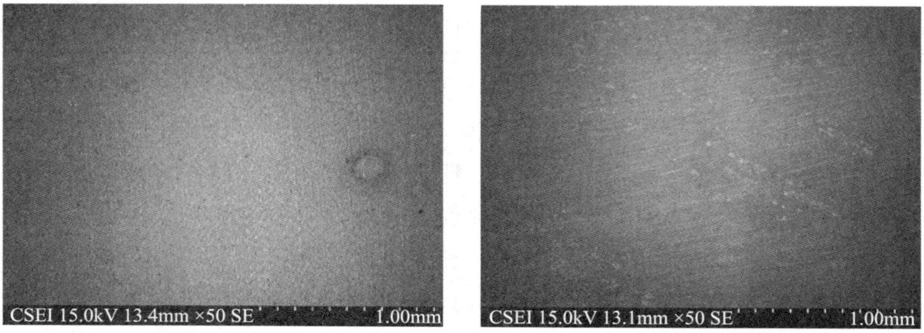

(a)微量HCl溶液　　(b)微量NaCl溶液

图 5　局部腐蚀形貌

将局部腐蚀图放大到 200X，腐蚀程度差异更加明显，微量 HCl 溶液环境中材料出现大量圆环状腐蚀坑，微量 NaCl 溶液环境中材料腐蚀坑并不明显。

(a)微量HCl溶液环境　　(b)微量NaCl溶液环境

图 6　局部腐蚀形貌

3　分析与讨论

对比微量 HCl 溶液和微量 NaCl 溶液的自然腐蚀电位与自然腐蚀电流密度，可知微量 HCl 溶液环境中有更低的自然腐蚀电位和更大的自然腐蚀电流密度，说明微量 HCl 溶液对碳钢的腐蚀性远大于微量 NaCl 溶液，即微量 HCl 溶液环境更易发生腐蚀。根据反应方程和分子动力学计算结果对此问题进行如下初步探讨：

由于较低的 pH 值，对于微量 HCl 溶液和微量 NaCl 溶液，碳钢的电化学阴极反应均发生吸氧反应：

$$O_2+4H^++4e^- \longrightarrow 2H_2O$$

二者阳极均发生 Fe 的溶解反应：

$$Fe \longrightarrow Fe^{2+}+2e^-$$

由于二类溶液具有等效的电化学反应方程，也具有相同电荷数的溶液，但表现出的电化学反应行为存在一定差异，这主要来自于溶液离子差异。

根据分子动力学计算结果，对于次近邻吸附，H 原子与 Fe 原子之间的键长变大，相互作用减弱，对应着由表面转移到 H 原子的电荷减少，同时吸附能正移，说明此结构 Cl 原子对 H 原子的吸附没有促进作用；对于最近邻吸附，计算结果相反，H 原子与 Fe 原子之间的键长变小，相互作用增强，对应着由表面转移到 H 原子的电荷增多，同时吸附能负移，说明此结构 Cl 原子吸附促进了 H 原子的吸附。由此可知，Cl 与 H 在最近邻吸附存在吸附促进作用，可以增加 H 与 Fe 的热力学碰撞机率和反应速率，进而加速腐蚀反应的发生。

4　结论

根据研究结果，随着 H 原子浓度增大，H 原子更容易吸附在表面；Cl 原子的吸附可以促进 H 原子在表面的吸附。对比局部腐蚀形貌结果可以看出含 H^+ 的情况，20# 钢腐蚀更严重，通过对微量 HCl 溶液与微量 NaCl 溶液腐蚀速率及腐蚀电位，Cl 的存在促进了 H 在最近邻吸附，降低了腐蚀过程汇总 Fe 与 H 的腐蚀反应发生门槛，进而增加了碳钢在溶液中的腐蚀速率。

致谢：本文由国家“科技助力经济 2020”重点专项项目（SQ2020YFF0426565）资助。

参 考 文 献

[1] 杜延年，张志国，包振宇，等 . 煤气化过程中的高温氯化腐蚀与防护研究［J］. 化肥设计，

2022，60（06）：7-12.

[2] 于宇新，赵博，徐彤，等. 苯酚对典型承压装置材料的腐蚀行为研究[J]. 中国特种设备安全，2019，35（04）：28-33.

[3] 魏琪，王瑞，李辉，等. 高温氯化腐蚀现状及防护研究：第十三届国际热喷涂研讨会（ITSS’2010）暨第十四届全国热喷涂年会（CNTSC’2010）[Z]. 苏州，2010.

[4] 李远士，牛焱，吴维徑. 金属材料的高温氯化腐蚀[J]. 腐蚀科学与防护技术，2000（01）：41-44.

[5] 钟建华，刘媛媛，王春生. 连续重整装置再生单元电加热器管束腐蚀开裂失效分析[J]. 石油化工设备，2020，49（05）：73-79.

[6] Cui T F，Liu D X，Shi P A，et al. Effect of NaCl concentration，pH value and tensile stress on the galvanic corrosion behavior of 5050 aluminum alloy [J]. Materials and Corrosion，2016，67（1）：72-83.

[7] Zaid B，Saidi D，Benzaid A，et al. Effects of pH and chloride concentration on pitting corrosion of AA6061 aluminum alloy [J]. Corrosion Science，2008，50（7）：1841-1847.

[8] Dormohammadi H，Pang Q，Murkute P，et al. Investigation of chloride-induced depassivation of iron in alkaline media by reactive force field molecular dynamics [J]. npj Materials Degradation，2019，3（1）.

[9] Zhang C H，Liu M，Jin Y，et al. The corrosive influence of chloride ions preference adsorption on alpha-Al2O3（0001）surface [J]. Applied Surface Science，2015，347：386-391.

加氢装置碳钢高压空冷器湿硫化氢应力腐蚀开裂原因探究

宗瑞磊

（中国石化工程建设有限公司，北京　100101）

摘要：加氢装置高压空冷器泄露问题多次发生，严重影响企业安全生产。本文对管接头进行分析，结果显示焊缝区存在魏氏组织，硬度最高达到250HV10左右；管板侧热影响区中还存在马氏体组织，硬度最高超过330HV10。这主要是由于制造过程中焊后热处理不充分甚至未进行焊后热处理造成的。针对碳钢高压空冷器管接头的制造现状，提出了正确测量焊接接头的显微硬度、进行有效的焊后热处理、加强过程管控等改进措施。

关键字： 加氢装置；高压空冷器；碳钢；湿 H_2S 应力腐蚀开裂；显微硬度

Investigation on the causes of stress corrosion cracking of wet hydrogen sulfide in high pressure air cooler of carbon steel in hydrogenation unit

Zong Ruilei

（Sinopec Engineering and Construction Corporation，Beijing 100101，China）

Abstract：The leakage problem of high-pressure air cooler in hydrogenation unit occurs many times，which seriously affects the safety production of enterprises. In this paper，the pipe joint is analyzed，the results show that there is westenitic structure in the weld zone，and the maximum hardness is about 250HV10. There is also martensitic structure in the heat-affected zone on the side of the tube plate，and the maximum hardness is more than 330HV10. This is mainly due to insufficient post-welding

［作者简介］宗瑞磊（1979—），男，2009年毕业于清华大学材料科学与工程专业，工学博士。就职于中国石化工程建设有限公司，正高级工程师，公司技术副总监。E-mail：zongruilei.sei@sinopec.com。

heat treatment or even no post-welding heat treatment in the manufacturing process. According to the manufacturing status of pipe joints of carbon steel high-pressure air coolers, some improvement measures such as measuring microhardness of welded joints correctly, conducting effective post-welding heat treatment and strengthening process control are put forward.

Key words: hydrogenation unit; high-pressure air cooler; carbon steel; wet H_2S stress corrosion cracking; microhardness

0 前言

石油化工行业中，加氢技术是石油产品精制、改质和重油加工重要手段，对提高原油的加工深度，保证和提高产品质量有十分重要的作用[1-2]。高压空冷器作为加氢装置的关键设备，频繁出现堵管、泄漏、爆管等非计划停工事故，严重威胁装置和人身安全，制约企业的安全长周期运行[3-4]。国内炼油厂目前在役加氢装置和在设计加氢装置的高压空冷器，仍然以碳钢材质为主。通常认为加氢装置碳钢高压空冷器的腐蚀是氯化铵和硫氢化铵的腐蚀导致的[5-7]。

加氢装置碳钢高压空冷器除考虑铵盐腐蚀外，湿 H_2S 腐蚀也应重视。过去十几年石化系统加氢装置碳钢高压空冷器出现了多起和湿 H_2S 应力腐蚀相关的失效案例，图 1 为某公司柴油加氢装置高压空冷器管接头开裂形貌，焊接接头出现了轴向裂纹和环向裂纹。针对湿 H_2S 应力腐蚀开裂问题，通常的做法是对焊接接头进行焊后热处理[8~10]，消除焊接残余应力，控制硬度等措施。国内外相关标准均为此做出了要求：NACE SP0472 要求焊缝和热影响区硬度控制在 248HV10，SH/T 3075—2009 和 SH/T 3193，2017 要求硬度控制在 200HBW。

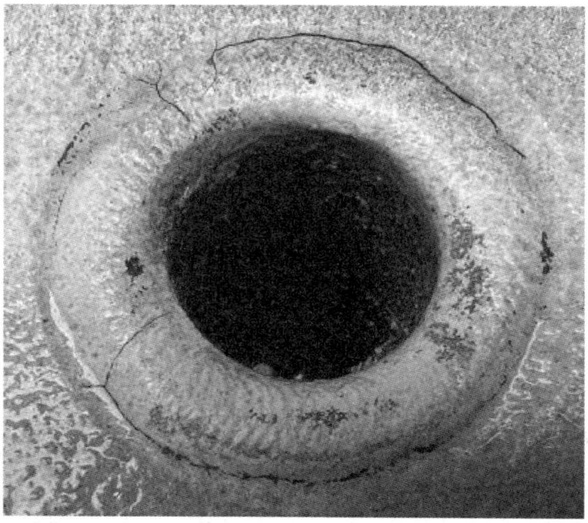

图 1　某公司柴油加氢装置高压空冷器管接头开裂形貌

本文对发生损伤的高压空冷器进行取样，对空冷器管子 - 管板焊接接头（简称“管接头”）进行金相组织分析和显微硬度测试，了解碳钢高压空冷器的制造现状，讨论碳钢空冷器湿 H_2S 应力腐蚀发生的原因，提出具体的改进措施。

1 试验

1.1 试验材料

选择国内两家炼化企业的碳钢高压空冷器进行取样，编号分别为 1# 和 2#。取样位置为空冷器的管接头，并附带一段不少于 50cm 的翅片管，以避免切割过程中影响管接头的组织结构和性能。现场取样的两家企业空冷器试样的材质信息见表 1，管板母材材质为 Q345R，换热管材质为 10# 钢，管板和管子材质的化学成分满足国标 GB/T 713 和 GB/T 9948 的要求。

表 1 两家炼化企业高压空冷器材质化学成分

部位	编号	材质牌号	化学元素							
			C	Si	Mn	P	S	Cr	Ni	Cu
管板	GB/T 713 345R		≤0.2	≤0.55	1.2~1.7	≤0.025	≤0.01	≤0 3	≤0.3	≤0.3
	1#	Q345R	0.170	0.360	1.22	0.010	0.003	0.053	0.036	0.201
	2#	Q345R	0.187	0.347	1.23	0.005	0.005	0.041	0.046	0.012
管子	GB/T 9948 10#		0.07~0.13	0.17~0.37	0.35~0.65	≤0.025	≤0.015	≤0.15	≤0.25	≤0.2
	1#	10#	0.08	0.032	0.55	0.012	0.008	0.010	0.02	0.18
	2#	10#	0.08	0.033	0.58	0.012	0.007	0.013	0.17	0.09

1.2 试验方法

采用德国 ZEISS Axiover 40 MAT 金相显微镜对管接头进行金相显微组织观察，主要包括母材、焊缝及热影响区的金相组织、晶粒尺寸及夹杂物等的分布。金相制样主要包括取样、磨光、抛光和侵蚀等步骤。首先采用线切割的方法截取带有焊缝、热影响区和母材三部分的金相试样，并依次 400#、800#、1000#、2000# 金相砂纸磨光，使样品表面平整，无较深划痕，之后采用粒度为 1.0μm 的抛光膏抛至光滑无痕的镜面，最后采用 4% 的硝酸乙醇溶液进行侵蚀并在金相显微镜下观察。

采用国产华银 HVT-1000 显微硬度计进行管接头的硬度测定，统一采用 HV10（试验力 98.07N），测试环境为室温（23 ± 5℃）。管接头显微硬度取点示意图如图 2 所示。测量分为五个区域：管子母材、管板母材、焊缝、管子侧热影响区、管板侧热影响区。

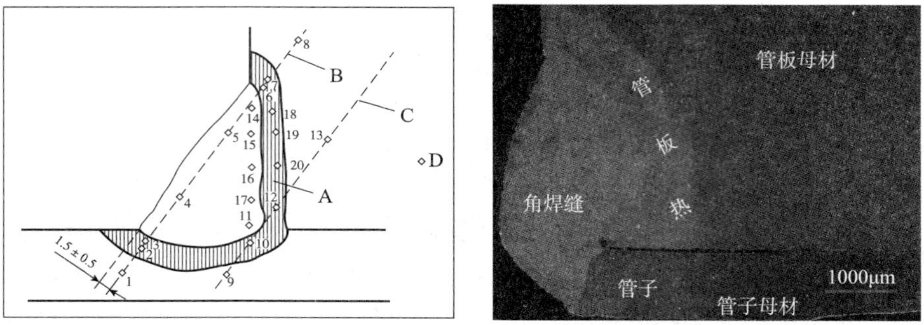

(a) (b)

图 2　管接头显微硬度测试布点示意

2　试验结果与分析

2.1　焊接接头金相组织

如图 3 为两台空冷器的管接头角焊缝金相组织，可以看出角焊缝为典型的柱状晶。两台空冷器角焊缝晶粒较粗大，微观组织均为索氏体 + 网状铁素体组织，并含有一定量的魏氏组织，其中索氏体为基体，白色铁素体沿柱晶奥氏体晶界分布，呈针状向晶粒内部生长。魏氏组织的出现导致材料的力学性能尤其是塑性和冲击性能显著降低，易产生开裂。

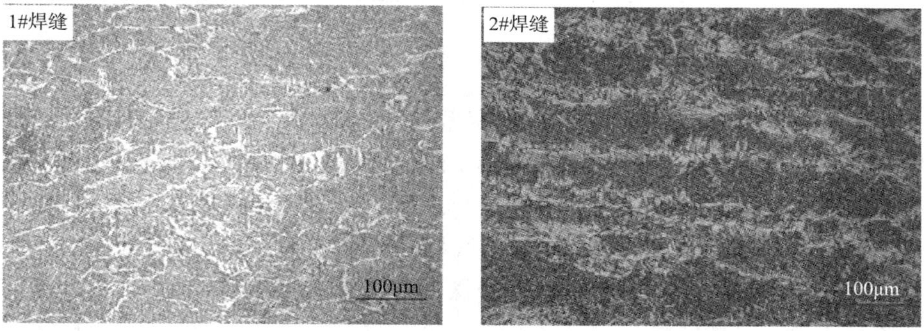

图 3　两家企业碳钢空冷器角焊缝金相组织（200×）

如图 4 上部为 1# 空冷器管接头管板侧热影响区的低倍（50×）金相形貌，从左到右依次为母材、细晶区、粗晶区和焊缝，其中细晶区为均匀细小的铁素体 + 珠光体组织，粗晶区为下贝氏体组织 + 少量马氏体组织。在焊接热影响区出现贝氏体和马氏体组织使得该处的强度和硬度显著增加，而塑形和韧性明显下降，湿 H_2S 腐蚀环境下焊接接头易出现开裂。

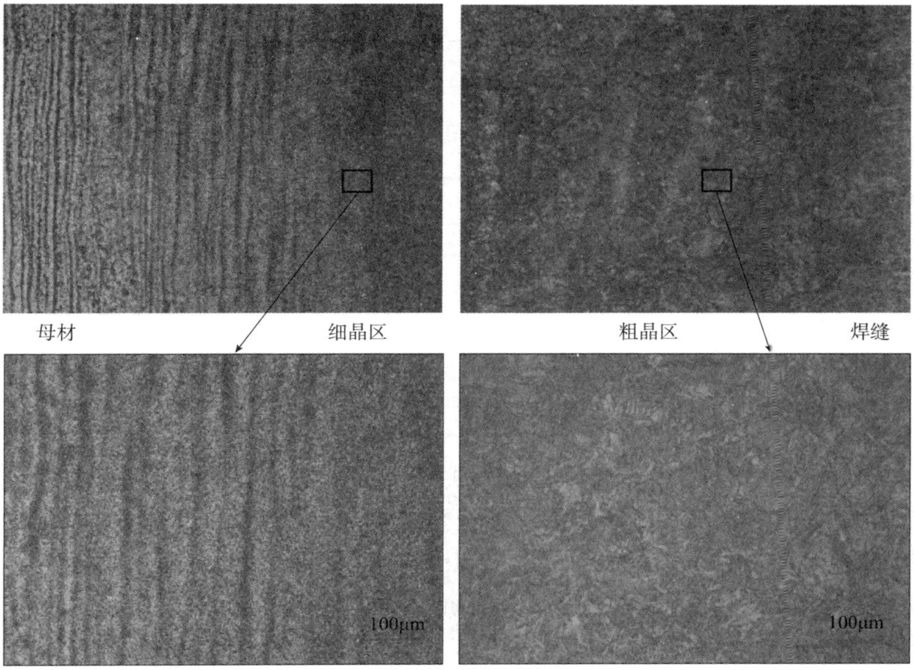

细晶区(200×)　粗晶区(200×)

图 4　1# 空冷器管接头管板侧焊接热影响区金相组织

2.2　显微硬度

表 2 为两台空冷器管接头的显微硬度的测试结果，可以看出，1# 空冷器试样管板和管子母材的维氏硬度值大致为 170HV10 左右，角焊缝维氏硬度值为 226~246HV10，管板热影响区硬度值为 226~334HV10，管子热影响区硬度值为 156HV10。2# 空冷器试样管板维氏硬度值为 164HV10 左右，管子母材的维氏硬度值为 190HV10 左右，角焊缝维氏硬度值为 192~215HV10，管板热影响区硬度值为 232~268HV10，管子热影响区硬度值为 145~155HV10。

表 2　两台空冷器管接头硬度测试结果　HV10

样品编号	测试位置		硬度值
1#	母材	管板	171、168
		管子	173、178
	焊缝		242、242、226、235、241、246、244
	热影响区	管板	226、272、309、313、334、323
		管子	156、162

续表

样品编号	测试位置		硬度值
2#	母材	管板	165、164
		管子	197、182
	焊缝		202、195、211、215、215、208、192
	热影响区	管板	234、238、268、261、267、232
		管子	155、148

3 讨论

试验结果表明，两台空冷器的管接头均存在异常：焊缝出现魏氏组织，管板侧热影响区甚至出现马氏体组织；管板热影响区硬度高，最高达到334HV10，2# 试样最高值达到268HV10，而管子侧热影响区硬度较管板侧普遍要低很多。分析认为，主要原因为管板侧钢板厚、截面大，焊后散热条件好，小而薄的接头焊接完毕后，热量在管板中迅速扩散传导，管板侧的热影响区温度从800℃冷却到500℃时间较短（$t_{8/5}$），而熔合区和过热区经历完成相变，$t_{8/5}$时间较短，冷却速度极快，该区域存在马氏体和贝氏体等组织，未经过热处理的马氏体和贝氏体组织通常硬度值较高，因此热影响区中靠近熔合线附近硬度值高[11]。而焊缝区经历了焊接过程全热循环，焊缝区域的组织受焊材，管子和管板母材的融合比，焊接工艺及冷却条件等影响，焊缝区域的组织以索氏体 + 网状铁素体组织为主，因此该区域硬度也较高。刘岳等人[12]系统研究了不同冷却速率下，Q345R 的组织结构和硬度变化规律，如表 3 所示。随着冷却速率的提高，铁素体和珠光体含量降低，贝氏体和马氏体含量增多，硬度也随之增加，硬度最高可达到390HV5左右。这与本文的试验结果是一致的。

表 3　不同冷却速率下显微组织和硬度测试结果

冷却速率℃ /s	0.1	2	10	30	60
组织结构	F+P	F+P+B	P+B+M	B+M	B+M
硬度 /HV5	164	212	294	384	391

注：F— 铁素体；P—珠光体；B—贝氏体；M—马氏体

加氢装置高压空冷器的介质中含有较高浓度的硫化氢和液相水，形成湿 H_2S 应力腐蚀环境，且硫化氢含量往往较高：质量分数达到 2% 甚至超过 5%。工程经验表明，良好的焊后热处理工艺可以实现 10# 钢管、Q345R 钢板的管接头硬度的有效控制，能有效防止发生湿 H_2S 应力腐蚀开裂。然而空冷器管箱为尺寸小、中间有隔板的方形特殊结构，这导致管接头的焊后热处理难以达到预期效果；而且管接头的热处理费工费时，甚至会损坏铝翅片管，空冷器制造厂家往往只对管板对接焊缝进行焊后热处理。因而目前在用高压空冷器可能普遍存在管接头硬度超标的问题，导致焊接接头易出现湿 H_2S 应力腐蚀开裂，严重影响装置的生产。

良好的焊后热处理是改善管接头组织结构和控制硬度最有效的方法，另外通过控制焊接工艺和选用特制焊材也能改善焊接接头的硬度分布。因此，应细化管接头的制造要求和过程管控，确保管接头的制造质量：

1）应要求制造厂家通过焊评、模拟试样分析等，掌握合适的焊接工艺和热处理工艺，确保空冷器产品管接头（包括焊缝和热影响区）的维氏硬度控制在225HV10以内；

2）管接头的硬度测定的取样位置、制样方式、测试方法、报告格式均应遵照GB/T 2654—2008《焊接接头硬度试验方法》进行，且必须使用维氏硬度计；

3）采购方和监造单位应对空冷器管接头的焊后热处理工序进行重点跟踪，确保热处理的有效性。

4）空冷器管接头焊接时应采用焊前预热、焊后缓冷等手段，保证管接头区域尽可能少的产生高硬度的组织。根据 NACE SP0472，存在硫化物应力腐蚀开裂时，碳钢材质焊接前的预热温度不能低于 200 ℉（93℃），然后对于高压空冷器，其结构决定了管接头预热难度大，冷却速度快，极易产生高硬度组织。在冬天焊接时，上述现象会更为严重。

4 结论

1）对两家炼化企业碳钢高压空冷器的管接头进行金相组织分析和显微硬度测试，发现管接头组织结构和性能存在异常：其中焊缝组织中存在魏氏组织，硬度最高达到 250HV10 左右；管板侧热影响区中存在马氏体组织，部分区域硬度甚至超过 330HV10。

2）管接头的焊缝和管板侧热影响区金相组织异常、硬度偏高是由于制造过程中焊后热处理效果不佳甚至未进行焊后热处理造成的。这个问题可能普遍存在于目前在役的碳钢高压空冷器。

3）应采取有效措施改善管接头的组织结构，包括：严控焊后热处理方法和过程管控，以降低管接头的应力，控制其硬度；探索诸如焊前预热、焊后缓冷等其它有效降低管接头湿 H_2S 应力腐蚀敏感性的方法。

参考文献

［1］王新江，黄卫东．柴油加氢改质装置高压空冷器泄漏原因分析及改进措施［J］．石油和化工设备，2017，20（07）：100.

［2］焦玉瑞，陈鹏，路思．碳钢空冷器硫化过程预防应力腐蚀开裂措施［J］．中国石油和化工标准与质量，2019，39（16）：92.

［3］左超，李宝龙．柴油加氢装置高压热交换器腐蚀泄漏原因分析及预防措施［J］．石油化工设备，2019，48（1）：6.

［4］宋运通，王志坤，宋明瑾，等．柴油加氢高压空冷器泄漏原因分析及改进措施［J］．石油化工腐蚀与防护，2021，38（01）：58.

［5］偶国富，孙利，朱敏，等．基于 pH 值计算的加氢空冷器系统腐蚀风险分析［J］．炼油技术与工程，2015，45（7）：42.

［6］段永锋，赵小燕，李朝法，等．碳钢及合金钢在氯化铵溶液中腐蚀规律研究［J］．石油化工腐蚀与防护，2017，34（1）：8.

［7］代真，郝晓军，牛晓光．空冷器冲刷腐蚀的流动仿真［J］．炼油技术与工程，2008，38（8）：52.

［8］张国信．加氢高压空冷系统腐蚀原因分析与对策［J］．炼油技术与工程，2007，37（5）：18.

［9］顾晶，裴红．高压空冷器管箱的制造［J］．压力容器，2005（01）：25.

［10］王权利．高压空冷器若干技术问题探讨［J］．科技与企业，2014（11）：349.

［11］李东，尹立孟，耿燕飞，等．$t_{8/5}$ 对 X90 管线钢焊接热影响区细晶区显微组织的影响［J］．焊管，2016，39（3）：1.

［12］刘岳．Q345C 钢焊接接头组织转变和力学行为研究［D］．四川：西南交通大学，2017：7.

金属材料局部腐蚀研究进展

李乃文[1]，李再鑫[2,3]，赵　博[2]，代　强[2]

［1. 河北省特种设备监督检验研究院（河北省承压设备检测评价技术创新中心），
河北　石家庄　050200；2. 中国特种设备检测研究院，北京　100029；
3. 中国石油大学（北京）克拉玛依校区，新疆　克拉玛依　834099］

摘要：金属材料局部腐蚀，作为一种常见但容易被忽视的耗损方式，对工程设备和结构的安全性构成了巨大威胁。本文阐述了点蚀、缝隙腐蚀、电偶腐蚀、晶间腐蚀、应力腐蚀开裂、冲刷腐蚀和微生物腐蚀等局部腐蚀形式的特点和研究进展；对金属材料局部腐蚀的常用检测方法，如质量损失方法、腐蚀形貌观察方法、传统电化学方法、微观电化学方法和无损检测方法的特点和研究进展进行了阐述；对金属材料局部腐蚀研究的发展方向进行了展望。

关键词：金属材料；局部腐蚀；电化学；无损检测

Progress in research on localized corrosion of metal materials

Li Naiwen[1]，*Li Zaixin*[2,3]，*Zhao Bo*[2]，*Dai Qiang*[2]

（1.Hebei Special Equipment Supervision and Inspection Institute，Shijiazhuang Hebei 050200，China；
2.China Special Equipment Inspection & Research Institute，Beijing 100029，China；
3.China University of Petroleum-Beijing at Karamay，Karamay Xinjiang 834099，China）

Abstract：Localized corrosion of metal materials，as a common but often overlooked form of wear and tear，poses a significant threat to the safety of engineering equipment and structures. This article elaborates on the characteristics and research progress of various forms of localized corrosion，including pitting corrosion，crevice corrosion，galvanic corrosion，intergranular corrosion，stress corrosion cracking，erosion-corrosion，and microbiologically influenced corrosion. It also provides insights into commonly used detection methods for localized corrosion of metal materials，such as mass loss methods，corrosion morphology observation methods，traditional electrochemical methods，microscopic

［**作者简介**］李乃文（1988—），男，工学硕士，高级工程师，主要从事特种设备检测与科研工作。

electrochemical methods, and non-destructive testing methods, highlighting their features and research advancements. Lastly, the article offers a glimpse into the future directions of research on localized corrosion of metal materials.

Key words: metal materials; localized corrosion; electrochemistry; non-destructive testing

0 前言

金属材料由于其独特的物理和化学特性，被广泛应用于航空、汽车和建筑等多个领域。然而，腐蚀作为金属材料主要的耗损方式之一，会使金属材料在服役过程中发生变质或破坏。为了延长金属材料和设备使用寿命，腐蚀问题必须得到有效控制。金属腐蚀按照腐蚀形态可分为均匀腐蚀和局部腐蚀两类，均匀腐蚀可通过监测腐蚀速率和优化设备设计等措施有效控制，但局部腐蚀造成的金属损失量较小，且发生位置有较强的较隐蔽性，因此难以及时被发现，往往会造成灾难性事故。例如，特种设备往往在高风险和高压力环境下工作，为确保设备的安全性和可靠性，通常需要对应力腐蚀和点蚀等局部腐蚀问题采取非常严格的控制和预防措施。根据腐蚀产生的形态、位置和机理，局部腐蚀可分为：点蚀、缝隙腐蚀、电偶腐蚀、晶间腐蚀、应力腐蚀开裂、冲刷腐蚀和微生物腐蚀等[1]。据统计，腐蚀事故中 80% 以上是局部腐蚀造成的，因此掌握金属材料局部腐蚀产生的机理、规律和常用的研究方法有着重要的意义。

1 常见局部腐蚀形式

1.1 点蚀

点蚀又称小孔腐蚀，是一种腐蚀集中在金属表面很小范围内，并深入到金属内部的小孔状腐蚀形态，孔口大多覆盖有腐蚀产物，也有少数呈开放式即腐蚀产物覆盖[2]。点蚀过程可分为点蚀的起源和点蚀的发展过程。点蚀的形核机制主要有：渗透理论、钝化膜破裂理论和吸附理论[3]，三种理论都认为 Cl^- 在点蚀成核过程中有着重要影响。点蚀通常会造成材料穿孔或开裂，从而导致结构破坏。

Luo 等利用动态贝叶斯网络构建系统失效模型，研究了管道在点蚀下的破坏过程，将点蚀过程分为腐蚀点成核、腐蚀点增大、断裂纹扩展和长裂纹扩展四个阶段[4]。蒋梦蕾等研究选区激光熔化成形技术对 304L 不锈钢点蚀的影响，结果表明：点蚀坑的数量和和面积与成形尺寸呈现正相关关系[5]。王光卿等利用声发射和电化学技术研究了常压储罐底板 Q235 钢样的点蚀行为，结果表明：储罐底板钢发生点蚀过程中，出现了三类典型的声发射源：氧化物的剥离和破裂，点蚀坑的形成和扩展，腐蚀产物堆积、层间摩擦及自身开裂声发射信号，如图 1 所示；且声发射信号和电化学采参数变化具有较好的一致性，能很好地描述点蚀的各个阶段[6]。

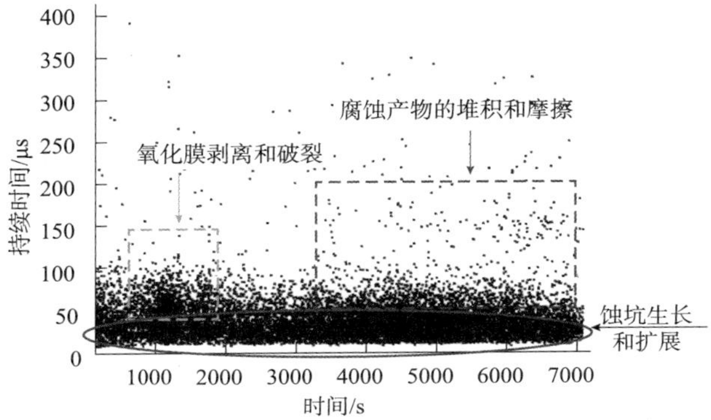

图 1　声发射信号持续时间随时间的分布

1.2　缝隙腐蚀

缝隙腐蚀是指金属与金属或金属与非金属之间形成特别小的缝隙，使缝隙内介质处于滞留状态，引起缝隙内金属的加速腐蚀，缝隙腐蚀隐蔽性强且难以检测，往往会导致材料的突然失效，影响材料的可靠性和使用寿命，产生严重危害[7]。缝隙腐蚀发生和扩展的机理主要有：临界缝隙溶液理论、电位降理论和亚稳态点蚀诱发理论。临界缝隙溶液理论是由 Oldfield 和 Sutton 在 Evans 的氧浓差理论[8]和 Fontana 的酸化自催化理论[9]的基础上总结并发展提出的[10-11]，该理论认为缝隙腐蚀的发生可分为四个阶段：初始阶段，缝隙内外行成电位差，阴阳极分离；中期阶段，缝隙内外发生阴阳极反应，缝隙内溶液酸化；pH 值持续降低，Cl^- 浓度不断上升，缝隙内金属进一步溶解，钝化膜破裂；最终，电偶效应加强，缝隙腐蚀持续发展。电位降理论由 Pickering 提出，其认为缝隙内电极电位变化是引起缝隙腐蚀的主要原因[12]。亚稳态点蚀诱发理论是由 Stockert 等人提出，其认为缝隙腐蚀是由于亚稳态点蚀的再钝化过程受到缝隙内闭塞环境阻碍引起[13]。

赵博等探究了剥离涂层下的 X80 钢在鹰潭土壤模拟溶液中的腐蚀行为，其结果表明：腐蚀初期剥离区各位置的电化学反应特征相同，EIS 由高频容抗弧和低频感抗弧组成，随着腐蚀反应进行，高频容抗弧半径增大，低频感抗弧消失[14]。陈建波研究了温度对 P110 油井管腐蚀的影响，结果如图 2 所示，随着温度的升高，缝隙腐蚀速率升高[15]。近几年来发现缝隙腐蚀还可发生在碳钢和低合金钢中，胡骞等研究了 Q235 碳钢在 $NaHCO_3$ 和 NaCl 溶液中的腐蚀行为，结果表明缝隙内外表面积比对缝隙腐蚀的形成有着十分重要的影响[16]。

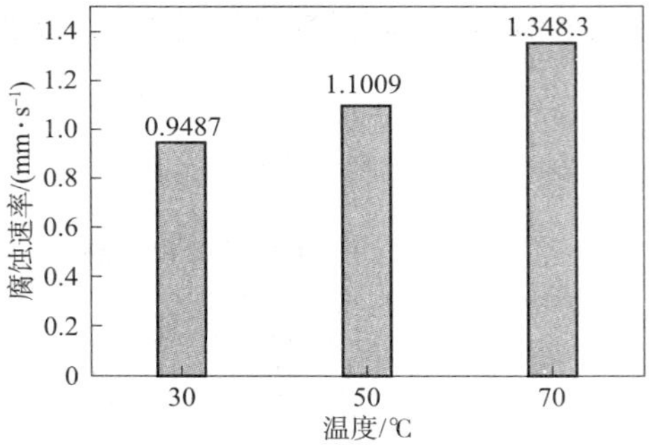

图 2　P110 钢在不通过温度下的缝隙腐蚀速率

1.3　电偶腐蚀

电偶腐蚀是指相连接的两种或两种以上的金属在同种导电介质中，由于较高的腐蚀电位差，导致电位较低的金属作为阳极加速腐蚀，电位较高的金属作为阴极被保护的现象[17]。电偶腐蚀不止发生在异种金属相连接的情况，对于具有不同晶体结构或不同晶体取向的材料，在腐蚀电解质中也会形成原电池，加快材料的腐蚀[18]。电偶腐蚀还会引起其他类型的局部腐蚀[19]，造成材料的严重破坏，因此电偶腐蚀一直是多材料系统中重大的安全隐患。以金属材料为例，异种金属材料发生电偶腐蚀的基本原理如图 3 所示，阳极金属材料失去电子后阳离子通过腐蚀介质到达阴极金属材料表面，阴极反应一般是氧的还原反应或析氢反应[20]。因此电偶腐蚀的发生需具备三个条件：电位差、电子通道、离子通道。

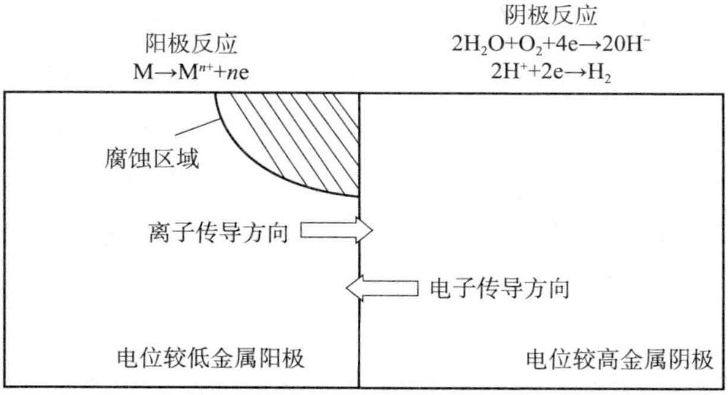

图 3　金属材料电偶腐蚀原理示意

曹欣锋研究了固溶处理温度对双相不锈钢电偶腐蚀的影响，研究结果发现：双相不锈钢的耐微电偶腐蚀性能随着固溶处理温度的升高，呈现出先增大后降低的趋势，当固溶处理温度为 1100℃时，双相不锈钢的耐电偶腐蚀性能最好[18]。

赵岩等研究了6005A-T6铝合金和304不锈钢的电偶腐蚀行为，研究结果表明：铝合金作为阳极发生严重腐蚀，单位面积失重比304不锈钢高70倍，铝合金的腐蚀速率呈现先增大，后减缓，最后再增大的趋势[21]。

1.4 晶间腐蚀

晶间腐蚀是指多晶材料在服役过程中，腐蚀沿着晶界或附近发生的现象。由于腐蚀发生在晶界处，腐蚀现象较难观察，通常需要借助显微镜进行观察。晶间腐蚀发生的机理主要有：贫Cr理论、第二相析出理论以及晶界吸附理论[2]。贫Cr理论是最为广泛接受的，该理论认为在晶界处析出的碳化物或氮化物消耗掉了晶界附近大量的Cr，由于Cr的扩散速率较慢，造成晶界附近Cr含量低于钝化所必须的极限量，形成贫Cr区，钝态遭到破坏，晶界附近电位下降，而晶粒内部仍维持钝化状态，具有较高的电位，因此晶界附近腐蚀加剧[22]。

满成利用DL-EPR技术研究了不同时效温度处理的AM355不锈钢晶间腐蚀敏感性，研究结果表明：不锈钢晶间腐蚀敏感性随着温度的升高呈现出先增大后减小的趋势，当温度为550℃时，敏感性取得最大值[2]。黄敏平等研究了回火温度和时间对低碳马氏体不锈钢耐蚀性能的影响，研究结果表明：如图4所示，回火时间越长，碳化物析出越多，耐蚀性越差；随着回火温度的升高，耐蚀性先减小后增大[23]。He Pei等研究了氢对奥氏体不锈钢晶间腐蚀的影响，结果表明氢气会促进晶间腐蚀的发生，含氢试样具有更深和更宽的晶间腐蚀[24]。

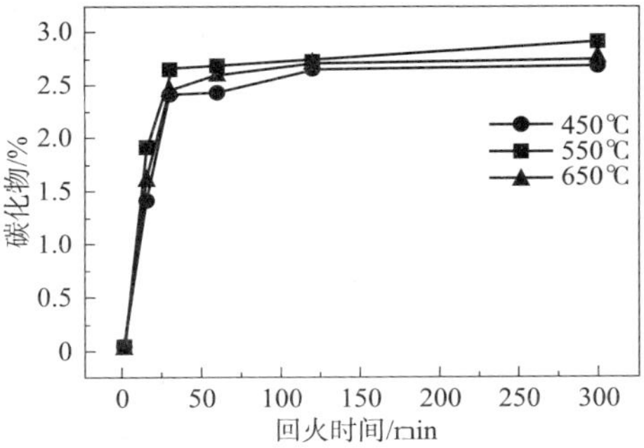

图4 在1100℃淬火后不同回火温度回火不同时间碳化物统计

1.5 应力腐蚀开裂

应力腐蚀开裂是指材料在应力与腐蚀介质共同作用下发生的脆性断裂现象。应力腐蚀的发生机理主要有：阳极溶解机理和氢致开裂机理。阳极溶解机理是指材料在电化学和机械的共同作用下经历微裂纹萌生、裂纹壁钝化，裂纹尖端快速溶解和裂纹扩展，最终导致材料断裂。氢致开裂机理是指材料发生腐蚀时，裂纹萌生位置处行成闭塞原电池，裂缝内pH值降低，电位负移，阴极发生析氢腐蚀产生氢，氢原子扩散到裂纹尖端金属内部，氢气析出，在应力耦合作用下材料发生脆性断裂[25]。

黄翠等探究了Mg和Ti对A7N01铝合金应力腐蚀行为的共同影响时发现：Mg

含量的增加可以提高合金的电流效率进而抑制材料的应力腐蚀开裂，Ti 含量增多会使裂纹更易连续扩展，且 Ti 对杂质相扩散性的抑制，会导致其分布集中，杂质相聚集处与周边基体形成较大的电位差，最终导致合金的耐腐蚀性能下降[26]。Zhang Zhen 等利用电化学噪声技术研究了 304 不锈钢的应力腐蚀开裂行为，如图 5 所示，随着应力腐蚀开裂的进行，电化学噪声信号的 Hibert 时频谱逐渐由高频向低频偏移，电化学噪声技术可以原位捕获高温水中的应力腐蚀开裂行为[27]。李晨等探究了 ZL101 铝合金在不同拉伸和压缩应力状态下应力腐蚀开裂时间，结果表明：拉伸应力状态下的起裂时间比压缩状态下的起裂时间更短，且应力强度因子 K_1 与起裂时间 t_i 呈反比[28]。

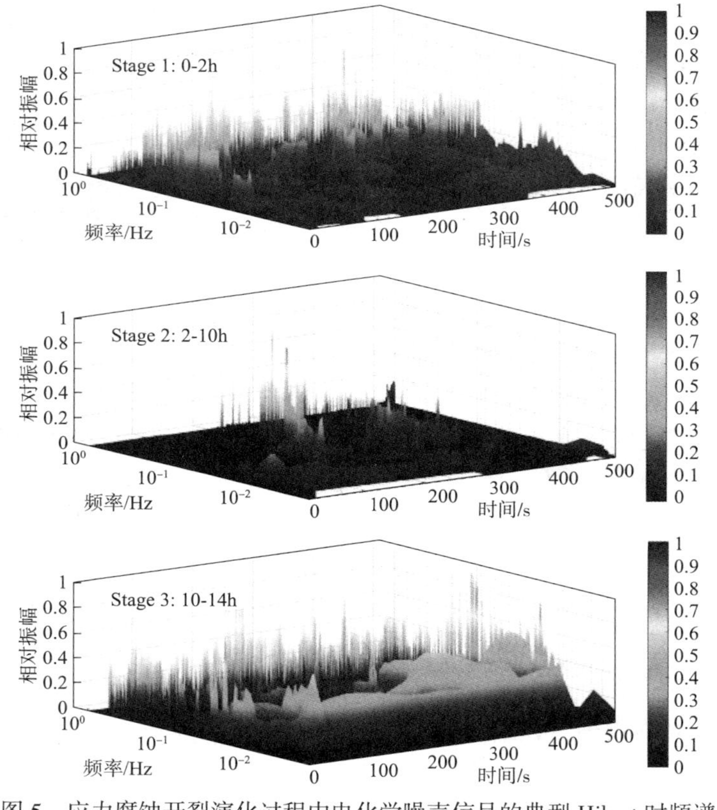

图 5　应力腐蚀开裂演化过程中电化学噪声信号的典型 Hibert 时频谱

1.6　冲刷腐蚀

冲刷腐蚀是指腐蚀性流体与材料表面接触并发生相对运动而引起材料损坏的现象，是机械磨损和电化学腐蚀交互作用的结果，是一种危害性较大的局部腐蚀[29]。据 Kermani 等报道，石油天然气工业中 9% 的腐蚀是冲刷腐蚀造成的[30]。目前，国内外学者普遍认为，机械磨损和电化学腐蚀的共同作用是冲刷腐蚀产生的原因，冲刷腐蚀的结果可由公式（1）和（2）来表示[31]：

$$T=C+E+S \tag{1}$$

$$S=Ce+Ee \tag{2}$$

式中，T 代表材料经冲刷腐蚀后的总损失质量；C 代表纯电化学腐蚀造成的质量损失；E 代表纯机械磨损造成的质量损失；S 代表电化学腐蚀与机械磨损交互作用产生的质量损失；S 等于电化学腐蚀加速机械磨损造成的质量损失 Ee 与机械磨损加速电化学腐蚀造成的质量损失 Ce 之和。

机械磨损对电化学腐蚀的增强作用主要表现为：在材料表面行成冲蚀坑、削薄钝化膜和加速腐蚀产物的去除；电化学腐蚀对机械磨损的增强作用主要表现为：促进材料加工硬化层溶解和第二相暴露[32]。Stack 等根据（$C+Ce$）与（$E+Ee$）的比值，将冲刷腐蚀进一步分为四类：①当（$C+Ce$）/（$E+Ee$）<0.1 时为机械磨损控制；② 0.1≤（$C+Ce$）/（$E+Ee$）<1 时为机械磨损 – 电化学混合控制；③ 1.0≤（$C+Ce$）/（$E+Ee$）<10.0 时为电化学 – 机械磨损混合控制；④当（$C+Ce$）/（$E+Ee$）>10.0 时为电化学控制[33]。

彭文山等研究了流速和含砂量对 Q235 钢的冲刷腐蚀行为影响，研究结果表明 Q235 钢的冲刷腐蚀速率随着流速增大而增大，但含砂量的变化对冲刷腐蚀速率影响较小[34]。赵彦琳等探究了冲刷角度对 304 不锈钢冲刷腐蚀的影响，研究结果如图 6 所示，当冲刷角度为 45° 时，冲刷腐蚀最严重[35]。苏英等通过自制的冲刷腐蚀实验装置研究了两种 B10 铜镍合金在不同流速和不同时间下的冲刷腐蚀行为，结果表明，两种铜镍合金的腐蚀速率随时间的变化规律相似，在不同的流速下冲刷 2h 后腐蚀速率较高，冲刷 8h 后腐蚀速率较低[36]。

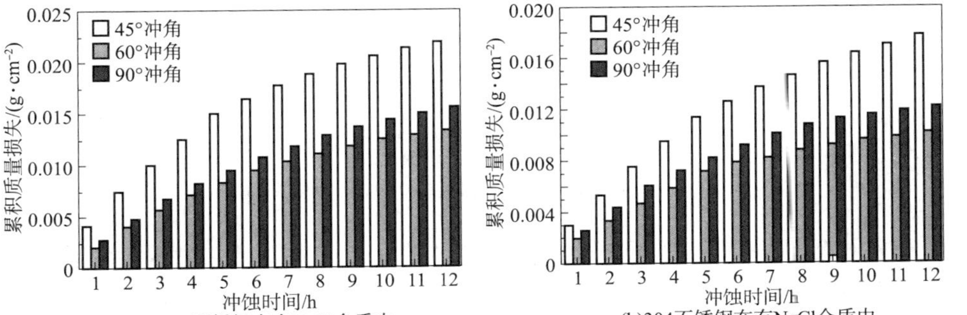

(a)304不锈钢在有NaCl介质中　　(b)304不锈钢在有NaCl介质中

图 6　304 不锈钢在有无 NaCl 介质中冲刷腐蚀的累积质量损失变化

1.7 微生物腐蚀

微生物腐蚀是指由于各种微生物生命活动导致材料腐蚀的现象[37]。目前被广泛研究的微生物菌种有硫酸盐还原菌（SRB），铁氧化菌（IOB）以及各种霉菌等[38]。SRB 是厌氧型菌种，广泛存在于缺氧环境中。SRB 能将 SO_4^{2-} 中的 S 元素还原成 S^{2-}，S^{2-} 可与钢铁材料中发生氧化反应后生成的 Fe^{2+} 结合生成腐蚀产物 FeS，加快钢铁材料的腐蚀[39]。IOB 是好氧型菌种，其将 O_2 作为最终电子受体，以 CO_2 作为碳源，通过将 Fe^{2+} 氧化为 Fe^{3+} 获得能量[40-41]，在材料表面造成点蚀，进而引发缝隙腐蚀[42]。SRB 和 IOB 的协同作用会加速金属材料的腐蚀，IOB 的活动会使材料发生点蚀，并消耗掉空气中的氧气生成厌氧环境，从而促进 SRB 的活动，加快材料腐蚀速率，其过程如图 7 所示。霉菌即真菌，繁殖能力强且分布广泛。霉菌对金属材料的腐蚀以点蚀为主，当霉菌附着在金属材料表面并不断繁殖时，会改变金属材料的表面状态和化学势能，从而在金属表面形成原电池，引发金属材料的局部腐蚀[43]。

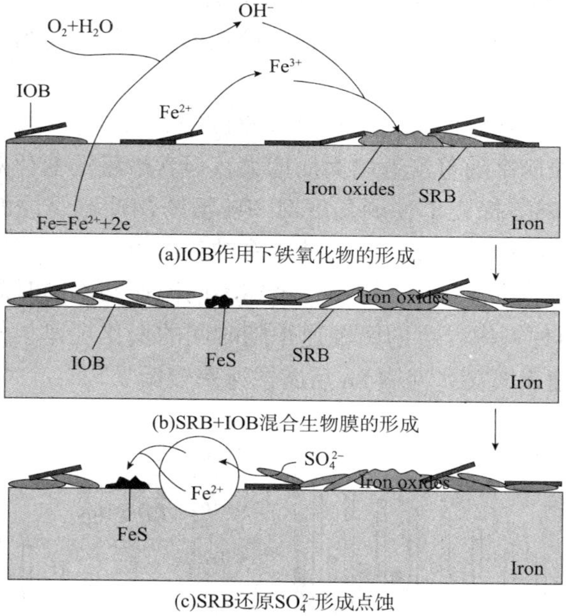

图 7　SRB+IOB 在不同阶段的腐蚀机理示意

崔艳雨等研究了 SRB 对 7075-T6 铝合金的腐蚀规律，结果发现：附着在铝合金表面的 SRB 会产生酸性的代谢产物，导致铝合金表面的 pH 值降低和铝合金表面的钝化膜破裂，加快铝合金的腐蚀速率[44]。XU 等研究表明 SRB 和 IOB 的协同作用加速了 316L 不锈钢的腐蚀速率[45]。李松梅等研究了青霉菌对 Q235 钢的腐蚀行为影响，结果表明：青霉菌对 Q235 钢的腐蚀以点蚀为主，即使在实验后期，青霉菌由于缺乏营养产物进入衰亡期，但由于青霉菌大量繁殖阶段产生的代谢物，Q235 钢的腐蚀速率仍将增大[46]。

2　局部腐蚀研究方法

2.1　质量损失方法

失重法是根据腐蚀前后质量的损失来表征腐蚀速率的方法。其主要实验过程是将试样打磨后称重并记录，再将试样置于腐蚀介质中进行腐蚀实验，实验结束后，按标准[48]清除腐蚀产物并烘干称重，利用腐蚀前后的质量差代入公式（3）计算出平均腐蚀速率，从而对腐蚀的严重性进行评价[49]。

$$V=\frac{8.76\times10^4\times\Delta W}{s\times t\times\rho} \tag{3}$$

式中，V 代表腐蚀速率，单位 mm/a；代表腐蚀前后试样的平均失重，单位 g；s 代表试片面积，单位 cm^2；ρ 代表试样密度，单位 g/cm^3；t 代表实验时间，单位 h。

失重法是目前常用的腐蚀实验方法之一，简单易操作，普适性强，但只能表征腐蚀的平均速率，难以体现腐蚀过程中的具体变化。刘俊超等采用失重法研究镍基合金与碳钢的腐蚀规律，结果表明：60℃时碳钢的腐蚀速率随 pH 值增大而减小，电偶的加速作用先减小后增大；90℃时，电偶加速腐蚀作用在 pH 值为 7.76 时较大；120℃时，电偶在碱性溶液中对腐蚀的加速作用不显著[50]。苏小红等采用失重法对比了几种缓冲试剂对钢－铝耦合体系在 3%NaCl 溶液中的缓蚀作用，结果表明：几种缓蚀试剂的添加使得钢和铝的腐蚀速率较空白溶液均明显降低[51]。失重法在高温腐蚀中也得到了许多应用，但在高温下材料的腐蚀速率往往较大，即使某个参数发生微小的变化时，都可能引起质量的较大变化，导致腐蚀速率出现较大的非线性变化，因此为了克服失重法在高温腐蚀中的局限性，研究人员通常结合电化学方法、X 射线衍射和扫描电子显微镜等方法，以获得更全面和准确的腐蚀信息[52]。

2.2　腐蚀形貌评价方法

按标准金属和合金的腐蚀可分为多种，可从宏观和微观两个角度对腐蚀形貌进行观察和评价[53]。宏观形貌观察是指利用肉眼或者低倍放大镜对腐蚀产物的颜色、形状和分布特点等进行初步的观察统计，提供腐蚀类型、腐蚀产物分布和腐蚀种类等信息，便于后续实验的设计和执行[54]。微观形貌观察是指对腐蚀产物的形貌细节进行观察统计[55]，常用的方法有：金相显微镜（OM）、扫描电子显微镜（SEM）、原子力显微镜（AFM）、投射电子显微镜（TEM）和高分辨率光学轮廓仪（OP）等。

吴志勇等研究了钛合金与铝合金的电偶腐蚀规律，使用宏观观察法发现：耦合后合金腐蚀明显加快[56]。朱敏等利用扫描电子显微镜等技术研究了铜包钢的电偶腐蚀规律，结果表明，铜包钢的整个截面都发生了腐蚀，中心钢的腐蚀最严重[57]。史冰绡等采用扫描电子显微镜和原子力显微镜对铜镍合金腐蚀形貌进行观察，揭示了晶粒取向和腐蚀形貌的演化规律[58]。徐昕等研究了溴化十六烷基吡啶（HDPB）对钢的缓蚀性能，AFM 扫描结果如图 8 所示，添加了 HDPB 的钢材，表面均匀平整，腐蚀程度下降[59]。

图 8　冷轧钢表面 3D-AFM 照片

2.3　传统电化学方法

传统电化学测试方法包括开路电位、极化曲线测试和电化学阻抗谱等，通过测量电流和电位的关系揭露材料的腐蚀信息。传统的电化学方法常与微区电化学方法、无损检测方法等结合研究材料的腐蚀行为。

任科洋等利用测定极化曲线的方法研究了 09MnNiDR 与四种不锈钢电极耦合后的电偶腐蚀行为，根据电流密度的大小，可得出 09MnNiDR 与 4 种不锈钢的电偶腐蚀效应由大到小依次是：09MnNiDR/316L>09MnNiDR/201>09MnNiDR/304 热轧板 > 09MnNiDR/304 冷轧板[60]。李钊等利用电化学阻抗谱和丝束电极研究了环氧涂层下碳钢与铜合金在海水中的电偶腐蚀，结果表明：涂层破坏的碳钢作为阳极反应区被腐蚀，铜合金作为阴极被保护，如图 9 所示；在涂层的持续劣化过程中，铜合金区域由于阴极还原反应使得涂层/金属界面行成强碱性环境，导致涂层剥离，基底金属铜被腐蚀，出现阳极电流[61]。王光卿等利用电化学方法和声发射技术研究了储罐底板钢点蚀过程，其结果表明电化学参数变化和声发射信号具有较好的一致性，能很好的描述点蚀的各个阶段[6]。

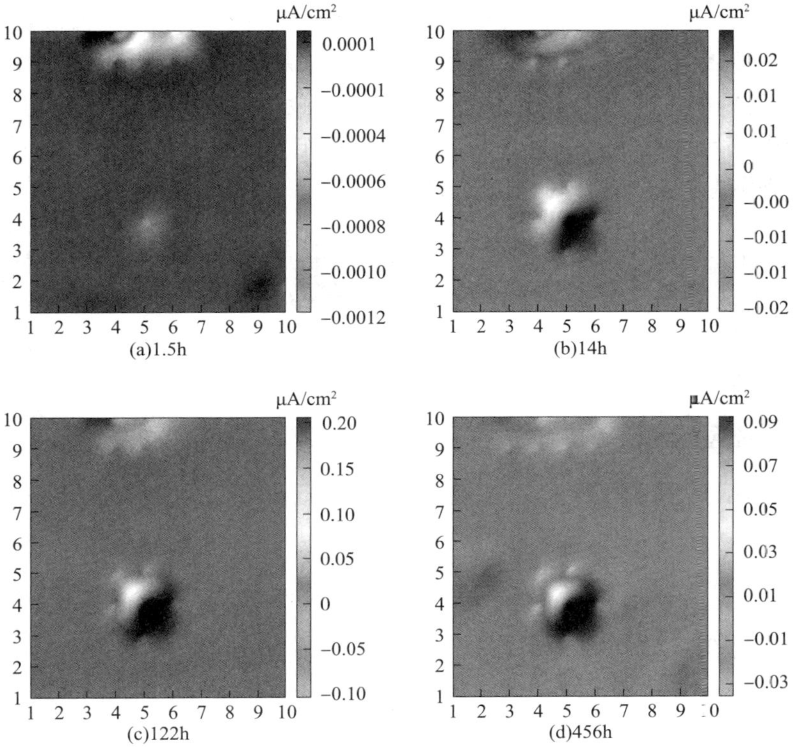

图 9 不同浸泡时间下丝束电极表面的电流密度分布

2.4 微区电化学方法

为了克服传统电化学方法无法准确反应局部腐蚀行为的缺点，近年来越来越多用于研究局部电化学过程的微区电化学测量技术，如：局部阻抗谱技术（LEIS）、扫描开尔文探针技术（SKP）、扫描振动参比电极技术（SVET）等得到了广泛的应用。通过在材料表面和腐蚀区域之间引入微小电极，并测量电流、电位等参数，提供高分辨率、高灵敏度的局部腐蚀信息。微区电化学方法具有原位检测、检测精度高和外加信号微小，对被测电极体系扰动小等显著优点。

丁莉使用 LEIS 技术研究了 HA177-2、TA2 和 316SS 三金属耦合体系的腐蚀规律，结果表明：耦合体系中，HA177-2 始终做阳极，TA2 始终做阴极，316SS 可能做阴极也可能做阳极；当 HA177-2 位于电极的中间位置时，其腐蚀最严重；HA177-2 表面的阻抗分布不均匀，随着耦合时间的增长，阻抗值为出现增大的趋势，腐蚀减缓[62]。廖柯熹等研究了 X56 管线钢在海水环境中的腐蚀行为，浸泡不同时间后 X65 钢表面 SKP 电位分布如图 10，试样浸泡 2h 后，试样表面发生点蚀，即图像中黄色点状位置；浸泡时间至 6h 后，整个试样电位值都升高，部分区域加速腐蚀；浸泡 24h 后，试样表面电位继续升高，腐蚀加剧；试样表面的电位随浸泡时间增加而增大，局部腐蚀随浸泡时间增加而加剧[63]。Kiran 等利用 SVET 等方法研究了 AE44 镁合金 – 低碳钢和 AE44 镁合金 –AA6063 铝合金电偶对在 NaCl 溶液中的电偶腐蚀速率，结果表明：镁合金均作为阳极被加速腐蚀，且 AE44 镁合金 – 低碳钢电偶对中镁合金的腐蚀速率更快[64]。

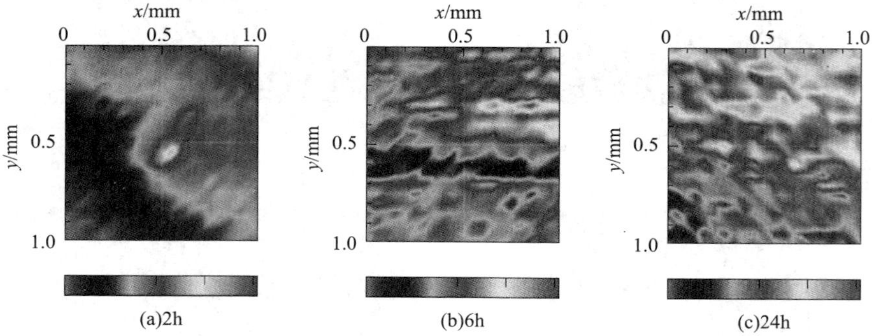

图 10　浸泡不同时间后 X65 钢表面 SKP 电位分布

2.5　无损检测方法

无损检测技术在腐蚀检测领域发挥着重要作用。声发射检测、涡流检测和超声波检测等通过非侵入性方法检测材料中的腐蚀信息，被广泛用于航空航天、石油化工和交通运输等领域，为预防事故发生和延长设备寿命提供了精确且不破坏材料的检测手段。每种无损检测技术都有一定的优势和局限性，如表 1 所示，在实际进行检测时，应当根据具体的检测需求，综合考虑各种检测技术的优缺点，来选择合适的检测手段[65]。

Idrissi 等利用声发射技术研究了 2024T3551 铝合金点蚀不同阶段的声发射信号特点，研究表明：在点蚀萌生的阶段，声发射信号较弱无法检测到，但金属表面微气泡或大气泡气体释放时产生的声发射信号能被检测到，因此可以通过声发射检测铝合金的点蚀现象[66]。童远涛等利用脉冲涡流技术对保温层下工艺管道的腐蚀进行了研究，结果表明：脉冲涡流技术，可对保温层厚度为 60mm，铝皮厚度为 0.25mm 的部分腐蚀缺陷进行检测，当腐蚀坑直径 >7mm 时，检出精度可达 100%[67]。李萍等探究了 304 不锈钢点蚀损伤的非线性超声表征，结果表明：点蚀损伤越严重，超声表面波非线性效应越显著，归一化非线性系数越大，因此在表面波传播距离一定时，可利用超声表面波非线性表征点蚀损伤，如图 11 所示[68]。

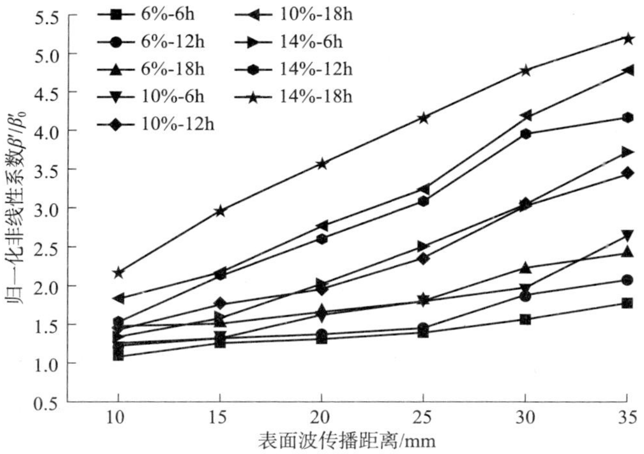

图 11 归一化非线性系数随表面波传播距离变化

3 展望

综上所述，金属材料局部腐蚀研究已经取得了显著的进步，不同类型局部腐蚀的特征和机理都得到了深入的研究。局部腐蚀的复杂性在于发生腐蚀的各个部分存在微小的差异，引发金属材料不同区域的钝化和活化反应。当前，为了探究局部腐蚀的机理和有效机制，局部腐蚀的研究方向逐渐聚焦在更微小区域和更深层次的腐蚀机理上，研究方法也更专注于微观区域内的腐蚀现象和机理。在未来，局部腐蚀的研究将会有以下几个特点：

1）微区电化学技术将不断提高空间分辨率，使其能够更精细的测量微小区域的腐蚀信息，这将有助于解释微观区域内腐蚀过程的微观机理。

2）多种方法的结合使用将广泛应用于局部腐蚀研究领域中，通过对材料在腐蚀前后进行微观形貌检测，结合电化学方法和无损检测技术测量腐蚀信息，建立多维的腐蚀信息模型，这类方法已经得到了广泛的应用，并将不断改进和优化。

3）随着计算机仿真技术的不断发展，针对微观区域的腐蚀仿真建模方法将会为腐蚀机理研究提供新的思路。同时，自动化和人工智能技术的进步也将推动局部腐蚀研究采用更多的自动化和智能化工具，实现实时监测和数据分析，以提高研究效率和准确性。

4）抗腐蚀技术将不断发展，新型合金、防腐涂层和腐蚀抑制剂等的研发将为金属材料局部腐蚀的抑制提供新的解决措施，有望进一步提升金属材料的耐腐蚀性能。

参 考 文 献

[1] 郭克星.油气管道用钢材料的局部腐蚀研究进展[J].石油化工腐蚀与防护,2023,40(01):29-34.

[2] 满成.高强度不锈钢 AM355 点蚀及晶间腐蚀机理研究[D].北京:北京科技大学,2018.

[3] Pourbaix M, Klimzack-mthieiu L, Mertens C, et al. Potentiokinetic and corrosimetric investigations of the corrosion behaviour of alloy steels [J]. Corros Sci, 1963, 3 (4): 239-59.

[4] Luo Z S, Zhao L X, Wang X W. Failure model for pitting fatigue damaged pipeline of subsea based on dynamic bayesian network [J]. Surface Technology, 2020 (49): 269.

[5] 蒋梦蕾,代斌斌,陈亮,等.选区激光熔化成形尺寸对 304L 不锈钢点蚀性能的影响[J].材料研究学报,2023,37(05):353-361.

[6] 王光卿,毕海胜.基于声发射的储罐底板钢点蚀特征[J].油气储运,2018,37(12):1357-1362.

[7] 陈东旭,吴欣强,韩恩厚.缝隙腐蚀研究进展及核电材料的缝隙腐蚀问题[J].中国腐蚀与防护学报,2014,34(04):295-300.

[8] Mears R B, Evans U R. Corrosion at contact with glass [J]. Transactions of the Faraday Society, 1934, 30: 417-423.

[9] Fontana M G, Greene N D. Corrosion engineering: macgraw-hill series in materials science and engineering [M]. 1978.

[10] Oldfield J W, Sutton W H. Crevice corrosion of stainless steels: I. a mathematical model [J]. British Corrosion Journal, 1978, 13 (1): 13-22.

[11] Oldfield J W, Sutton W H. Crevice corrosion of stainless steels: II. Experimental studies [J]. British Corrosion Journal, 1978, 13 (3): 104111.

[12] Pickering H W. The significance of the local electrode potential within pits, crevices and cracks [J]. Corrosion Science, 1989, 29: 325-341.

[13] Stockert L, Bohni H. Susceptibility to crevice corrosion and metastable pitting of stainless steels[J]. Materials Science Forum, 1991, 44: 313-328.

[14] 赵博,杜翠薇,刘智勇,等.剥离涂层下的 X80 钢在鹰潭土壤模拟溶液中的腐蚀行为[J].金属学报,2012,48(12):1530-1536.

[15] 陈建波.一维阵列电极法研究油井管柱接头缝隙腐蚀机理[D].成都:西南石油大学,2016.

［16］胡骞，邱于兵，郭兴蓬.Q235碳钢缝隙腐蚀的电化学噪声研究［J］.电化学，2009，15（02）：184-189.

［17］魏宝明.金属腐蚀理论及应用［M］.北京：化学工业出版社，1984

［18］曹欣锋.2205双相不锈钢局部腐蚀及钝化性能研究［D］.北京：北京科技大学，2023.

［19］Shi P A，Liu D X，Wan Q.Micro-mechanism of galvanic corrosion behavior and its effects on materials' performance［J］.China Mechanical Engineering，2017，28（12）：1504-1511

［20］梅婉，王泽华，张欣，等.金属材料的电偶腐蚀及其防护技术研究进展［J］.热加工工艺，2022，51（04）：15-21.

［21］赵岩，李新魁，洪晓静，等.高速列车支撑槽6005A-T6铝合金/304不锈钢连接件电偶腐蚀行为研究［J］.铝加工，2020（05）：60-64.

［22］VIGNAL V，RINGEVAL S，THI BAUT S，et al. Influence of the microstructure on the corrosion behaviour of low-carbon martensitic stainless steel after tempering treatment［J］. Corrosion Science，2014，85：42-51.

［23］黄敏平，任英，任强，等.热处理对低碳马氏体不锈钢耐蚀性的影响［J］.材料导报，2023，37（S1）：371-376.

［24］He P，Wang X Y，Zheng K K，et al. A different type of intergranular corrosion facilitated by hydrogen in austenitic stainless steel［J］. Corrosion Science，2023，219.

［25］张雪伟.系泊链钢在海洋环境中的腐蚀和应力腐蚀研究［D］.北京：北京科技大学，2023.

［26］黄翠，章淑芳，胡洁，等.Mg和Ti对A7N01铝合金腐蚀行为的影响［J］.腐蚀科学与防护技术，2018，30（1）：8-14.

［27］Zhen Z，Xinqiang W. Interpreting electrochemical noise signal arising from stress corrosion cracking of 304 stainless steel in simulated PWR primary water environment by coupling acoustic emission［J］. Journal of Materials Research and Technology，2022，20.

［28］李晨.ZL101铝合金的应力腐蚀及疲劳特性［D］.上海：上海交通大学　2012.

［29］代真，段志祥，沈士明.流体力学因素对液固两相流冲刷腐蚀的影响［J］.石油化工设备，2006，35（6）：20-23.

［30］Kermani M B，Harrop D. The impact of corrosion on oil and gas industry［J］. SPE Production Facilities，1996，11：186-190.

［31］裴芮，王勤英，唐淼，等.激光熔覆层冲刷腐蚀研究现状［J］.表面技术，2019，48（11）：179-187.

［32］秦明花，郑文杰，张雪冰，等.金属材料在水流体中的冲刷腐蚀研究现状［J］.材料保护，2022，55（11）：169-177.

[33] Stack M M，Abdulrahman G H. Mapping erosion–corrosion of carbon steel in oil–water solutions：effects of velocity and applied potential [J] .Wear，2012，274–275：401–413.

[34] 彭文山，刘雪键，刘少通，等 . 含砂流动海水中 Q235 钢冲刷腐蚀行为研究 [J]. 表面技术，2019，48（9）：242–249.

[35] 赵彦琳，杨少帅，姚军 .304 不锈钢两相流冲蚀腐蚀的实验研究[J]. 北京航空航天大学学报，2019，45（08）：1504–1511.DOI：10.13700/j.bh.1001–5965.2018.0728.

[36] 苏英，管勇 . 动态人工模拟海水环境下两种 B10 铜镍合金腐蚀行为 [J/OL]. 材料工程：1–11 [2023–09–21].

[37] 张展 . 海洋生物作用下 316L 不锈钢的海水缝隙腐蚀行为研究 [D] . 北京：北京科技大学，2023.

[38] 付磊，范琪，朱鹏龙，等 . 航空燃油系统微生物腐蚀研究进展 [J]. 材料保护，2023，56(03)：150–158.

[39] 侯保荣，闫静，王娅利，等 . 油气田开采中管道微生物腐蚀防护技术研究现状与趋势 [J]. 石油与天然气化工，2022，51（05）：71–79.

[40] EMERSON D，MOYER C L. Isolation and characterization of novel iron–oxidizing bacteria that grow at circumneutral pH [J] . Applied and Environmental Microbiology，1997，63（12）：4784–4792.

[41] David E，Weren D V. The role of FeOB in engineered water ecosystems：a review [J] . Journal（American Water Works Association），2015，107（1）：47–57.

[42] 刘宏伟，刘宏芳 . 铁氧化菌引起的钢铁材料腐蚀研究进展 [J] . 中国腐蚀与防护学报，2017，37（3）：195–206.

[43] 朱武峰，李昆，王兵，等 . 舰载机液压系统实用防霉技术及试验研究 [J]. 液压气动与密封，2014，34（1）：71–74.

[44] 崔艳雨，宁丽纳 . 机油箱用材 7075 铝合金在积水环境中的微生物腐蚀规律 [J]. 材料保护，2014，47（12）：29–32.

[45] Xu C M，Zhang Y H，Cheng G X，et al. Pitting corrosion behavior of 316L stainless steel in the media of sulphate–reducing and ironoxidizing bacteria [J] . Mater Charact，2008，59：245.

[46] 李松梅，王力锋，杜鹃，等 . Q235 钢在青霉菌作用下的腐蚀行为和电化学特性 [J] . 北京科技大学学报，2013，35（3）：339–346.

[47] Lyu M，Du M，Li X，et al. Mechanism of microbiologically influenced corrosion of X65 steel in seawater containing sul–fate–reducing bacteria and iron–oxidizing bacteria [J] . Journal of Materials Research and Technology，2019，8（5）：4066–4078.

[48] GB/T 16545—2015：金属和合金的腐蚀　腐蚀试样上腐蚀产物的清除［S］.

[49] 徐宏妍，李智勇. AZ91D镁合金电偶腐蚀的研究[J]. 中国腐蚀与防护学报，2013，33(4)：298-305.

[50] 刘俊超，陈胜利，赵景茂. 镍基合金与碳钢的电偶腐蚀及其影响因素［J］. 石油化工腐蚀与防护，2010，27（02）：25-27.

[51] 苏小红，孔小东，王楷，等. 几种缓蚀剂对钢－铝偶合体在3%NaCl溶液中的缓蚀作用研究［J］. 腐蚀科学与防护技术，2015，27：368.

[52] 吴浩民，王烈高，卫鹏凯，等. 电站锅炉深度调峰超温工况下水冷壁腐蚀机理研究［J/OL］. 西安交通大学学报：1-12［2023-09-21］.

[53] GB/T 10123—2001：金属和合金的腐蚀 基本术语和定义［S］.

[54] 曲宜超. 盐雾环境下2A12铝合金与Ti-15-3钛合金的接触腐蚀研究［D］. 大连：大连理工大学，2019.

[55] 祝慧鑫，黄智勇，金国锋，等. 铝合金电偶腐蚀研究方法综述[J]. 表面技术，2023，52(02)：135-147+195.

[56] 吴志勇，李雪源，赵黎宁，等. 钛合金与铝合金及铝合金转化膜的电偶腐蚀研究［C］// 第九届全国转化膜及表面精饰学术年会论文集. 合肥，2012.

[57] 朱敏，杜翠薇，李晓刚，等. 铜包钢在截面暴露条件下的电偶腐蚀行为研究［J］. 腐蚀科学与防护技术，2013，25（4）：265-270.

[58] 史冰绡，谭振江，曹东东，等. 晶粒取向对铜镍合金腐蚀形貌的影响[J]. 中国有色金属学报，2022，32（04）：1025-1035.

[59] 徐昕，李向红. 溴化十六烷基吡啶在硫酸溶液中对钢的缓蚀性能研究［J］. 电镀与精饰，2021，43（10）：1-7.

[60] 任科洋，石毛毛，戴亚洲. 09MnNiDR与不锈钢在3.5%的NaCl溶液中的电偶腐蚀行为研究［J］. 化工技术与开发，2018，47（9）：66.

[61] 李钊，王玲，刘杰，等. 结合WBE与EIS技术研究环氧涂层下碳钢与铜合金在海水中的电偶腐蚀［J］. 表面技术，2019，48（06）：299-305.

[62] 丁莉. 海水淡化装置中TA2/HAl77-2/316L SS腐蚀体系微区电化学行为和机理研究［D］. 青岛：中国石油大学（华东），2018.

[63] 廖柯熹，黄琳钧，王丹丹，等. X65管线钢在模拟海水环境中的腐蚀行为［J］. 腐蚀与防护，2017，38（11）：856-861.

[64] Deshpande K B. Experimental investigation of galvanic corrosion：comparison between SVET and immersion techniques［J］. Corros. Sci.，2010，52：2819.

［65］胡剑辉，齐红宇，李少林，等．发动机高温结构腐蚀损伤检测与评估方法研究进展［J/OL］．航空动力学报：1-14［2023-08-17］．

［66］IDRISSI H，DERENNE J，MAZILLE H. Detection of pitting corrosion of aluminium alloys by acoustic emission technique［J］. Journal of acoustic emission，2000，18：409-416.

［67］童远涛．基于脉冲涡流检测技术的保温层下工艺管道腐蚀缺陷检出率研究［J］．化工装备技术，2023，44（04）：12-16.

［68］李萍，陈雷，王腾腾，等.304 不锈钢点蚀损伤的非线性超声表征［J］．振动、测试与诊断，2019，39（02）：375-381+448.

800 合金焊接接头晶间腐蚀性能研究

刘玉祥[1]，熊荣国[1]，齐淑改[1]，胡　彬[2]

［1. 森松（江苏）重工有限公司上海分公司，上海　201323；
2. 上海森永工程设备有限公司，上海　201323］

摘要： 本文研究了 N08800 和 N08810 Ni–Fe–Cr 系 800 合金焊接接头在焊态和稳定化热处理后按 ASTM G28A 法进行晶间腐蚀试验的性能，对腐蚀结果及微观组织进行了分析，结果表明，相同晶粒度的 800 合金焊接接头经稳定化热处理后，耐蚀性下降，而细晶的 N08800 与粗晶的 N08810 相比，无论在焊态或稳定化热处理后耐蚀性明显改善。

关键词： 热处理；微观组织；化学成分；晶粒度；G28A 法晶间腐蚀

Research on intergranular corrosion resistance of 800 alloy welded joint

Liu Yuxiang[1]，*Xiong Rongguo*[1]，*Qi Shugai*[1]，*Hu Bin*[2]

［1.Morimatsu（Jiang Su）Heavy Industry Co.，Ltd. Shanghai Branch，Shanghai 201323，China；
2.Shanghai Nagamori Machinery Co.，Ltd.，Shanghai 201323，China］

Abstract: This paper introduces the intergranular corrosion test of N08800，N08810 Ni–Fe–Cr series 800 alloy welded joints according to ASTM G28A method after welding condition and stabilization heat treatment ，analyzes the corrosion results and microstructure. The result showed that the corrosion resistance of the weld joint with the same grain size decreased after stabilization treatment，however，the corrosion resistance of the fine–grained N08800 was significantly improved more than coarse–grained N08810 at weld condition or stabilization heat treatment.

Key words: heat treatment；microstructure；chemical composition；grain size；G28A intergranular corrosion

---

［作者简介］刘玉祥（1988—），男，焊接工程师，国际焊接工程师，主要从事压力容器焊接热处理工艺工作。E–mail：liuyuxiang7584@morimatsu.cn。

0 前言

镍－铁－铬合金 N08800 和 N08810 近年来在多晶硅行业的冷氢化反应器、化工行业的甲烷化反应器、石化裂解管等产品中大量使用，合金具有良好加工性能及耐高温性能。行业内使用 N08800、N08810 合金时更多的考虑其耐高温性、抗氧化性、抗硫化、抗渗碳的性能，这种材料具有良好的抗硝酸腐蚀及抗应力腐蚀性能，在某些介质中需要材料具有一定的抗晶间腐蚀性，但很少有文献资料对其晶间腐蚀性进行详细研究。本文针对不同晶粒度的 N08800、N08810 两种材料在焊态和稳定化热处理状态下按 ASTM G28A 法对晶间腐蚀敏感性进行了试验研究，对产生原因进行了分析。

1 N08810、N08800 合金性能概述

ASME SB-409 N08810 镍基合金属于 Ni-Fe-Cr 合金，其原材料为固溶退火热处理态，为固溶强化镍基合金。N08810 镍基合金常用于操作温度大于 593℃的场合[1]，在要求抵抗蠕变断裂的场合，需要经最低为 1121℃固溶退火以得到该使用温度范围最佳性能的晶粒度。ASME SB-409 要求 N08810 平均晶粒度为 5 级或更粗[2]。

N08800 镍基合金同属于 ASME SB-409 标准的材料，其化学成分与 N08810 基本一致，只是碳元素的含量有微小的区别，N08800 的 C≤0.10，而 N08810 对含 C 量的下限进行了控制。N08800 合金常用于操作温度≤593℃的场合[1]，两种材料的化学成分见表 1[2]。另外 N08800 材料没有晶粒度的要求，因此不需要更高的固溶退火温度使其晶粒度粗化。由于成分和固溶退火温度的差异性导致了两种材料力学性能的不同，N08800 比 N08810 具有更高的常温强度，但高温抗蠕变性不如 N08810。

表 1 N08810、N08800 化学成分（质量分数） %

标准材料	C	Si	Mn	S	Ni	Cr	Fe	Cu	Al
N08800	<0.10	≤1.0	≤1.5	≤0.015	30.0~35.0	19.0~23.0	≥39.5	≤0.75	0.15~0.60
N08810	0.05~0.10	≤1.0	≤1.5	≤0.015	30.0~35.0	19.0~23.0	≥39.5	≤0.75	0.15~0.60

N08800、N08810 合金含少量的 Al、Ti，在耐蚀性方面具有优良的耐应力腐蚀性能和耐高温腐蚀性能，具有良好的耐 HNO_3、有机酸、除卤素盐外的氧化性和非氧化盐类的腐蚀。在高温条件下，由于合金中具有较高的铬含量和足够的镍含量，使其能形成防护性良好的氧化膜，具有良好的抗渗碳性能，是耐高温腐蚀的良好

材料，在工业中得到了广泛应用[3-4]。

2 试验方案

本次试验采用 N08810 与 N08800 进行对比，采用同种焊接方法——焊条电弧焊（SMAW）对焊接接头进行焊态和稳定化热处理来验证接头的耐腐性。腐蚀方法按照 ASTM G28《锻制高镍铬轴承合金晶间腐蚀敏感性检测的标准试验方法》A 法 - 硫酸 - 硫酸铁[5]进行腐蚀试验，并对试样进行称重，试验内容如表 2 所示。

表 2 试验内容

试板编号	材料及规格	平均晶粒度	焊接方法	热处理类型	腐蚀方法
SY-1	N08810，16mm	2	SMAW	焊态	ASTM G28A
SY-2	N08810，16mm	2	SMAW	稳定化	ASTM G28A
SY-3	N08800，16mm	7	SMAW	焊态	ASTM G28A
SY-4	N08800，16mm	7	SMAW	稳定化	ASTM G28A

焊材选择：N08810 镍基合金焊材选用通常有 ENiCrFe-2、ENiCrFe-3、ENiCrCoMo-1 等几种方案，以上焊材的化学成分与 N08810 化学成分相比均为过匹配选用，并且在使用过程中均具有一定的局限性。ENiCrFe-2、ENiCrFe-3 通常用于低于 760℃的工况情况，高于 760℃焊缝蠕变强度难以满足要求；ENiCrCoMo-1 可用于 760℃以上，也可以用于低于 760℃以下的工况，也不存在热脆化倾向，但在焊后热处理后，高应力区域的焊缝会出现偶发性再热裂纹。本次试验采用的焊材为 UTP 2133Mn 焊条，采用该焊条主要原因是：1）与 800 合金具有相当的热膨胀系数。2）与 800 合金相当的化学成分和机械性能。3）有优异的抗热裂纹能力。

试验用板材及焊条的实测化学成分分别如表 3、表 4 所示。

表 3 N08800、N08810 实际化学成分（质量分数） %

试样编号	材料型号	C	Si	Mn	S	Ni	Cr	Fe	Cu	Al	Ti
SY-1，SY-2	N08810	0.09	0.4	0.8	0.000	30.4	20.1	47.6	0.05	0.30	0.27
SY-3，SY-4	N08800	0.08	0.37	1.01	0.001	32.0	20.75	44.58	0.24	0.48	0.49

表 4 UTP 2133Mn 焊条化学成分（质量分数） %

C	Si	Mn	P	S	Cr	Mo	Ni	Cu	Nb
0.15	0.5	4.8	<0.01	0.002	21.3	0.24	32.3	<0.01	1.4

N08810 与 N08800 试验坡口形式如图 1 所示。焊前对坡口两侧各 25mm 进行

丙酮清洗去除油污，焊接过程中道间温度控制 100℃以内，每道焊后采用接触式测温枪进行测温，正面焊后，背面砂轮打磨清根，清根后用渗透探伤法（PT）检测，检测合格后再进行背面焊接，焊接参数见表 5。

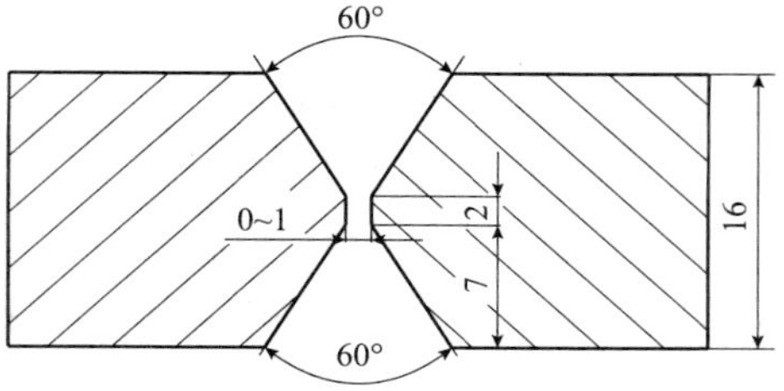

图 1　坡口形式

表 5　焊接参数

焊接方法	焊材	规格 /mm	焊接电流 /A	电压 /V	焊接速度 /(cm · min^{-1})
SMAW	UTP 2133Mn	Φ4.0	140	26	15~18

试板焊接后按照 NB/T47013《承压设备无损检测》进行 100%PT- Ⅰ级与 100%RT- Ⅱ级检测，检测合格后进行后续实验。

3　热处理方案

ASME VIII-1 UNF-56 规定当设计温度超过 538℃时，采用 N08800 和 N08810 制造的压力容器，焊接接头须进行不低于 885℃的消除应力热处理；用于高温工况下的 N08800、N08810 材料，为保证在材料在 550~750℃高温下具有良好抗应力松驰性能，焊后须对接头进行 980℃/3h 的稳定化处理[6]；为研究稳定化热处理状态对接头耐腐蚀性能的影响，试板 SY-2，SY-4 采用电炉进行了稳定化热处理，热处理时每个试板布置 2 支热电偶，具体热处理工艺如图 2 所示。

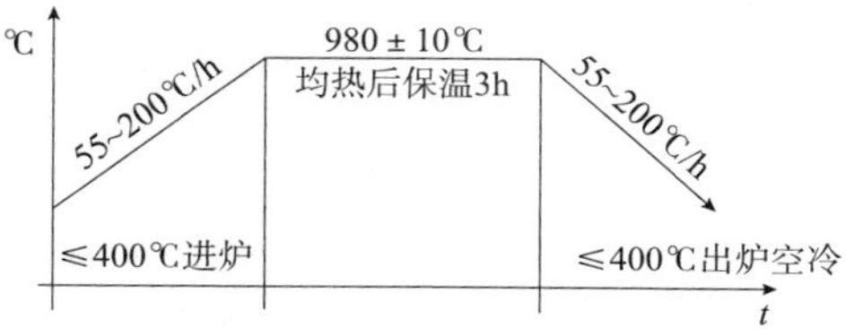

图 2　SY-2、SY-4 试板稳定化热处理工艺

4　腐蚀试验

4.1　试验过程及结果

对试板 SY-1~SY-4 加工晶间腐蚀试样，试样尺寸为 30mm（长）×25mm

（宽）×4mm（厚度），试验加工后在金相抛光机上进行 120# 粗糙度抛光，采用丙酮对其脱脂处理并烘干。试验前对试样采用游标卡尺精确测量，试样尺寸测量应包括边缘、空洞的内外表面和总的计算的暴露面。将试样在天平上称重，天平精度精确到 0.001g，记录每个试样的重量。按 ASTM G28《锻制高镍铬轴承合金晶间腐蚀敏感性检测的标准试验方法》A 法的腐蚀液为硫酸 – 硫酸铁溶液，腐蚀时间为 120h，试样腐蚀后，在水中和丙酮中冲洗然后烘干，在天平称重，并根据公式（1）计算腐蚀速率，结果见表 6。

$$腐蚀速率 = (K \times W) / (A \times T \times D) \quad (1)$$

式中，K 为腐蚀速率常数，8.76×10^4；T 为腐蚀时间，h；A 为面积，cm^2；W 为（腐蚀前质量 – 腐蚀后质量），质量损失，g；D 为密度，$8.03g/cm^3$。

表 6　腐蚀试验数据

试样编号	材料及规格	热处理类型	试样尺寸 /mm	试样腐蚀前称重 /g	试样腐蚀后称重 /g	腐蚀速率 /（$mm \cdot y^{-1}$）
SY–1	N08810，16mm	无	29.11 × 24.65 × 3.57	19.865	19.1533	3.57
SY–2	N08810，16mm	980℃/3h	29.13 × 24.57 × 3.66	20.3954	8.3797	60.09
SY–3	N08810，16mm	无	29.12 × 24.62 × 3.92	22.2866	22.2653	0.23
SY–4	N08810，16mm	980℃/3h	29.11 × 24.65 × 3.94	22.4242	22.1172	1.5

4.2　腐蚀后试样外观

腐蚀后试样照片如图 3~ 图 6 所示，粗晶的 N08810 试样 SY–1 在焊态下腐蚀率较低，仅在熔合线上有腐蚀现象；SY–2 试样进行 980℃稳定化热处理后，母材基本被完全腐蚀掉，而焊缝相对完好；SY–3 为细晶的 N08800，焊态下焊缝及母材基本无腐蚀；SY–4 与 SY–2 进行了同炉的稳定化热处理，但细晶粒的 SY–4 与粗晶粒的 SY–2 相比，腐蚀率大大降低。

图 3　SY–1 腐蚀后

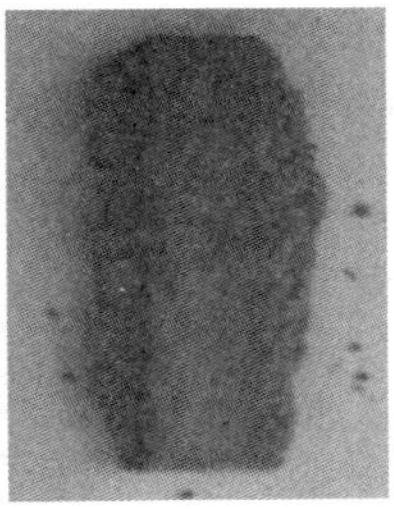

图 4　SY–2 腐蚀后

图 5　SY–3 腐蚀后

图 6 SY–4 腐蚀后

5 试验结果分析

5.1 微观金相及结果分析

针对腐蚀后的试样，对焊态和稳定化热处理后的焊接接头中母材、焊缝及热影响区进行了微观金相分析，如图 7~ 图 10 所示。

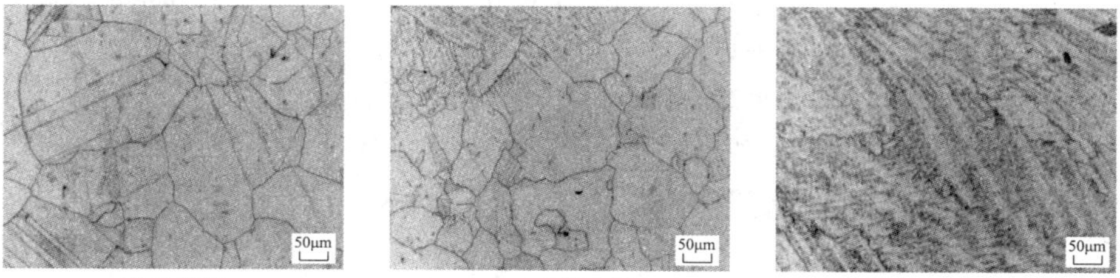

SY-1 母材　SY-1 热影响区　SY-1 焊缝

图 7　SY–1 焊接接头微观组织

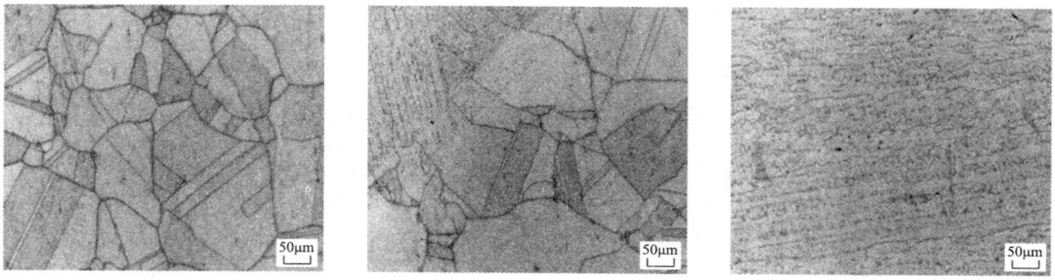

SY-2 母材　SY-2 热影响区　SY-2 焊缝

图 8　SY–2 焊接接头微观组织

SY-3 母材　SY-3 热影响区　SY-3 焊缝

图 9　SY–3 焊接接头微观组织

SY-4 母材　SY-4 热影响区　SY-4 焊缝

图 10　SY–4 焊接接头微观组织

根据图 7，图 8 微观组织进行对比可看出，当接头进行 980℃热处理时，在母材、热影响区的晶界产生了大量的析出物，析出物在晶界结合或块状的、不连续的颗粒。这些析出物主要是 $M_{23}C_6$ 和 TiC 及金属间化合物 Ni3（Al，Ti）。已有试验结果表明 Incoloy 800 合金在 593-816℃之间受热将出现晶间腐蚀，对含 0.04%C 的合金试验结果指出，最敏感温度为 650℃。Incoloy 800 合金的敏化曲线如图 11[7] 所示，在一定的温度区间 $M_{23}C_6$ 在晶界析出，尽管在 850℃附近析出 TiC 沉淀，但不足以解决晶间腐蚀问题。因而 Incoloy 800、800H 合金与其他奥氏体合金相似，当暴露在 540~760℃的某些侵蚀环境中时会有晶间腐蚀倾向。因此当试样 SY-2 进行稳定化热处理时，母材及热影响区的抗晶间腐蚀性能与 SY-1 无热处理的焊态相比会变差。图 5，图 6 的腐蚀试样外观也验证了这一观点。

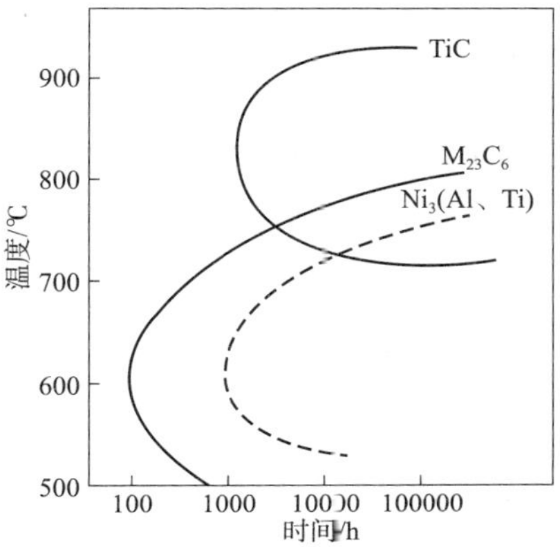

图 11 Incoloy 800 合金碳化物析出 C 曲线[7]

5.2 化学成分对腐蚀性能的影响

镍合金中常温下碳的溶解度很低，合金中几乎所有碳都可能在晶间以碳化物的形式析出，成为产生晶间腐蚀敏感性最重要的因素。镍合金中的硅会促使碳化物和金属间化合物的析出，控制 Si 的含量可减少硅化物从晶界析出[1]，通过添加稳定化元素 Nb 或 Ti 可控制碳化物在晶界析出，避免形成 $Cr_{23}C_6$。Al，Ti 使蠕变强度得到改善，促进了 Ni_3（AL，Ti）相的沉淀。从试验用原材料 SY-1、SY-2 采用的 N08810 与 SY-3、SY-4 采用的 N08800 的组织成分对比可看出，SY-1、SY-2 中易形成碳化物、硅化物元素的 C，Si 含量高于 SY-3、SY-4，而可降低碳化物生成元素的 Ti、AL 含量低于 SY-3、SY-4，因此在同样的接头状态下，SY-1 的抗晶间腐蚀能力会低于SY-3，SY-2 低于SY-4，腐蚀试验结果也证明了化学成分的影响。

从试样 SY-1~SY-4 的腐蚀试样外观及微观金相可以看出，由于在相同的热处理状态下焊缝晶界间没有明显的碳化物析出，所以焊缝金属几乎不产生腐蚀，抗腐蚀性能明显优于母材及热影响区。对比焊缝与母材的成分可看出，焊缝中含稳定化元素 Nb 的含量远高于母材，可降低碳化物析出倾向；焊缝中含少量的 Mo，Cr 含量高于母材，Cr、Mo 都能提高材料的耐腐蚀性，因此焊缝的抗晶间腐蚀性能明显优于母材及热影响区。至于焊缝中的 Mn，可与 S 形成 MnS，减少晶界 Ni 和 S 生成低熔点共晶物，降低焊缝热裂纹敏感性[8]。

5.3 晶粒度对腐蚀性能的影响

晶粒度大小对材料力学性能、焊接性能及耐蚀性能有明显的影响。晶粒粗大影响材料的焊接性，晶粒度 3 级或更粗易引起焊接热影响区裂纹，且降低热影响区韧性，增加再热裂纹敏感性[9]。当有晶间腐蚀要求时，采用细晶对抗晶间腐蚀性能有利，根据试验结果可看出，焊态或相同热处理状态下不同晶粒度的试样，晶粒度细的材料抗晶间腐蚀性能明显优于粗晶粒材料。

影响 Incoloy 800 合金晶间腐蚀的因素是合金中的碳含量、Ti/C，Ti/(C+N)比值、固溶处理温度和晶粒尺寸等，其根源是由于 $Cr_{23}C_6$ 在中温析出所引起的贫 Cr 所致。尽管此类合金在 850℃附件析出 TiC 沉淀，但不足以解决晶间腐蚀问题。从图 12 碳含量和 Ti/C 比对晶间腐蚀的影响及图 13 碳含量、固溶温度、稳定化度、晶粒尺寸对晶间腐蚀的影响可看出：降低合金中的碳含量，提高合金中的稳定化程度即提高 Ti/C，控制固溶处理温度和采用细化晶粒尺寸等措施，可有效降低 800 系合金的晶间腐蚀敏感性[9]。

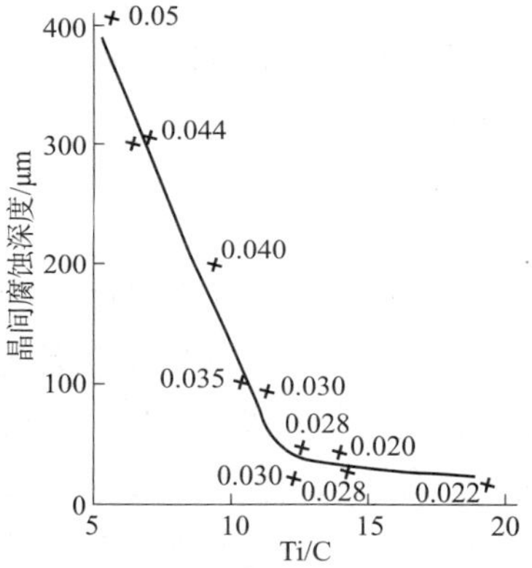

图 12 Ti/C 比对晶间腐蚀的影响[1]

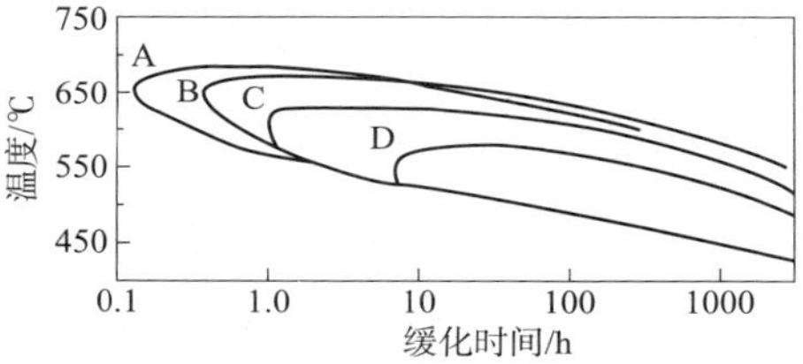

C含量：A为0.036%，B为0.036%，C为0.026%，D为0.015%；
固溶温度：A为 I150℃，B为980℃；
稳定化度：B 为Ti/C=11.7，Ti/C+N=7.1，C为Ti/C=15.4，Ti/C+N=9.1；
晶粒度：C为40μm，相当于ASTM6级；D为125μm，相当于ASTM95级

图 13 碳等因素对晶间腐蚀的影响[1]

6 结论

1）对于 800 合金焊接接头进行 980℃较长时间的热处理，在母材和热影响区的晶界产生了大量的析出物，同时由于热处理会导致材料晶粒粗大，因此无论对于粗晶的 N08810 还是细晶的 N08800，热处理态与焊态相比，抗晶间腐蚀性能均变差；

2）控制原材料中 C 含量、Ti/C 比值及 Si 含量，添加一定量的 Nb、Ti、Al，有利于控制碳化物在晶界的析出，从而可提高材料的抗晶间腐蚀性，至于添加元

素的具体控制数据有待进一步试验验证；焊材的选择主要根据所使用的工况来选择合理的焊材，本文采用高 Mn 的 2133Mn 焊材与母材相比，具有明显的抗晶间腐蚀能力。

3）针对不同晶粒度对接头腐蚀性能的影响，通过试验证明，相同的焊接接头在相同的热处理状态或焊态下，采用细晶粒度的 800 合金抗晶间腐蚀性能优于粗晶粒度的 800 合金。从本文的文献资料中也验证了对于有晶间腐蚀要求的场合下，优先选用细晶粒度的原材料。

参 考 文 献

［1］全国锅炉压力容器标准化技术委员会 .JB/T 4756—2006：镍及镍合金制压力容器标准释义［S］. 北京：新华出版社，2006：138-250.

［2］The American Society of Mechanical Engineers.II Materials Part B，Nonferrous Material Specifications：SB-409 ［S］.New York：ASME Boiler and Pressure Vessel Committee on Materials，2019：574-578.

［3］VDM Alloy 800，Material Data Sheet No.4028［R］. 2017.

［4］VDM Alloy 800H/800HP，Material Data Sheet No.4129［R］. 2016.

［5］ASTM International.Standard Test Methods of Detecting Susceptibility to Intergranular Corrosion in Wrought，Nickel-Rich，Chromium-Bearing Alloys：G28-02［S］. US：2002.

［6］AMERICAN PETROLEUM INSTITUTE.Materials. Fabrication，and Repair Considerations for Hydrogen Reformer Furnace Outlet Pigtails and Manifolds, API TECHNICAL REPORT 942-A［S］. US：2014.

［7］康喜范 . 镍及其耐蚀合金［M］. 北京：冶金工业出版社，2016：352-370.

［8］DuPont J N，Lippold J C，Kiser S D. 吴祖乾等译 . 镍基合金焊接冶金和焊接性［M］. 上海：上海科学技术文献出版社，2014：14-156.

［9］Special Metals INCONEL alloy 800，800H，800HT，Publication Number SMC-047［R］. 2004.

［10］陆世英 . 超级不锈钢和高镍耐蚀合金［M］. 北京：化学工业出版社，2012：229-252.

碳钢在模拟导热油腐蚀介质中的腐蚀行为对比研究

靳博宇[1, 2, 3]，代　强[1, 3]，蒋丽娜[1, 3]，金　栋[1, 3]，柳　旺[1, 3]，赵　博[1, 3]

（1. 中特检验集团有限公司，北京　100029；2. 中国石油大学（北京），北京　102249；
3. 中国特种设备检测研究院，北京　100029）

摘要：由于联苯－联苯醚导热油生产工艺不同会导致产生不同的副产物氯化物或苯酚，副产物氯化物或苯酚会对生产设备造成不同程度的腐蚀。本文主要采用浸泡实验和电化学极化测试探讨 20# 碳钢在 0.092g/L 盐酸溶液和 90%（质量浓度）苯酚水溶液两种模拟腐蚀溶液中的腐蚀行为，为导热油实际工业化生产的工艺控制与选择提供技术依据。实验结果表明：20# 碳钢在 85℃ 90%（质量浓度）苯酚水溶液的腐蚀性比在 85℃ 0.092g/L 稀盐酸溶液中的腐蚀性更弱，且 20# 碳钢在 85℃ 0.092g/L 稀盐酸溶液中的腐蚀速率约为 20# 碳钢在 85℃ 90%（质量浓度）苯酚水溶液中腐蚀速率的 12 倍。

关键词：苯酚；腐蚀失重；腐蚀形貌；电化学

Comparative study on corrosion behavior of carbon steel in simulated thermal oil corrosion medium

Jin Boyu[1, 2, 3]，*Dai Qiang*[1, 3]，*Jiang Li'na*[1, 3]，*Jin Dong*[1, 3]，*Liu Wang*[1, 3]，*ZhaoBo*[1, 3]

（1. China University of Petroleum（Beijing），Beijing 102249，China；
2. China Special Equipment Inspection and Research Institute（CSEI），Beijing 100029，China；
3.China Special Equipment Testing and Research Institute，Beijing 100029，China）

Abstract：Due to the different production processes of biphenyl－diphenyl ether thermal conductivity oil，different by-products chloride or phenol will be produced，which will cause different degrees of corrosion to production equipment. In this paper，the corrosion behavior of 20# carbon steel in

［**作者简介**］靳博宇（1998—），硕士，腐蚀与防护。E-mail：3454934571@qq.com。

0.092g/L hydrochloric acid solution and 90% （mass concentration） phenol solution was studied by immersion experiment and electrochemical polarization test, which provided technical basis for the process control and selection of the actual industrial production of thermal oil. The results show that: Corrosion of 20# carbon steel in 90%（mass concentration） phenol solution at 85℃ is less corrosive than that in 0.092g/L dilute hydrochloric acid solution at 85℃. The corrosion rate of 20# carbon steel at 85℃ 0.092g/L hydrochloric acid solution is about 12 times that of 20# carbon steel at 85℃ 90% phenol solution （mass concentration）.

Key words: phenol; corrosion weight loss; corrosion morphology; electrochemistry

0 前言

在石油化工行业中，导热油是比较常见且重要的一种辅助材料，用于填充在加热系统中的一种热载体有机介质[1]。目前广泛应用于合成纤维、医学、农药、石油添加剂、涂料加工、塑料制品及合成橡胶等领域[2]。其中联苯－联苯醚混合物导热油是工业中最早开始应用的一种合成导热油，由 26.5% 的联苯和 73.5% 的联苯醚混合组成。由于联苯－联苯醚导热油不符合环保标准具有致癌性等缺点，取消使用的观点较多，但联苯－联苯醚导热油优良的性能使其在工业领域仍然广泛使用，例如它的热稳定性是诸多导热油介质中最好的且使用寿命长[3-5]。

在工业应用中普遍采用的联苯生产工艺是苯高温脱氢产生联苯。目前使用最多的方法为管式法，把苯蒸汽通过热管道时会导致氢原子的脱离，使得两个苯分子结合产生联苯[6]。而目前联苯醚的生产工艺主要分为两种，第一种工艺是在生产时不涉及任何含有氯的有机化合物，仅通过苯酚在催化剂上反应生成联苯醚，这种方法得到的联苯醚的纯度比较高。第二种生产工艺采用的是苯酚和氯化苯反应制备得到联苯醚，这种方法在制备联苯醚的过程中会使成品中含有一定量的含氯化合物，因此在实际工业生产中应用该工艺制备联苯醚时需要采用特别的提纯工艺分离杂质[7]。

综上所述，联苯－联苯醚混合物导热油的副产物与联苯醚的生产工艺是相关的，本文为了探讨两种不同的联苯醚生产工艺生产时所产生的副产物盐酸或苯酚是否都具有很强的腐蚀性。采用 20# 碳钢材料对 85℃环境下 90% 苯酚水溶液和 0.092g/L 盐酸溶液两种模拟溶液的腐蚀性做对比。通过腐蚀失重、表面形貌观察和电化学极化实验结果来探究两种腐蚀介质腐蚀性的差异，为导热油实际工业化生产的工艺控制与选择提供技术依据。

1 试验方法

1.1 材料准备

实验材料为20#碳钢。试样采用线切割方法制备。20#碳钢化学成分见表1。

表1 20#碳钢化学成分（质量分数） %

牌号	C	Si	Mn	Cr	P、S	Cu	Ni
20#	0.17–0.24	0.17–0.37	0.35–0.65	≤0.25	≤0.035	≤0.25	≤0.25

模拟溶液制备：

① 90%苯酚水溶液：90%苯酚水溶液是苯酚为腐蚀介质时的最大腐蚀浓度[8]。

② 0.092g/L盐酸：通过有机热载体酸值测定实验测得导热油中酸值为0.1424mgKOH，经计算得到稀盐酸浓度。

1.2 浸泡实验

浸泡实验参照实验标准JB/T 7901—2023《金属材料实验室均匀腐蚀全浸试验方法》进行试验，所有试样尺寸均为25mm × 50mm × 2mm。试验条件见表2。试验前将上述尺寸的12组碳钢试样在400#、600#、800#、1200#、1500#的砂纸下进行打磨，试验环境温度选择为85℃，在每种溶液中的浸泡时间选择72h和144h两种，除锈选择50%的阻化盐酸，每一数据点选择3组平行试样求平均失重。

表2 试验条件

试样	浸泡时间 /h	溶液	试样数量
20#	72	90%苯酚水溶液	3
20#	72	0.092g/L盐酸	3
20#	144	90%苯酚水溶液	3
20#	144	0.092g/L盐酸	3

1.3 表面形貌及成分分析

表面形貌仅选择在85℃下的两种模拟溶液中连续浸泡144h后的试样，采用除锈剂将表面腐蚀产物冲洗干净，进行表面形貌观察。

宏观形貌观察使用Canon EOS 90D相机拍摄，微观形貌观察采用日立S–3400N扫描电子显微镜，对比20#碳钢在85℃ 0.092g/L盐酸溶液中和85℃ 90%苯酚水溶液中的腐蚀情况。

成分分析采用日本 Rigaku SmartLab SE X 射线衍射仪进行分析。

1.4 电化学实验

试验前将 20# 碳钢试样采用线切割进行制备，试样尺寸为 10mm × 10 × 2mm。采用环氧树脂对试样封装，用 400#、600#、800#、1400# 砂纸以次其打磨。将模拟溶液放置在保温水浴锅中进行保温，打磨后试样放置在保温模拟溶液中进行电化学实验。

电化学测试仪器采用 Gamry Reference 600 电化学工作站。电化学测试时采用三电极体系，实验材料 20# 碳钢为工作电极、参比电极为饱和甘汞电极，辅助电极为铂片，电化学测试水浴锅温度选取恒温 50℃。

2 试验结果

2.1 浸泡实验结果

图 1 为 20# 碳钢在 85℃下 0.092g/L 盐酸溶液及 90% 苯酚水溶液中连续浸泡 72h 及 144h 后腐蚀速率对比结果。

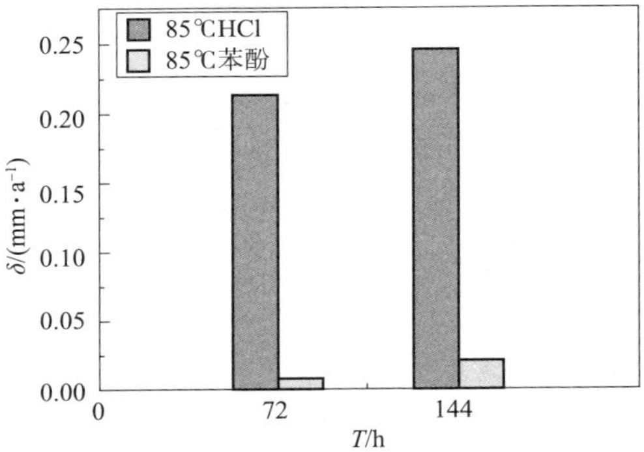

图 1　碳钢在 85℃稀盐酸和苯酚水溶液中的腐蚀速率对比

通过图 1 可以发现，碳钢在苯酚水溶液中的腐蚀速率低于在低浓度稀盐酸中的腐蚀速率。碳钢在 85℃稀盐酸溶液中连续浸泡 72h 后，腐蚀速率快速增加最高达到 0.21mm/a，连续浸泡 144h 的试样取出后经计算腐蚀速率为 0.24mm/a，由此表明碳钢在稀盐酸溶液中浸泡 72h 后腐蚀速率增加变缓，反应开始趋于稳定。

碳钢在 90% 苯酚水溶液中的腐蚀速率变化并不明显，浸泡 72h 的试样腐蚀速率为 0.008mm/a，连续浸泡 144h 的试样取出后经计算腐蚀速率为 0.02mm/a。通过 20# 碳钢在稀盐酸溶液中的腐蚀速率与在苯酚水溶液中的腐蚀速率相比，前者约为后者的 12 倍。因此通过浸泡实验结果可以表明 85℃下苯酚水溶液的腐蚀性比稀盐酸溶液的腐蚀性更弱。

2.2 表面形貌及成分分析对比

2.2.1 表面形貌

图 2 为 20# 碳钢材料在 85℃下 0.092g/L 盐酸和 90% 苯酚水溶液中浸泡后的腐蚀宏观形貌图。由图 2 可以发现，碳钢在苯酚水溶液中的腐蚀较为均匀，表面腐蚀轻微，腐蚀产物呈现出浅褐色，未发现明显的腐蚀坑。而碳钢在稀盐酸溶液中浸泡相同时间后表面出现明显的局部腐蚀及点蚀坑，腐蚀产物部分区域呈现出深黑色，与碳钢在苯酚水溶液中的腐蚀相比，其表面腐蚀情况更为严重。

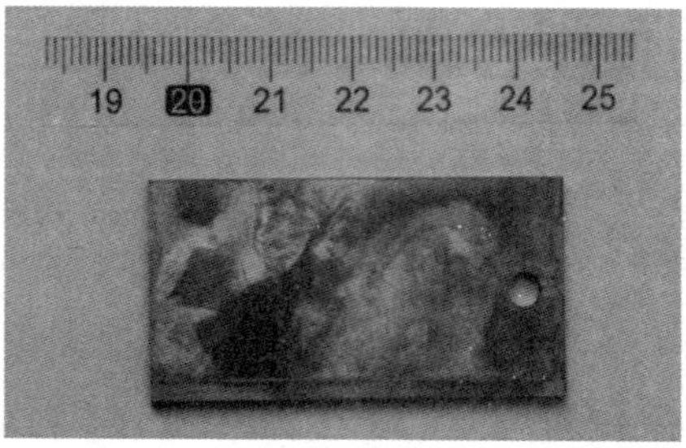

(a)碳钢在稀盐酸溶液中浸泡后

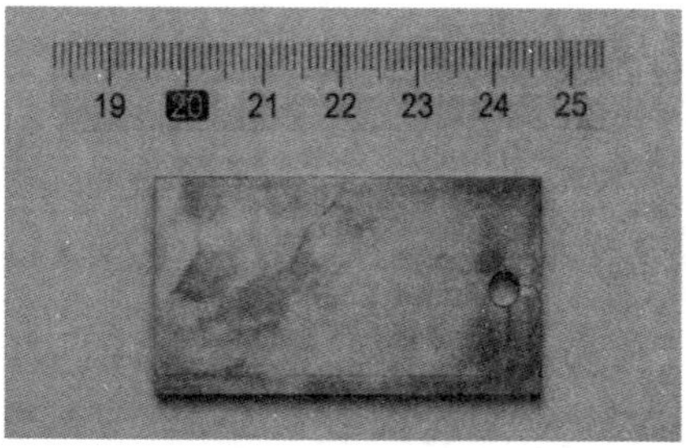

(b)在稀盐酸溶液中浸泡后除锈

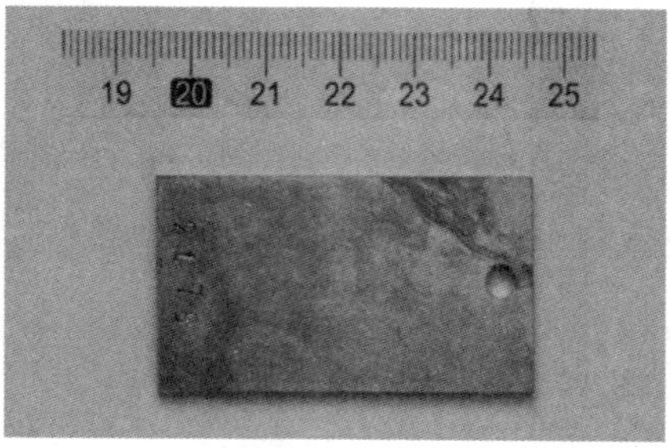

(c)碳钢在苯酚水溶 液中浸泡后

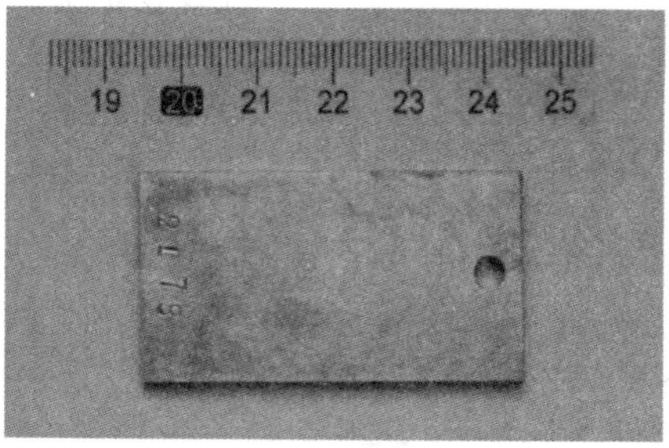

(d)苯酚水溶液中浸泡后除锈

图 2　85℃下 20# 碳钢材料在稀盐酸和苯酚水溶液中的腐蚀宏观形貌

图 3 为 20# 碳钢材料在 85℃下 0.092g/L 盐酸溶液和 90% 苯酚水溶液中浸泡后 SEM。通过腐蚀失重的实验结果和图 3 的 SEM 结果可以发现，两者与图 2 的宏观拍摄结论相符合。

由图 3 的腐蚀微观形貌对比图可以发现，碳钢在稀盐酸溶液中腐蚀后表面直径为 5μm 左右的点蚀坑数量较多，而碳钢在苯酚水溶液中浸泡后在 1000 倍显微镜拍摄下，仍呈现出轻微的腐蚀痕迹且形貌腐蚀均匀，与稀盐酸溶液中的碳钢试样表现出明显的差别。因此经过宏观和微观形貌对比可以表明，高温下的苯酚水溶液的腐蚀性较弱。

(a)碳钢在苯酚水溶液中浸泡后不同倍数SEM

(b)碳钢在稀盐酸溶液中浸泡后不同倍数SEM

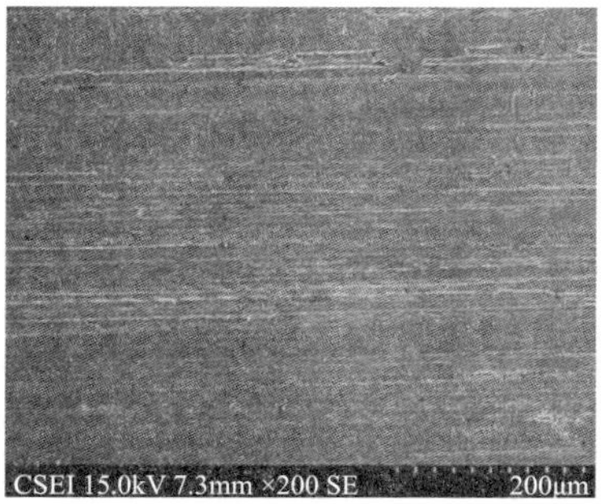

(c)碳钢在苯酚水溶液中浸泡后不同倍数SEM

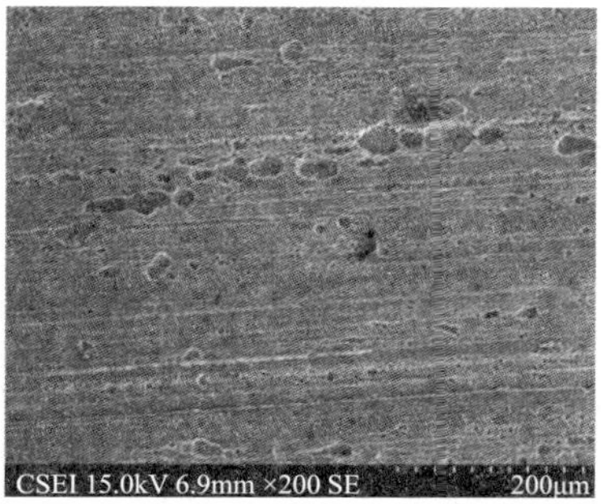

(d)碳钢在稀盐酸溶液中浸泡后不同倍数SEM

(e)碳钢在苯酚水溶液中浸泡后不同倍数SEM

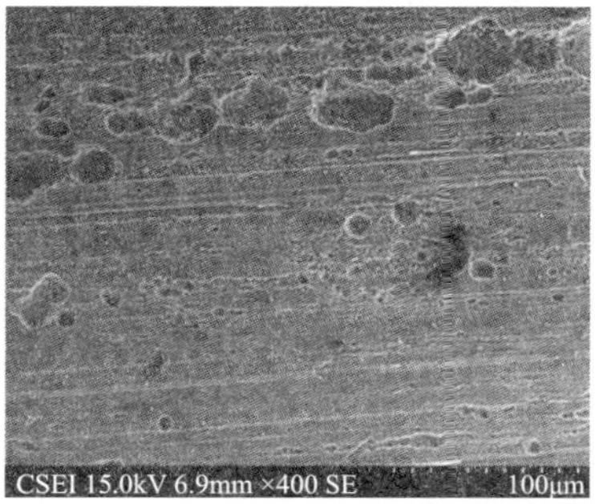

(f)碳钢在稀盐酸溶液中浸泡后不同倍数SEM

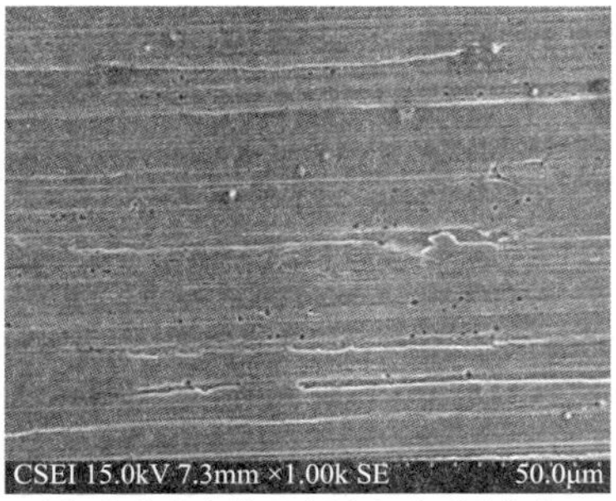

(g)碳钢在苯酚水溶液中浸泡后不同倍数SEM

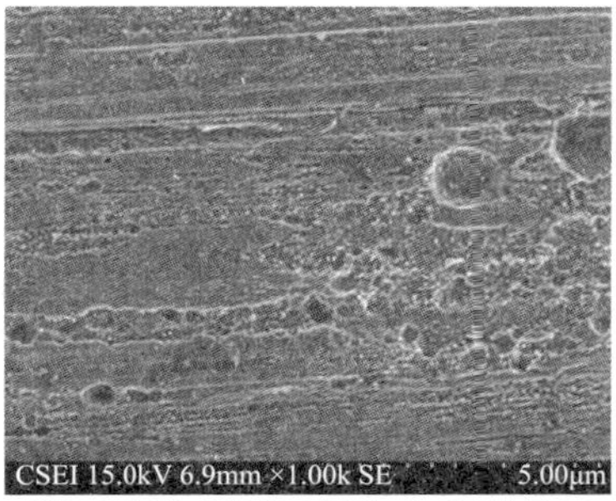

(h)碳钢在稀盐酸溶液中浸泡后不同倍数SEM

图 3　85℃下 20# 碳钢材料在稀盐酸和苯酚水溶液中的腐蚀微观形貌

2.2.2 成分分析

图 4 为 20# 碳钢材料在 85℃下 0.092g/L 盐酸溶液和 90% 苯酚水溶液中浸泡后 XRD 图谱。通过对浸泡后的腐蚀产物进行 XRD 分析，发现在 85℃稀盐酸溶液中浸泡后的表面腐蚀产物可能为 Fe_3O_4。而碳钢在苯酚水溶液中浸泡后腐蚀轻微，未检测到腐蚀产物。

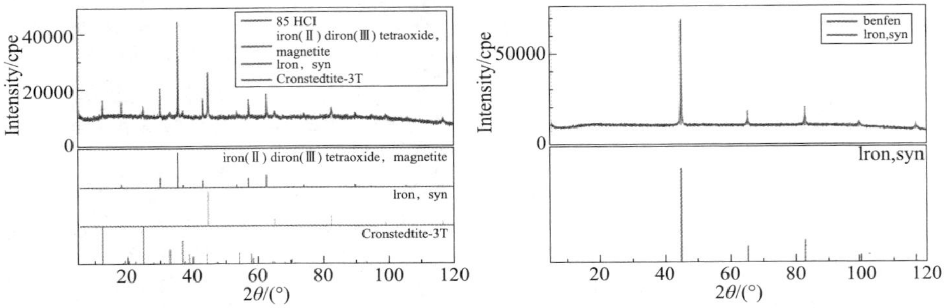

图 4　20# 碳钢在 85℃稀盐酸溶液中和苯酚水溶液中浸泡后 XRD

2.3 电化学极化测试结果

图 5 为 20# 碳钢材料在保温 50℃模拟溶液中测得的极化曲线，通过电化学极化测试对比 20# 碳钢在两种模拟溶液中的腐蚀行为。

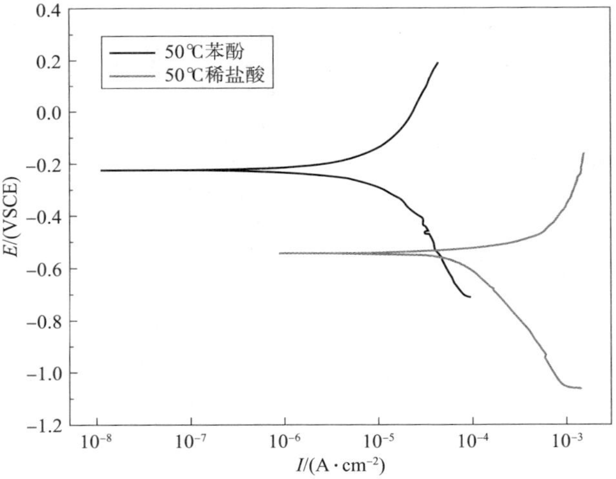

图 5　20# 碳钢在苯酚水溶液和稀盐酸中的极化曲线对比

从图 5 中的电化学极化曲线对比图看出，碳钢在 50℃下苯酚水溶液中的电位约为 −0.22V，而碳钢在 50℃下稀盐酸溶液中的电位约为 −0.54V。通过对比发现碳钢在 0.092g/L 盐酸溶液中的电化学活性要高于在 90% 苯酚水溶液中的电化学活性。

表 3　20# 碳钢在两种不同溶液中的极化曲线 Tafel 拟合数据

溶液	电位 /V	电流密度 /（$A\cdot cm^{-2}$）
90% 苯酚水溶液	−0.22	3.8524E−06
0.092g/L 盐酸溶液	−0.54	3.9029E−05

对两个极化曲线进行 Tafel 拟合分别得到两种条件下的腐蚀电流密度，通过表 3 看出：碳钢在苯酚水溶液中的电流密度小于在稀盐酸中的腐蚀电流密度，说明苯酚水溶液的腐蚀性低于稀盐酸溶液的腐蚀性。电化学测试实验结果与浸泡实验表观形貌分析结果一致，验证了高温下的高浓度苯酚水溶液中的腐蚀性比低浓度盐酸溶液的腐蚀性更弱。

3　分析与讨论

通过实验结果发现：20# 碳钢在低浓度稀盐酸中的腐蚀相比于在 90% 的苯酚水溶液中腐蚀较严重。

90% 的苯酚水溶液在高温下会促进苯酚的电离。与低温下相比，电离出的氢离子会加快材料的腐蚀，促进电化学反应的进行。高温下 90% 苯酚水溶液中，苯酚电离促进氢离子浓度增加的反应方程式[9]如下：

$$C_6H_5OH \longleftrightarrow C_6H_5O^- + H^+$$

与碳钢在稀盐酸溶液中的反应相比，苯酚水溶液电离出的氢离子的浓度仍低于低浓度的稀盐酸中的氢离子浓度。而且苯酚水溶液属于弱酸性，酸性介于碳酸两级电离之间，单一的氢离子无法造成严重的腐蚀破坏，其腐蚀性是有限的。

碳钢在稀盐酸溶液中的腐蚀速率是较快的且碳钢不耐盐酸腐蚀，尤其是高温下加快了电子的传输速率。这是因为低温下稀盐酸中溶解的氧比起氢离子更容易还原，而随着环境温度升高，溶解的氧含量迅速降低加快了氢离子的还原，使得碳钢的腐蚀速率更快。

碳钢在 90% 苯酚水溶液和稀盐酸溶液中阳极反应为 Fe 的溶解，阴极为析氢腐蚀，其反应方程如下：

阳极反应：

$$Fe - 2e^- \longrightarrow Fe^{2+}$$

阴极反应：

$$2H^+ + 2e^- \longrightarrow H_2$$

研究结果表明，高温下的 90% 苯酚水溶液腐蚀性很弱，最高浓度的苯酚水溶液的腐蚀性低于低浓度稀盐酸的腐蚀性。通过浸泡 144h 的腐蚀失重速率及电化学电流密度结果的对比可以发现20#碳钢在两种模拟溶液中腐蚀程度不同。

4 结论

1）结合浸泡实验、宏微观形貌和电化学实验对比，20#碳钢在85℃ 90%（质量浓度）苯酚水溶液中的腐蚀性比在0.092g/L盐酸溶液中腐蚀性更弱。20#碳钢在85℃ 0.092g/L盐酸溶液中的腐蚀速率约为90%（质量浓度）苯酚水溶液中的12倍。

2）由于联苯醚生产工艺的不同，生成的副产物氯化物或苯酚对联苯醚储罐的腐蚀性也不同，需要结合工程实际情况，选择适宜的储罐材料。

致谢：本文由国家“科技助力经济2020”重点专项项目（SQ2020YFF0426565）资助。

参考文献

[1] 刘红霞.导热油作为热媒在加热系统中的应用[J].江汉石油职工大学学报，2013，26（04）：51-53.

[2] 王建东，魏传良，万涛.L-QD330合成高温导热油的开发与应用［J］.石油商技，2011，29（04）：48-51.

[3] 赵玉贞，赵小艳.合成导热油的发展及应用［J］.合成润滑材料，2010，37（04）：19-22.

[4] 李屹欣.高温合成导热油的现状及方法研究［J］.化工管理，2014，No.351（29）：33.

[5] 李鹏，魏朝良，张东恒，等.高温导热油发展概述［J］.润滑油，2016，31（04）：1-5.

[6] Dowtherm A. Heat transfer fluid［J］. Product technical data，1997.

[7] Lang C，Lee B. Heat transfer fluid life time analysis of diphenyl oxide/biphenyl grades for concentrated solar power plants［J］. Energy Procedia，2015，69：672-680.

[8] 于宇新，赵博，徐彤，等.苯酚对典型承压装置材料的腐蚀行为研究[J].中国特种设备安全，2019，35（04）：28-33.

[9] 郭圣昊，吴兆亮，刘伟，等.泡沫分离法富集水溶液中苯酚工艺的响应面优化［J］.河北工业大学学报，2016，45（03）：64-69.

第四部分

材料、焊接和热处理研究

低合金钢焊缝强韧性匹配理论研究介绍

戈兆文

（合肥通用机械研究院，安徽　合肥　230000）

摘要： 本文介绍了清华大学焊接教研组陈伯蠡等著《高强钢焊缝强韧性匹配理论研究》的主要内容和观点，尽管年代久远，但仍具现实指导意义。低合金钢热影响区不同微区的强度、延性和韧性都存在一定的变化趋势。通过对70~80kg级和50kg级钢材及焊接材料基础性能的介绍，以及母材与各种强度级别焊条熔敷金属在室温至－100℃的试验温度范围的变化规律，对焊缝金属高强匹配、等强匹配和低强匹配的比较，认为按等强原则选择匹配的焊接材料是合理的。焊接材料的选择不仅要保证焊缝具有适宜的强度，更要保证焊缝具有足够高的塑性和韧性，必须控制焊缝的强韧性匹配。

关键词： 焊接接头，强韧性，焊材匹配

Theoretical study on strength and toughness matching of low alloy steel welds

Ge Zhaowen

（Hefei General Machinery Research Institute，Hefei Anhui 230000，China）

Abstract： This paper introduces the main contents and viewpoints of the Research on the theory of strength and toughness matching of high-strength steel welds written by Chen Boli from the welding Teaching and Research Group of Tsinghua University. Although it is very old, it still has practical guiding significance. The strength, ductility and toughness of different microzones in the heat affected zone of low alloy steel have a certain variation trend. Based on the introduction of the basic properties of 70–80kg and 50kg grade steel and welding materials, as well as the changes of base metal and various strength levels of welding electrode deposited metal in the test temperature range from room temperature to －100℃，the comparison of high strength matching, equal strength matching and low strength matching of weld metal is concluded that it is reasonable to select matching welding materials according to the principle of equal strength. The selection of welding materials should not only ensure that the weld has appropriate strength, but also ensure that the weld has high enough plasticity and toughness, and the strength and toughness matching of the weld must be controlled.

Key words：welded joint；strength and toughness；welding material matching

0 前言

防止产生断裂，历来都是承压设备的核心议题，而焊缝强韧性匹配则是绕不开的现实。在主流意识中是高强匹配，但系统的试验研究资料少见。究竟是“高强匹配”合理，还是“低强匹配”、“等强匹配”合理？“高强匹配”有无上限？“低强匹配”有无下限？除强度外，焊缝韧塑性起什么作用？这些疑问都需要有科学试验研究来回答。

清华大学焊接教研组陈伯蠡等著《高强钢焊缝强韧性匹配理论研究》早已问世，其研究结果改变了常规认知，至今仍有引领和指导意义，笔者极力推荐介绍，与同行共享。

1 钢焊缝强韧性匹配中的重要概念

1.1 低合金钢焊接接头的性能

低合金钢焊接接头是由各不相同化学成分、金相组织和性能各不均质的母材、热影响区、熔合区、焊缝区所组成。焊接接头的拉伸、延伸冲击等力学性能，并不是各区自我单独表现，而是各区之间相互影响，互相制约的结果，焊接接头力学不均质性对接头断裂行为有显著影响，如图 1~ 图 3 所示。

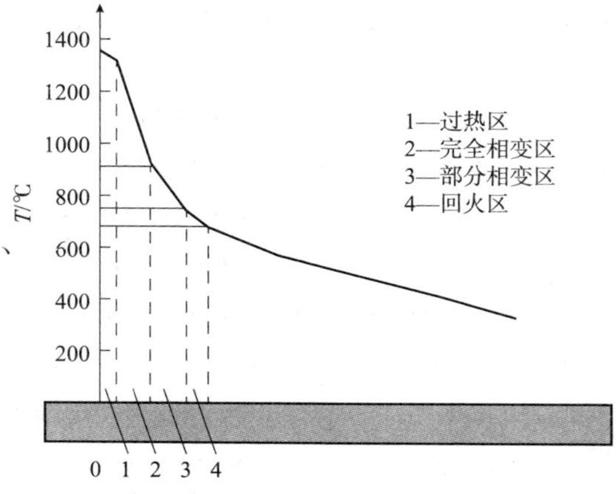

图 1　焊接热影响区的分区示意

注：回火区只存在于 QT 钢或 NT 钢

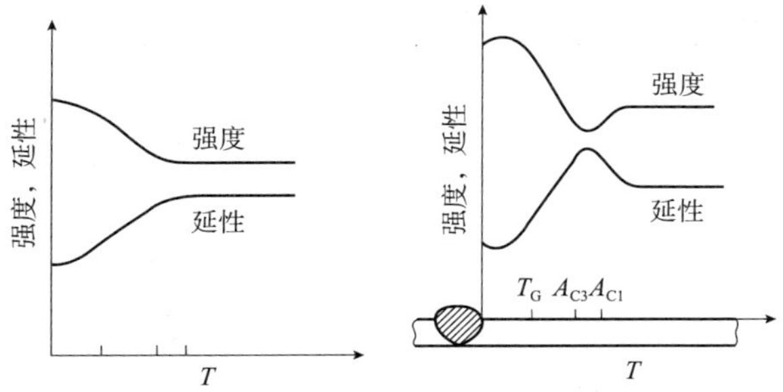

(a)热轧钢 (b)调质钢

图 2 结构钢接头强度与延性

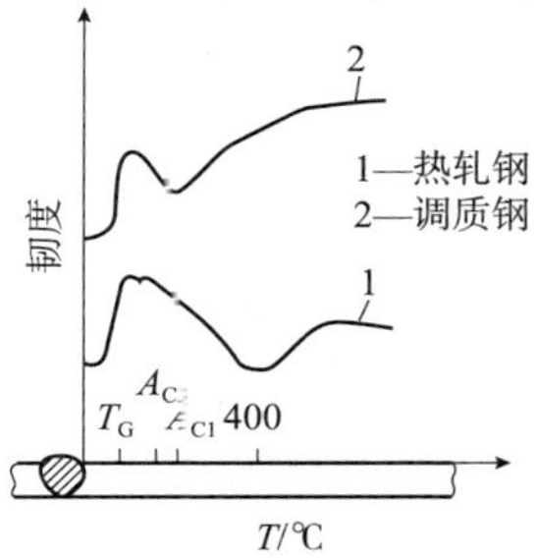

图 3 结构钢接头韧性

1.2 断裂强度 σ_F

带缺口拉伸试样的试验结果称之为断裂强度 σ_F，带缺口拉伸试样如图 4 所示。

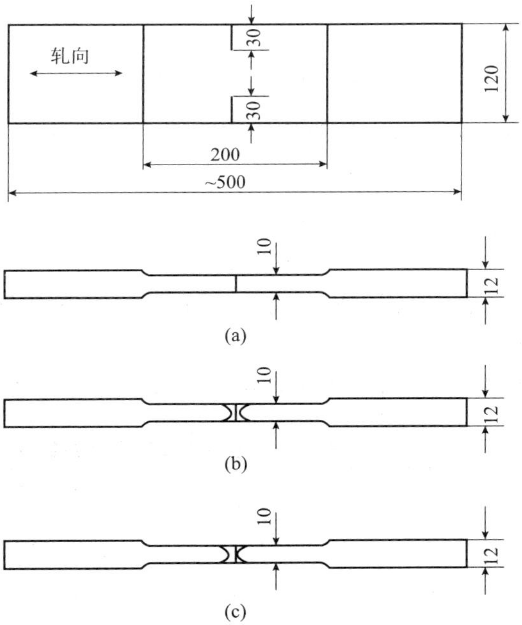

图 4 各类小型深缺口试件的形状与尺寸

1.3 屈强比

屈强比与材料的脆性断裂行为与状态有非常密切的关系。50 公斤级的 16Mn（A）钢与 70 公斤级的 HQ70 钢在不同温度下的屈强比见表 1。

表 1　16Mn（A）、HQ70 钢的屈强比

试验温度 /℃	16Mn	HQ70
17	—	0.87
18	0.61	—
0	—	0.87
–40	0.61	0.88
–70	0.64	—
–75	—	0.86
–100	0.68	0.86
–196	—	0.97

注：16Mn 的强度级别与 Q345 等同，HQ70 为抗拉强度≥680MPa，屈服强度≥590MPa 的结构用钢。

1.4　强度匹配系数 S_r，塑性匹配系数 A_r

为了对比分析焊接接头强度与塑性的特性，采用了强度匹配系数 S_r 和塑性匹配系数 A_r。

$$\begin{cases} S_r=R_m^w/R_m^B \\ A_r=A_r^w/A_r^B \end{cases} \tag{1}$$

式中，R_m^w 为熔敷金属抗拉强度；R_m^B 为母材抗拉强度；A_r^w 为熔敷金属断后伸长率；A_r^B 为母材断后伸长率。

不同强度级别焊条与母材 HQ70 的匹配系数 S_r、A_r 见表 2。

表 2　不同强度级别焊条与母材 HQ70 的匹配系数 S_r、A_r

接头用母材与焊条	S_r	A_r	强度匹配性质	塑性匹配性质
HQ70+J427	0.64	1.18	低强匹配	高塑匹配
HQ70+J507	0.70	1.39	低强匹配	高塑匹配
HQ70+J607	1.01	0.86	等强匹配（名义低强）	低塑匹配
HQ70+J707	1.11	0.85	高强匹配（名义等强）	低塑匹配
HQ70+J807	1.15	0.85	高强匹配	低塑匹配
HQ70+J907	1.59	0.50	高强匹配	低塑匹配

注：HQ70 抗拉强度为 718.1MPa。

从表 2 中匹配系数可以看出，当采用等强匹配时的塑性匹配系数较低。

1.5　焊接接头的转脆温度 T_r

为了评价各种不同匹配焊接接头的抗脆断能力，采用强度匹配系数、塑性匹配系数与断裂强度与温度、σ_F–T 曲线的转脆温度 T_r 来评价。

1）对于高强匹配接头，其断裂强度 σ_F 与母材的屈服强度 σ_b（Rer）相同时的温度；

2）对于低强匹配接头，断裂强度 σ_F 与其对应的焊条熔敷金属屈服强度 σ_s（Rer）相同时的温度。

2　试验用钢材和焊条的基础性能

2.1　16Mn 合金钢与各种强度级别焊条熔敷金属的拉伸试验

16Mn（A）与各种强度级别焊条熔敷金属随温度变化的拉伸强度曲线见图 5，随温度变化的断后伸长率曲线见图 6。

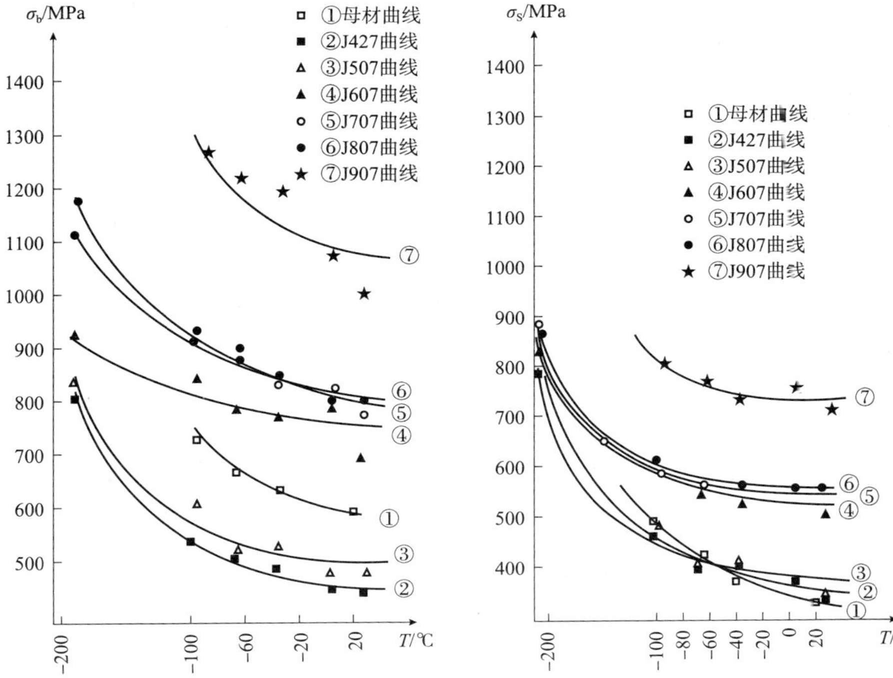

图 5　16Mn（A）钢和各种焊条熔敷金属的 σ_b–T 及 σ_s–T 曲线

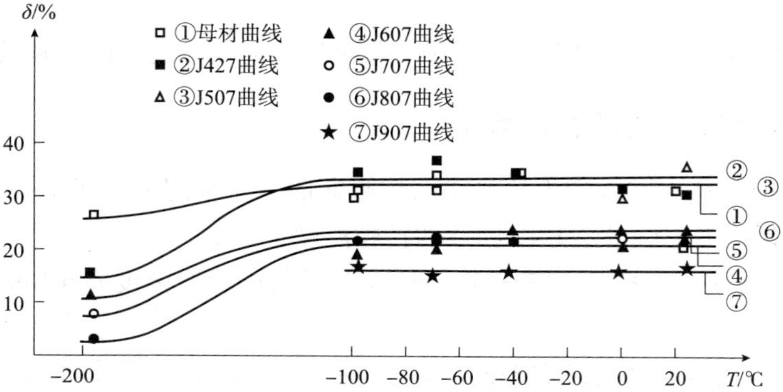

图 6　16Mn（A）钢和各种焊条熔敷金属的 δ–T 延伸率曲线

2.2　HQ70 钢和各种强度级别焊条熔敷金属的拉伸试验

HQ70 钢和各种强度级别焊条熔敷金属随温度变化的拉伸强度曲线见图 7，断后伸长率曲线图 8，冲击试验曲线见图 9。

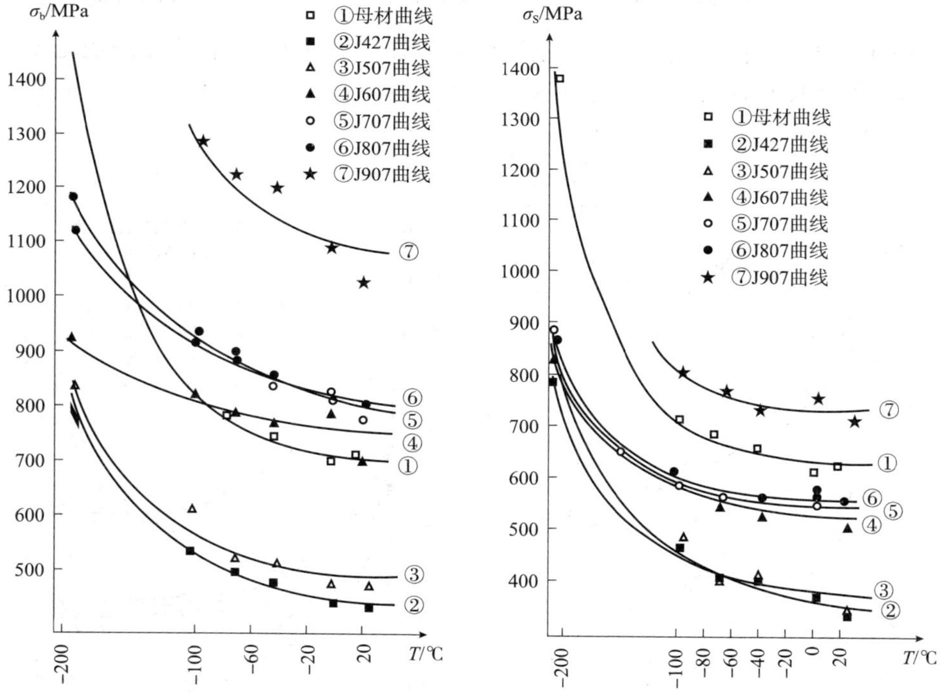

图 7　HQ70 钢和各种焊条熔敷金属的 σ_b–T 及 σ_s–T 曲线

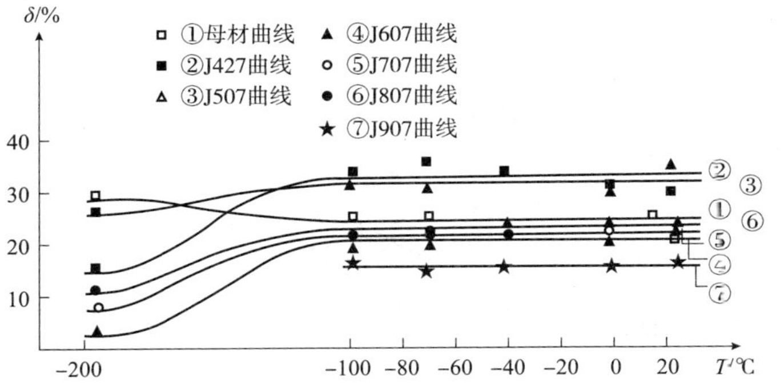

图 8　HQ70 钢和各种焊条熔敷金属的 δ–T 延伸率曲线

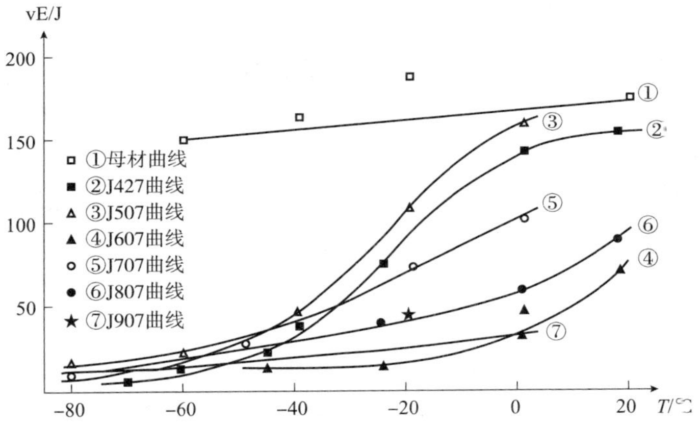

图 9　HQ70 钢材和各种强度级别的熔敷金属的 VE–T 冲击试验曲线

比较各种强度级别焊条熔敷金属的强度（σ_b 和 σ_s）都大于其规定的名义强度最低值，其中 J607、J707 和 J907 三种焊条熔敷金属的强度比规定的名义强度最低值高出很多。

各种焊条熔敷金属的塑性在室温至 -100℃的试验温度范围内，几乎不随温度的改变而变化，J427、J507 的塑性最好，J607、J707、J807 次之，J907 最低。

3　焊接接头等强匹配的设计原则

3.1　70-80 公斤级强度钢焊接接头按实际等强原则设计

3.1.1　深缺口拉伸试样所得到的各组试件的断裂强度 σ_F 与温度 T 的关系曲线见图 10。

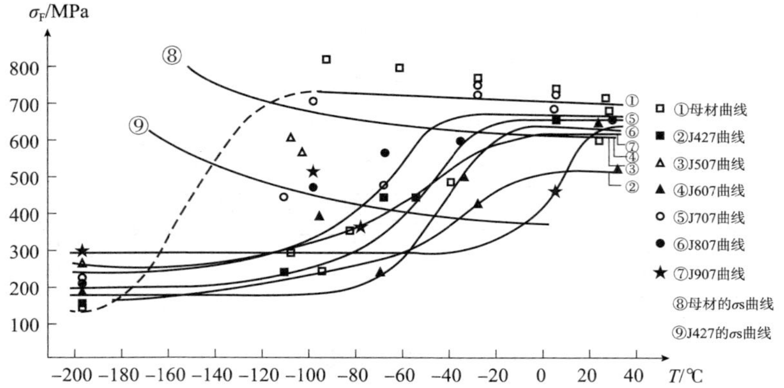

图 10　HQ70 深缺口试件拉伸试验的 σ_F–T 曲线

在上平台温度区和过渡温度区，无论是低强匹配接头，等强匹配接头或高强匹配接头的断裂强度都低于其母材的断裂强度，而接近等强的 J707 接头断裂强度最好，数值高，上平台持续长。

3.1.2　六种强度级别不同的焊条，分别与 HQ70 施焊后的强度匹配系数 S_r 与转脆温度 T_y 的关系曲线分别见图 11、图 12。

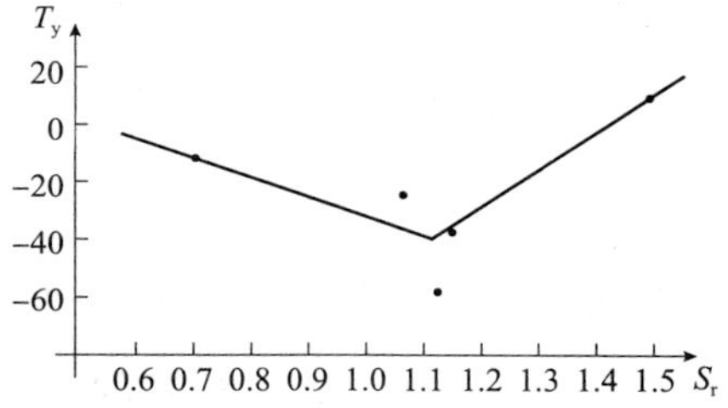

图 11　各种匹配接头的 T_y–S_r 曲线

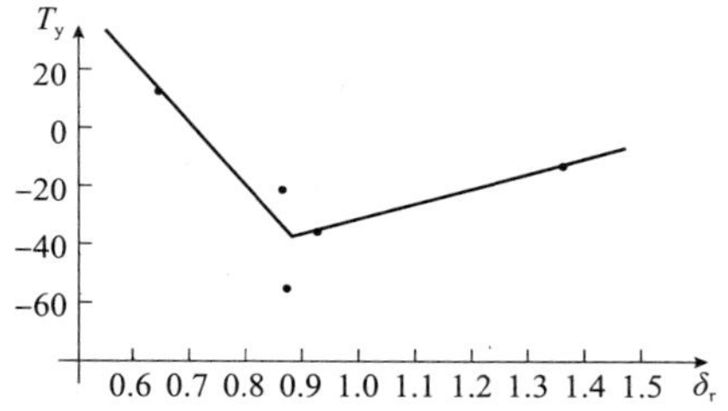

图 12　各种匹配接头的 T_y–δ_r 曲线

接近等强等塑匹配接头有最好的抗断裂性能，过分的低强超塑匹配和过分的超强低塑匹配都是不合理的。T_y 值的高低不仅与焊缝金属的材质有关，而且更受接头不均质性的影响。

不同匹配接头的抗断裂能力，可以采用接头强度匹配系数、接头塑性匹配系数与 σ_F–T 曲线的转脆温度来评价，帮助我们正确选择匹配类型。

3.2　50 公斤级强度钢焊接接头按实际等强原则设计

16Mn（A）焊接接头净截面断裂应力 σ_F–T 的下包络关系曲线见图 13，图中 $\sigma_s(T)$ 为 16Mn（A）母材的屈服强度随温度的变化曲线，各种匹配接头的 T_y 值见表 3，与匹配系数 S_r 的关系见图 14。

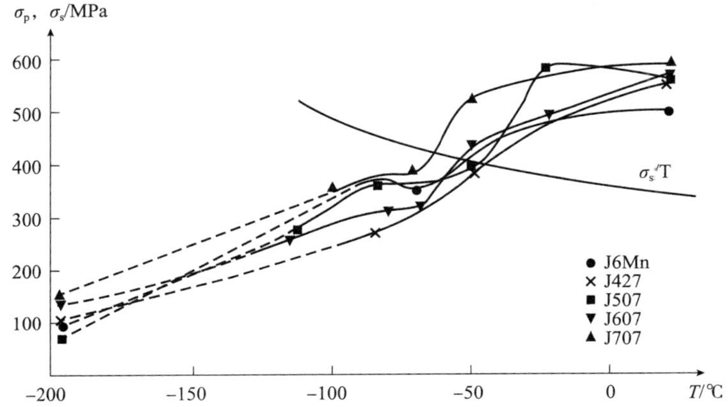

图 13　16Mn（A）焊接接头的 σ_F 与 T 的关系曲线

表 3　16Mn（A）钢及其焊接接头的 T_y 温度

母材及焊接接头	16Mn	J427	J507	J607	J707
T_y/℃	−56	−46	−48	−54	−65

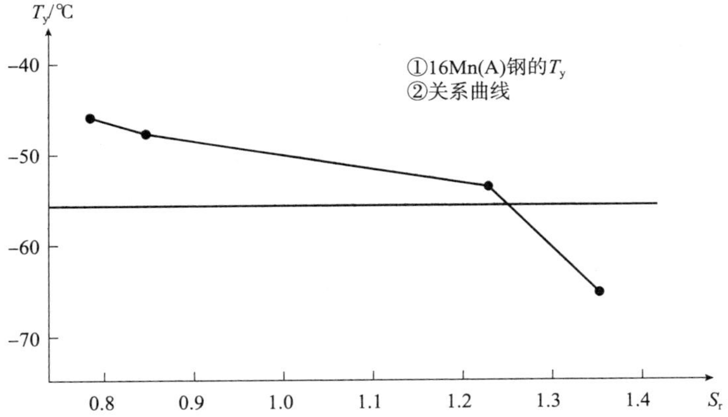

图 14　16Mn（A）焊接接头的 T_y 与 S_r 的关系曲线

图 15 曲线①是使用 J707 焊条施焊 16Mn（A）母材焊接接头断裂强度曲线，深缺口开在跨三区位置的深缺口拉伸试验结果，曲线②为 16Mn（A）母材和 J707 接头断裂强度曲线（深缺口开在焊缝区）。

从缺口开在跨三区的 J707 接头塑性断裂金相剖面（宏观）上可见断口上母材比例相当大，见图 16。塑性好的母材对构件 σ_F 是起着主要作用。小型深缺口的断裂强度不完全由缺口前端材料的强度决定。

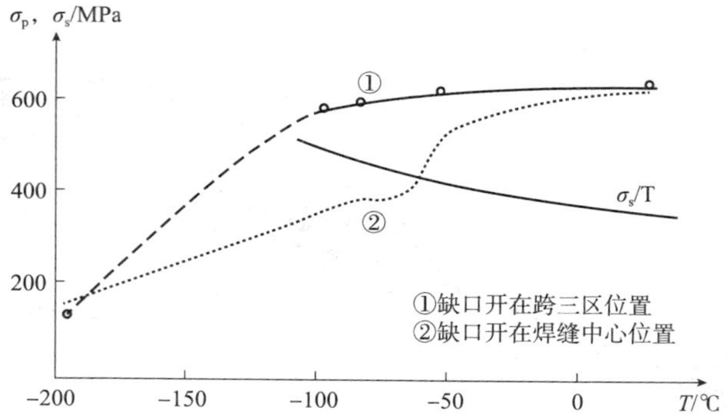

图 15　J707 焊接接头缺口开在不同位置的深缺口拉伸试验结果

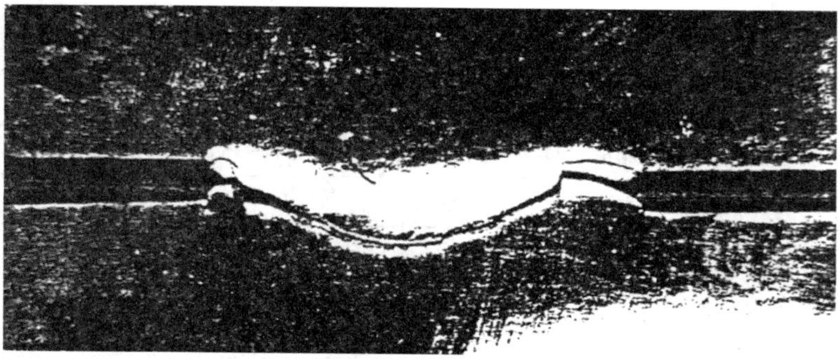

图 16　缺口开在跨三区的 J707 接头塑性断裂（常温）

对于 16Mn 钢这种 50 公斤强度级别钢，选用具备一定韧性而适当超强的焊接材料是有利的。如果综合工艺性和适用性等因素，选用具备一定韧性而实际“等强”的焊接材料更为合理。

焊接接头断裂强度和断裂行为取决于焊材的强度和韧塑性的综合影响，因此，仅考虑强度而不考虑韧性进行焊接结构设计，并不能可靠地保证其使用安全性。

4　焊接接头的 NDT 脆性转变温度和 DWT 落锤试验

4.1　70-80 公斤级强度钢焊接接头 NDT 试验

采用实际焊缝强度与母材强度之比为强度匹配系数，以 S_r' 为准归纳结果如图 17、图 18、图 19。

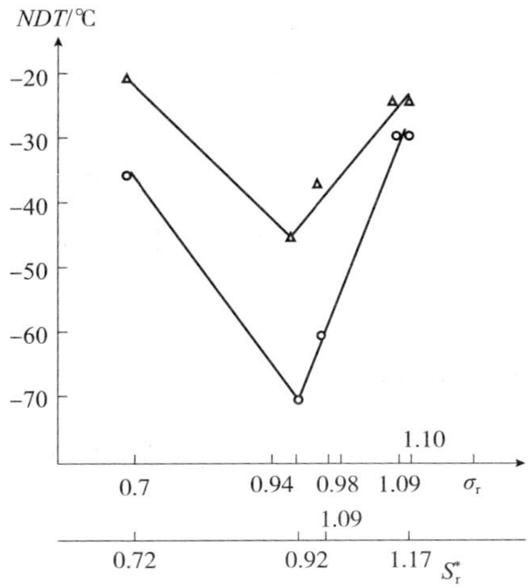

施焊焊条	J507	J707	J807	J907	J107
S'_r	0.70	0.94	0.98	1.09	1.10
S_r^*	0.72	0.92	1.09		1.17

图中 ▲表示DWT试样缺口指向熔合区
○表示DWT试样缺口指向焊缝

图 17 QJ60 钢焊接接头 NDT 温度与 S_r'、S_r^*的关系

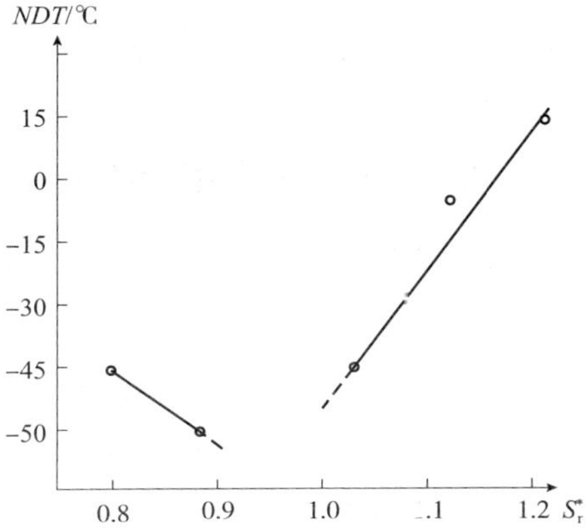

施焊焊条	J507	J607	J707	J807	J907
S_r^*	0.80	0.88	1.03	1.12	1.21

图 18 HQ80C 钢焊接接头 NDT 温度与 S_r^*的关系（缺口指向焊缝）

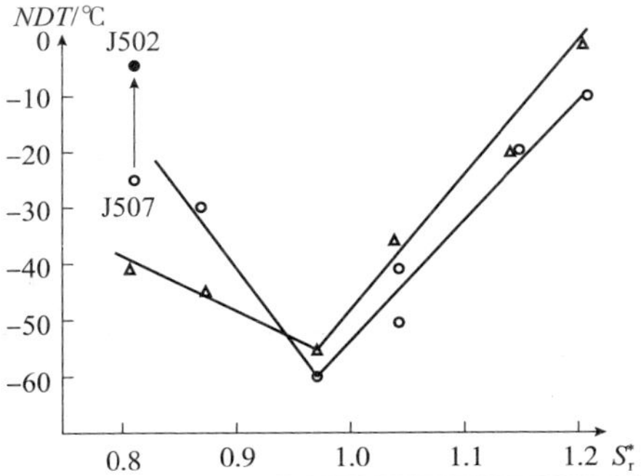

施焊焊条	J507	J557	J607	J707	J807	J907
S_r	0.81	0.87	0.97	1.04	1.15	1.21

图 19 HQ70 钢焊接接头 NDT 温度与 S_r^*的关系

○表示 DWT 试样缺口指向焊缝

试验结果说明：

1）焊接接头抗脆断性能主要受其力学非均质性的制约。

2）抗脆匹配区间：当焊接接头工作温度为 T_w（℃），并取安全系数为 2 时，以 $T_w \geqslant$ NDT+17℃作为判据，即用 $T=T_w-17$ 水平线和 NDT~S_r'曲线相截交，所截区间即为抗脆匹配区间。

3）对于低碳合金钢，采用低强匹配比高强匹配更为有利。

从图 17~ 图 19 的附表中可以看出焊缝金属强度值都高于所用焊条熔敷金属的名义强度，接头 NDT 温度一般都在 $0.9 \leqslant S_r \leqslant 1$ 区间内达到最佳值，因此，中厚板焊接施工时，可以选择低一个强度级别的焊条施焊，焊缝金属强度可以和母材接近等强，接头抗脆断性能好。

4.2 50 公斤级强度钢焊接接头 DWT 试验

将试验结果表 5、表 6 绘制成 NDT~S_r 关系曲线，如图 20，与 70~80 公斤级高强钢 NDT~S_r 曲线形状相同。

表 5 16Mn（B）焊接接头的匹配系数

焊条	J427	J507	J607	J707	J807	J907
S_r	0.88	0.96	1.39	1.52	1.57	2.19

表 6 16Mn（B）钢及其焊接接头的 NDT 温度

焊条	母材	J427	J507	J607	J707	J807	J907
NDT 温度 /℃	−30	−5	−45	−55	−70	−75	−5

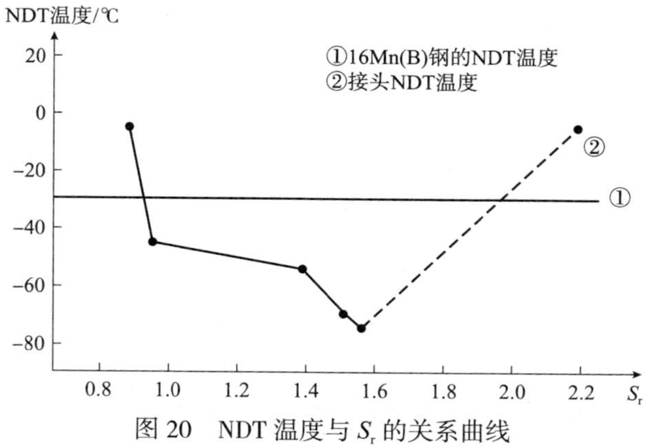

图 20 NDT 温度与 S_r 的关系曲线

16Mn（B）钢选用适当超强的焊缝是可以提高其结构的抗断裂性能，但还是存在着强度匹配的范围，并不是焊缝强度可以无限制的高。

将图 20 与图 14 对比，NDT 温度和 T_y 温度所表示的实质是相同的。16Mn（A）钢焊接接头的 NDT 温度受到焊接材料的强度和塑韧性综合影响。

5 焊接接头抗拉强度与母材的匹配系数

5.1 焊接接头抗拉强度的匹配系数

采用 HQ70 和 QJ60 的母材，分别与不同强度等级的焊材进行焊接试验，获得的强度匹配系数见表 7。HQ70 钢各匹配焊材焊接接头小宽板拉伸断裂强度 σ_b^J 和匹配系数的关系见图 21，QJ60 钢各匹配焊材接头小宽板拉伸断裂强度 σ_b^J 和匹配系数的关系见图 22。

表 7 抗拉强度的匹配系数 S_r'

焊条 / 母材	J507	J557	J607	J707	J807	J907	J107
HQ70	0.81	0.87	0.97	1.04	1.15	1.21	—
QJ60	0.70	—	—	0.93	0.96	1 07	1.09

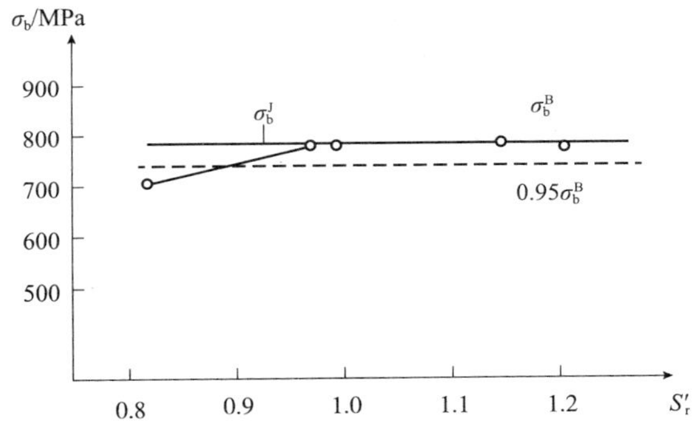

图 21 HQ70 钢各匹配焊材接头小宽板拉伸断裂强度 σ_b^J 和匹配系数的关系

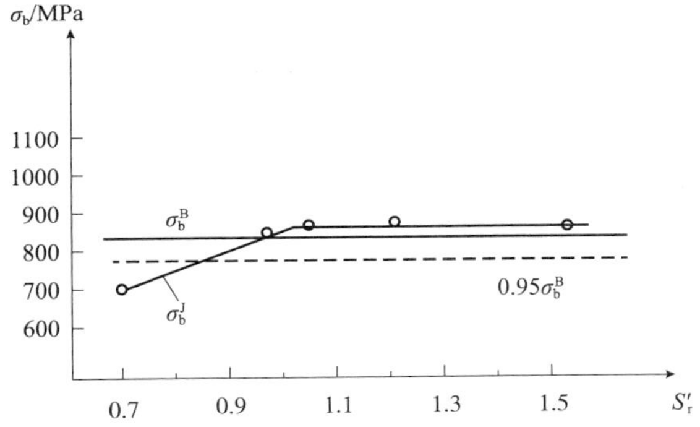

图 22 QJ60 钢各匹配焊材接头小宽板拉伸断裂强度 σ_b^J 和匹配系数的关系

高强匹配的焊接接头，由于母材抗拉强度的限制，焊缝金属抗拉强度超出的部分不起作用。

低强匹配的焊接接头，接头抗拉强度逐渐提高，趋近母材的抗拉强度，这是由于强度较高的焊缝金属产生拘束作用，焊缝金属强度提高。

当 $S_r' \geqslant 0.95$ 时，接头强度与母材强度接近相等；当 $S_r' \geqslant 0.86$ 时，接头强度可达母材强度的 95% 以上。

6 “反组配”焊接接头的断裂强度与屈强比的关系

对各种抗拉强度及屈强比不同的低合金材料（表 8），用同一个强度等级的焊材进行焊接试验。

表 8 母材、焊材的拉伸性能及屈强比

牌号		LB-52	A3	16Mn	15MnVN	QJ-60	DT-50	HQ70
母材	抗拉强度 /MPa	560	420	494	598	761	712	721
	屈强比 σ_s/σ_b	0.875	0.61	0.63	0.71	0.79	0.88	0.91
焊材	焊缝金属屈服强度 /MPa	—	462	455	458	462	466	463

用深缺口试验测得了不同匹配焊接接头，在不同温度下的断裂应力，各接头断裂应力与温度关系见图 23，从中获得各组配焊接接头的转脆温度 T_y，T_y 与屈服强度的关系曲线见图 24。

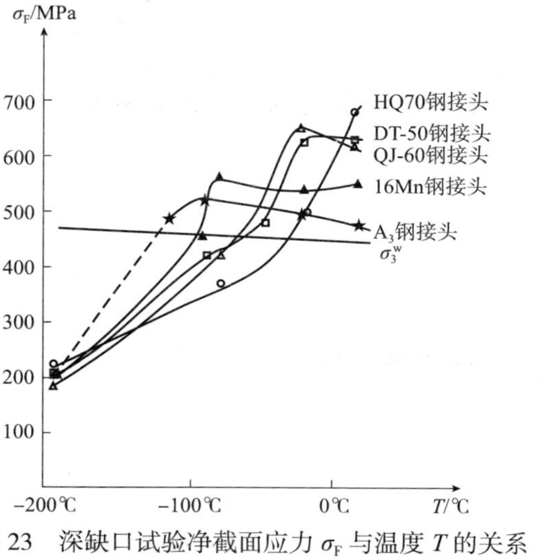

图 23 深缺口试验净截面应力 σ_F 与温度 T 的关系

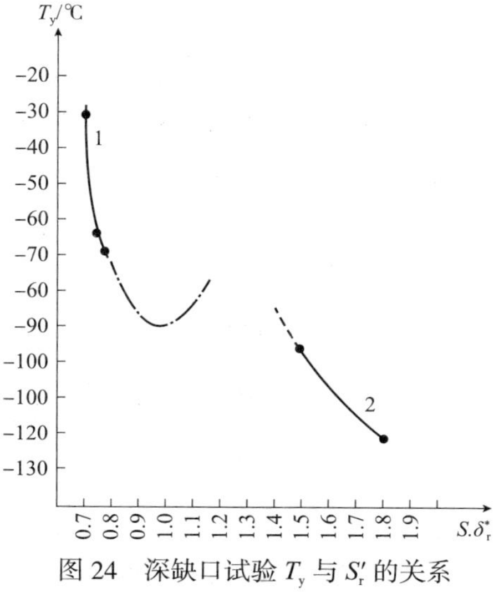

图 24 深缺口试验 T_y 与 S_r' 的关系

反组配深缺口试验证明，焊缝强度匹配系数影响接头的转变温度，即接头不均质性对接头断裂行为有影响；母材屈强比、塑性储备对接头断裂行为有重要影响，母材屈强比低的接头抗脆断能力较母材屈强比高的接头好。

7　深缺口试样缺口顶端的变形行为与屈强比的关系

使用云纹法测量了不同匹配接头在拉伸过程中的应变场，并研究了不均质性对于应变及裂纹张开位移的影响。图像上条纹越密的地方，其位移梯度也越大，应变也越大；反之，云纹越稀疏的地方，则位移梯度越小，应变也越小。图 25、图 26 是同一焊条 LB-52 分别施焊 16Mn 钢和 HQ70 钢接头，在同一载荷水平下的云纹图像。

当载荷同为 600kN 时，应力同为 σ=533MPa，经计算后 16Mn 焊缝应变为 HQ70 接头焊缝应变的 4 倍。所以 16Mn 接头焊缝金属发生了比较大的变形。

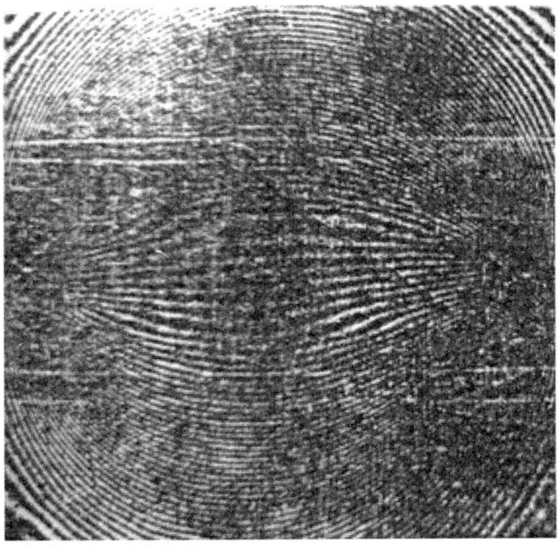

图 25　16Mn 钢接头云纹图像

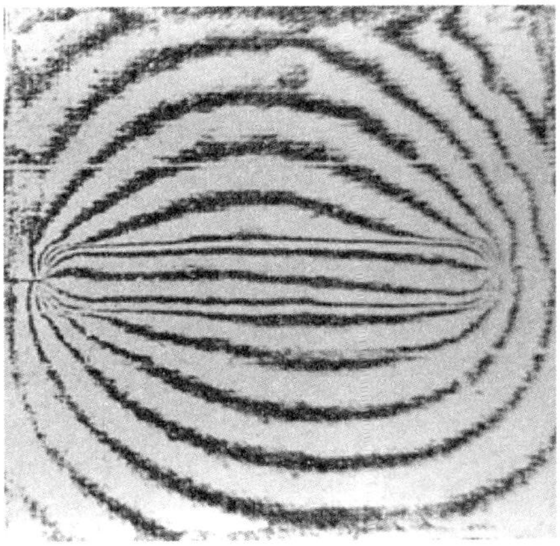

图 26　HQ70 钢接头云纹图像

焊缝金属的变形受焊缝与母材力学性能匹配的影响。不同母材的接头中，焊缝部位的拉伸应变是不同的，在相同拉伸应力下，低屈强比钢的高强匹配接头焊缝应变较大；高屈强比钢的低强匹配接头焊缝应变较小。

低屈强比钢的高强匹配接头的裂纹张开位移大于高屈强比钢的低强匹配接头的裂纹张开位移，即前者裂纹顶端易于屈服且裂纹顶端变形量大于后者。

8　研究结论

“高强匹配有利”这一传统观念，只适用于低屈强比的碳锰钢。对高屈强比的低合金高强钢，高强匹配未必有利。从抗断裂性能和焊接工艺性能进行综合考虑，实际等强匹配的接头最好，焊缝过分超强或过分低强均不适宜。因此，焊缝强度应有上线和下限的限定。

焊接接头的抗脆性能与接头力学性能的不均质性有很大关系，不仅决定于焊缝的强度，而且受焊缝的塑性和韧性所制约。焊接材料的选择不仅要保证焊缝具有适宜的强度，更要保证焊缝具有足够高的塑性和韧性，必须控制焊缝的强韧性匹配。

强度匹配系数可反应焊接接头力学性能的不均质性。小型缺口拉伸试验和落锤试验可用于测定焊缝强韧性匹配的影响。试样缺口在焊缝中心或在熔合区所得结果完全相似，证明了接头的抗脆断性能并非仅决定于缺口所在部位的材质，也应受缺口邻近部位的材质所制约，即与接头力学性能不均质性有密切关系。

后记：清华大学焊接教研组陈伯蠡等著《高强钢焊缝强韧性匹配理论研究》为 1990 年国家自然科学研究基金项目，项目批准号 5880113。

0Cr18Ni10Ti（321）不锈钢氮化物和氧化物夹杂的负面影响研究

束润涛

（武汉市润之达石化设备有限公司，湖北　武汉　430223）

摘要： 本文对 0Cr18Ni10Ti 焊后开裂的换热管进行光学显微镜微观分析，发现材料存在比较严重的带状组织，经电镜和能谱分析，发现带状组织为氮化钛和以氮化钛为主的氮化物夹杂，含有氧化钛和氧化钙等混合夹杂物，以及岛链状的氮化钛夹杂物，并对其现象进行了深入讨论。鉴于含钛的不锈钢与其他不锈钢相比更容易引起氮化物和氧化物夹杂，且这些比较严重的有害夹杂物均不在标准规定的质量检测范围，存在一定的质量和安全隐患，建议承压设备应尽量避免使用含钛的 321 和 316Ti 不锈钢。

关键词： 0Cr18Ni10Ti；氮化物；氧化物；夹杂物

Study on negative effects of nitride and oxide inclusion in 0Cr18Ni10Ti stainless steel

Shu Runtao

（Wuhan Runzhida Petrochemical Equipment Co.，Ltd.，Wuhan Hubei 430223，China）

Abstract： In this paper，the heat exchange tube of 0Cr18Ni10Ti after welding cracking was analyzed by optical microscope，and it was found that the material had serious banded structure. By electron microscopy and energy spectrum analysis，it was found that the banded structure consisted of titanium nitride and nitride inclusions dominated by titanium nitride，containing mixed inclusions such as titanium oxide and calcium oxide，as well as island chain titanium nitride inclusions，and their phenomena were discussed in depth. In view of the fact that titanium containing stainless steel is more

［作者简介］束润涛（1966—），武汉市润之达石化设备有限公司总经理兼研发中心主任，湖北省焊接技术协会常务理事。长期从事石化设备的材料、焊接和腐蚀失效的分析研究工作。E-mail：sh 18088@263.net。

likely to cause nitrite and oxide inclusions than other stainless steels, and these more serious harmful inclusions are not in the quality detection range specified in the standard, there are certain quality and safety risks, it is recommended that pressure equipment should avoid the use of titanium 321 and 316Ti stainless steel.

Key words: 0Cr18Ni10Ti; nitride; oxide; inclusion

0 前言

0Cr18Ni10Ti（新牌号为 06Cr18Ni11Ti）不锈钢俗称 321 不锈钢，由于钢中添加了对碳起稳定化作用的钛，与 304 不锈钢相比具有更好的耐晶间腐蚀和高温蠕变性能。但在承压设备的工程应用中，0Cr18Ni10Ti 出现了很多焊接问题，在使用中出现的非正常失效案例也比较多，相关文献提及 321 不锈钢中 TiN 和 TiO_2 夹杂对材料的综合性能会产生较大的负面影响[1~4]。为深入了解 0Cr18Ni10Ti 不锈钢焊后开裂问题，笔者针对某石化设备制造公司 0Cr18Ni10Ti 不锈钢换热器在管束焊后出现管端开裂的案例开展了详细的分析和研究。对开裂后的换热管重新取样后进行材质复验、非金属夹杂物检测、微观组织分析和电镜及能谱分析，以期有所新的发现。

1 管端焊后开裂的形貌特征及材质复验

1.1 换热管焊后管端开裂形貌

换热管为按 GB/T 14976 标准采购的 0Cr18Ni10Ti，换热管规格为 ϕ25mm × 2.0mm，换热管与管板角焊缝焊接完成后 1 支换热管端部出现开裂，见图 1。

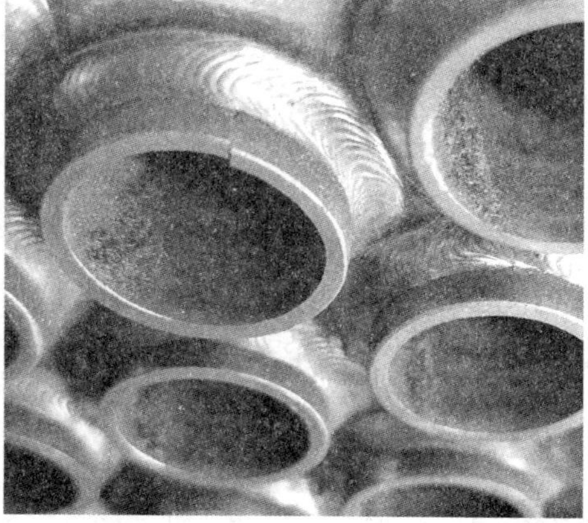

图 1 0Cr18Ni10Ti 换热管焊后开裂形貌

1.2 化学成分复验

化学成分复验检测方法按 GB/T 11170—2008《不锈钢 多元素含量的测定 火花放电原子发射光谱法（常规法）》，采用台式直读式光谱仪对 0Cr18Ni10Ti 不锈钢换热管取样进行化学成分检测，也对标准没有规定的 N 含量用氧氮氢分析仪进行了检测，检测结果见表 1。

表 1　0Cr18Ni10Ti 换热管的化学成分复验　%

0Cr18Ni10Ti	C	Si	Mn	P	S	Ni	Cr	Ti	N
标准规定	≤0.08	≤1.0	≤2.0	≤0.035	≤0.030	9.0~12.0	17.0~19.0	≥5C%	—
复验结果	0.03	0.44	1.17	0.031	0.005	9.3	17.05	0.19	0.015

0Cr18Ni10Ti 换热管化学成分检测结果满足 GB/T 14976 的标准要求，且 N 的检测结果很低。

1.3　力学性能和维氏硬度检测

对 0Cr18Ni10Ti 的换热管取样进行了力学性能及维氏硬度检测。

表 2　换热管力学性能检测结果

0Cr18Ni10Ti	抗拉强度 R_m/MPa	屈服强度 $R_{p0.2}$/MPa	延伸率 A/%	维氏硬度 /HV
标准规定	≥520	≥205	≥35	—
复验结果	598、603	235、240	56、57	145、140、158

经拉伸试验测试的力学性能数据满足 GB/T 14976 标准要求。虽然标准没有规定换热管的硬度值，但为了验证材料的综合性能，对换热管取样进行了维氏硬度检测，其检测结果都在正常范围。

2　组织分析和非金属夹杂物分析

2.1　金相组织分析

按 GB/T 13298—2015《金属显微组织检验方法》对 0Cr18Ni10Ti 换热管进行取样、镶嵌、抛磨和腐蚀后用光学显微镜进行了微观分析，其微观组织为奥氏体，但在局部不同区域可以观察到明显的带状组织。见图 2。

图 2　0Cr18Ni10Ti 换热管的金相组织 100×

由于不锈钢材料标准中无带状组织的评级规定，故无法判定带状组织是否合格。通常情况下，带状组织都是成分偏析造成的，但也不排除非金属夹杂物带状聚集的情况，这些带状组织对材料存在一定的负面影响。

2.2 非金属夹杂物分析

按 GB/T 10561《钢中非金属夹杂物含量的测定 标准评级图显微检验法 A 法》对 0Cr18Ni10Ti 换热管进行了非金属夹杂物检测，视场中选取的部位为带状组织以外区域，其评定的非金属夹杂物 A/B/C/D 类粗系和细系的检测结果全部为 0，DS 单个氧化物的检测结果也是 0。单从按标准判定的结果来看，该材料的纯净度极高，无任何质量隐患，分析结果见表 3。

表 3 非金属夹杂物检测结果 级

A		B		C		D		DS
细系	粗系	细系	粗系	细系	粗系	细系	粗系	
0	0	0	0	0	0	0	0	0

尽管按 GB/T 10561 标准检测的 A/B/C/D 和 DS 类非金属夹杂物全部为 0 级，但在其他视场中却发现有细小密集的颗粒状夹杂物，经经验判断为氮化物夹杂，见图 3。

根据 GB/T 10561 标准第 4.5 条规定，对其它析出相如氮化钛、碳氮化钛、硼化物、碳化物、其他碳氮化合物或氮化物的评定，可根据它们的形态与 B 类、C 类、D 类、DS 类夹杂物进行比较。据此，根据氮化物弥散分布的形态，参照 D 类夹杂物评级标准确定为 1.5 级。从弥散的氮化物评级来看，该材料并非高纯净不锈钢。

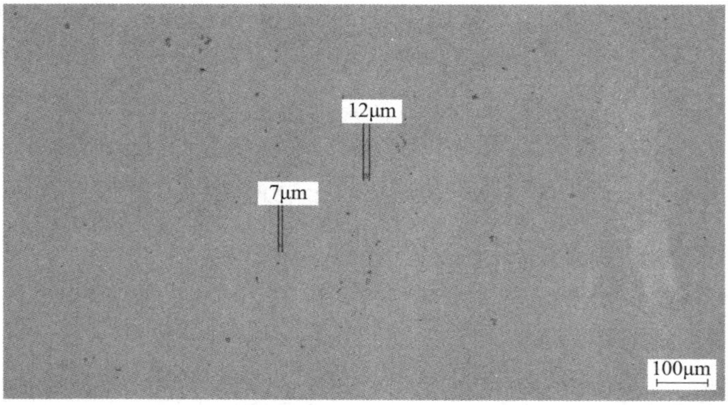

图 3 氮化物夹杂的金相照片 100×

3　电镜和能谱分析

3.1　电镜分析

根据光学显微镜的分析结果，在 0Cr18Ni10Ti 换热管带状组织比较集中的位置进行了更大倍率的电镜分析，在不同视场中发现了大小不一的多种夹杂物形态，其分别放大到 500 倍、2000 倍、500 倍和 600 倍的电镜照片见图 4~ 图 7。

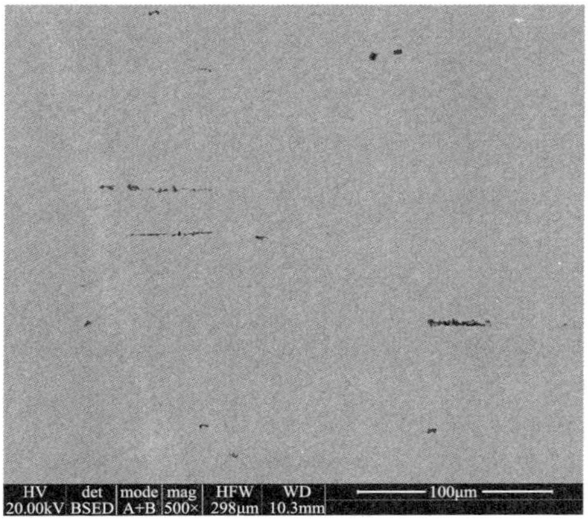

图 4　点状和条状夹杂物 500 ×

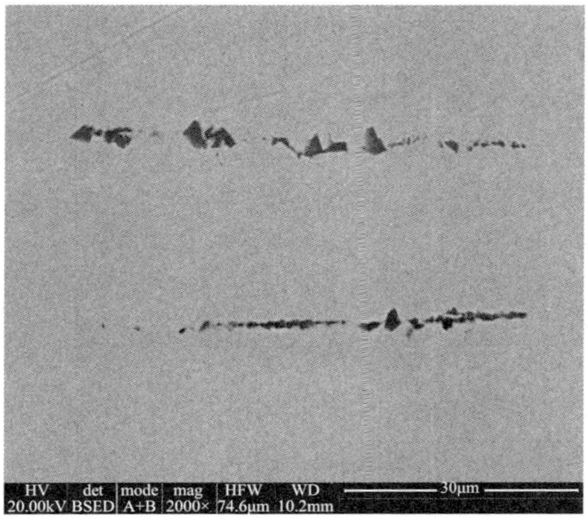

图 5　链状夹杂物 2000 ×

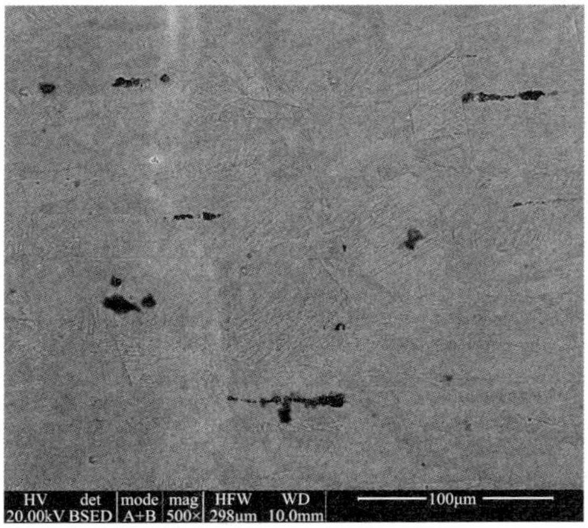

图 6　杂乱分布岛状的夹杂物 500 ×

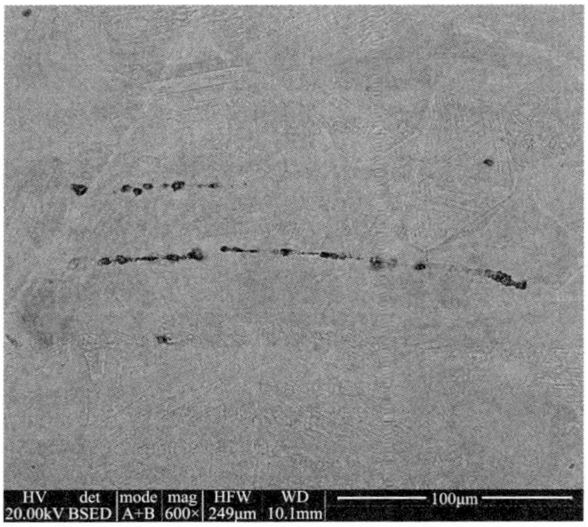

图 7　链状的夹杂物 600 ×

根据 GB/T 10561 标准第 4.5 条规定，对带状组织中的条形夹杂物参照 B 类条形夹杂物的评级标准，不同视场中夹杂物的评定级别范围为 1.5~2.0 级。

3.2 能谱分析

为了进一步分析电镜中非金属夹杂物的具体类别，对发现的几种夹杂物形态进行了能谱分析，其分析结果见图 8~ 图 13、表 4~ 表 8。

1）能谱分析信息 1：链状和条形混合夹杂物

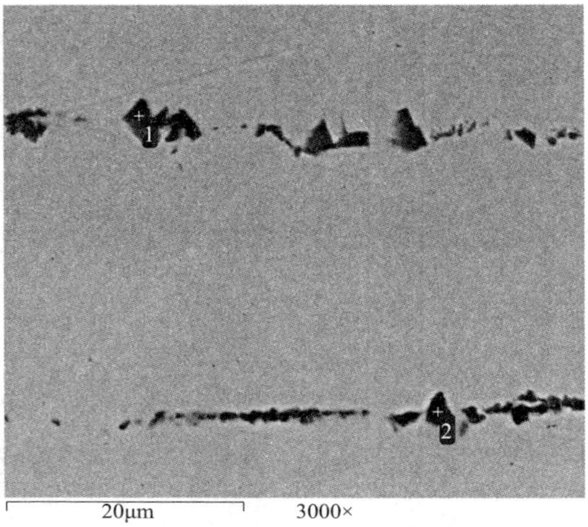

图 8 断续条状夹杂物能谱分析点位

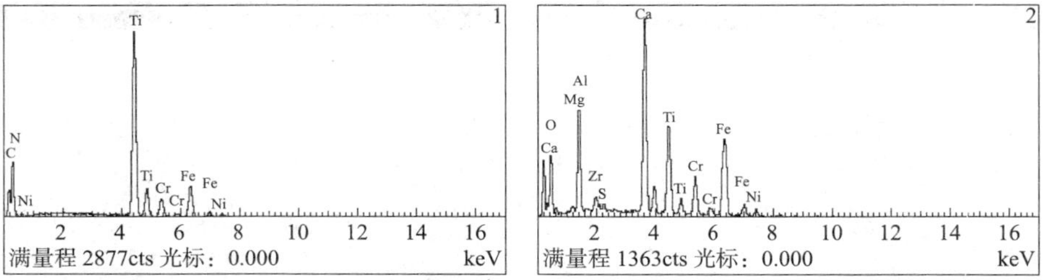

图 9 断续条状夹杂物的谱图 1 和谱图 2

表 4 谱图 1 能谱分析重量百分比结果 %

点位	N	Ti	Fe	Cr	Ni	Si	总量
1	17.19	54.49	17.91	8.02	2.27	0.12	100

表 5 谱图 2 能谱分析重量百分比结果 %

点位	O	Ti	Ca	Al	Zr	S	Mg	总量
2	36.72	20.61	27.34	10.30	3.55	0.78	0.71	100

在图 8 中采集第 1 个点位的能谱分析结果为以氮化钛为主的混合夹杂物，第

2 个点位的能谱分析结果为氧化钙和氧化钛等混合夹杂物。

2）能谱分析信息 2：粗条状混合夹杂物

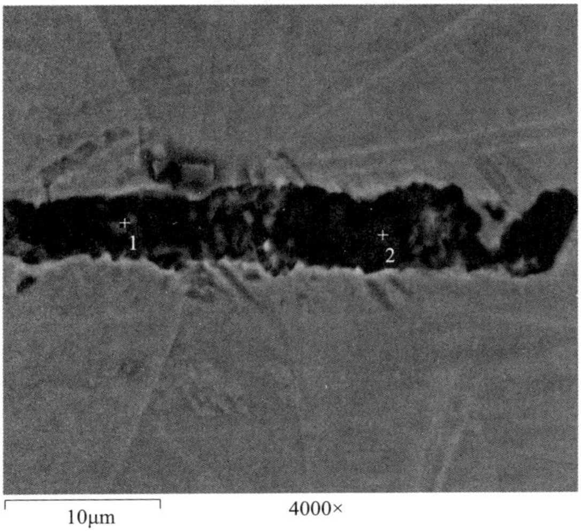

图 10　粗条状夹杂物能谱分析点位

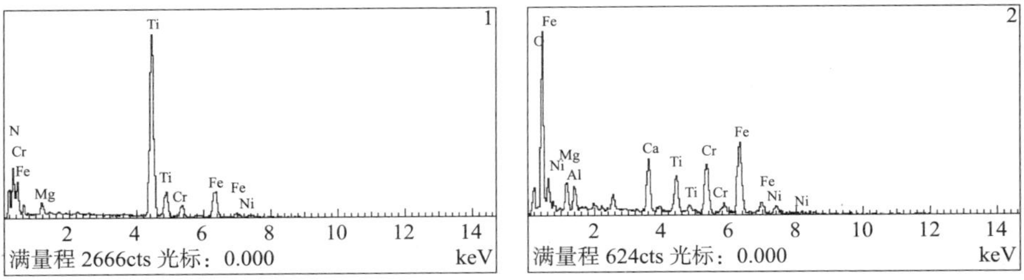

图 11　粗条状夹杂物能谱分析谱图 1 和谱图 2

表 6　谱图 1 能谱分析重量百分比结果　　%

点位	N	Ti	Fe	Cr	Ni	Mg	总量
1	21.47	54.24	15.48	4.92	1.34	2.55	100

表 7　谱图 2 能谱分析重量百分比结果　　%

点位	O	Ti	Ca	Al	Mg	总量
2	37.42	23.50	22.09	7.43	9.57	100

图 10 显示的粗条状混合夹杂物的长度超过 40μm，宽度约 3~5μm，是带状组织中较粗大的夹杂物。能谱检测点位 1 的成分为以 TiN 为主的混合夹杂物，点位 2 为含 Ca–Ti–Al–Mg 的混合氧化物。

3）能谱分析信息 3：有岛链特征的链状夹杂物

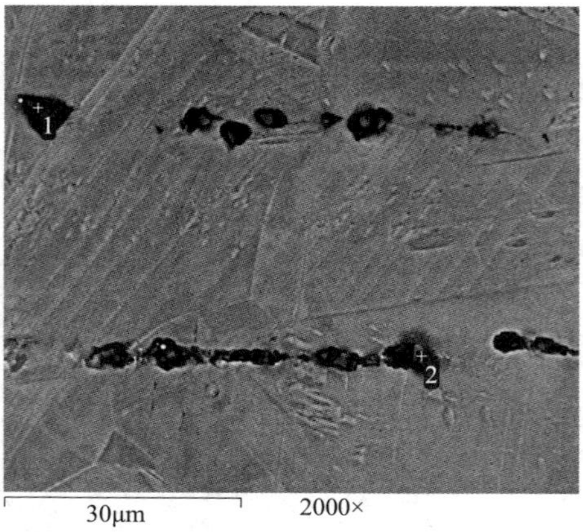

图 12　岛链特征的链状夹杂物能谱分析点位

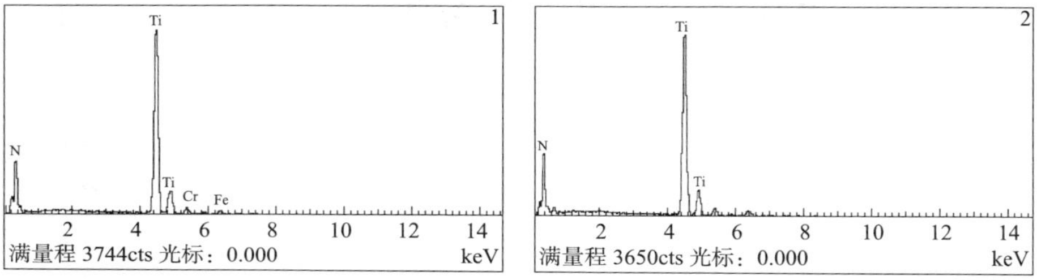

图 13　能谱分析谱图 1 和谱图 2

表 8　谱图 1 和谱图 2 能谱分析结果

%

点位	重量百分比		原子百分比		总量
	N	Ti	N	Ti	
1	27.66	72.34	56.67	43.33	100
2	27.35	72.65	56.29	43.71	100

图 12 中 2 个点位的能谱分析结果与图 8 和图 9 中的能谱分析结果明显不同，其岛链特征的链状夹杂物均为简单的氮化钛，2 个点位的重量百分比和原子百分比都基本一致。

4　讨论

从失效分析的结果来看，0Cr18Ni10Ti 换热管焊后开裂与密集的氮化物和氧化物带状夹杂有关。从能谱分析的成分类别来看，氮化物主要为 TiN 和以 TiN 为主的混合夹杂物，氧化物则是 TiO_2+CaO+Al_2O_3+MgO 等混合夹杂物。近期也有 316Ti 换热管管头焊后开裂的类似案例，也都与氮化钛夹杂有关，其夹杂物形态与本案例基本一致。这与含钛不锈钢材料的冶金特性有关，Ti 不仅对 O 有很强的亲和力，对 N 也具有极强的亲和力。在冶炼浇铸时控制不好极易卷入氧气，氧气经高温分解后与钛形成 TiN 和 TiO_x 等含钛夹杂物[5]，进行无氧化浇铸是控制 TiN 夹杂的有效措施[6]。

虽然电镜分析的几个带状组织中的夹杂物分别判定为 1.5~2.0 级，但这些夹杂物聚集为宽度约 20~50μm 的带状组织，这些不同类型夹杂物呈带状聚集破坏了基体组织的连续性和稳定性，其负面影响已远远超出可接受的夹杂物的最低级别。

本案例的氮含量为 0.015%，说明冶炼工艺为控制氮化物的形成做出了很大努力，却仍然出现了严重的带状组织。按罗通伟的说法，即便用真空 + 电渣冶炼后 TiN 的夹杂物级别也在 1.5~2.5 级之间[7]，由常规电炉冶炼的 TiN 夹杂物级别更是高达 2.5~3.5 级。国内外各种不锈钢材料标准都没有限定非金属夹杂物的级别，如果没有合同约定，钢企不可能用成本更高的双真空来冶炼含钛的不锈钢。那么，目前市场上含钛的 0Cr18Ni10Ti（321）和 0Cr17Ni12Mo2Ti（316Ti）就会有一部分或大部分可能存在隐性质量问题，这为承压设备的制造和使用带来了不确定的安全隐患。

GB/T 14976《流体输送用不锈钢无缝钢管》中 0Cr18Ni10Ti 钢钛的加入量为 ≥5C%，但并没有考虑 N 的负面影响。氮化钛的熔点高达 3000℃，维氏硬度更是高达 20GPa（≥2000HV）[8]，比 321 不锈钢正常的维氏硬度高出太多。在 321 不锈钢的显微组织中，以弥散分布的氮化钛对材料的负面影响并不大，但以氮化钛、氧化钛等带状聚集性存在，不仅会导致局部腐蚀加剧，而且在焊接时也容易造成熔合区及热影响区开裂。在上世纪 60 年代前还没有发明 AOD、VOD 炉外精炼以前，不锈钢的碳含量很难降低到 0.03% 以下，早期的普通 304（18–8）不锈钢碳含量大多只能控制在 0.04%~0.12% 之间，在焊接时极易导致熔合区和热影响区敏化，在焊接接头的晶间腐蚀试验中可以观察到刀状腐蚀特征[9]。自上世纪 60 年代发明 AOD 和 VOD 的炉外精炼以后，这种刀状腐蚀特征便特指含钛的 321 不锈钢，在石化领域对于 321 不锈钢氮化物带状聚集出现失效的机理却极少看到文献报道。自从炉外精炼大规模生产超低碳奥氏体不锈钢以后，欧美国家使用 321 不锈钢的比例大为减少，而我国承压设备用钢仍然在大量使用 321 不锈钢。

陆世英教授指出，在不考虑强度时，均应选用 00Cr18Ni10（304L）的超低碳不锈钢[10]。蒋有荣等通过试验研究后指出，304L 不锈钢除了拉伸和蠕变强度比 321 不锈钢低一点外，其余性能在反应堆运行工况下比 321 不锈钢好[11]。且 321 不锈钢焊接时凝固裂纹的敏感性大于 304L，321 不锈钢抗应力腐蚀的能力低于

304L。近年来，在航空、核电等领域，为降低321不锈钢中TiN夹杂的负面影响，已大量使用304L和304LN材料代替321。

5 总结

1）0Cr18Ni10Ti换热管经常规化学成分和力学性能满足标准要求，但存在严重的带状组织。经能谱检测分析，带状组织主要为氮化物夹杂和氧化物夹杂。这些不同类型夹杂物呈带状聚集破坏了基体组织的连续性和稳定性，说明换热管焊后开裂的主要原因是氮化物和氧化物带状聚集所致。

2）鉴于含钛的不锈钢与其它不锈钢相比更容易引起氮化物和氧化物夹杂，且这些比较严重的有害夹杂物均不在标准规定的质量检测范围，存在一定的质量和安全隐患，建议承压设备应尽量避免使用含钛的321和316Ti不锈钢材料。

参考文献

[1] 曾会书.1Cr18Ni9Ti不锈钢锻件表面裂纹分析[J].大型铸锻件，2014（05）：20–22+30.

[2] 范培耕，曹鹏军.1Cr18Ni9Ti钢板表面折叠的扫描电镜分析[J].重庆钢铁高等专科学校学报，1998（04）：35–40.

[3] 李刚，魏瑞航，游定方.连铸1Cr18Ni9Ti不锈钢大型夹杂物的研究[J].重庆大学学报（自然科学版），1993（02）：79–83.

[4] 黄博.浅析1Cr18Ni9Ti零件表面缺陷产生的原因[J].特钢技术，2020，26（01）：53–56.

[5] 于启湛.钛及其合金的焊接[M].北京：机械工业出版社，2020.

[6] 赵克文，蔡开科.含Ti不锈钢中氮化钛夹杂的研究[J].金属学报，1989（03）：79–84.

[7] 罗通伟.0Cr18Ni10Ti钢中TiN夹杂物的危害及应对措施[J].特钢技术，2014，20（03）：1–4+39.

[8] 师昌绪.材料大辞典[M].北京：化学工业出版社，1994：126.

[9] 密道瓦尔.铬镍奥氏体不锈钢的焊接[M].北京：中国工业出版社，1965：249–257.

[10] 陆世英.不锈钢[M].北京：原子能出版社，1995：239.

[11] 蒋有荣.304L不锈钢代替321不锈钢的可行性研究[J].核动力工程.2007，28（2）：53–57.

碳钢或低合金钢焊接接头中不良组织的成因分析

房务农，蒋　军

（合肥通用机械研究院有限公司，安徽　合肥　230031）

摘要： 焊接接头属于压力容器中最薄弱环节，在役压力容器的失效乃至发生泄漏大多数发生在焊接接头部位，而失效成因又常变成了性质分析，造成同类型的焊接失效案例重复发生。本文针对碳钢和低合金钢焊接接头中产生魏氏体、马氏体等不良组织，从焊接角度进行了成因分析，为今后承压设备的焊接质量控制提供参考。

关键词： 魏氏体；马氏体；成因

Analysis of formation cause of poor microstructure in welded joint of carbon steel or low alloy steel

Fang Wunong，*Jiang Jun*

（Hefei General Machinery Research Institute Co.，Ltd.，Hefei Anhui 230031　China）

Abstract: Welded joints are the weakest part of pressure vessels. The failure and even leakage of in-service pressure vessels mostly occur at the welded joints，however，the analysis results of welding failure are difficult to be fed back to the working group of welding standard establishment of pressure equipment，resulting in the recurrence of the same type of welding failure cases. In this paper，the causes of the formation of the poor microstructure such as wilsonite and martensite of the welded joint of carbon steel and low alloy steel are analyzed from the welding angle，which can provide reference for the welding quality control of the pressure equipment in the future.

Key words: wilsonite；martensite；cause of formation

［作者简介］房务农（1965—），男，教授级高工；主要从事压力容器新钢材、新焊材及新焊接工艺的开发研究，负责球罐 EPC 总承包，负责了压力容器多项焊接标准修订，参加 GB/T 150 和 GB/T 4732 标准制修订，发表论文 30 余篇。E-mail：fangwunong@263.net。

0 前言

随着石化行业的迅猛发展，设备运行工况条件越来越恶劣，而焊接接头作为压力容器最薄弱的环节，对其要求也越来越高。但某些企业对焊接工作并非特别重视，主要表现在：焊接工艺纪律管理松散；采用大热输入焊接造成焊接接头晶粒粗大，甚至产生魏氏组织；厚壁的压力容器需要预热，而实际施焊时预热温度不够或不均匀，在焊接接头中产生淬硬马氏体组织；焊后热处理措施不力，造成焊接接头残余应力过大等等[1]。这些因素直接导致在役压力容器的焊接接头中产生裂纹，甚至引起泄漏而提前失效，严重危及到设备乃至人民生命财产的安全，造成巨大的经济损失。

通过不断收集归纳压力容器焊接接头失效的成因，消化吸收这些宝贵的经验教训，可为焊接标准编制及今后的焊接工作提供依据与指导，避免重复发生类似的失效案例。本文从压力容焊接接头中的魏氏组织、马氏体两个方面对产生裂纹的影响，并进行失效成因分析，以便引起大家对焊接工作的重视。

1 催化余热锅炉高温蒸发器和中温省煤器管道泄漏

1.1 事件概况

某余热锅炉壳程为烟气，管程介质为水、水蒸气，通过热交换对水、水蒸气加热，管道材料为20G。高温蒸发器烟气入口温度为420℃、出口温度为270℃，中温省煤器烟气入口温度240℃、出口温度180℃，在运行过程中高温蒸发器部分直管段和中温省煤器弯头处均发生大面积泄漏。

1.2 现场取样

图1　泄漏的高温蒸发器管段

现场取三根泄漏高温蒸发器20G直管段，见图1，编号分别为G-1、G-2、G-3，管段内有一对接焊缝，焊缝一侧管段规格为$\Phi52\times8$，另一侧管段规格为$\Phi52\times5$，裂纹均位于该侧管段与焊缝的熔合线处。G-1管段可见裂纹的长度为53mm，G-2管段可见裂纹的长度为36mm，G-3管段有两条长度分别为6mm、27mm的裂纹。

有 6 组省煤器管在上半部分与直管段侧的焊接熔合区完全断裂形成漏点，在省煤器管段弯头处（均为 $\Phi38 \times 5$ 的 180° 长弯头）取样，见图 2，编号为 Z–1、Z–2。

图 2　中温省煤器取样示意

1.3　宏观分析

在编号为 G–3 的高温蒸发器管段上，沿裂纹（长度为 27mm）两端纵向切割，将整段裂纹完整取出，裂纹断口形貌见图 3。断口表面有大量白亮色的鳞片状凹坑，腐蚀产物较少，断口形貌高低起伏不平，有多处冲刷形成的沟槽。

图 3　高温蒸发器裂纹断口形貌

在编号为 Z–1 中温省煤器断口下 10mm 处环向切割，将断口完整取出，裂纹断口形貌见图 4（a）、图 4（b）。断口表面已覆盖大量土黄色的腐蚀产物，无法观察到表面金属色泽，断口区域大部分较平整，有少量台阶状形貌，断口一侧部分区域呈撕裂状，在 KH3000 显微镜下能观察到内表面存在缺陷。

(a)中温省煤器宏观断口形貌1

(b)中温省煤器宏观断口形貌2(50×)

图 4　Z–1 中温省煤器断口形貌

1.4　化学成分分析

使用光谱仪分别测量高温蒸发器和中温省煤器管段化学成分见表 1，符合 GB/T 5310 标准要求。

表 1　高温蒸发器和中温省煤器 20G 管段化学成分

名称	C	Si	Mn	P	S	Cr	Ni	Cu
高温蒸发器	0.21	0.23	0.49	0.016	0.003	0.03	0.01	0.01
中温省煤器	0.21	0.24	0.38	0.016	0.009	0.04	0.01	0.02
GB/T 5310	0.17~0.23	0.17~0.37	0.35~0.65	≤0.025	≤0.015	≤0.25	≤0.25	≤0.20

1.5　金相分析

在编号为 G-3 的高温蒸发器管段上垂直于焊缝纵向取样，进行粗磨、细磨、抛光后可见在内表面焊瘤（瘤高 3.2mm）根部有一条从内表面向外表面扩展的裂纹，金相组织见图 5。母材为铁素体 + 珠光体，铁素体与珠光体组织带状分布，球化度评级为 1.5 级，热影响区为铁素体 + 珠光体，但有大量的魏氏组织，外表面有大量大小不一的腐蚀坑，焊趾根部裂纹两侧未见有脱碳现象。

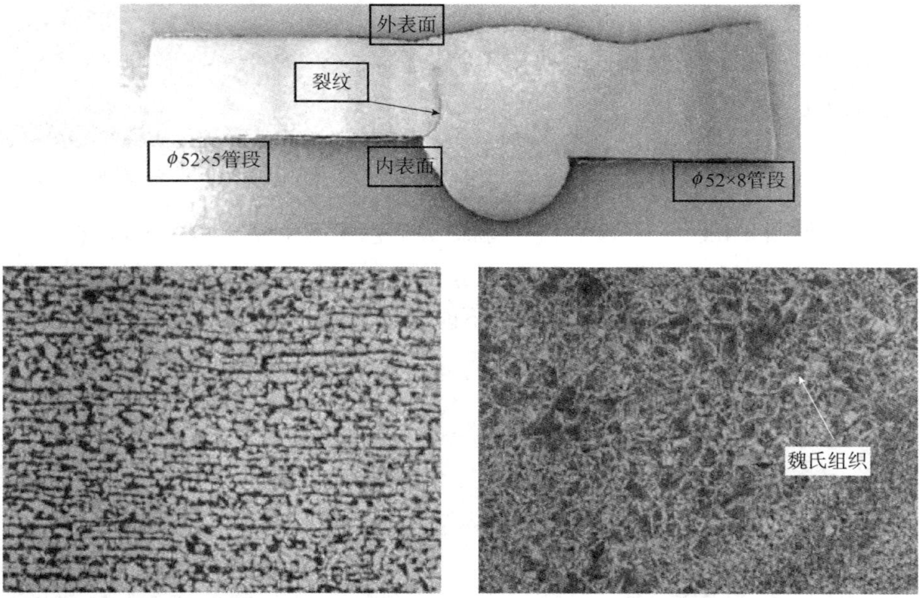

(a)母材　　(b)热影响区

图 5　G-3 焊接接头金相组织（200×）

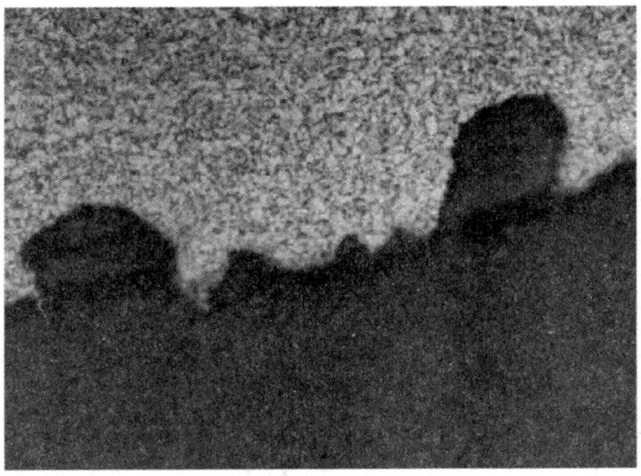

(c)外表面

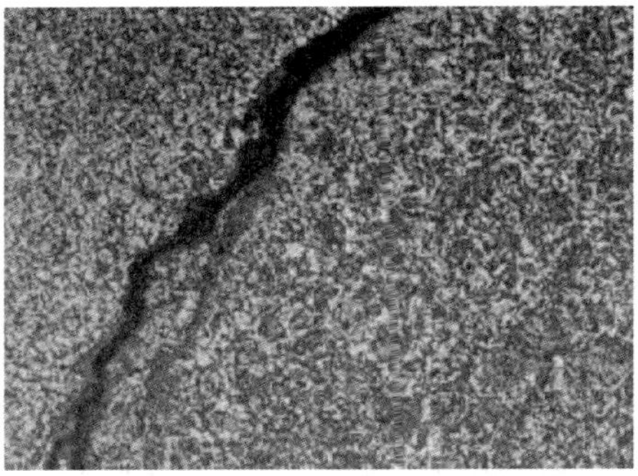

(d)焊趾裂纹

图 5　G–3 焊接接头金相组织（200×）（续）

在编号为 Z–2 的中温省煤器弯管断口侧，垂直于焊缝分别取样，金相组织见图 2–6。断口侧母材的金相组织为铁素体 + 珠光体，珠光体呈带状分布，球化度评级为 3.5 级；断口内表面为铁素体 + 珠光体伴，但有粗大魏氏体组织，热影响区晶粒较粗大；焊缝金属为网状铁素体 + 珠光体，内表面有少量沿晶分布的微裂纹。

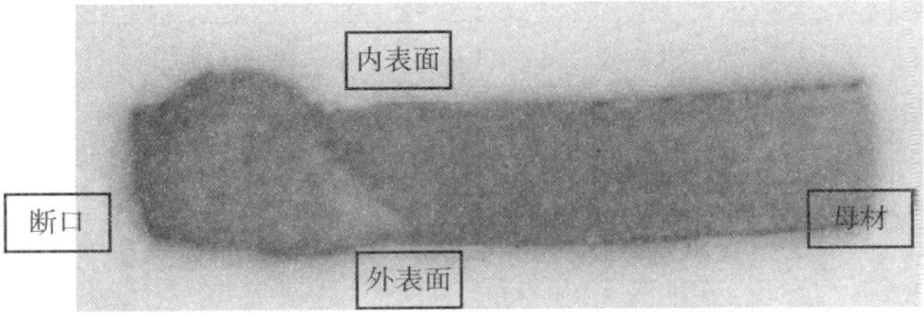

(a)中温省煤器断口侧金相样品示意

(b)母材

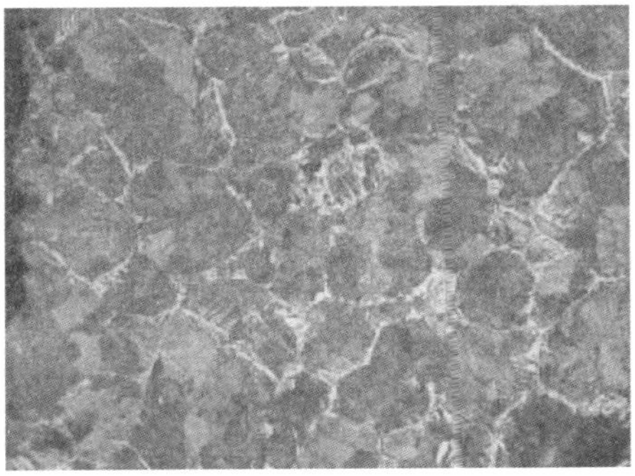

(c)断口处

图 6　Z–2 焊接接头金相组织（200×）

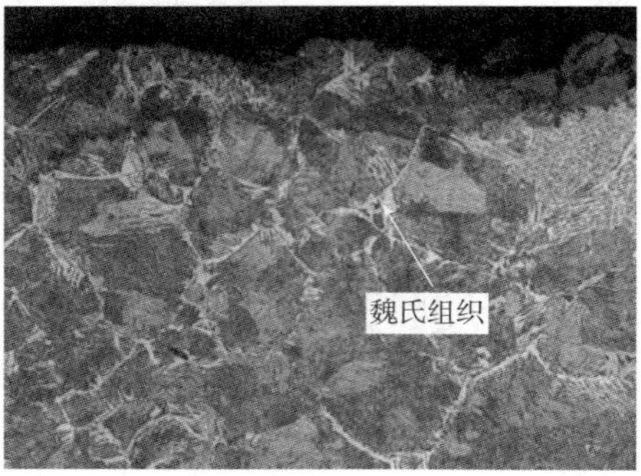

(d)内表面

(e)焊缝金属

图 6　Z-2 焊接接头金相组织（200×）（续）

1.6　焊接接头硬度检测

分别对以上金相样品进行维氏硬度检测，检测结果见表 2。

表 2　高温蒸发器和中温煤器焊接接头硬度　　HV10

名称	位置	测点 1	测点 2	测点 3
高温蒸发器	焊缝	174	174	189
	热影响区	153	157	160
	母材	136	139	138
中温省煤器（断裂部位）	焊缝	227	231	231
	热影响区	220	192	199
	母材	143	144	141
中温省煤器（未断部位）	焊缝	183	186	187
	热影响区	172	165	162
	母材	144	145	145
GB/T 5310	母材	140~160		

1.7　断口微观分析

使用扫描电镜观察编号为 G-3 的断口样品，见图 7。断口形貌特征外表面呈准解理断口，近内表面断口形貌呈韧性断裂，韧窝形貌呈抛物线状，开口方向朝外表面，断口外表面存在微裂纹。

Z-1 的断口在扫描电镜下观察到断口形貌特征呈准解理断口，见图 8，断口内表面存在缺陷和次生裂纹。

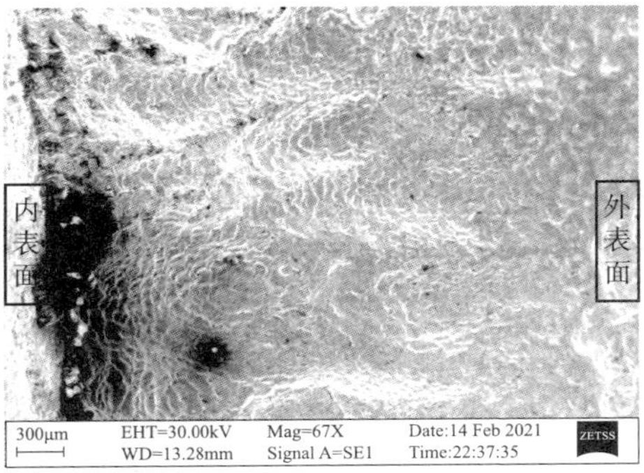

图 7 高温蒸发器断口形貌

图 8 中温省煤器断口形貌

1.8 失效分析

1）本次取样的样品在焊趾根部存在不同大小的焊瘤，从图 5 可见，最大焊瘤达 3.2mm，表明打底焊时采用了较大的规范施焊，将打底焊缝击穿后形成的，焊瘤造成焊缝根部存在较大的应力集中[2]。

2）从图 6 可见，热影响区晶粒粗大，存在魏氏体组织。表明该管件施焊时采用了较大规范的焊接参数，热影响区的 $t_{8/5}$ 时间过长，晶粒长大严重，这种粗大晶粒在较快的冷却速度下易形成魏氏体组织。魏氏组织不仅晶粒粗大，而且由于大量铁素体针片形成的脆弱面，使焊接接头的冲击韧性急速下降，这是焊接接头脆性增大继而产生裂纹的主要原因[3]。

3）从表 2 可见，断裂部位的热影响区及焊缝金属相比母材硬度均较高，超标准的焊瘤、热影响区晶粒粗大、魏氏体组织及硬度较高的共同作用下，裂纹从根部起裂后往表面扩展。

4）从图 7 中可见，高温蒸发器随着裂纹的扩展，产生河流状花纹，这是由于裂纹从内部启裂后向外扩展，在振动载荷作用下，最后表象为疲劳裂纹特征[4]。

5）中温省煤器弯管处母材珠光体球化度评级过高，在外力作月下易形成裂纹等缺陷，图 8 属于脆性断口。

2 列管式反应器的泄漏

2.1 事件概况

某石化环氧乙烷反应器 / 气体冷却器（列管式反应器）由美国科学设计公司（SD）提供软件包；日本石川岛播磨重工有限公司（IHI）设计和制造。设备主要技术参数见表 3，设备简图见图 9。设备在运行中气体冷却器编号为 C–11 环焊缝出现两处泄漏，见图 10。停车后经检查发现编号为 C–11、C3（反应器的上管板与壳体相焊）、C7（反应器的下管板与壳体相焊）的环焊缝中均存在大量裂纹，其中 C7 环焊缝裂纹多达 289 条。在 C–11 环焊缝上裂纹处制取了分析用试样。

表 3　设备的主要技术参数

	反应器		气体冷却器	
	壳程	管程	壳程	管程
设计压力 /MPa	6.58	2.33	3.69	2.33
操作压力 /MPa	4.28	2.07	3.55	2.07
设计温度 /℃	288	325	275	310
操作温度 /℃	238	280	216	280
介质	锅炉给水	EO 反应气体	锅炉给水	EO 反应气体
材料	SA543B–CL1	SA789–S31803	SA543B–CL1	SA789–S31803
管板材料	SA508 Gr. 4N CL.1+304L　大管板　5500 ×（155+5）			
封头材料	SA543B–CL1+304L			
规格 /mm	5500 × 84	管子 f38.1 × 2 × 11926	2500 × 49 （有接管）/26	管子 38.1 × 2 × 3606
高度 / mm	20763			

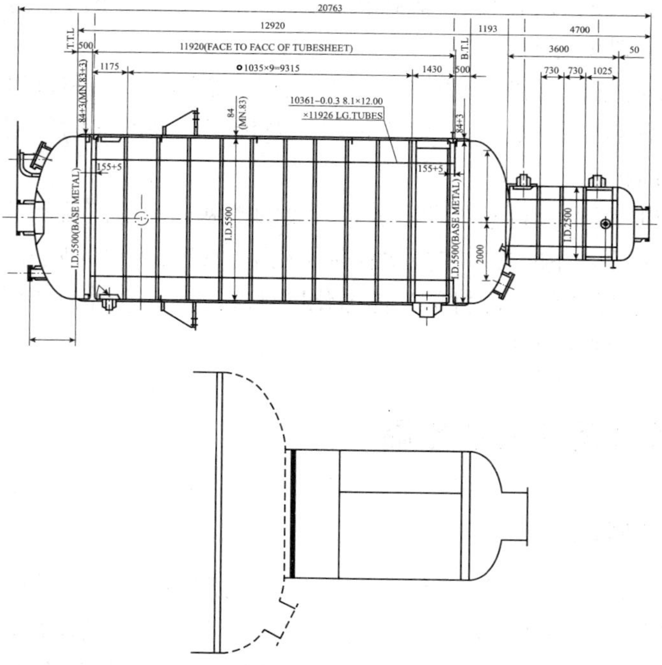

图 9　设备简图

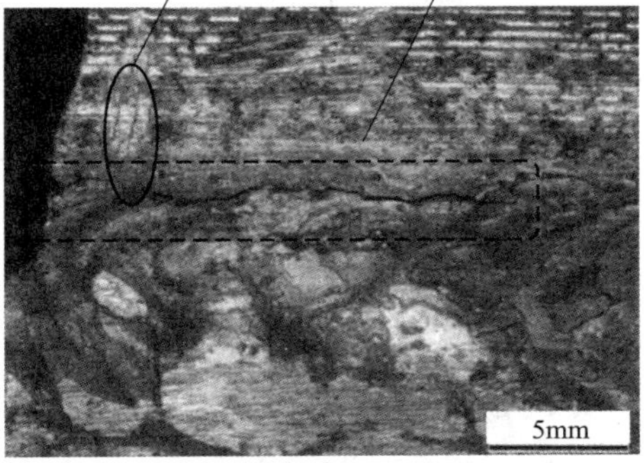

图 10　C11 环焊缝 A、B 两处泄漏

2.2　化学成分

采用直读光谱仪的化学分析结果如表 4，表 4 中数据表明壳程和管板化学成分分别满足 ASME 对 SA543 Type B CL.1 和 SA508 Gr. 4N CL.1 的要求，焊缝金属化学成分符合 IHI 公司提供的对焊缝金属要求。

表 4　壳程、管板及焊缝金属化学成分（质量分数）　%

元素	C	Si	Mn	P	S	Cr	Ni	Mo	V	Cu
壳程	0.177	0.260	0.342	0.0086	0.0020	1.77	2.31	0.373	0.0077	—
SA543 Type B CL1	≤0.20	0.15~0.40	≤0.40	≤0.020	≤0.020	1.00~1.90	2.25~4.00	0.20~0.65	≤0.03	—
管板	0.195	0.184	0.352	0.0050	0.0030	1.74	3.38	0.495	0.0087	—
SA508 Gr. 4NCL1	≤0.23	0.15~0.40	0.20~0.40	≤0.020	≤0.020	1.50~2.00	2.75~3.90	0.45~0.60	≤0.03	—
焊缝金属	0.072	0.372	1.20	0.0088	0.0031	0.266	2.62	0.51	—	0.199
MGS 80	≤0.12	0.30~0.60	1.10~1.60	≤0.030	≤0.030	0.10~0.40	2.40~3.00	0.30~0.70	—	≤0.35

2.3　焊接接头的硬度检测

采用 DVK-1S 设备测定维氏硬度，图 11 为焊接接头硬度测试部位，图 12 为焊接接头维氏硬度分布情况。由图 12 可见，焊缝两侧 HAZ 的硬度明显高于焊缝金属和母材。管板侧高于壳程侧，最高硬度在管板侧 HAZ，为 466.3 HV10；打底焊道的硬度高于填充焊道，最高硬度为 382.0 HV10。

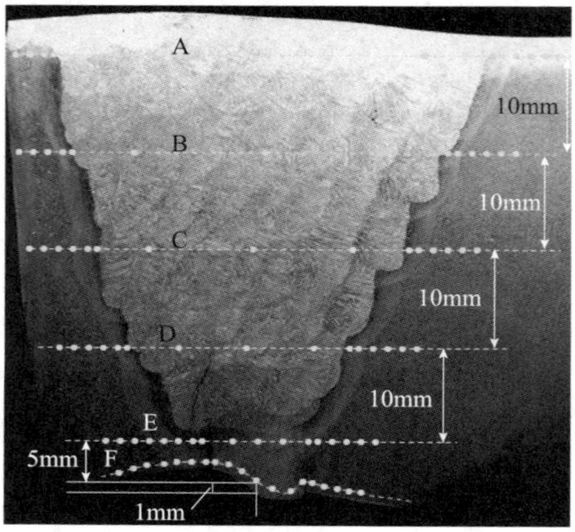

图 11　焊接接头硬度测试分布情况

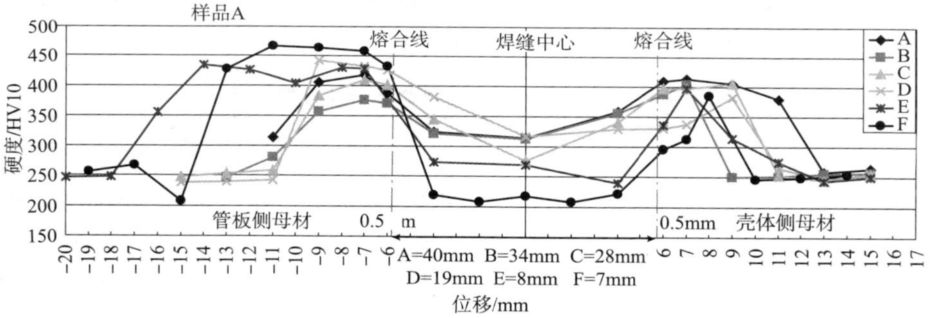

图 12　焊接接头硬度分布情况

2.4　断口宏观形貌

图 13 为 C11 缝上带裂纹的焊接接头横截面宏观照片，有两条宏观裂纹，长约 6.5mm 的裂纹 1 和长约 10.5mm 的裂纹 2。

裂纹 1 从内壁打底焊道管板侧的焊缝 HAZ 起裂，基本沿壁厚向外壁扩展，穿过打底焊道及填充焊道的熔合线，扩展至填充焊道内。裂纹 2 大多位于填充焊道内，中部的裂纹张口大于上部和下部，裂纹的下尖端已穿过填充焊道的熔合线，止于 HAZ 并有分叉；裂纹上尖端位于填充焊道内，也有分叉。从图 13 可见，宏观断口具有应力腐蚀特征。

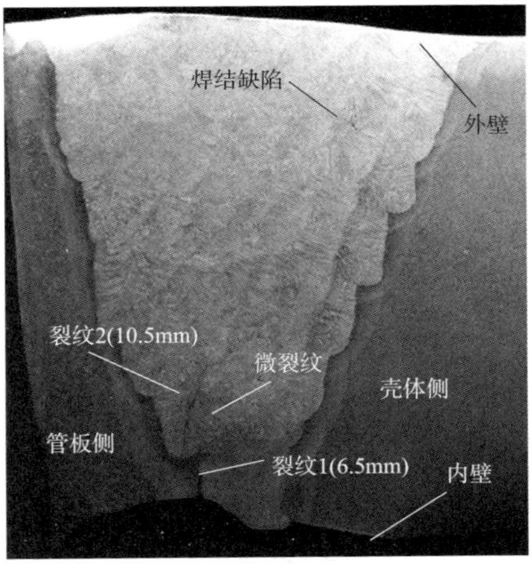

图 13　焊接接头横截面宏观照片

2.5　焊接接头显微组织

图 14 为焊接接头横截面各部位裂纹显微组织。由图 14 可见，裂纹 2（位置 2）下部尖端沿晶扩展，图 14（b）中局部有马氏体组织；位置 4 和位置 5 分别位于管板侧与壳程侧的 HAZ，图 14（c）、图 14（d）中均为马氏体组织。

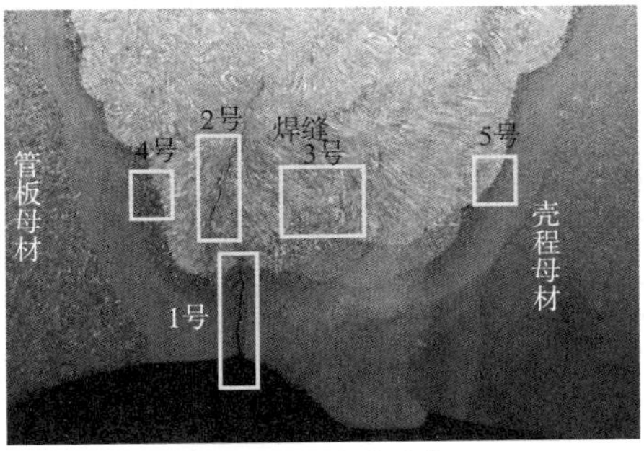

(a)显微组织部位分布

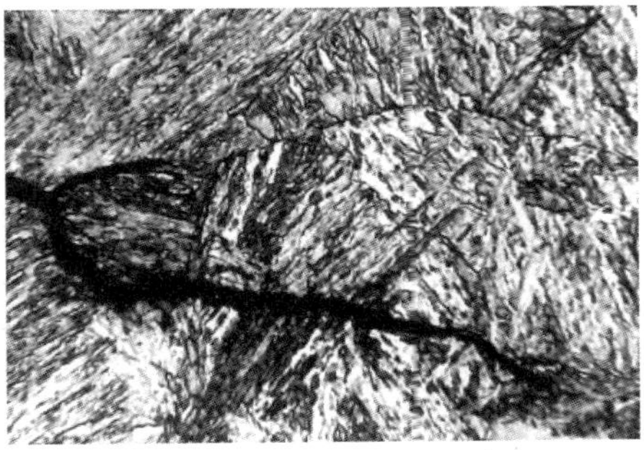

(b)2号位置下尖端裂纹微观形貌500×

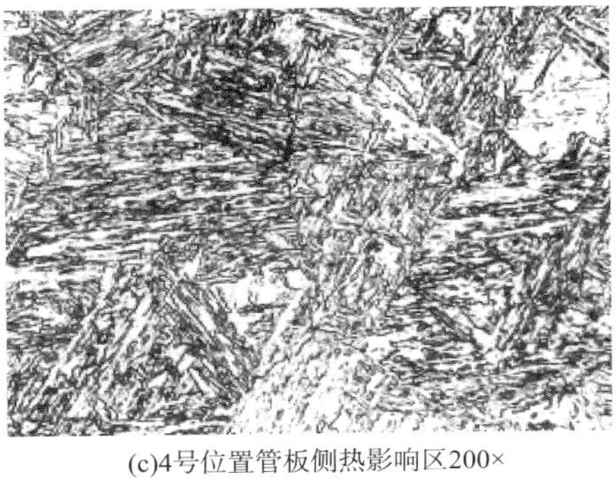

(c)4号位置管板侧热影响区200×

(d)5号位置壳程侧热影响区200×

图 14　焊接接头横截面各部位裂纹和显微组织照片

2.6 断口电镜扫描

由图 15（a）裂纹断口的形貌可见，裂纹由内壁起源，沿壁厚向外壁扩展约 15mm，断口上有大量裂纹及柱状晶。

从电镜扫描图可见：裂纹在内壁产生，沿壁厚向外壁扩展，图 15（b）为放射状条纹以及微裂纹；图 15（c）断口上可观察到焊道间的氧化物，图 15（d）为腐蚀结晶物，图 15（e）为冰糖状晶粒和柱状晶等。

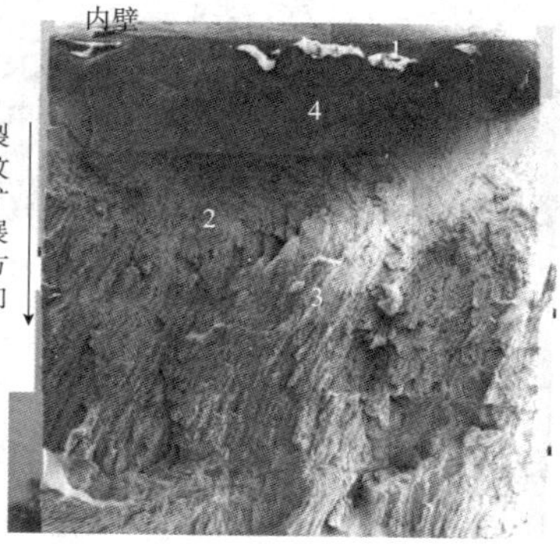

(a)裂纹人为打开后断口形貌

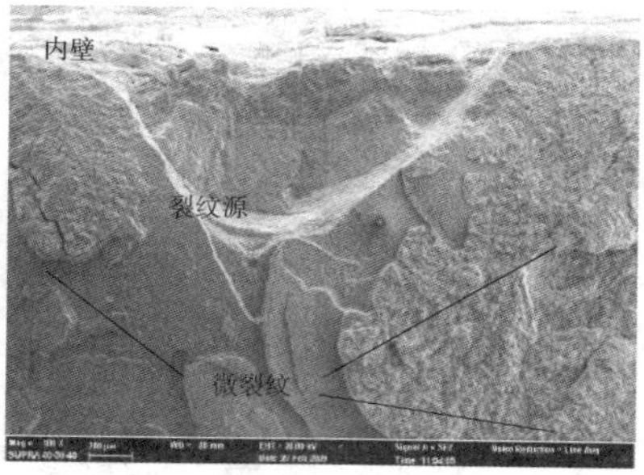

(b)位置 裂纹纹源区

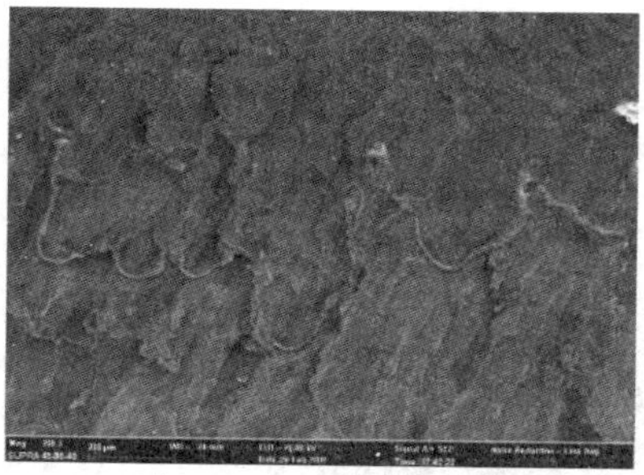
(c)位置 焊道交界处铁的氧化物

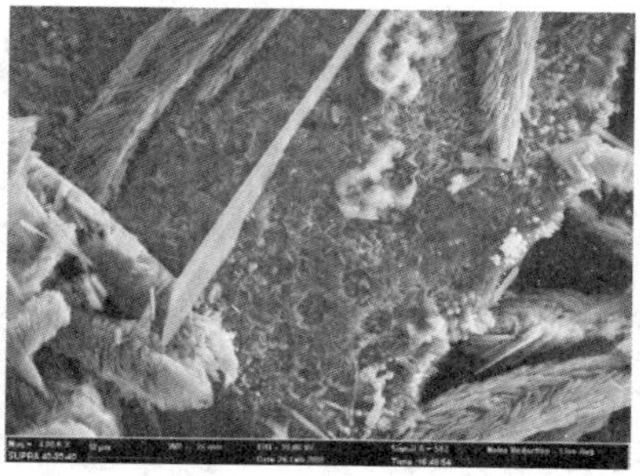
(d)位置 腐蚀结晶物

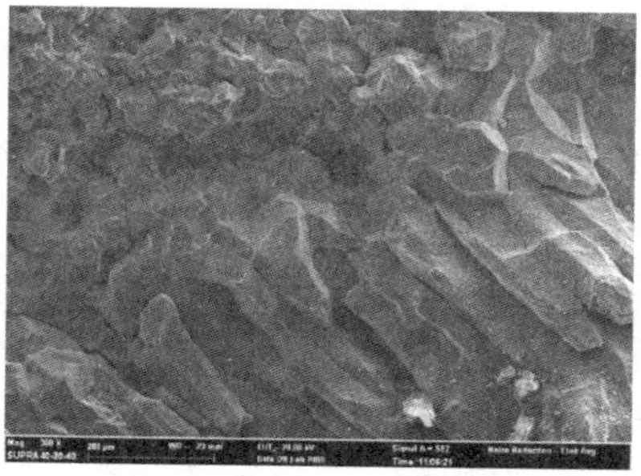
(e)位置 冰糖状、柱状晶

图 15　各位置微观形貌照片

2.7　断口面的能谱分析

对裂纹断口进行微区 EDS 能谱分析，见图 16，结果见表 5，可看出：断口结垢物中 P 最高处重量百分比达 11.03%；距断口内壁 3~4mm 部位（见图 17）泥状腐蚀结垢物中，扫描探测到 Na 元素。

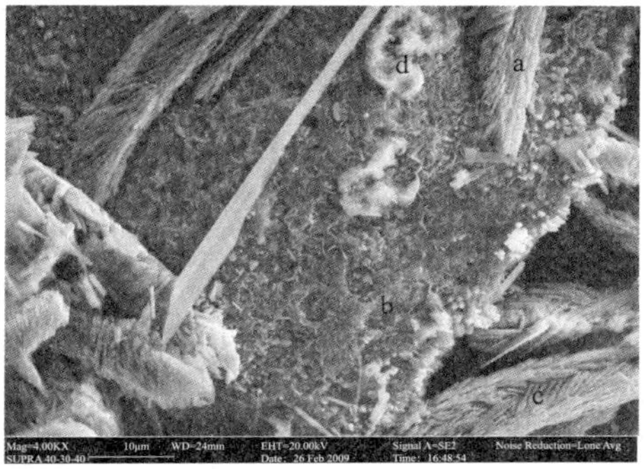

图 16　微区 EDS 能谱分析点

表 5　裂纹断口各区域 EDS 能谱分析结果　%

元素	重量百分比			
	a 点	b 点	c 点	d 点
C K	—	—	6.81	—
O K	29.86	21.44	39.71	34.43
Al K	—	2.04	—	3.53
Si K	—	4.25	—	6.15
P K	9.44	0.94	11.03	2.52
Cr K	—	0.95	—	—
Fe K	60.70	67.33	42.44	53.36
Ni K	—	3.05	—	—
总量	100.00	100.00	100.00	100.00

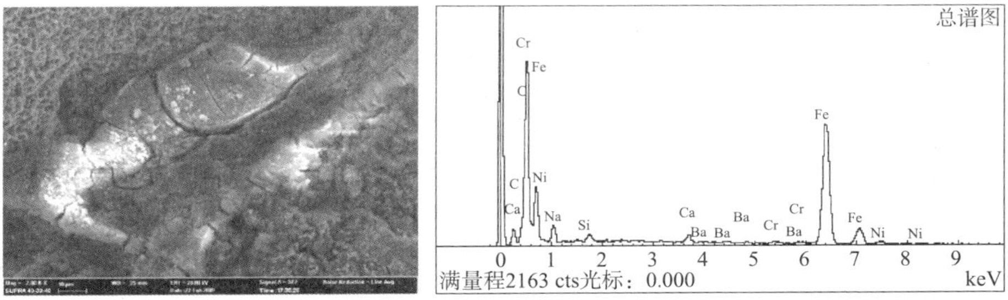

图 17　距离内壁 3~4mm 区域元素图图谱

2.8 失效分析

1）SA508Gr. 4N CL1 由于需增加强度和提高淬透性，加入了较多的合金元素。根据国际焊接学会推荐的碳当量公式[5]：

$$CE=[C+Mn/6+(Cr+Mo+V)/5+(Cu+Ni)/15]\%$$

（式中为对应各元素的质量分数）

计算 SA508Gr.4N CL1 的碳当量高达 1.023%，因此焊接热影响区具有非常高的淬硬倾向，这只能通过提高预热温度来予以解决。而本台设备管板厚达 155mm，焊接冷却速度很快，热影响区的 $t_{8/5}$ 很短，图 12 中硬度高达 466.3 HV10 马氏体组织，表明热影响区产生了严重淬硬现象，这是由于预热温度不足造成的[6]。

2）该设备按国外的提供的工艺包，不需进行焊后热处理。而环氧乙烷反应器为大直径、厚壁容器，选用材质 $R_m \geqslant 725$MPa 的高强钢，焊接接头中不可避免地存在高的焊接残余应力，甚至与材料的屈服强度大致相当[7]，因此不采用焊后热处理措施非常不妥。然而即使进行焊后热处理，也不可能消除硬度高达 466.3 HV10 的淬硬组织，因此焊前预热措施是至关重要的。

3）在高硬度马氏体组织、高的残余应力双重作用下，焊接接头中存在一定程度的扩散氢，该设备在运行过程难免会产生裂纹[8]。

4）图 13 中裂纹从内壁打底焊道管板侧 HAZ 起裂，沿壁厚扩展，主裂纹穿晶扩展，裂纹尖端沿晶扩展并有分叉，具有明显应力腐蚀裂纹特征[9]；图 15 中断口观察裂纹在内壁产生，系多源裂纹，沿壁厚向外壁扩展约 15mm，有放射状条纹及微裂纹，EDS 能谱分析在裂纹断口探测到 P 和 Na（表 5 和图 17），在腐蚀介质的作用下，进一步加重了应力腐蚀裂纹的产生。

5）高硬度的淬硬马氏体组织和较高的残余应力，在高温锅炉水介质中的 P、Na 作用下，焊接接头发生应力腐蚀开裂，由内壁向外扩展，最终导致泄漏。

3 结论

1）碳钢当采用大规范焊接时，$t_{8/5}$ 时间过长，热影响区晶粒粗大，如冷却速度较快，热影响区易形成魏氏组织，增加了焊接接头脆性，继而引起裂纹的产生。

2）厚壁低合金钢焊接时如预热温度措施不力，在焊接热影响区易产生淬硬的马氏体组织，在焊接残余应力作用下，易产生冷裂纹，如遇到应力腐蚀介质，就会产生应力腐蚀裂纹。

参考文献

[1] 中国焊接协会 . 锅炉压力容器焊接实用手册 [M]. 北京：机械工业出版社，2016：228-235.

[2] 郝俊光 . 分析焊接缺陷的危害及解决方法 [J]. 科技传播，2013（4）：146-147.

[3] 杨胜涛 . 浅谈魏氏组织形成机理及对材料性能影响 [J]. 河南科技，2014，4：76-77.

[4] 刘健 . 电厂 0Cr18Ni9 不锈钢油管断裂失效分析 [J]. 金属热处理，2007，12：103-105.

[5] 中国机械工程学会焊接学会 . 焊接手册 [M]. 北京：机械工业出版社，2014：156-157.

[6] 夏国发 . 天然气管道在役焊接热影响区 $t_{8/5}$ 影响因素研究 [J]. 压力容器，2017，4：29-30.

[7] 孙凯祥 . 高强度钢典型焊接接头参数对残余应力的影响 [J]. 船舶科学技术，2021，9：64-69.

[8] 谢小强 . 压力容器焊接冷裂纹产生的机理和防止措施 [J]. 化工管理 .2021，1：153-154.

[9] 房务农 . 大型球罐裂纹分析及修复要点 [J]. 焊接，2018，5：57-60.

VVER 核电工程低合金复合钢主管道的临界脆性控制安装工艺

马新朝

（中国核电工程有限公司，北京 100840）

摘要：文章说明了 VVER 核电工程低合金复合钢厚壁管的焊接工艺，分析了焊接工艺评定过程中出现的材料脆性临界温度偏低的原因，从断口分析、金相组织检验、硬度检测验证、理化试验检验、焊接热输入方面来可有效得出偏差的原因，并针对性给出了相应的工艺控制措施，针对实际工程的安装焊接工艺，提出了控制材料 Si 含量、控制焊接热输入量及控制部位的工艺措施，并对整体系统的安装工艺进行了介绍，该安装焊接工艺可为厚壁低合金复合钢的焊接提供一定借鉴。

关键词：VVER 核电工程；大厚壁复合钢；临界脆性温度；控制工艺

Critical brittleness control and installation process of low alloy composite steel main pipeline in VVER nuclear power project

Ma Xinchao

（China Nuclear Power Engineering Co.，Ltd.，Beijing 100840，China）

Abstracts：The article describes the welding process of the low-alloy composite steel thick-wall pipe of VVER nuclear power project，analyzes the reasons for the low critical temperature of the brittleness of the material during the welding process qualification，and effectively obtains the reasons for the deviation from the aspects of fracture analysis，metallographic structure inspection，hardness testing and

［作者简介］马新朝，男，正高级工程师，田湾核电工程项目副总经理，国家注册安全工程师、注册监理工程师、注册设备监理工程师，项目经理 B 级。核电安装焊接工艺及新技术研究、无损检测（RT、UT）技术、理化检测及工程管理，著有《核电工程焊接监理》。曾从事核压力容器的制造技术，已参与建成巴基斯坦 C-2 工程、秦山二扩、方家山核电、田湾二期和三期核电工程，目前从事田湾核电项目 7、8 号机组的工程建设管理工作。

verification, physical and chemical test inspection, and welding heat input, and gives the corresponding process control measures, In view of the installation and welding process of the actual project, The technical measures to control the content of Si in the material, the amount of welding heat input and the control position are proposed, and the installation and welding process of the whole system is introduced. The installation and welding process can provide some reference for the welding of thick wall low alloy composite steel in kinds of projects.

Key words: VVER nuclear power engineering; large thick-walled composite steel; critical brittleness temperature; control process

0　前言

核电工程控氮不锈钢大厚壁主管道的焊接工艺技术已趋于成熟，可应用TIG+SMAW、热丝 TIG 自动焊、TOCE 自动焊，但在 VVER 核电机组低合金复合钢厚壁管的焊接及堆焊过程中也会出现由于脆性温度及相应指标出现偏差现象，而主管道要承受辐射介质的影响，对脆性控制技术至关重要。

主管道复合钢材料在加热或冷却到某一温度（需要通过试验得出）时冲击韧性发生突变，该温度就称为材料的脆性临界温度。材料对于低于常温的脆性临界温度叫冷脆，高于常温的脆性临界温度叫热脆；控制脆性就是要控制脆性临界温度限值和控制其焊接条件，当严酷条件满足时则正常工况可以满足，在工艺评定过程中需要评定其脆性指标。

某 VVER 核电工程 3、4 号机组主管道 5G1T 的工艺评定，在 T_k=-10℃（即 T_{k0}）熔敷金属脆性临界转换温度验证时，其一件理化试验试验件冲击韧性值为 40J/cm² 不满足俄罗斯标准《核动力装置设备及管道强度计划规范》最低值 41J/cm² 的要求，对此现象，需要按照建造事件处理流程进行分析和处理。

1　原因分析

分析脆性指标偏低的原因应从以下四方面进行：①焊接材料的成分分析，需要准确进行焊材的复验检验，以保证主控元素符合制造标准，特别强调控制 C、Si、S、P、Mn、Cr、Ni 等微量元素的含量；②进行断口分析、金相组织检验、硬度检测验证分析；③焊接工艺分析，焊接热输入查看是否对晶相影响；分析对机械性能的影响；④机械性能分析，包含对机械试样的取样部位及结果分析。

分别做对比试验、取样分析，针对上述四个方面的要求进行精准分析，做了试样的宏观断口对整体塑性变形及平断口面积分析，观察枝晶形态，得出脆性断裂区为准解理 + 解理断口；终断区为拉长的韧窝断口，得到了冲击值偏低的试样出现一定面积的沿晶脆性断口，存在晶界弱化现象；金相分析得出冲击试样断口附近的组织为贝氏体 + 铁素体 + 少量粒状珠光体；组织粗大硬度偏高则冲击韧塑性就差。经北京钢铁研究院的对比取样分析，典型金相组织见图 1。

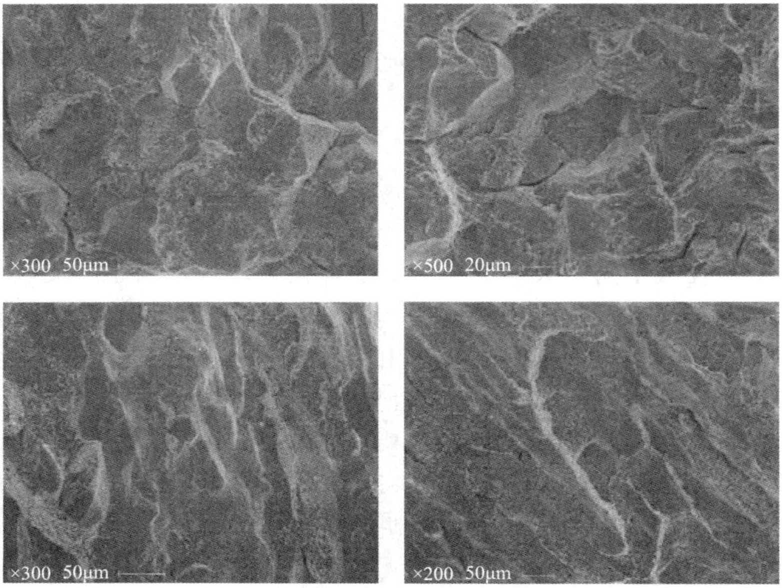

图 1　条带状沿晶断口晶相照片

冲击韧性偏低的原因：材料硬度偏高、组织粗大，局部存在晶界弱化，此为吸收功偏低的直接原因；大厚壁管的多层多道焊接中，焊接接头多，造成起弧和收弧处的局部热输入量不同，焊接热输入偏大致使局部组织存在差异，在焊接过程中焊缝各部位的热循环不均匀且熔敷金属成分熔融速度稍有不同，导致化学成分偏析较大；同时导致局部焊缝组织不均匀、机械性能差异；水平固定焊缝仰焊 ---立焊位置取样，该位置相对于整条环缝的操作难度高、运条较慢，易造成局部热输入量增大，致使焊缝组织粗大。

2　焊接特点

VVER 核电工程主管道及相应设备基本均是厚壁复合钢[1]（10ГН2МФА 复合钢，压力容器材质为 15Х2НМФА-А 复合钢），如反应堆一回路的主设备的 PZR 稳压器，内径 3000mm，容积 79m³，设计压力 17.6MPa，设计温度 350℃，材料为

10ГН2МФА 复合钢（对应我国钢材牌号为 10MnNi2MoVN）低合金钢，内表面堆焊奥氏体防腐蚀层。筒体制作工艺为双层埋弧堆焊，过渡层材料为 Св-07Х25Н13（对应我国钢材牌号为 ER309L）控氮不锈钢，盖面层为 Св-04Х20Н10Г2Б（对应我国焊材牌号为 ER347），堆焊防腐蚀层总厚度 8~12mm，形成相应的厚壁管。压力容器、蒸汽发生器、稳压器及主管道接管嘴焊接接口之间的焊接工艺评定报告可以覆盖相应的现场焊接工艺。

VVER 主管道主设备共四环（PZR-Pressurizer 稳压器、SG-Steam Generator 蒸发器、RPV-Reactor Presssure Vessel 压力容器、Main pump 主泵）的布置示意如图 2，其焊接位置涵盖 1GT、2GT、5GT、6GT。

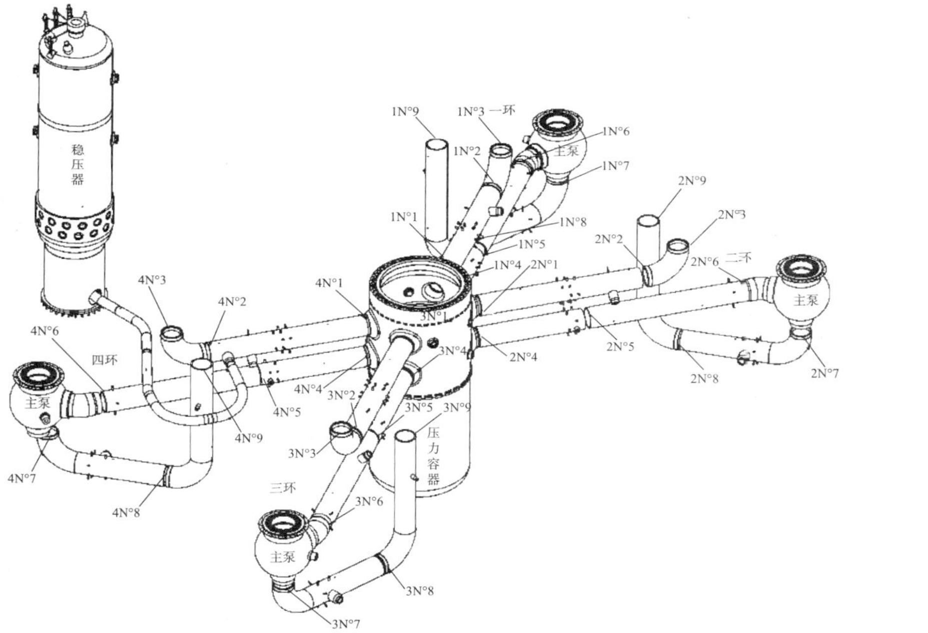

图 2　VVER 主管道主设备（稳压器、蒸发器、压力容器、主泵）布置示意（第四环）

工程实际焊接过程中，遵守俄罗斯技术标准的前提下，需结合工程实际制定专项的焊接工艺进行焊接，以保证焊缝区域堆焊层的焊接质量，减少对脆性指标的影响。

N°3 焊口母材与焊材均为俄罗斯供货，典型接头材料见表 1。

表 1　N°3 焊口母材与焊材简介

接头类型	规格	基层	内部堆焊层
主管道 - 蒸发器接管	Φ990 × 70mm	10ГН2МФА （10MnNi2MoVN）	03Х22Н11Г2Б （03Cr22Ni11Mn2Nb）

续表

序号	焊材名称	牌号	规格 /mm	烘干温度 /℃	保温时间 /h	使用方向
1	碳钢实芯焊丝	Cв–08Г2С	ϕ2.0	—	—	基层氩弧焊道
2	碳钢焊条	ПТ–30	ϕ3.0/ϕ4.0	340~380	2	基层填充焊道
3	异种钢焊条	ЦЛ–25/1	ϕ3.0/ϕ4.0	310~350	1~2	过渡层焊道
4	不锈钢焊条	ЭА–898/21Б	ϕ3.0/ϕ4.0	120~150	2~2.5	复层焊道

2.1 焊接工艺评定及焊接工艺

2.1.1 脆性指标评定

为了确保对俄供设备的有效焊接，需要针对此种低合金复合厚壁钢进行工艺评定，尤其是确保焊接接头的稳定性及质量，要结合工艺技术条件的要求制定相应的检测工艺。为此，开展了对俄供焊材复验检验，并采取焊条药皮均匀性筛选（由于焊条药皮厚度不均匀会造成焊接过程中的磁偏吹），防止磁偏吹[2]；对主管道焊接工艺评定方案的进行了专家评审，评审给出了“对于 T_{k0} 试验指标进行验证”的意见。因此，需要通过评定验证，找准焊接工艺，从而保证熔敷金属脆性临界转换温度验证值合格，保证主管道的综合性能。

俄罗斯 LBB 导则 G–LBB–01–99（Guide on″ Leak–before–break concept application to NPP pipelines，R–TPR–01–99，MAE，Moscow，1999，RD 95 10547–99）的规定：采用 LBB 分析的管道材料必须满足材料的 $C_v \geq 60$ J/cm^2 或 $T_k \leq 20$℃的要求；

对每一个试验试样确定冲击韧性、断口处韧性比例和横向膨胀值；若试验件在 –10℃的温度下 C_v 试验值满足要求，则试验件的脆性转变温度即为 $T_k \leq -10$℃；

在脆性临界转变温度验证试验中，熔敷金属区试件的冲击韧性的标准值 K_{CV} 是根据熔敷金属在 20℃的屈服强度进行确定，其 K_{CV} 要求值如下：

T_k=–10℃时 $K_{CV} \geq 59$J/cm^2；T_k+30℃=20℃时 $K_{CV} \geq 89$J/cm^2

表 2 冲击韧性临界值（Criterion Values of Impact Strength at Temperature T_k，℃）

20℃的屈度 Yield strength Rp0.2 at temperature of 20℃/MPa （kgf/mm^2）	冲击韧性 Impact strength（KCV）$_1$/(J·cm^{-2})（kgf/mm^2）②	②
Rp0.2≤ 304（31）	29（3.0）	44（4.5）
304（31）<Rp0.2 ≤ 402（41）	39（4.0）	59（6.0）
402（41）<Rp0.2 ≤ 549（56）	49（5.0）	74（7.5）
549（56）<Rp0.2 ≤ 687（70）	59（6.0）	89（9.0）

注：①温度为 T_k，20℃时的冲击韧性临界值；②温度为 T_k+30℃时的冲击韧性临界值。

技术措施：控制焊接弧长，以评定合格所用电流的最小匹配电压焊接，确保焊缝不发生气孔缺陷，观察焊接熔池的成形及凝固，保证焊缝金属的致密，控制堆焊层过热循环减少有益元素的烧损，控制 Cl^- 影响，在实际评定及现场焊接过程中控制含氯元素的含量[3]；过渡层双相钢的焊接，控制材料及母材中的 Cl^- 及 Cr^+ 含量符合标准要求，防止贫铬化物的聚集，控制晶间腐蚀倾向，防止焊缝在后续的运行过程中发生穿透腐蚀、孔蚀、点蚀及应力腐蚀。

管道组对、点焊及检验：对口时采用专用对口卡具，对口错边 $p \leqslant 0.5$mm，根据焊接工艺评定经验必须预留焊缝收缩量，组对间隙在 b'=2.0~3.0mm，点焊后才能保证间隙 $b=1.5 \pm 0.5$mm。

定位焊时采用手工 TIG 方法在基层坡口根部进行焊接，应将坡口根部焊透，定位焊的数量应沿圆周均布 8~10 点，焊缝高度 3~6mm，长度 80~100mm。点焊完成后进行定位焊焊缝目视检查，清除缺陷并对坡口组对后的最终尺寸检查并记录。

2.1.2　适用于 1GT、2GT、6GT、5G1T 的焊接位置的综合焊接工艺

基层打底：TIG 焊，C_B–08Г2С，Φ2.0mm I=110~160A，保护气体 Ar 99.99%，L_{Ar}=8~15L/min

基层填充：SMAW 焊，ПТ–30 焊条，Φ3.0~4.0mm：Φ3.0mm I=90~140A；Φ4.0mm I=108~169A

复层（过渡层）：SMAW 焊，LIЛ–25/1 焊条，Φ3.0~4.0mm：Φ3.0mm I=85~120A；Φ4.0mm I=100~150A 需焊厚度 h_1=5mm 焊宽度为 25~30mm

复层（耐蚀层）：ЭА–898/21Ь，Φ3.0~4.0mm：Φ3.0mm I=85~120A；Φ4.0mm I=95~150A 需焊厚度 h_2=10mm 焊宽度为 70~100mm

接头形式覆盖整个全位置的接头，如图 3 及图 4 示。

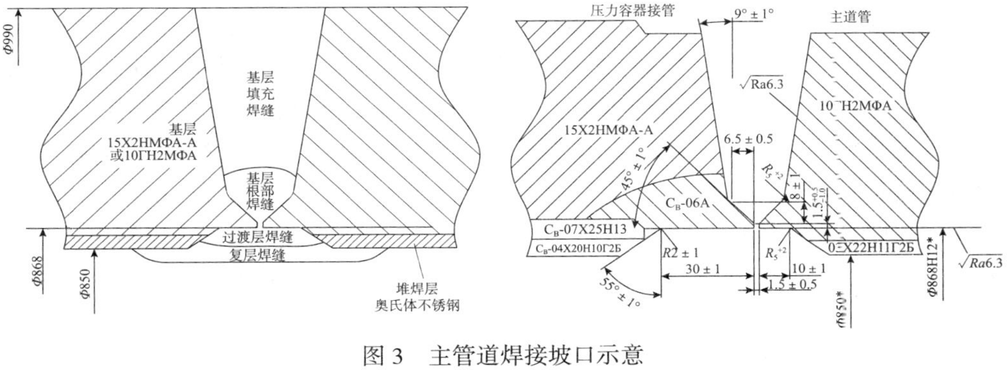

图 3　主管道焊接坡口示意

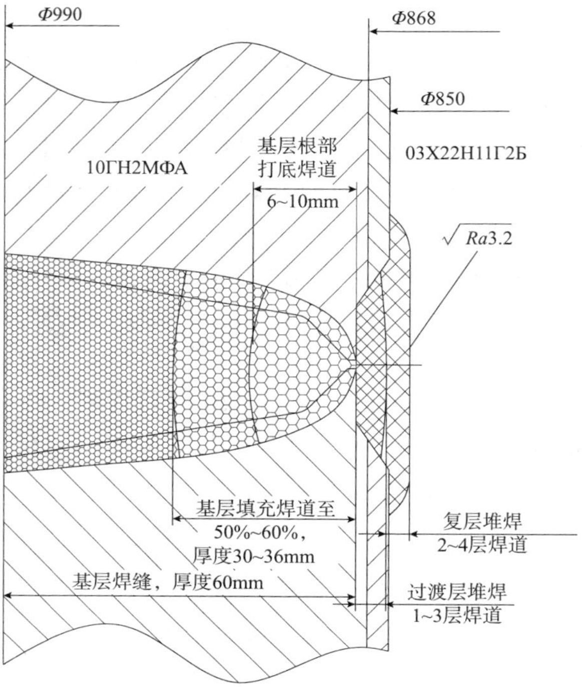

图 4　基层、过渡层及复层焊接层次布置

2.2　单个焊口的焊接

现场焊接[4]：焊接必须依据已评定合格的焊接工艺所编制的焊接工艺卡中焊接参数实施焊接。为避免焊缝收缩产生的位移对下道焊缝的影响，3 号机组原主管道焊接方案采用该电厂一期工程的“依次施工”方法，即在焊接下一道焊口前，要全部完成上一道焊口的基层、复层焊接及无损检验的全部工作。此焊接施工方法较为保守，对主管道焊接施工工期产生不利的影响，因此，根据工程经验数据，需要对主管道焊接施工方案进行科学优化。结合主管道焊接工艺评定和现场主管道焊缝实际收缩测量数据和其他核电工程的主管道焊接经验数据，证明焊接收缩变形主要集中在基层焊接前期，因此结合每道焊缝的特点及关键工序，有针对性的对主管道焊接施工进行科学决策和优化，推行施工焊接方案的修改并应用于现场施工。即采用“平行法”施工工艺：热段 $N^0$3 → $N^0$1（基层焊接、热处理及无损检验完成）→ $N^0$2 →冷段：$N^0$4（基层焊接、热处理及无损检验完成）→ $N^0$5（基层焊接、热处理及无损检验完成）→ $N^0$6 →过渡段：$N^0$8 → $N^0$7、$N^0$9（同时焊接）；每道焊缝内侧不锈钢耐腐蚀层的堆焊（厚度为 10mm），如图 5 示。

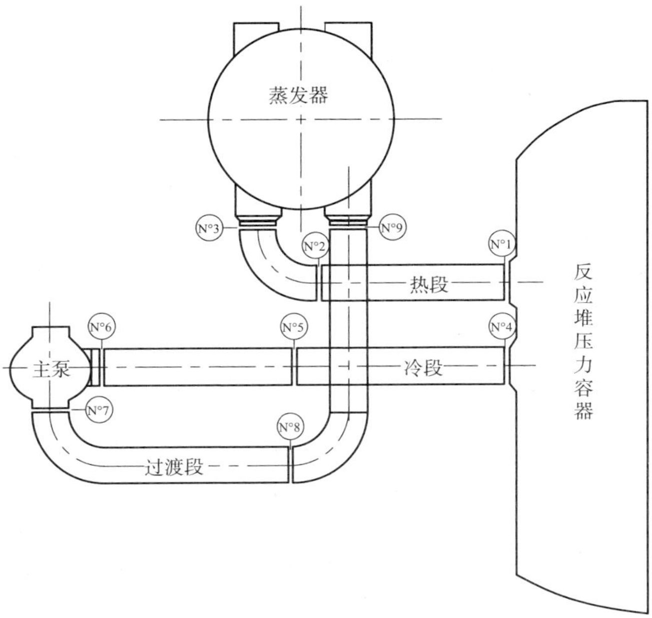

图 5　单个环路主管道布置及焊接接头分布

2.2.1　基层根部焊接

1）基层焊接工艺措施

焊接前将 Cв-08Г2C 焊丝用砂纸和丙酮擦拭干净，将点固焊缝两端打磨成缓坡状，管口采用封堵措施，防止管内形成风筒效应对焊接质量产生不利影响；根部焊缝采用氩弧焊进行焊接，使用验收合格的（纯 Ar：99.99%）氩气，L_{Ar}=8~15L/min，焊前不需预热，根部焊缝施焊厚度为 6~10mm，氩弧打底焊缝必须连续焊接完成，避免产生裂纹。根部焊接时应采用两名焊工对称施焊将坡口根部完全焊透，允许从内侧对未焊透的地方进行根部补焊。$N^0$3 焊口 TIG 焊接顺序示意如图 6 所示。

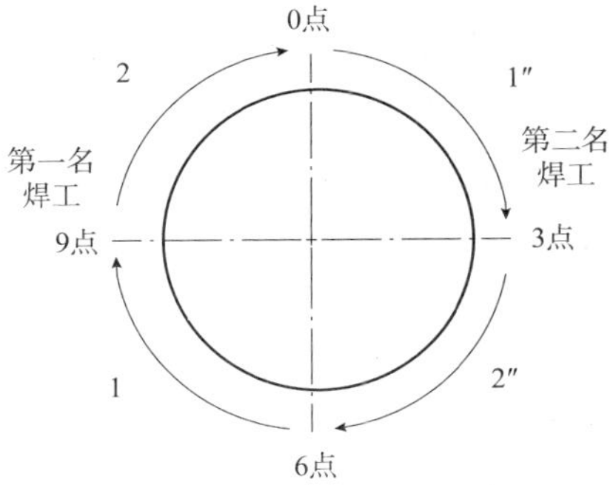

图 6　$N^0$3 焊口 TIG 焊接顺序示意

2）基层填充焊接工艺措施

基层填充焊接前，在管道内部安装保温隔板，保证预热温度的稳定，安装位置距焊缝中心两侧各 600mm 处；基层填充及盖面焊道采用手弧进行焊接，焊条选用 ПТ-30。每层 / 道焊接接头之间均应错开 10~15mm，严禁在坡口以外的母材上进行引弧，施焊时焊缝每层焊道的厚度不应超过 7mm（控制焊接厚度小于 6mm）。

焊接仍采用两名焊工对称焊接，焊接方向与氩弧层相反。焊接过程中层间温度应控制在预热温度 150~250℃的范围内（用测温仪测量坡口处的实际温度），高于 250℃应待焊缝降温后进行下一层焊接。

焊接过程中对每层 / 道的焊接电流、方位、焊材的炉批号、层间温度及焊工等信息进行记录，并安排打磨人员对熔渣和飞溅进行清除，打磨过程注意避免伤及坡口母材表面，同时仔细检查焊缝表面有无裂纹、气孔、夹渣等表面缺陷，直至基层填充焊道及盖面焊道焊接完成。焊接时，焊条摆动宽度不得大于 3 倍的焊条直径。

3）复合层焊接工艺措施

复合层焊接包括过渡层和复层焊缝的焊接，过渡层、复层焊接前将待焊表面清理干净，并去除氧化皮等杂物；在基层焊接接头无损检验合格之后，先进行过渡层的焊接后进行复层的焊接；过渡层和复层采用 SMAW 方法进行焊接，过渡层焊条采用 ЦЛ–25/1，复层焊条采用 ЭА–898/21 Б；过渡层的第一焊道的焊接从管道的奥氏体复合金属开始，焊接完成后焊道应盖住管道奥氏体和珠光体分界面每边至少 2.5mm；完成隔离层时，保证珠光体母材沿高度全部覆盖至少 2.5mm；在管道内部进行堆焊时，应注意对堆焊层的保护，严禁碳钢物质接触不锈钢防腐层。

焊层分布为：过渡层 1~3 层，复层 2~4 层。焊接时，焊条摆动宽度不得大于 3 倍的焊条直径；层间温度 $T \leqslant 100$℃，施焊前及过程中用测温仪器进行层间温度控制；复层焊接完毕后，用机械方法将焊缝表面修磨至与母材表面圆滑过渡，表面粗糙度 $Ra \leqslant 3.2\mu m$。

4）最终回火热处理

基层焊缝检验合格后要最终回火热处理。最终回火热处理前的这段时间间隔不受限制；最终回火热处理的次数不得超过 2 次。

升温速度：温度在 <500℃时，升温速度≤100℃/h，当温度 =500℃时，保持恒温 1h，检验温度差，温差必须控制在 35℃以内，当温度 >500℃时，升温速度≤50℃/h。

恒温温度：升温至 620℃后在 620~660℃之间保温 8h。

降温速度：当温度 >300℃时，冷却速度≤50℃/h，当温度 <300℃时，在保温层下自然冷却，温度降到 100℃时，关闭记录仪拆除保温。

2.3 系统回路焊接

2.3.1 焊接工艺流程

管道组对、点焊及检验→基层根部焊接→无损检验→预热→基层填充焊接至

50%~60% →无损检验→基层填充焊接至 100% →后热→无损检验→最终回火热处理→无损检验→复合层（过渡层 + 复层）焊接→无损检验。

2.3.2　焊接方案

为研究焊接变形的影响，在主管道焊接工艺评定试验过程中以及现场主管道焊口焊接过程中，对主管道焊接收缩量进行测量分析，焊缝收缩量变化趋势如图 7~ 图 8 所示。

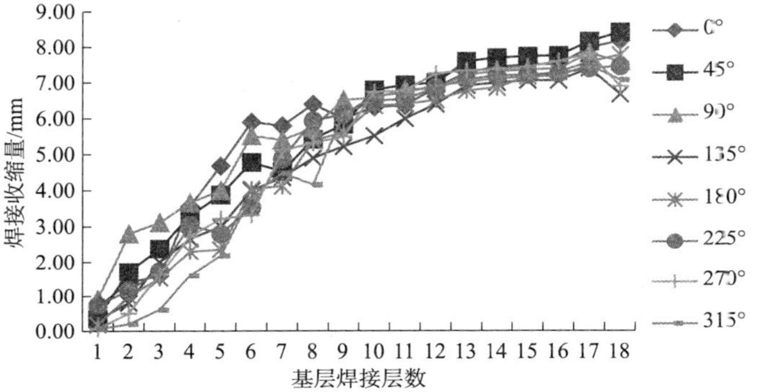

图 7　主管道焊接工艺评定收缩量

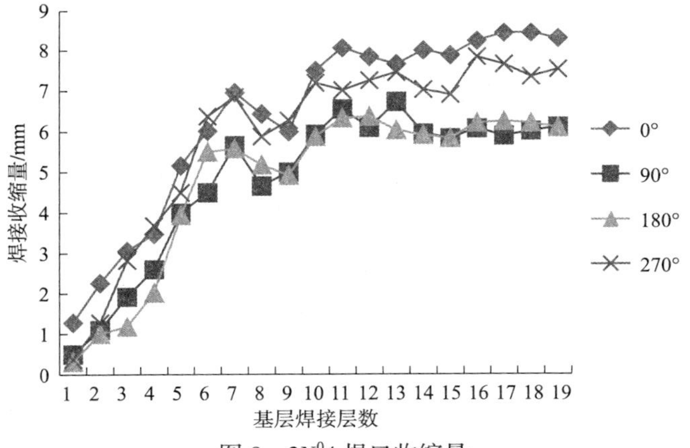

图 8　$3N^0 4$ 焊口收缩量

通过以上对大厚壁管道焊接收缩量数据分析可知，焊接变形量主要在焊缝金属的 50% 前，即主管道焊缝基层焊接 50% 前对焊接变形影响大，基层焊接 60% 左右收缩量数据趋于稳定。表明焊接变形主要在基层焊接前期，复合层焊接对于焊口变形无影响。基于保守的决策：基层焊接及热处理完成后对于下一焊口的开启没有影响。因此，基于“避免焊缝变形会对下道焊口产生影响”制定的“依次施工”工艺，就有了优化的依据。针对主管道焊口特点，将焊接施工方案优化如下：

主管道各环路的安装启动顺序为：热段（所有 N°1 焊口基层焊接、热处理及无损检验完成）→冷段→过渡段。

主管道四个回路的焊接施工可同时焊接。安装前对坡口尺寸检查并记录，应符合设计图纸要求。组对前按设计要求对坡口面及两侧至少 20mm 范围进行目视及液体渗透检查，对坡口面及两侧至少 50mm 范围进行超声波检查，避免母材的制造缺陷影响焊缝质量（坡口表面应无裂纹、气孔等影响焊接质量的缺陷）；清理待焊表面和坡口两侧至少 20mm 宽度范围内，无油脂、水、锈蚀等杂物。各环路焊接接头的焊接启动顺序为：

热段：$N^0$3 → N1（基层焊接、热处理及无损检验完成）→ $N^0$2；

冷段：$N^0$4（基层焊接、热处理及无损检验完成）→ $N^0$5（基层焊接、热处理及无损检验完成）→ $N^0$6；

过渡段：$N^0$8 → $N^0$7、$N^0$9（同时焊接）。

必须保证焊接和热处理的连续性，现场须配备两路专用电源。建立工作清洁区域，焊接专区。现场焊接时，控制相对温度和湿度，焊接全过程保证环境温度 ≥5℃，相对湿度 ≤80%。

3 结论

低合金复合钢厚壁管在严酷条件下需要进行脆性指标的评定，当出现脆性及韧性指标发生偏离标准时，需要重新评定该指标，进行断口分析、金相组织检验及硬度验证并结合工艺评定参数优化，分析结果可为脆性指标的优化评定提供技术参考。

复合钢厚壁管在核电工程应用的方法、技术、措施可在同行业焊接厚壁管项目中充分应用，尤其是当管道焊接至 50%~60% 管壁厚度时焊接变形趋于稳定[5]，这为后续设备安装及管道焊接提供充分的工程借鉴和参考；合金钢内壁耐蚀层的焊接要充分进行过渡层及耐蚀层的后续焊接，焊接过程中要充分保证隔离堆焊层的宽度和焊肉高度（h≤6mm），满足技术条件的前提下要保证 10~15mm 的裕量，堆焊完成后的焊接接头不得进行焊后热处理。

复合钢厚壁管在焊接过程中，对于过渡层及防腐蚀堆焊层的性能保证要严格执行焊接小电流焊接规范（即规定的焊接工艺下限电流），即在焊接工艺参数控制时焊接电流的下限焊接，同时要正确使用 SMAW/ 手工 TIG 焊摇摆法[6]，充分保证熔敷金属和母材充分熔合，预防焊接未熔合及未焊透，厚壁管在 5GT 及 6GT 焊接位置时要充分控制仰爬坡焊时的焊接速度，并注重多层多道焊焊接接头多、起弧和收弧处的局部热输入量不同、局部组织差异易导致化学成分偏析、局部焊缝组织不同、机械性能差异等现象；在水平固定焊缝仰焊 --- 立焊位置取样，该位置相对于整条环缝的操作难度高、运条较慢，易造成局部热输入量增大，致使焊缝组织粗大等工艺因素影响。

复合钢厚壁管的焊接要根据工艺系统的特点，合理安排焊接顺序，一方面注重多层多道焊接单一接头的顺序，另一方面规划好整个接头的焊接顺序，用保证单一接头的质量来保证整个系统的焊接质量。

4　建议

对于脆性要求的不锈钢及合金复合型钢壁壁管的焊接接头，为防止出现堆焊层及两相组织出现贫铬层，特别要控制焊接区域的控卤族元素（特别是氯元素），同时要控 Si 含量，保证复验 Si 含量符合焊材的制造标准，建议采用含 Si 量为 0.17%~0.28% 的焊接材料（随着 Si 含量的增加，焊缝金属的韧性塑性会下降），在 5GT、6GT 等焊接位置，需要减少仰焊 – 立焊位的焊接热输入，同时控制熔敷金属厚度，在工艺规程中应需要说明。

对于俄罗斯生产供应的钢材及标准的适应性，结合我国的标准版本使用情况，设计部门要及时将俄罗斯标准及时升版并改进（与我国的标准相对应），以适应社会技术进步，工程项目要及时应用热丝 TIG 自动焊、窄间隙自动焊技术等先进焊接工艺，以提高焊接效率。

参 考 文 献

[1] ПНАЭ Г–7–009–89 核动力装置的设备和管道焊接和堆焊的基本规则［S］. 中国原子能科学研究院，1996.

[2] 马新朝，李殿伟 . 不锈钢液位计球形浮子的焊接工艺［J］. 焊接，2001（8）：36–27.

[3] ПНАЭГ–7–018–89 Unified method of testing of principal materials（semi finished items），welded joints and built–uo surfaces of equipment and pipelines at nuclear power plants，Liquid penetrant inspection ［S］. State committee for inspection of safety working in nuclear power industry attached to the council of ministers of the USSR ， Moscow，1990.

[4] 马新朝 .VVER 核电工程关键部位长周期施工物项的焊接质量控制经验反馈［J］. 中国特种设备安全，2019，35（08）：41–46.

[5] 马新朝，邱望冬，邢洋 . 秦山核电二期扩建工程不锈钢厚壁管的焊接施工技术［J］. 中国核电，2011，04（04）：306–311.

[6] 马新朝，李殿伟 . 手工 TIG 中的摇摆法及其应用［J］. 焊接技术，2000（05）：21–22.

Invar 合金与不锈钢激光 -TIG 复合焊工艺及接头组织性能

张 超[1]，余圣甫[1]，束润涛[2]，余亚文[2]

（1. 华中科技大学材料成形与模具技术全国重点实验室，湖北 武汉 430000；
2. 武汉市润之达石化设备有限公司，湖北 武汉 430000）

摘要： 本文研究了 Invar 合金与 304 不锈钢激光 -TIG 复合焊的工艺及焊接接头组织与力学性能。基于二次通用旋转组合试验设计，优化出了 Invar 合金与 304 不锈钢对接焊的工艺窗口：TIG 电流为 145~165A，焊接速度为 1.35~1.75mm/s，激光功率为 1220W，采用工艺窗口工艺参数值焊接，焊缝成形良好，无缺陷。Invar 合金与 304 不锈钢激光 -TIG 复合焊时，Invar 合金热影响区晶粒有明显长大，304 不锈钢热影响区晶粒长大较小；焊缝为细小柱状晶与等轴晶；盖面焊缝的柱状晶较多，但柱状晶并不粗大。焊接接头的抗拉强度高于 479MPa，−196℃下冲击功高于 86J，冲击试样断口存在大量韧窝，典型的韧性断裂特征，焊接接头具有高韧性。

关键词： 激光 -TIG 复合焊；Invar 合金；304 不锈钢；焊接；组织与性能

Laser TIG composite welding process and joint microstructure and properties of Invar alloy and stainless steel

Zhang Chao[1]，*Yu Shengfu*[1]，*Shu Runtao*[2]，*Yu Yawen*[2]

（1.National Key Laboratory of Material Forming and Mold Technology，
Huazhong University of Science and Technology，Wuhan Hubei 430000，China；
2.Wuhan Runzhida Petrochemical Equipment Co.，Ltd.，Wuhan Hubei 430000，China）

Abstract: In this paper, the process of Invar alloy and 304 stainless steel laser–TIG composite welding and the structure and mechanical properties of the welded joint were studied. Based on the secondary universal rotary combination test design, the process window of Invar alloy and 304 stainless steel butt welding is optimized: TIG current is 145~165A, welding speed is 1.35~1.75mm/s, laser power is 1220W, and the weld is well formed without defects by using the process window process parameter value.

［**作者简介**］张超（1997—），男，硕士研究生。研究方向：激光 - 电弧复合焊。E–mail：zhangchao 1997@hust.edu.cn。

When Invar alloy is welded with 304 stainless steel by laser-TIG, the HAZ grains of Invar alloy grow significantly, while those of 304 stainless steel grow less. The weld is composed of fine columnar crystal and equiaxed crystal. There are more columnar crystals in the cover weld, but the columnar crystals are not thick. The tensile strength of the welded joint is higher than 479MPa, the impact energy is higher than 86J at -196℃, and there are a lot of dimps in the fracture of the impact sample. The typical ductile fracture characteristics of the welded joint are high toughness.

Key Words: Laser-TIG composite welding; Invar alloy; 304 stainless steel; weld; Structure and properties.

0 前言

Invar 合金为含镍 36% 的铁镍合金，在超低温环境下有低的线涨系数，能够保证低温环境下服役结构的稳定性，304 不锈钢不仅具有好的低温性能，而且具有较高的强度。因此，Invar 合金和 304 不锈钢广泛用于低温大型风洞、LNG 船等严酷条件下服役结构的制造[1-2]。Invar 合金和 304 不锈钢的显微组织均为单相奥氏体，对焊接热输入十分敏感，当焊接热输入大时，焊缝出现粗大柱状晶，热影响区奥氏体晶粒急剧长大，使得焊接接头性能显著降低，为了保证焊接接头质量，需严格控制焊接热输入[3]。为此，人们提出小热输入的焊接方法，用于 Invar 合金和 304 不锈钢结构的焊接。Wang 等人[4]研究了热输入对脉冲 GTAW 焊接 LNG 船用 Invar 合金薄板焊接接头组织的影响，发现当热输入增大，晶粒尺寸增大明显，接头性能降低。Zhao 等人[5]利用激光焊焊接 3mm 厚的 Invar 合金，发现焊接接头组织晶粒细小，无焊接缺陷，力学性能良好。

GTAW 焊效率低，激光焊对装配精度要求，均难以满足 Invar 合金和 304 不锈钢中厚板对高质高效焊接的需求。为了克服电弧焊、激光焊单一热源焊接存在的不足，众多学者提出了激光 - 电弧复合焊的方法。陈洁等人[6]研究了激光 -MIG 复合焊焊接 19mm 厚的 Invar 合金，发现工艺参数对焊缝深宽比、热影响区宽度及缺陷形成有显著影响，采用优化参数焊接，可得到变形量较小，没有热裂纹、气孔等缺陷的焊接接头。Cai 等人[7]使用激光 -MIG 焊焊接 304 不锈钢薄板，研究了工艺参数对气孔、焊缝成形及焊接接头性能的影响，认为提高激光功率有利于改善焊缝成形并降低气孔率，使用优化的激光功率得到的焊接接头的抗拉强度达到了母材的 98.1%。

Li 等人[8]研究了激光焊和激光 -MIG 复合焊焊接 5mm 厚的 Invar 合金的组织与性能，发现激光 -MIG 复合焊焊缝组织平均晶粒尺寸小于激光焊，屈服强度比激光焊焊缝的强度高出 16%。Yan 等人[9]比较了 TIG 焊、激光焊和激光 -TIG 复合焊焊接 304 不锈钢接头的组织与力学性能，其中 TIG 焊接接头的晶粒较大，其抗拉强度低，而激光焊和激光 -TIG 复合焊的接头力学性能良好。激光 -TIG 复合焊相较于电弧焊，提升了电弧能量密度和电弧稳定性[10]，减小了焊接热输入，有利用中厚板高质量焊接，成为获得高性能 Invar 合金与不锈钢焊接接头的重要途径。

目前，有关 Invar 合金与 304 不锈钢激光 -TIG 复合焊工艺及焊接接头组织与性能的研究较少。本文优化了 Invar 合金与 304 不锈钢激光 -TIG 复合多层多道焊工艺，研究了焊缝金属与热影响区的显微组织，分析了焊接接头的力学性能，为获得 Invar 合金与 304 不锈钢激光 -TIG 复合焊优质焊接接头提供理论依据与基本数据。

1　试验材料及方法

1.1　试验材料

试验母材为 Invar 合金板与 304 不锈钢板，板厚为 25mm。焊丝为低匹配强度直径 1.2mm 的 Ni36 丝材，母材与焊丝的化学成分如表 1 所示。

表 1　母材与焊丝化学成分（质量分数） %

元素	C	Si	Mn	P	Ni	Cr	Fe
Invar 合金	0.003	0.2	0.35	<0.005	35~37	0.12	余量
304 不锈钢	0.08	0.98	1.95	<0.045	8.5	19.00	余量
Ni36 焊丝	0.0028	0.24	0.34	0.005	36.16	0.15	余量

1.2　试验设备

试验设备包括 Kuka KR 30 HA 机器人、WSM-400P 逆变直流脉冲氩弧焊机、YLR-1500-MM-WC-Y16 光纤激光器。自制夹具将 TIG 焊枪、送丝机构和激光器固定在焊接机器人上，TIG 焊枪及激光枪的姿态可调。并实时监控焊接电流、电压等工艺参数值，如图 1。

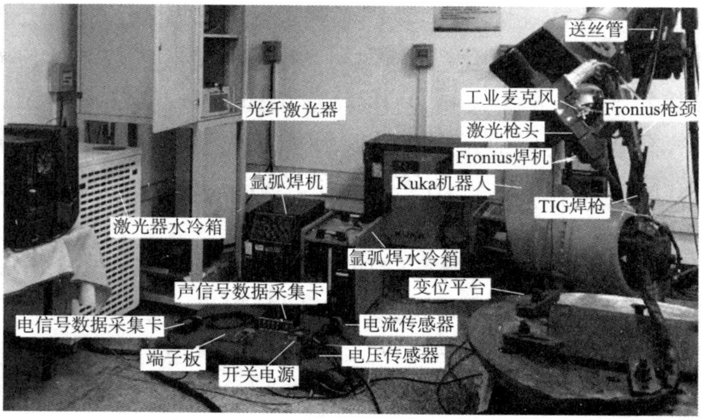

图 1　试验设备

1.3 试验设计与组织性能表征

Invar 合金与不锈钢对接焊时，开非对称 X 型坡口，试样几何尺寸如图 2。

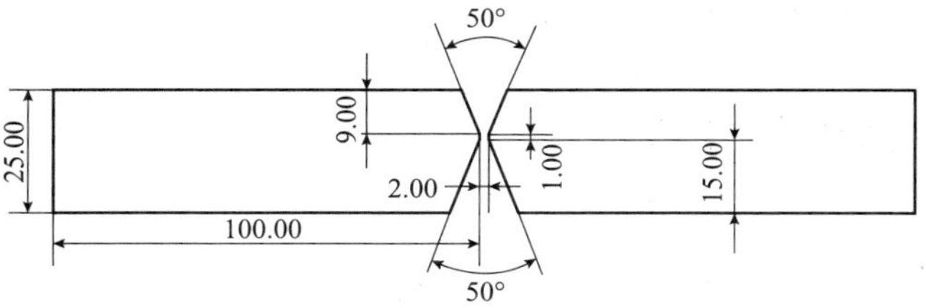

图 2 Invar 合金与 304 不锈钢对接接头坡口形式与几何尺寸

激光 -TIG 复合焊过程中，调节夹具及焊接机器人，使 TIG 焊枪钨极垂直于试板，TIG 焊枪的钨极尖端与试板间距为 5mm，TIG 焊枪与焊丝成 45° 夹角，保护气体为高纯氩气，流量为 15L/min。焊接过程中 TIG 电流、焊接速度、激光功率选择优化的工艺参数，TIG 焊接电流为 140~165A，焊接速度为 1.35~1.75mm/s，激光功率为 1200W。首先用 TIG 焊打底，然后使用激光 -TIG 复合焊深坡口侧，焊三道两层，翻转对接试板，进行清根，再焊浅坡口焊缝，最后将深坡口填充满。焊接完毕后，对焊接接头进行 X 射线探伤，无缺陷后，按焊接接头拉伸试验标准 GB/T 2651—2023[11] 取样，拉伸试样尺寸与取样位置如图 3 所示。

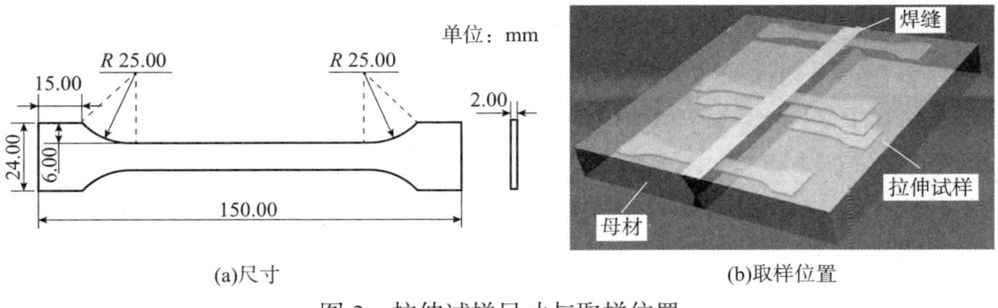

图 3 拉伸试样尺寸与取样位置

冲击试样按焊接接头冲击试验方法 GB/T 2650—2008[12] 取样，试样缺口类型为夏比 V 型缺口。为了评价焊接接头各个位置的冲击性能，分别在接头的母材、热影响区和焊缝处取样，冲击试样尺寸与取样位置如图 4 所示。

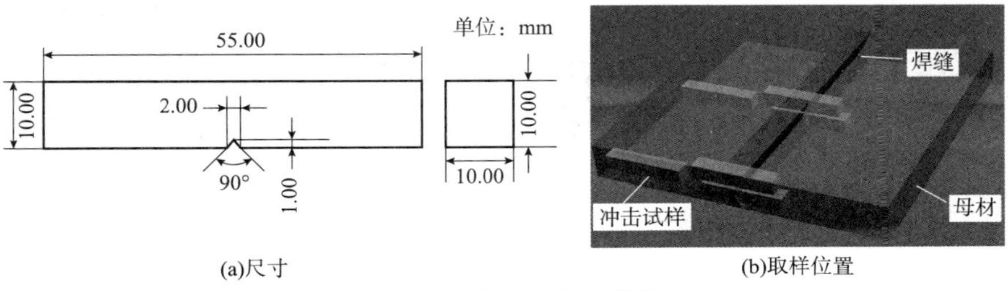

图 4 冲击试样尺寸与取样位置

同时在焊缝、热影响区取金相组织与扫描电镜分析试样，采用 Axio Imager A2m 光学观察显微组织，Sigma 500 扫描电镜（SEM）分析断口形貌，英斯特朗拉力试验机测量焊接接头性能。

2 试验结果及分析

2.1 激光 -TIG 复合焊工艺参数优化

Invar 合金与不锈钢激光 -TIG 复合焊时，为了获得优质焊接接头，需优化出工艺窗口。试验结果表明，以焊缝平直度与宽高比 D 的期望作为评价参量，D 值越大，焊缝成形质量越好，当期望值为 0.8 时，焊缝成形完全满足使用要求，优化工艺窗口的 D 值应大于 0.8。

使用 Design-Expert 对 D 值的最优预测值进行寻优[13]，结果表明最优工艺参数组合为 TIG 电流 165 A、焊接速度 1.64 mm/s、激光功率 1220 W，此时 D 值为 0.969。因此，将激光功率定为 1220W，然后确定 TIG 电流及焊接速度的范围。

图 5（a）为激光功率为 1220W 时 D 值与 TIG 焊焊接电流、焊接速度变化图，图中分布着多条等值线，其中代表 D 值为 0.8 的等值线包围的区域即可作为工艺窗口。为了让优化工艺窗口内的任意工艺参数组合的 D 值均大于 0.8，则在该区域中再划分出一个矩形区域，而为了让优化工艺窗口中 TIG 焊焊接电流和焊接速度的变化范围均尽可能大，该矩形区域的形状应为方形，结果如图 5（b）所示。此方形窗口对应的工艺参数范围为：TIG 焊焊接电流为 145~165A，焊接速度为 1.35~1.75mm/s。采用该工艺窗口工艺参数值焊接，焊缝成形良好，平直度高，各道焊缝之间搭接良好，内部未出现未熔合等缺陷。

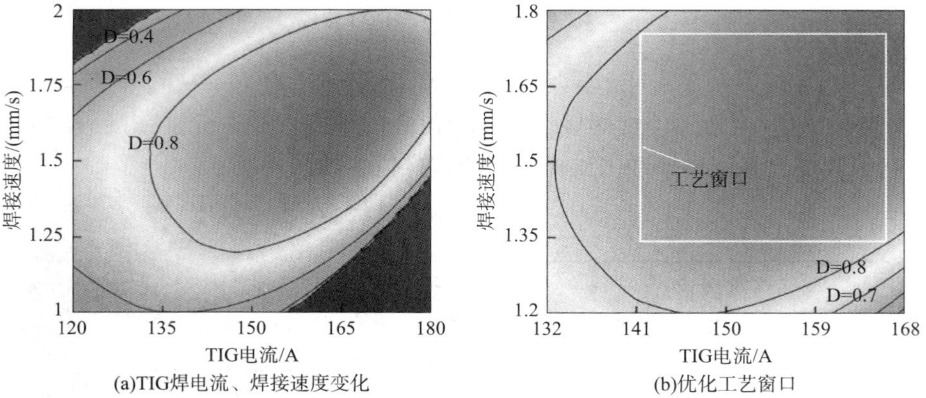

图 5 激光 -TIG 复合焊工艺窗口

2.2 焊接接头组织

2.2.1 母材组织

图 6 为 Invar 合金与 304 不锈钢母材的显微组织，为奥氏体组织，Invar 合金晶粒尺寸为 20~80μm，304 不锈钢晶粒尺寸为 50~100μm。

(a)Invar合金　　(b)304不锈钢

图 6　母材微观组织

2.2.2 热影响区组织

Invar 合金与 304 不锈钢激光 –TIG 复合焊热影响区组织如图 7 所示。热影响区的组织为奥氏体，Invar 合金热影响区粗晶区的晶粒明显长大，晶粒尺寸大小为 80~100μm。304 不锈钢热影响区粗晶区的晶粒略有长大，尺寸大小为 60~110μm，Invar 合金与 304 不锈钢热影响区的组织形态相比于母材未发生变化，均为等轴晶。Invar 合金热影响区晶粒易于 304 不锈钢热影响区晶粒长大，这是因为两者的热导率存在差异的原因。Invar 合金的热导率为 11W/（m · K），导热性能较低，因此焊热输入对焊缝附近 Invar 合金组织影响较大，使得热影响区晶粒明显粗化；

(a)Invar合金　　(b)304不锈钢

图 7　Invar 合金及 304 不锈钢热影响区显微组织

304 不锈钢的热导率为 16.2W/（m·K），相比于 Invar 合金，焊接热输入的热量在 304 不锈钢母材一侧传导较快，热影响区的热积累小，晶粒不易长大。Invar 合金和 304 不锈钢激光 –TIG 复合焊热影响区中粗晶区的宽度均较小，不会导致焊接接头的力学性能显著下降。

2.2.3 熔合区组织

Invar 合金与 304 不锈钢激光 –TIG 复合焊 Invar 合金熔合区的组织如图 8 所示，组织为奥氏体，熔合区宽度较窄，约为 8μm。熔合线附近的焊缝组织为柱状晶，晶粒细小，平均宽度仅为 4μm。

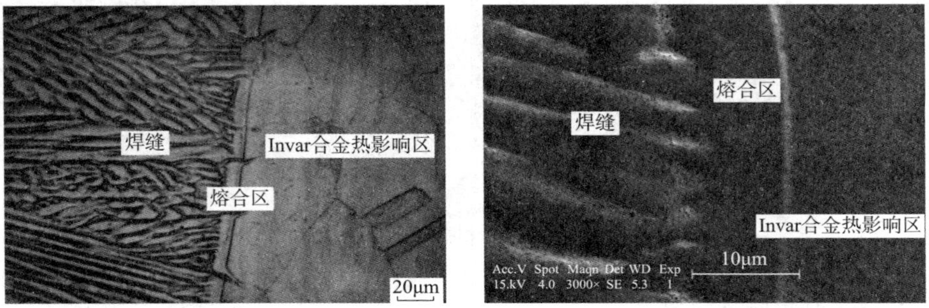

(a)光学显微镜组织　　(b)SEM组织

图 8　Invar 合金侧熔合区组织

Invar 合金与 304 不锈钢激光 –TIG 复合焊 304 不锈钢熔合区的组织如图 9 所示，组织为奥氏体，熔合区宽度不大，约为 10μm。熔合线附近焊缝金属为细小的柱状晶，平均宽度约为 5μm。Invar 合金与 304 不锈钢激光 –TIG 复合焊熔合区均较小，晶粒较细小，不会导致焊接接头的力学性能显著下降。这与激光 –TIG 复合焊能量密度大，热输入小密切相关。

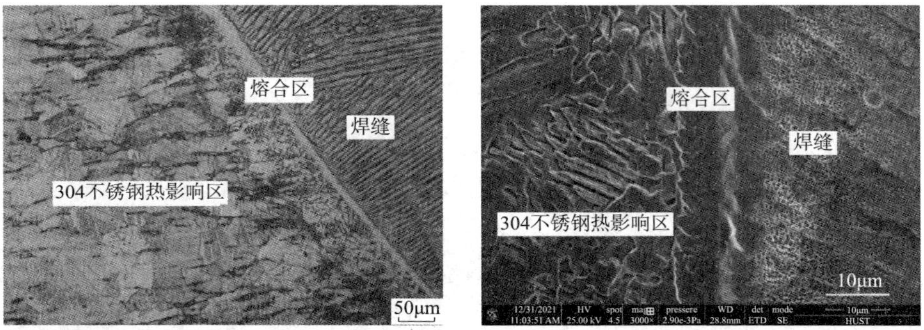

(a)光学显微镜组织　　(b)SEM组织

图 9　304 不锈钢侧熔合区组织

2.2.4　焊缝组织

Invar 合金与 304 不锈钢激光 –TIG 复合焊焊缝的显微组织如图 10 所示。焊缝由等轴晶与柱状晶奥氏组织组成，焊缝两侧为尺寸较小的柱状晶，中间为细小的等轴晶。焊缝凝固过程中，熔合线垂直方向上的散热最快，液态金属以垂直于熔合线方向凝固形成柱状晶，经历散热，中心部分液态金属为过冷状态，整个液态金属同时形核，晶核自由生长，形成等轴晶。在中间层焊缝中等轴晶的占比更大，且晶粒尺寸大小差别较大。在扫描电镜下对中间层焊缝的等轴晶进行观察，如图 10（b）、图 10（c）所示。图 10（b）所示区域的等轴晶晶粒的平均尺寸为 10μm，图 10（c）所示区域的等轴晶更为细小，平均尺寸仅为 5μm。

等轴晶细小的原因是由于液态金属凝固到中间部位溶质偏析程度大，产生成分过冷，形成众多形核质点，在晶核长大过程中晶粒之间相互拘束使得晶粒长大受阻，最终形成细小晶粒。细小柱状晶形成的原因是由于后道焊缝的热作用使得柱状晶产生动态再结晶，以柱状晶内部的大量位错为形核质点产生新的细小晶粒。

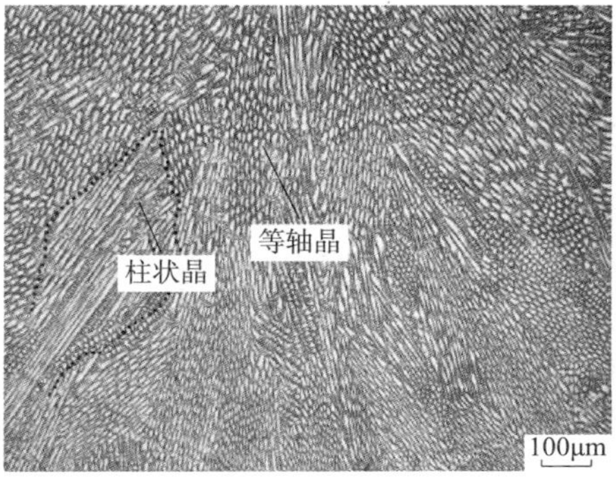

(a)光学显微镜

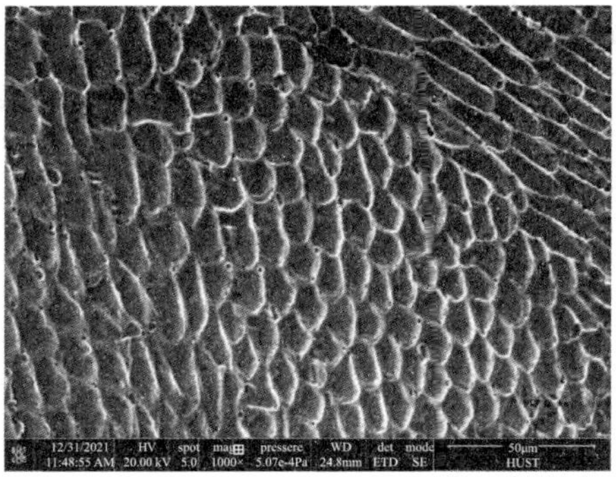
(b)扫描电镜区域1

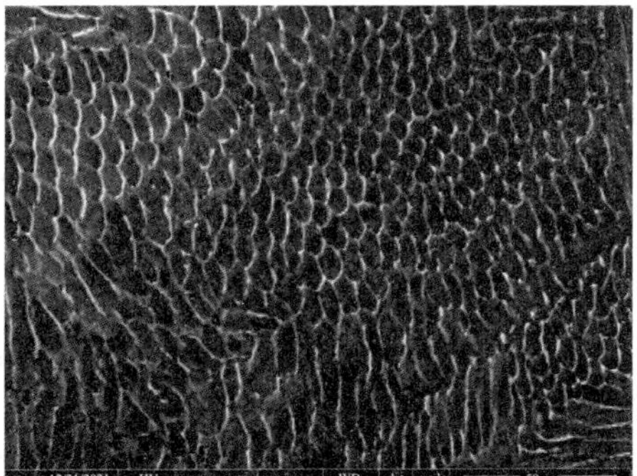
(c)扫描电镜区域2

图 10　对接接头中间层焊缝显微组织

Invar 合金与 304 不锈钢激光 –TIG 复合焊盖面焊缝的显微组织如图 11 所示。焊缝的柱状晶比例明显高于中间层焊缝，这是因为盖面焊缝凝固时散热条件好，有利于柱状晶生长，然而柱状晶并不粗大，宽度范围约为 6~10μm。

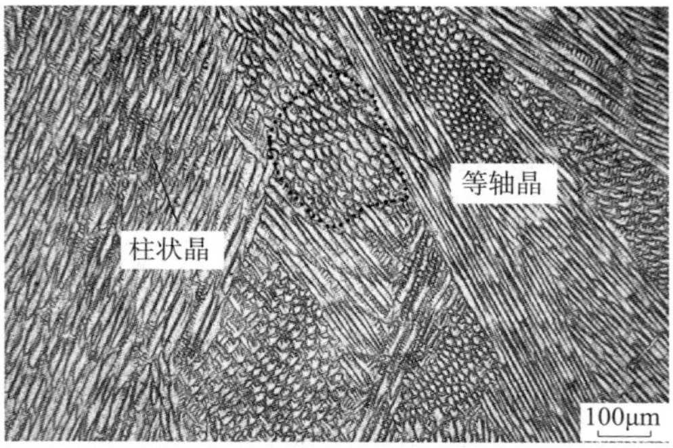

图 11　对接接头盖面焊缝的显微组织

2.3　对接接头力学性能

2.3.1　抗拉强度

表 2　焊接接头室温拉伸试验结果

试样序号	接头类型	最大力 F_m/kN	抗拉强度 R_m/MPa	断裂位置
1	Invar 合金和 304 不锈钢接头	11.74	489	焊缝
2		11.81	492	
3		11.50	479	
4		11.57	482	
5		11.88	495	

Invar 合金与 304 不锈钢激光 –TIG 复合焊焊接接头力学性能试验结果见表 2，所有试样的断裂位置均为焊缝，焊接接头的抗拉强度高于 479MPa。Invar 合金母材的抗拉强度约为 500MPa，304 不锈钢母材的抗拉强度大约为 520MPa，每个试样的抗拉强度均达到了母材强度的 90%。由于焊接时采用了优化工艺窗口的工艺参数值，多道多层焊时焊缝成形良好，多道多层焊缝之间未产生缺陷，且焊缝组织主要为细小等轴晶，由霍尔佩奇公式[14]可知，细小晶粒使得焊缝有高的强度。因此，激光 –TIG 焊的焊接接头的抗拉强度较高。

2.3.2　低温冲击功

Invar 合金与 304 不锈钢激光 –TIG 复合焊接接头 –196℃冲击试验结果如表 3

所示。在 –196℃测试温度时，焊接接头的冲击功达到了 86J 以上，满足大型低温风洞等军工产品对于其承压部分焊接接头的 –196℃冲击功要求为大于 50J [15] 的使用要求。

表 3 对接接头 –196℃冲击试验结果

试样序号	接头类型	缺口位置		冲击吸收能量 *KV*2/J
1	Invar 合金和 304 不锈钢接头	焊缝		89
2				86
3		热影响区	Invar 合金侧	192
4			304 不锈钢侧	198
5		母材	Invar 合金	196
6			304 不锈钢	201

从断裂试样中选取缺口位置开在焊缝、Invar 合金热影响区和 304 不锈钢热影响区的试样，进行断口形貌观察，1 号、3 号、4 号试样的断口宏观形貌如图 12 所示。冲击断口一般由剪切唇、纤维区和放射区三部分组成，其中剪切唇和纤维区所占断口面积越大，则表明试样塑韧性越好。可见 Invar 合金和 304 不锈钢热影响区的断口四周均分布着一定面积的剪切唇，中间部分同时含有纤维区和放射区，在放射区末端可以看到二次纤维区。不同的是，Invar 合金热影响区试样纤维区的比例较高，而 304 不锈钢热影响区试样含有更大面积的剪切唇。焊缝断口主要由纤维区和放射区构成，剪切唇比例较小。三种试样均表现出典型的韧性断裂特征。

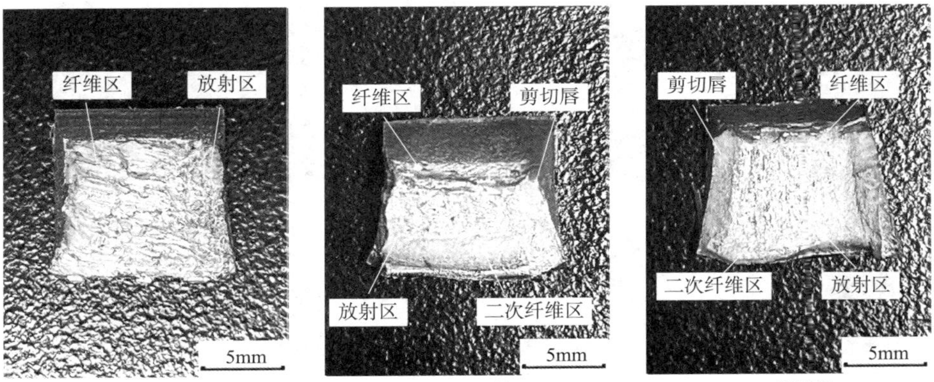

(a)1号试样 (b)3号试样 (c)4号试样

图 12 –196℃冲击试验断口宏观形貌

Invar 合金与 304 不锈钢激光 –TIG 复合焊热影响区与焊缝断口微观形貌如图 13 所示。图 13（a）为 Invar 合金热影响区断口中剪切唇与纤维区分界区域，可见剪切唇与纤维区的形貌存在较大差别，剪切唇区域因受到剪切应力作用，韧窝在力的方向上被拉长，韧窝呈抛物线形，为剪切韧窝，如图 13（b）所示。而纤维区是在正应力作用下发生塑性变形形成的，该区域韧窝在各方向上均匀生长，形成等轴韧窝，如图 13（c）、图 13（f）所示。图 13（d）为 304 不锈钢热影响区断口中纤维区与放射区分界区域，两者同样存在较大差别，放射区为裂纹拓展的区域，裂纹在纤维区形成后沿着放射区生长直至裂纹拓展受阻形成二次纤维区，因此在放射区中可以看到明显的裂纹，如图 13（e）所示。焊缝断口微观形貌如图 13（g）、图 13（h）所示，整个断面上遍布着大量韧窝，以等轴韧窝为主。由于 Invar 合金与 304 不锈钢激光 –TIG 复合焊热影响区与焊缝断口有大量韧窝，因此焊接接头有高的强韧性。

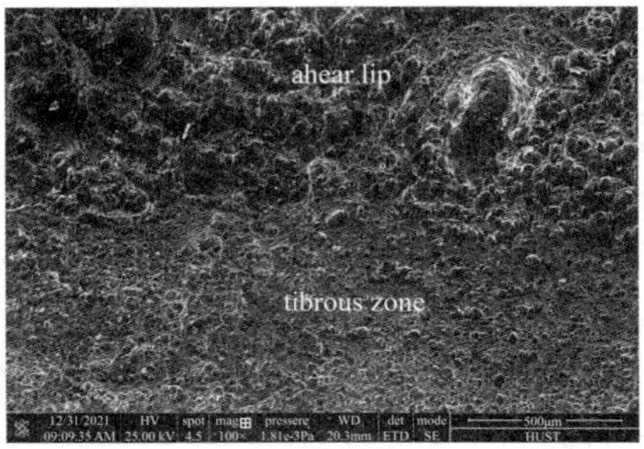

(a)3号试样

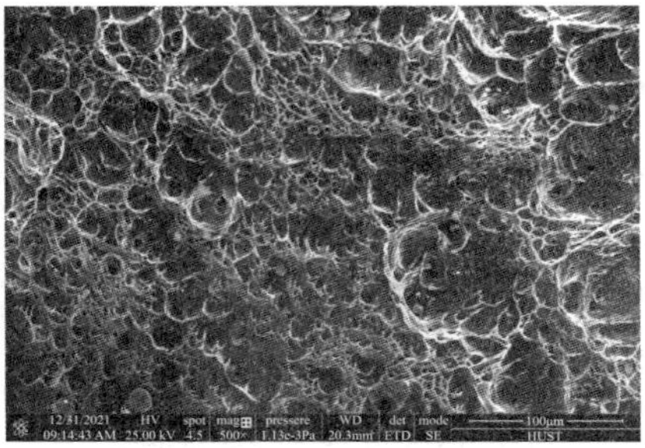
(b)3号试样剪切唇

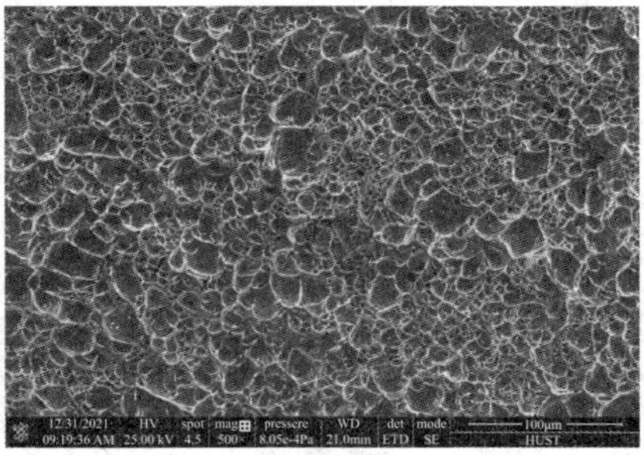
(c)3号试样纤维区

(d)4号试样

(e)4号试样放射区

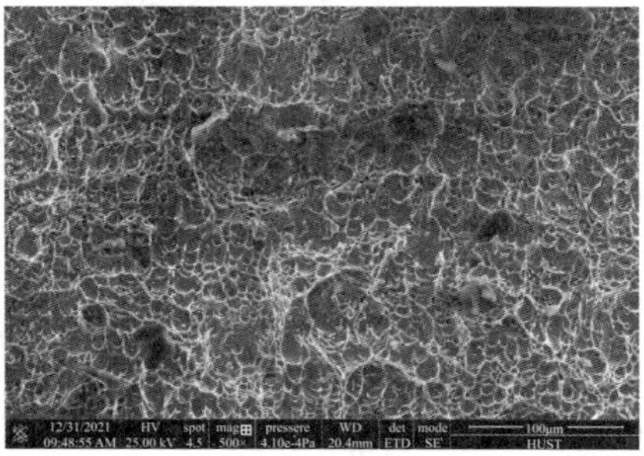
(f)4号试样纤维区

图 13　–196℃冲击试验断口微观形貌

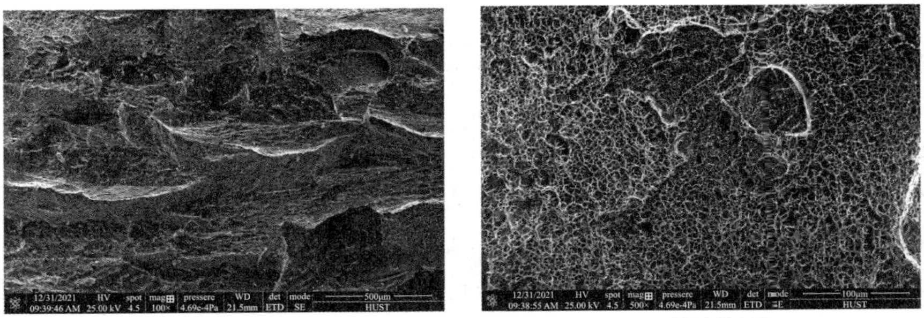

(g)1号试样　　(h)1号试样韧窝

图 13　-196℃冲击试验断口微观形貌（续）

3　结论

1）基于二次通用旋转组合试验设计，优化出了 Invar 合金和 304 不锈钢激光 -TIG 复合焊焊接工艺窗口，TIG 电流为 145~165A，焊接速度为 1.35~1.75mm/s，激光功率为 1220W，采用优化的工艺参数值进行 Invar 合金与 304 不锈钢接焊，焊缝成形良好，无缺陷。

2）Invar 合金和 304 不锈钢激光 -TIG 复合焊焊缝及热影响区的组织均为奥氏体，Invar 合金热影响区晶粒长大明显，304 不锈钢热影响区晶粒长大较小；焊缝由等轴晶与柱状晶组成，一中间层焊缝主要为细小等轴晶；盖面焊缝中柱状晶的比例较中间层大，但柱状晶并不粗大，尺寸约为 6~10um。

3）Invar 合金和 304 不锈钢激光 -TIG 复合焊接头的抗拉强度高于 479MPa，-196℃下冲击功高于 86J，冲击试样断口存在大量韧窝，典型的韧性断裂特征，焊接接头具有高韧性。

参考文献

［1］胡祎萌，张浩，郭风祥，等 . LNG 运输船用低温材料的发展 . 应用化工，2022，46（7）：1391-1393.

［2］Xuan Y，Yang J，Liu H B，et al. Microstructure and mechanical properties of Invar36 alloy joints using keyhole TIG welding［J］. Science and Technology of Welding and Joining，2020，25（8）：712-718.

［3］Zhang J H，Hu K，Zhao J Y，et al. Effect of heat input on microstructure and corrosion resistance in heat affected zone of 304 stainless steel joint by laser welding［J］. Materials Today

Communications，2022，30：103054.

［4］Wang H，Hu S，Shen J，et al. Effect of duty cycle on microstructure and mechanical properties of pulsed GTAW lap joint of Invar［J］. Journal of Materials Processing Technology，2017，243：481–488.

［5］Zhao Y，Wu A P，Yao W，et al. Microstructure and mechanical properties of Nd：YAG laser welded Invar 36 alloy［J］. Materials Science Forum，2011，675–677（5）：739–742.

［6］陈洁，占小红，陈纪城，等. Invar 合金激光 –MIG 复合多层焊接焊缝形貌及显微组织［J］. 中国有色金属学报，2016，26（5）：1010–1018.

［7］D T Cai，Z Y Luo，L M Han，et al. Porosity and joint property of laser–MIG hybrid welding joints for 304 stainless steel. Journal of Laser Applications，2020，32（2）：022056.

［8］Li G，Gao M，Chen C，et al. Characterization comparison of laser and laser–arc hybrid welding of Invar 36 alloy［J］. Science and Technology of Welding and Joining，2016，19（1）：30–37.

［9］Yan J，Gao M，Zeng X Y. Study on microstructure and mechanical properties of 304 stainless steel joints by TIG，laser and laser–TIG hybrid welding［J］. Optics and Lasers in Engineering，2009，48（4）：512–517.

［10］肖荣诗，吴世凯. 激光 – 电弧复合焊接的研究进展［J］. 中国激光，2008，11：1680–1685.

［11］全国焊接标准化技术委员会. 金属材料焊缝破坏性试验：GB/T 2651—2023［S］. 北京，中国标准出版社，2023.

［12］全国焊接标准化技术委员会. 焊接接头冲击试验方法：GB/T 2650—2008［S］. 北京，中国标准出版社，2008.

［13］袁志发，贠海燕. 试验设计与分析［M］. 北京：中国农业出版社，2007.

［14］胡赓祥，蔡珣，戎咏华. 材料科学基础［M］. 3 版. 上海：上海交通大学出版社，2010.

［15］钟群鹏，赵子华，张峥. 断口学的发展及微观断裂机理研究［J］. 机械强度，2005，3：358–370.

热处理温度对殷瓦钢排架中框模拟焊接件残余应力的影响

郑　博[1]，余圣甫[1]，束润涛[2]，束昱晨[2]

（1. 华中科技大学　材料科学与工程学院，湖北 武汉，430074；
2. 武汉润之达石化设备有限公司，湖北 武汉，430070）

摘要： 采用盲孔法研究了热处理温度对钨极氩弧焊殷瓦钢排架中框模拟焊接件残余应力的影响，获得了最佳热处理工艺。结果表明，焊接起始位置焊缝与焊趾的残余应力较小，横向残余应力 σ_y 为压应力，纵向残余应力 σ_x 为拉应力，焊接中间位置焊缝与焊趾的残余应力最大，均为拉应力。焊后热处理能明显降低焊缝和焊趾的焊接残余应力，经 760℃、800℃和 840℃热处理后，热处理温度为 800℃时残余应力最小，焊后焊缝中心的最大横向残余应力 σ_y 和纵向残余应力 σ_x 分别降低了 62% 和 48%。

关键词： 热处理温度；殷瓦钢；焊接；残余应力

Effect of heat treatment temperature on residual stress of simulated weldment of invar steel bent frame

Zheng Bo[1]，*Yu Shengfu*[1]，*Shu Runtao*[2]，*Shu Yuchen*[2]

（1.School of Materials Science and Engineering，Huazhong University of Science and Technology，Wuhan Hubei 430074，China；
2. Wuhan Runzhida Petrochemical Equipment Co.，Ltd.，Wuhan Hubei 430070，China）

Abstract： The effect of heat treatment temperature on the residual stress of simulated weldment of invar steel bent frame by tungsten argon arc welding was studied by blind hole method，and the optimum heat treatment process was obtained. The results show that the residual stress of weld and weld

［作者简介］郑博（1995—），男，博士研究生。研究方向：电弧增材制造、焊接冶金。E-mail：D202080395@hust.edu.cn。

toe at the starting position of welding is small, the transverse residual stress σ_y is compressive stress, the longitudinal residual stress σ_x is tensile stress, and the residual stress of weld and weld toe at the middle position of welding is the largest, both of which are tensile stress. The post-weld heat treatment can significantly reduce the welding residual stress of the weld and weld toe. When the heat treatment temperature is 800°C, the post-weld heat treatment effect is the best. The maximum transverse residual stress σ_y and longitudinal residual stress σ_x in the weld center after welding are reduced by 62% and 48%, respectively.

Key words: heat treatment temperature; invar alloy; welding; residual stress

0 引言

风洞、大型液化天然气（Liquefied Natural Gas，LNG）船长期在超低温严酷环境下服役，一旦发生结构破损将造成灾难性事故，因此对其制造材料和质量提出了极高的要求[1-2]。殷瓦钢通常指镍含量为 36% 的铁镍合金，在 −196~25℃温度范围内具有极低的热膨胀系数[3]，能够保证在低温服役条件下结构的稳定性，被广泛应用于风洞、LNG 船等超低温环境下结构的制造[4-5]。

为了确保殷瓦钢大型船舶、风洞等结构的使用安全性，殷瓦钢焊接接头不应产生热裂纹，同时具有良好的强韧性。当前，殷瓦钢的一般焊接方法为钨极氩弧焊[6]。焊接完成后，焊接残余应力对殷瓦钢使用安全性具有重大隐患。在使用过程中由于外力的作用，极易诱发零件产生翘曲、扭曲变形甚至是开裂。一旦殷瓦钢屏蔽层开裂，将导致液化天然气泄露，轻则导致外部船体结构冷脆，重则发生火灾甚至爆炸。可见，焊后残余应力对殷瓦钢结构的安全性具有重大影响，需减少甚至消除残余应力。焊后热处理是常见的一种减少或消除焊接残余应力的方式。

本文对某大型殷瓦钢排架中框结构钨极氩弧焊模拟件进行不同温度热处理，测试不同温度热处理后焊接模拟件的残余应力，分析热处理温度对残余应力的影响规律，优化适宜的焊后热处理温度，为殷瓦钢焊接接头应力减少或消除热处理工艺的制定提供基本数据参考。

1 试验材料及方法

1.1 试验材料与样件制备

焊接丝材为：直径 1.2mm 的 Ni36 合金焊丝，殷瓦钢排架中框结构材质为 Invar 合金板，其化学成分如表 1 所示。采用钨极氩弧焊用于殷瓦钢排架中框结构的焊接，焊缝类型为角焊缝，焊接设备为：焊王 WSM-400P 逆变直流脉冲氩弧焊机。焊接电流为 140A，焊接速度为 1.3mm/s，氩气流量为 15L/min。模拟件焊前用相同殷瓦钢材质做刚性固定，确保焊件沿 800 长度所受约束程度与残余应力接近，焊接工艺与实际相同。图 1 为横截面尺寸 1：1 的殷瓦钢排架中框模拟件，模拟件总长为 800mm。焊后将模拟件均分 4 等分，编号为 1#~4#。1# 不做焊后热处理，2# 为加热最高温度到 760℃，保温 1.5h 焊后热处理，3# 为加热最高温度到 800℃，保温 1.5h 焊后热处理，4# 为加热最高温度到 840℃，保温 1.5h 焊后热处理。

表 1　焊丝与母材化学成分（质量分数）　%

元素	C	Si	Mn	P	Ni	Cr	Fe
Ni36 合金丝材	0.0028	0.24	0.34	0.005	36.16	0.15	余量
殷瓦钢	0.003	0.2	0.35	<0.005	36	0.12	余量

图 1　殷瓦钢排架中框焊接模拟件

1.2　残余应力测试

采用盲孔法测量角焊缝的残余应力，为平面应力应变测试。盲孔法测残余应力使用钻小孔的方法将被测点的应力给予释放，并采用电阻应变计测出释放应变而计算出原有残余应力，其作为一种半破坏性方法，对工件损伤较小，且测量较为可靠，已成为现场实测的一种有效方法。在有残余应力的焊接钢板上钻一小盲孔，因小孔附近的残余应力被释放而使孔区附近的残余应力场发生变化，导致残余应变场的变化。只要测出该局部区域的应变变化值，即可计算出板上钻孔处释放前的残余应力值 σ_1、σ_2。

测试应变仪采用半桥法连接，应变片为北京一洋应振测试技术有限公司生产的 BX120-2CA 型，电阻值 120±0.1Ω，灵敏度 2.08±0.2%，敏感栅尺寸 2mm×1mm。静态电阻应变仪为华东电子仪器厂生产的 YJ-18 型静态电阻应变仪，如图 2。

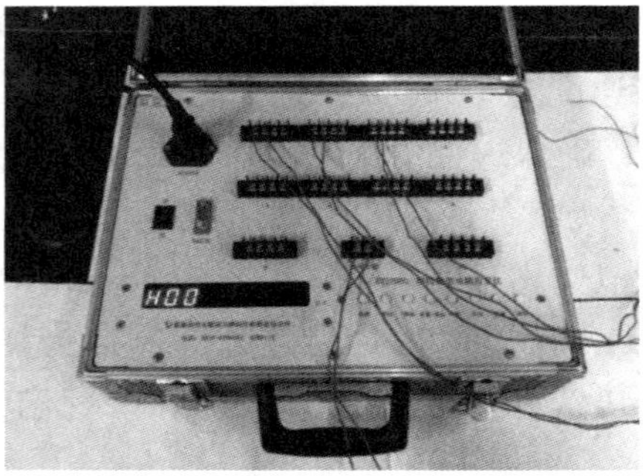

图 2　静态电阻应变仪

测试步骤为：首先，进行应变花的粘贴：清理试件表面的锈斑和氧化层，待露出金属光泽且无麻坑后划定位线，以便与应变花上的方位线对正并用胶水准确粘贴。然后，进行钻孔：配置 φ1.0mm 钻头，将钻具中心初步对准应变花中心位置，即可开钻。保持合适的压力，预定孔深（2.0mm），拔出钻杆。再换上配置 φ1.5mm 麻花钻杆，至预定孔深后，拔出钻杆过 3~5min，当静态电阻应变仪指示稳定时，测出应变示值 $\varepsilon 0°$、$\varepsilon 45°$、$\varepsilon 90°$，再减去附加应变即可得到钻孔加工所产生的应变输出。

根据盲孔法测定残余应力的要求，孔与孔的横向最小间距 D_y 取 5 倍的孔径 d，即 $D_y \geqslant 5d$，孔与孔的纵向最小间距 D_x 取 10 倍的孔径 d，即 $D_x \geqslant 10d$。本测试过程中所选孔径 d=1.5mm，取 D_y>10mm，D_x>10mm，测定点如图 3 所示。其中，点 1、点 2 和点 3 位于角焊缝，点 4、点 5 和点 6 位于焊趾处。

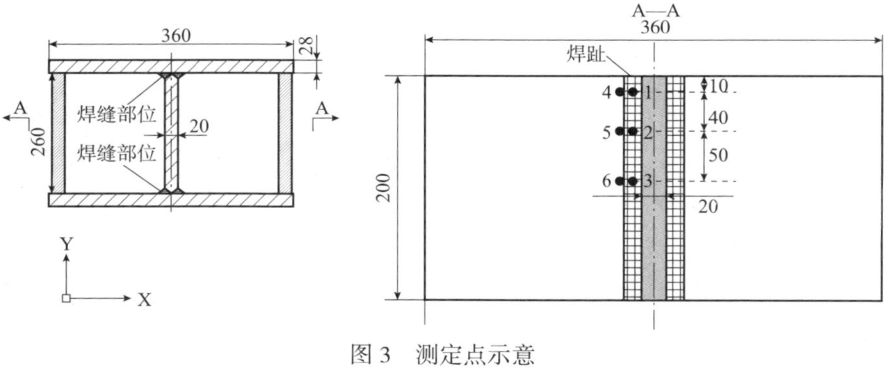

图 3　测定点示意

2　试验结果与分析

2.1　残余应力计算

按照残余应力测量方法，对 4 个试件进行应变片粘贴，如图 4。对 4 个试件进行残余应力测试，获得了应变常数 ε_1、ε_2 和 ε_3 值，如表 1。应变常数可用来计算焊缝横向残余应力 σ_y 和纵向残余应力 σ_x。为方便统计，将垂直于焊缝方向的应力称为横向应力 σ_y，沿焊缝方向的应力称为纵向应力 σ_x。将获得的每处测试结果分别通过公式（1）~（3）计算可得到该处的残余应力值，计算结果具体如表 2。

$$\sigma_1 = \frac{E}{4A}(\varepsilon_1 + \varepsilon_3) - \frac{E}{4B}\sqrt{(\varepsilon_1 - \varepsilon_3)^2 + (2\varepsilon_2 - \varepsilon_1 - \varepsilon_3)^2} \tag{1}$$

$$\sigma_2 = \frac{E}{4A}(\varepsilon_1 + \varepsilon_3) + \frac{E}{4B}\sqrt{(\varepsilon_1 - \varepsilon_3)^2 + (2\varepsilon_2 - \varepsilon_1 - \varepsilon_3)^2} \tag{2}$$

$$\tan 2\theta = \frac{2\varepsilon_2 - \varepsilon_1 - \varepsilon_3}{\varepsilon_1 - \varepsilon_3} \tag{3}$$

式中，ε_1、ε_2、ε_3 分别为三个方向释放的应变；θ 为 ε_1 与 σ_2 的夹角 45°；E 为材料的弹性模量；A、B 为两个释放系数；试验材料为殷瓦钢，取 E 为 141GPa；本试验所用应变片应变系数 A 数值为 –0.0726，B 数值为 –0.1514。

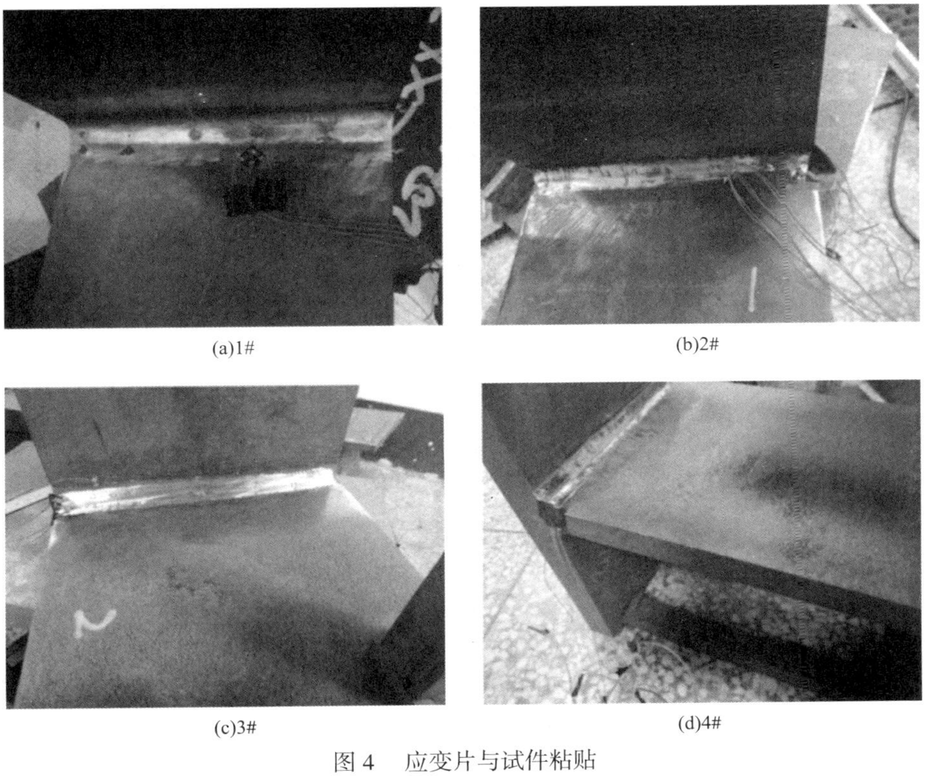

(a)1#　(b)2#　(c)3#　(d)4#

图 4　应变片与试件粘贴

表 2　焊接残余应变测试值和应力计算结果

试件编号	点的编号	$\varepsilon_1/\mu\varepsilon$	$\varepsilon_2/\mu\varepsilon$	$\varepsilon_3/\mu\varepsilon$	σ_X/MPa	σ_Y/MPa	区域
1#	1	−150	200	−52	−121.30	153.44	焊缝中心
	2	−195	−18	−96	178.68	211.61	
	3	−200	−39	−146	226.02	243.76	
	4	42	−15	−275	−70.63	79.75	焊趾
	5	−75	−92	−161	103.35	123.75	
	6	−36	−256	−341	156.87	203.65	
2#	1	−35	−206	157	−52.68	99.92	焊缝中心
	2	−170	31	−61	96.36	136.96	
	3	−260	24	−58	119.86	176.14	
	4	−288	−50	60	−34.62	58.25	焊趾
	5	78	−92	14	51.79	72.85	
	6	24	39	−336	124.35	135.24	
3#	1	23	−138	−153	−24.69	48.57	焊缝中心
	2	−230	−200	189	50.13	100.72	
	3	−15	−186	−398	85.52	125.45	
	4	15	−103	25	−25.63	28.90	焊趾
	5	32	−87	38	46.74	48.70	
	6	−59	24	−69	78.47	85.33	
4#	1	−200	−200	177	−52.22	81.20	焊缝中心
	2	−104	−170	−31	78.52	102.77	
	3	126	45	−604	136.88	158.63	
	4	−82	−160	−2	−34.62	43.57	焊趾
	5	−61	−24	−69	89.66	87.14	
	6	−97	108	−63	103.16	114.12	

2.2　焊缝中心的残余应力

图 5 为未热处理、分别热处理 760℃、800℃和 840℃，保温时间 1.5h 试件（1#，2#，3#，4#）焊缝中心的最大焊接残余应力。可知，经过焊后热处理，试件的横向残余应力 σ_y 和纵向残余应力 σ_x 均明显降低。当热处理温度从 760℃升高到 800℃，横向残余应力 σ_y 与纵向残余应力 σ_x 均明显减小，在焊后热处理温度为

800℃时，这种效果最为明显，焊缝中心横向残余应力 σ_y 和纵向残余应力 σ_x 分别降低了 62% 和 48%。这是由于殷瓦钢在高温下屈服极限降低，蠕变作用使塑性程度增加，发生高温应力松弛，释放焊接残余应力，焊接残余应力减小。当热处理温度继续升高到 840℃，热处理温度过高，殷瓦钢内部产生较大的相变应力，使内应力增加。

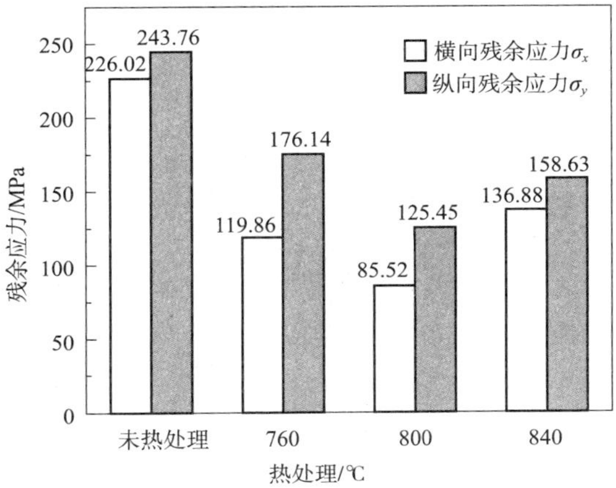

图 5　热处理前后焊缝中心的最大残余应力

图 6 为未热处理、热处理 800℃，保温时间 1.5h 试件焊缝不同位置（1 号点、2 号点、3 号点）的横向残余应力 σ_y 和纵向残余应力 σ_x 分布。由图 6（a）可知，距离起弧点 10mm 距离（1 号点），焊缝横向残余应力 σ_y 为压应力，随着距离起弧点的距离不断增加，靠近焊缝中心位置（3 号点），焊缝横向残余应力 σ_y 为拉应力。这是由于先焊的部分先冷却，后焊的部分后冷却，后冷却的地方受到先冷却的部分的阻碍作用导致。由图 6（b）可知，纵向残余应力 σ_x 均为拉应力。

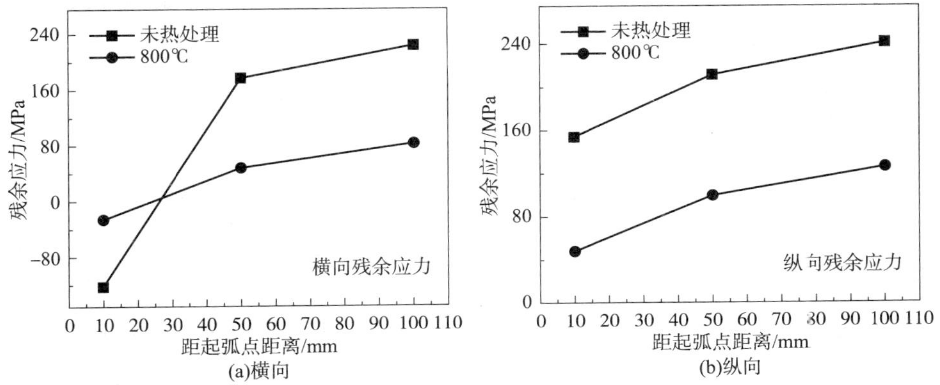

图 6　焊缝不同位置残余应力值

2.3 焊趾的残余应力

图 7 为未热处理、分别热处理 760℃、800℃和 840℃，保温时间 1.5h 试件（#1，#3）焊趾的最大焊接残余应力。对比图 5 与图 7 可知，焊趾的最大残余残余应力均明显低于焊缝中心的最大残余应力。由图 7 可知，经过焊后热处理，试件焊趾的横向残余应力 σ_y 和纵向残余应力 σ_x 均明显降低。与焊缝中心残余应力规律相似，随着热处理温度的升高，横向残余应力 σ_y 与纵向残余应力 σ_x 均呈现先减后增的趋势。

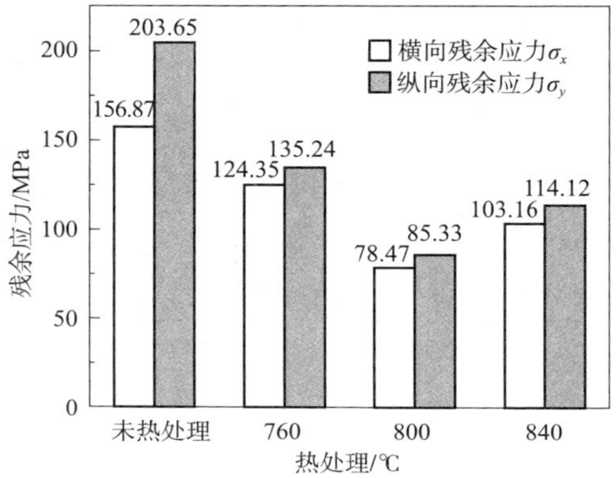

图 7　热处理前后焊趾的最大残余应力

图 8 为未热处理、热处理 800℃，保温时间 1.5h 试件焊趾不同位置（4 号点、5 号点、6 号点）的横向残余应力 σ_y 和纵向残余应力 σ_x 分布。由图 8（a）可知，距离起弧点 10mm 距离（4 号点），焊趾横向残余应力 σ_y 为压应力，随着距离起弧点的距离不断增加，在距离起弧点 50mm 位置（6 号点），焊趾横向残余应力 σ_y 为拉应力。由图 8（b）可知，纵向残余应力 σ_x 均为拉应力，经 800℃热处理，纵向残余应力 σ_x 明显降低，降低幅度为 58%。

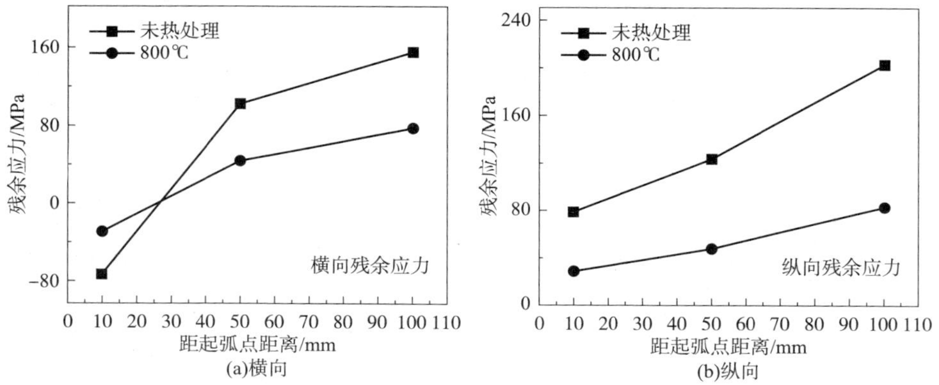

图 8　焊趾不同位置残余应力值

3　结论

焊后热处理能明显降低殷瓦钢排架中框模拟焊接件焊缝和焊趾的焊接残余应力。对4个殷瓦钢排架中框模拟焊接件残余应力的测量，其是焊态（1号样）的残余应力最大，经加热840℃，保温1.5h，焊接残余应力降低较少。经加热760℃，保温1.5h，焊接残余应力降低较多。经加热800℃，保温1.5h，焊接残余应力降低最多。因此，殷瓦钢排架中框焊接件经800℃、保温1.5h是适宜的焊后热处理工艺。

参考文献

[1] 程丽霞，陈异，蒋显全，等. 液化天然气运输船及其储罐用材料的研究进展[J]. 材料导报，2013，27（1A）：71-74.

[2] 李继中，唐文勇. 材料低温脆性对LNG船剩余极限强度的影响[J]. 船舶工程，2015，37（6）：22-26.

[3] Nataf L，Decremps F，Gauthier M，et al. Study of the Invar effect through ultrasonic measurements of the elastic properties of Fe64Ni36 under pressure [J]. Ultrasonics，2006，44：555-559.

[4] 丁玲. 中小型LNG船C型独立液罐设计关键技术研究[D]. 大连：大连理工大学，2009.

[5] 胡祎萌，张浩，郭风祥，等. LNG运输船用低温材料的发展[J]. 应用化工. 2017，46(7)：1391-1393.

[6] Wang H，Hu S G，Shen J Q，et al. Effect of duty cycle on microstructure and mechanical properties of pulsed GTAW lap joint of Invar [J]. Journal of Materials Processing Technology，2017，243：481-488.

316L 不锈钢表面等离子熔覆硼化物覆层的耐蚀性研究

幸　报[1]，肖　云[2]，潘应君[1]

（1. 武汉科技大学 材料与冶金学院，湖北　武汉　430081；
2. 武汉春禾科技有限公司，湖北　武汉　430000）

摘要： 设计出了 Mo-Fe-B-Cr 系药芯焊丝，采用等离子熔覆技术在 316L 不锈钢表面制备出 Mo_2FeB_2 基金属陶瓷覆层，通过 SEM、EDS、XRD 和显微硬度计对熔覆层组织的微观组织及成分、物相和显微硬度进行分析，并通过电化学腐蚀试验和中性盐雾腐蚀试验对覆层耐蚀性进行研究。其结果表明：由药芯焊丝制得的硼化物熔覆层组织主要由 Mo_2FeB_2、（Mo，Fe，Cr）$_3B_2$、Fe_{23}（C，B）$_6$ 和 α-Fe 组成，熔覆层硬度约为不锈钢基体的 3.9 倍。在电化学腐蚀试验中，中性环境下硼化物覆层耐蚀性略低于 316L 不锈钢；而酸性环境下硼化物覆层的耐蚀性要优于 316L 不锈钢。在中性盐雾腐蚀过程中，熔覆层会生成致密性良好的钝化膜，从而使熔覆层具备良好的耐蚀性。即硼化物熔覆层在拥有高硬度的同时还兼具良好的耐蚀性。

关键词： 316L 不锈钢；等离子熔覆；药芯焊丝；硼化物覆层；耐腐蚀性

Study on corrosion resistance of 316L stainless steel surface boride coating by plasma cladding

Xing Bao[1]，*Xiao Yun*[2]，*Pan Yingjun*[1]

（1.School of Materials and Metallurgy，Wuhan University of Science and Technology，
Wuhan Hubei 430081，China；
2.Wuhan Chunhe Technology Co.，Ltd.，Wuhan Hubei 430000，China）

Abstract：Mo-Fe-B-Cr flux-cored welding wire was designed. The Mo_2FeB_2 ceramic coating

［**作者简介**］幸报（1997—），硕士研究生，研究方向为材料表面工程。E-mail：1961017080@qq.com。

was prepared on the surface of 316L stainless steel by plasma cladding technology. The microstructure, composition, phase and microhardness of the coating were analyzed by SEM, EDS, XRD and microhardness tester. The corrosion resistance of the coating was studied by electrochemical corrosion test and neutral salt spray corrosion test. The results show that the boride coating prepared by flux-cored welding wire is mainly composed of Mo_2FeB_2, $(Mo, Fe, Cr)_3B_2$, α-Fe bonding phase and Fe23$(C, B)_6$, and the hardness of the coating is about 3.9 times that of the stainless steel matrix. In the electrochemical corrosion test, the corrosion resistance of boride coating under neutral environment is slightly lower than that of 316L stainless steel. The corrosion resistance of boride coating in acidic environment is better than that of 316L stainless steel. In the process of neutral salt spray corrosion, the coating will form a passivation film with good density, so that the coating has good corrosion resistance. That is, the boride coating has both high hardness and good corrosion resistance.

Key words: 316L stainless steel; Plasma cladding; Flux-cored welding wire; Boride coating; Corrosion resistance

0 前言

316L 不锈钢是具有代表性的奥氏体不锈钢，其拥有优异的耐蚀性和高温性能，但是其硬度低、耐磨性差以及疲劳强度低等缺陷限制了 316L 不锈钢在工业生产中的发展[1-5]。

而三元硼化物金属陶瓷具有硬度高、熔点高、耐磨性和耐腐蚀性好等优点，如今被广泛应用于机械加工、矿石磨削、合金冶炼、零部件制造等领域，并且在耐高温件、耐磨件、耐腐蚀件等领域也应用的很广泛[6-7]。目前市场上研究的主流三元硼化物有 Mo_2FeB_2、Mo_2NiB_2[8-9] 和 WCoB[10] 这三类。其中 Mo_2FeB_2 不仅具有以上优点，而且制备成本更低，应用前景更为广阔[11]。李文戈等人[12]利用等离子堆焊法在 Q235 钢表面制备 Mo_2FeB_2 陶瓷涂层，其维氏硬度达 661，高于 Q235 钢 4 倍以上，且覆层能显著提高基材的耐蚀性。Guo 等人[13]通过反反应热喷涂（RTS）和大气等离子喷涂（APS）合成的 TiB_2/Mo_2FeB_2 复合陶瓷涂层，其耐蚀性分别为基体 Q235 钢的 6.07 倍和 15.5 倍。

基于等离子熔覆技术具有成本低、效率高的特点。本文设计了一种 Mo-Fe-B-Cr 系药芯焊丝，采用等离子熔覆技术在 316L 不锈钢表面制备出 Mo_2FeB_2 金属陶瓷覆层。研究了覆层的微观组织及物相成分，并对熔覆层和基体的硬度及在中性和酸性环境下对熔覆层和 316L 基体的耐蚀性进行了对比，最后在中性盐雾环境下对熔覆层进行了盐雾腐蚀试验，探讨了熔覆层的耐蚀机理。

1 试验材料与方法

1.1 药芯焊丝制备

等离子熔覆药芯焊丝中的药芯粉末材料为自制 Mo-Fe-B-Cr 粉末，近似球状、粒径为 10~50 μm。其化学成分如表 1 所示。

表 1 药芯粉末化学成分（质量分数） %

元素	Mo	B	Cr	C	Fe
含量	18-20	2.0-2.5	4.5-5.0	0.1-0.2	余量

1.2 熔覆层制备

熔覆试验采用 DPT-100 型等离子喷枪（钨针半径为 1.2mm）对 316L 不锈钢基材进行等离子熔覆处理。选用工业纯氩对熔池区域进行气体保护。等离子熔覆工艺参数如表 2 所示。

表 2 等离子熔覆工艺参数

喷嘴高度 / mm	电压 /V	非转移弧电流 / A	转移弧电流 / A	等离子气（Ar）/（$L \cdot min^{-1}$）	熔覆速度 /（$mm \cdot min^{-1}$）
10	30	10	100	1.6	100

1.3 测试与分析

用 DK7732 型数控线切割机床将制备好的硼化物熔覆层试样切割成 10mm × 10mm × 10mm 的试样若干。用 ZEISS AxioPlan2 型多功能金相显微镜观察显微组织，Nova 400 Nano 型场发射扫描电子显微镜及能谱仪对 316L 不锈钢表面熔覆层进行表面形貌和元素成分分析；用 X-Pert MPD Pro 型 X 射线衍射仪对硼化物覆层进行物相分析；用 HX-500 显微硬度仪测试硼化物覆层横截面的显微硬度。

用武汉科斯特 CS-300 系列电化学工作站，腐蚀介质分别为质量分数 5%NaCl 中性盐溶液和 10% HNO3+3% HF 酸性溶液，对硼化物覆层和 316L 不锈钢进行电化学极化曲线测试。铂电极作为测试实验的辅助电极，饱和甘汞电极作为测试实验的参比电极。测试面积为 $1cm^2$，极化曲线扫描速度为 0.5mV/s。

中性盐雾腐蚀试验：用质量分数 5%NaCl 中性盐溶液作为喷雾液，在盐雾箱中对硼化物熔覆层进行中性盐雾试验。盐雾试验沉降率 $10\sim20mL/h \cdot 80cm^2$，压力 80~180kPa，连续喷雾，试样摆放角度与水平线呈 30°，试验周期分别为 0 天、2 天、

8 天、20 天，取出试样后先用无水乙醇冲洗掉表面残余 NaCl，然后使用丙酮冲洗，保持表面形貌。用 Nova 400 Nano 型场发射扫描电子显微镜观察样品盐雾腐蚀表面形貌，用电化学交流阻抗谱方法评定覆层试样在不同时间周期腐蚀过程中的耐腐蚀性能，采用三电极体系，以铂电极作为辅助电极，以饱和甘汞电极作为参比电极。

2 结果与分析

2.1 硼化物熔覆层形貌及物相分析

图 1 为 316L 不锈钢表面硼化物熔覆层截面金相组织，可以发现熔覆层中灰色网状共晶组织依附在硬质相颗粒物周围生长，同时还存在初始硼化物，因为在等离子熔覆过程中，原位反应时间短，初始硼化物首先会从液相中结晶生成，即灰色网状硼化物末端的细小黑色颗粒物。图 2 为硼化物覆层的 XRD 图谱，熔覆层组织主要由 α–Fe、Fe_{23}（C，B）$_6$、Mo_2FeB_2、（Mo，Fe，Cr）$_3B_2$ 组成。

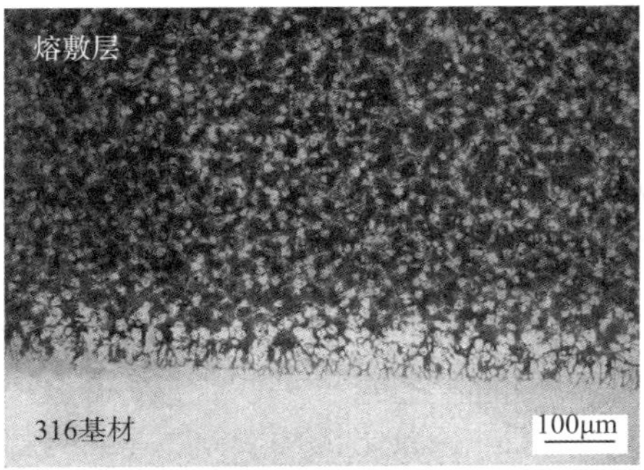

图 1 316L 不锈钢表面硼化物覆层截面金相组织

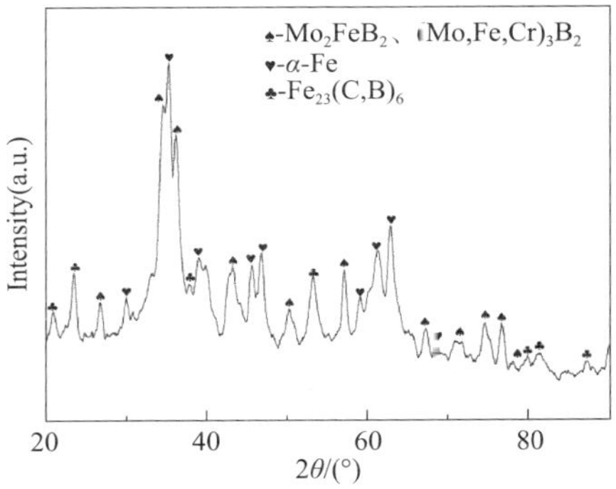

图 2 316L 不锈钢表面硼化物覆层

图 3 为硼化物熔覆层 SEM 图，从图 3（a）中可以看到均匀分布的白色颗粒硬质相。图 3（b）为图 3（a）中虚线框放大部分，对于图 3（b）中的硬质相、网状组织和黏结相分别进行 EDS 分析，其结果如表 3 所示。对于测试点 1，该处含有大量的 Mo 元素，而且 Mo/Fe 原子大于 2，结合图 2 的 XRD 图谱可判断该处为硬质相颗粒物 Mo_2FeB_2、（Mo，Fe，Cr）$_3B_2$ 相。对于测试点 2，该处含有大量 Fe 元素，结合图 2 的 XRD 图谱可知该处为覆层中的黏结相组织 α–Fe，其中还含有少量 Cr 和未参加反应的 Mo 元素。对于测试点 3，该处含有一定量的 Mo，但含量较少，结合图 2 的 XRD 图谱可判断该处为网状组织 Fe_{23}（C，B）$_6$，其中还含有一定量的 Cr，表明 Cr 原子可以通过置换 Fe_{23}（C，B）$_6$ 中的 Fe 原子而形成（Fe，Cr）$_{23}$（C，B）$_6$。

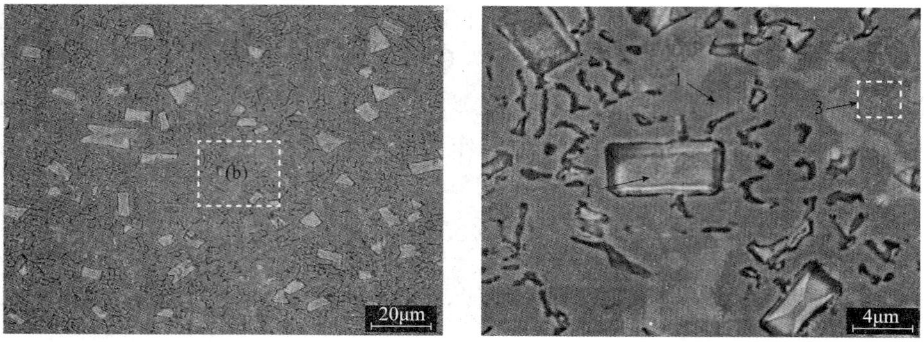

(a) (b)

图 3　316L 不锈钢表面硼化物覆层不同放大倍数 SEM 图

表 3　SEM 图中覆层不同组织 EDS 分析结果（原子百分比）　%

测试点	Mo	Fe	Cr	Ni
1	53.28	23.36	22.34	1.04
2	3.17	78.84	15.87	2.12
3	27.28	54.36	16.71	1.65

2.2　表面硼化物覆层显微硬度分析

图 4 是 316L 不锈钢表面硼化物覆层截面显微硬度变化曲线，通过图 4 可得 316L 不锈钢基体平均显微硬度为 210.8HV$_{0.5}$，覆层平均显微硬度为 826.0HV$_{0.5}$，覆层显微硬度大约为基体的 3.9 倍。这一方面是因为熔覆过程中发生原位硼化反应生成的硼化物硬质相的均匀分布；另一方面是因为药芯焊丝粉末中添加的 Mo、Cr 等合金元素在熔覆过程中固溶于覆层组织中产生固溶强化作用。这大大的提高了覆层的硬度，增强了其耐磨性能。

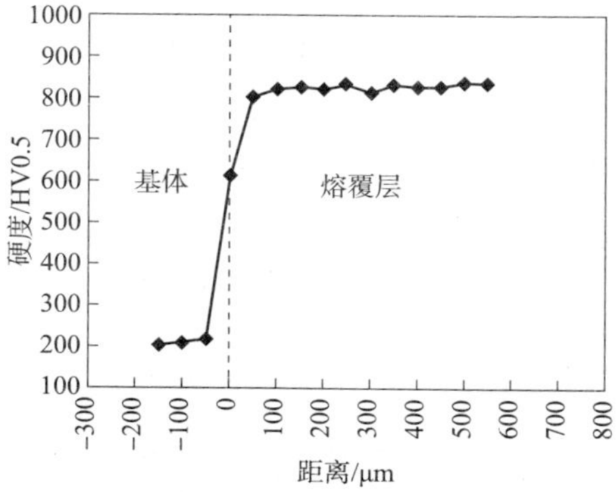

图 4　熔覆层截面硬度测试曲线

2.3　硼化物熔覆层极化曲线的测定

在 5%NaCl 中性盐溶液和 $10\%HNO_3+3\%HF$ 酸性溶液中分别对 316L 不锈钢和硼化物覆层进行电化学极化测试，测得极化曲线结果如图 5 所示。

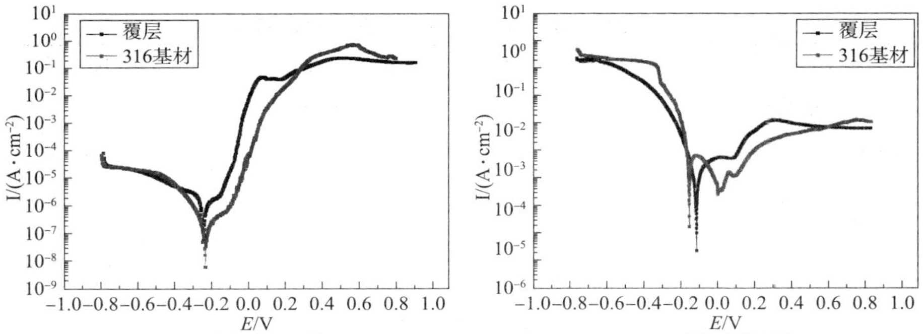

(a)中性腐蚀环境　　(b)酸性腐蚀环境

图 5　316L 不锈钢和熔覆层在不同腐蚀环境下极化曲线

图 5（a）为 316L 不锈钢与硼化物覆层在 5%NaCl 中性盐溶液中的极化曲线。在阳极曲线上看，初始阶段两种试样均出现了明显的钝化特征，之后又都出现了钝化击穿现象，其中 316L 不锈钢与硼化物覆层的击穿电位分别为 0.42V 和 0.19V，即 316L 不锈钢的击穿电位大于硼化物覆层，这表明在中性盐溶液腐蚀环境下，316L 不锈钢的钝化状态相对稳定，即在该环境下 316L 不锈钢的耐腐蚀性能要优于硼化物覆层。

图 5（b）为 316L 不锈钢与硼化物覆层在 $10\%HNO_3+3\%HF$ 酸性溶液中的极化曲线。从 316L 不锈钢的阳极极化曲线看，在电极电位为 –0.1V 时，其极化电流密度迅速降低，开始出现钝化现象；当电极电位在 –0.1~0.1V 之间时，极化电流密度无规则波动后开始升高。这说明 316L 不锈钢在酸性环境中形成的氧化膜不稳定，容易被破坏导致失效。从硼化物覆层阳极极化曲线来看，在电极电位为 0V 时，硼化物覆层出现钝化现象；电极电位达到 0.1V 时，极化电流密度突然升高，说明此时钝化膜被击穿，硼化物覆层继续被腐蚀；当电极电位为 0.3V 时，随着电极电位的递增，极化电流密度开始下降，说明在酸性溶液腐蚀环境下，硼化物覆层的耐腐蚀性能要优于 316L 不锈钢。

使用塔菲尔曲线外推法分别测出在 5%NaCl 中性盐溶液和 $10\%HNO_3+3\%HF$ 酸性溶液中 316L 不锈钢和硼化物覆层的自腐蚀电位，结果如表 5 所示，在 5%NaCl 中性盐溶液中，316L 不锈钢的自腐蚀电流密度 $I_{corr}=3.8485\times10^{-7}$A 低于硼化物覆层自腐蚀电流密度 $I_{corr}=6.2402\times10^{-6}$A，即 316L 不锈钢在中性溶液腐蚀环境下耐腐蚀性要略优于硼化物覆层。在 $10\%HNO_3+3\%HF$ 酸性溶液电化学腐蚀下，316L 不锈钢与硼化物覆层的自腐蚀电流密度 Icorr 分别为 2.8427×10^{-3}A 和 5.3464×10^{-3}A，即硼化物覆层的耐蚀性与316L不锈钢的自腐蚀电流相差不大，但此时硼化物覆层的自腐蚀电位为 –107.2mV，高于316L不锈钢的 –143.7mV，所以在酸性环境下硼化物覆层的耐蚀性是优于316L不锈钢的。

表4　316L不锈钢和覆层极化曲线拟合结果

材料	电化学腐蚀条件	自腐蚀电位 /mV	自腐蚀电流 /A
316L不锈钢	5%NaCl	–230.8	3.8485×10^{-7}
硼化物覆层	5%NaCl	–242.3	6.2402×10^{-6}
316L不锈钢	10%HNO_3+3%HF	–143.7	2.8427×10^{-3}
硼化物覆层	10%HNO_3+3%HF	–107.2	5.3464×10^{-3}

2.4　硼化物覆层在中性盐雾环境下的腐蚀行为

2.4.1　不同时间周期硼化物覆层电化学腐蚀特征

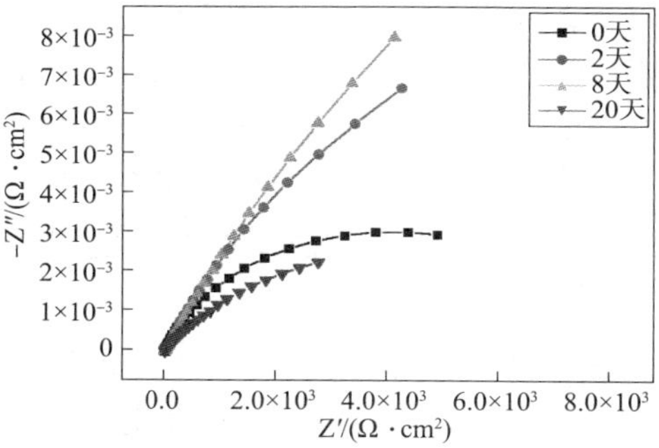

图6　覆层不同时间周期腐蚀的Niquist图

对不同时间中性盐雾腐蚀后的覆层进行EIS测试，分析其交流阻抗谱的变化规律。图6是硼化物覆层在不同时间周期腐蚀后的Niquist图。结果显示，覆层在盐雾腐蚀8天时后腐蚀逐渐加深，容抗弧半径明显增大，表明覆层的阻抗值也相应的增大，覆层的耐蚀性逐渐升高；覆层在8~20天时，覆层容抗弧半径开始减小，表明覆层阻抗值减小，覆层的耐蚀性逐渐降低。覆层在腐蚀初期表现出较好的耐蚀性是因为合金粉末的添加，Mo的添加可以稳定铁素体，增强合金耐点蚀能力，而Cr的添加能促进合金钝化，在覆层表面生成致密的钝化膜；随着腐蚀的进行，腐蚀产物不断增多，会占据覆层与钝化物之间的孔隙，阻碍腐蚀电解质的传输，从而阻碍覆层内部组织的进一步腐蚀，使得覆层阻抗值暂时提高，腐蚀速率减缓；随着腐蚀速率延长，在腐蚀后期钝化膜被破坏导致覆层被进一步腐蚀，使得容抗弧半径减小，覆层耐蚀性能降低[14]。

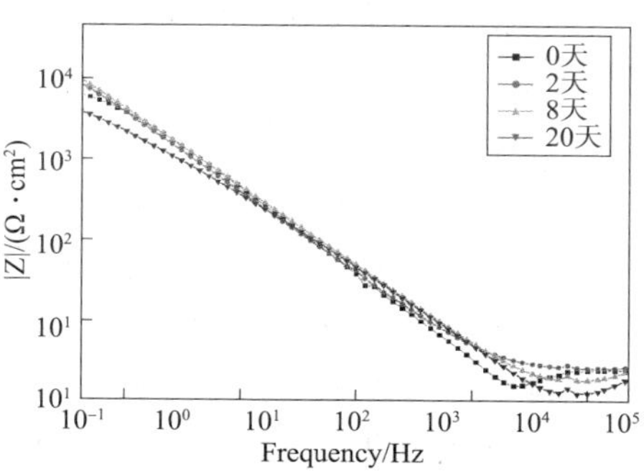

图7　覆层不同时间周期腐蚀的Bode图

图7为覆层在不同时间周期腐蚀后的Bode图。如图所示，在第8天时，覆层的

低频阻抗膜值最大；在第 20 天时，覆层的低频阻抗膜值最小。表明覆层在腐蚀初期表面形成较为均匀的钝化膜，生成的腐蚀产物在一定程度上能够阻塞覆层与钝化膜之间的孔隙，从而阻碍腐蚀电解质的传输，使得覆层的阻抗暂时升高，腐蚀速率变慢。随着腐蚀的进行，钝化膜被破坏，导致腐蚀加深，阻抗降低。

2.4.2　不同时间周期硼化物覆层腐蚀形貌特征

图 8 为经过不同周期盐雾腐蚀并清除表面腐蚀产物后的硼化物覆层。在第 8 天时，腐蚀深度最大为 5μm，说明腐蚀初期硼化物覆层表面腐蚀程度较低，腐蚀坑较浅；随着腐蚀时间的延长，在第 20 天时，腐蚀坑深度最大为 8μm，腐蚀程度逐渐加深，同时表面变得凹凸不平，这说明硼化物覆层的腐蚀形式是点腐蚀。

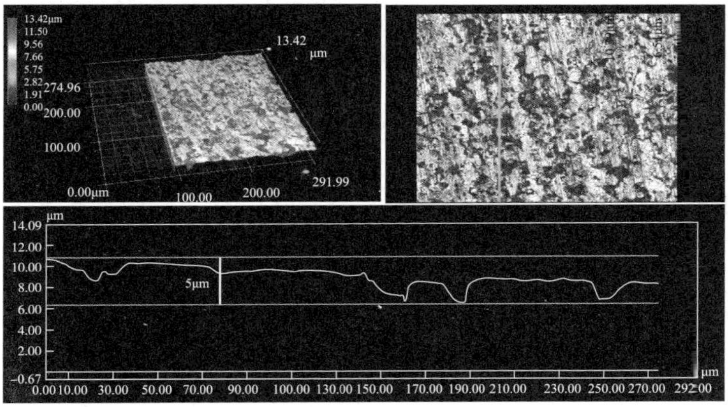

(a)8天

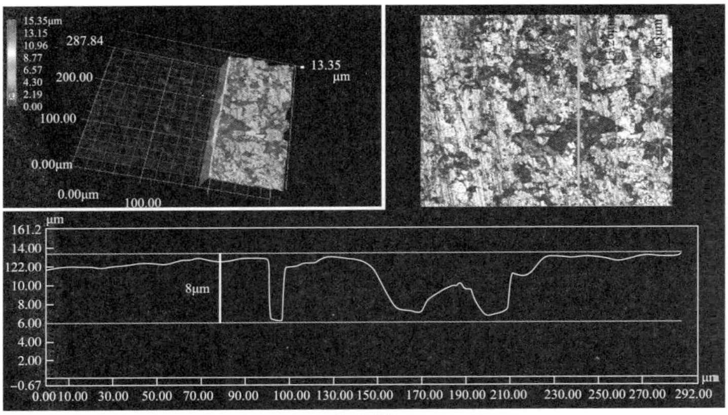

(b)20天

图 8　覆层在不同时间周期盐雾腐蚀超景深三维显微照片

图9为经过不同周期盐雾腐蚀并清除表面腐蚀产物后的硼化物覆层微观形貌。在微观形貌中可看到在覆层相界处存在很多位错和杂质，容易吸附氯和氧从而产

生点腐蚀，然后点蚀横向扩展形成带状腐蚀沟，纵向延伸至覆层深处。而覆层粘结相 α-Fe 能将硬质相 Mo_2FeB_2 固定，当粘结相被腐蚀后，硬质相颗粒会下沉，如图 9（b）所示，最终形成较大腐蚀坑，并且腐蚀坑中会出现单独存在的硬质相颗粒。

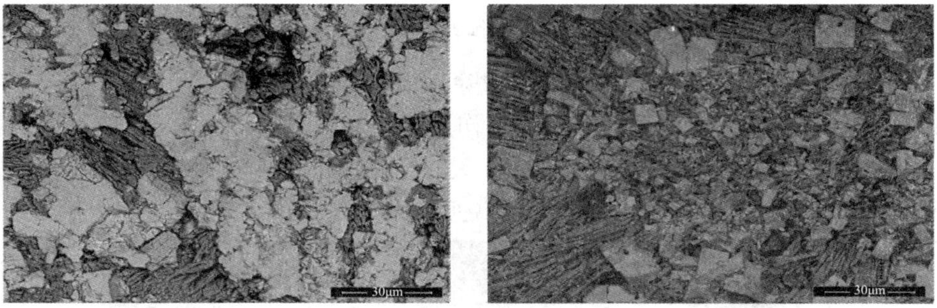

(a)8天　　(b)20天

图 9　覆层在不同时间周期盐雾腐蚀微观形貌

2.5　硼化物腐蚀机理探讨

硼化物覆层主要通过钝化作用来保护基体，覆层中含有的 Mo、Cr 能在腐蚀过程中形成致密的钝化膜，从而减缓腐蚀速率。Faming shen[15] 通过新型表面改性技术（EHLA）制备耐蚀涂层，其腐蚀实验表明点蚀主要起始于树突和树突间区域交界处，同时均匀分布的网状枝晶可促使钝化膜的成核，这能显著提高涂层耐蚀性。图 10 为钝化膜形成过程示意，在硼化物覆层的网状组织中，Mo、Cr 等合金元素富集在晶间，钝化膜在网状枝晶中形核并长大，最终在覆层表面形成一层致密的钝化膜，起到钝化作用的同时还提高了覆层耐点蚀能力；同时硼化物覆层中均匀分布的三元金属硼化物有很高的耐腐蚀性，这也提高了覆层的耐腐蚀性能。

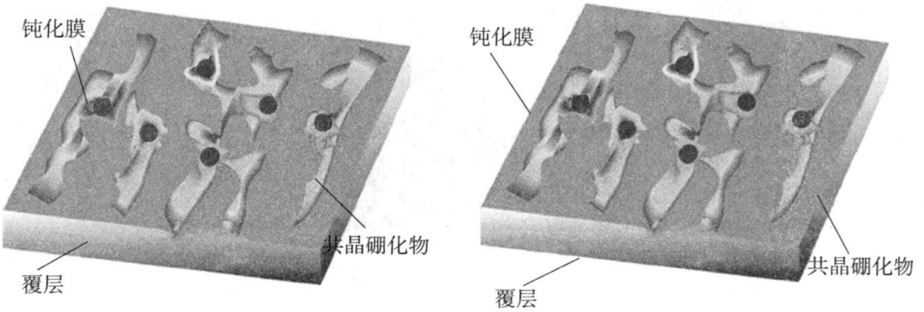

图 10　覆层钝化膜形成过程示意

3 结论

1）采用等离子熔覆技术在316L不锈钢表面制备硼化物熔覆层，覆层组织主要由Mo_2FeB_2、（Mo，Fe，Cr）$_3B_2$、Fe_{23}（C，B）$_6$和α-Fe组成。熔覆层平均显微硬度为826.0$HV_{0.5}$，约为基体的3.9倍。

2）通过对极化曲线的分析：在中性环境中，316L不锈钢的耐蚀性优于硼化物覆层；在酸性环境中，硼化物覆层的耐蚀性高于316L不锈钢。

3）在不同时间周期盐雾腐蚀下，覆层的EIS图中显示其阻抗弧先增大后减小，表明覆层有良好的抗腐蚀性能，同时覆层的网状硼化物中含有的Mo、Cr等元素会在腐蚀过程中形成致密的钝化膜，这也提升了覆层的耐蚀性。

参考文献

［1］陈礼斌，高永春．不锈钢技术及其发展［J］．河北冶金，2011（3）：5-12.

［2］Roland T，Retraint D，Lu K，et al. Fatigue life improvement through surface nanostructuring of stainless steel by means of surface mechanical attrition treatment［J］. Scripta Materialia，2006，54（11）：1949-1954.

［3］周文龙，吕成，李烨，等．喷丸强度对316不锈钢表面完整性及疲劳寿命的影响［J］．表面技术，2020，49（7）：230-237.

［4］Guo M，Tang J，Peng C，et al. Effects of salts and its mixing ratio on the corrosion behavior of 316 stainless steel exposed to a simulated salt-lake atmospheric environment［J］. Materials Chemistry and Physics，2022，276：125380-125389.

［5］Zhou J，Retraint D，Sun Z，et al. Comparative study of the effects of surface mechanical attrition treatment and conventional shot peening on low cycle fatigue of a 316L stainless steel［J］. Surface and Coatings Technology，2018，349：556-566.

［6］董飞，刘福田，刘元新，等．液相烧结三元硼化物硬质合金覆层材料的特性［J］．硅酸盐学报，2007，35（8）：1046-1050.

［7］Vijay S，Wang L，Lyphout C，et al. Surface characteristics investigation of HVAF sprayed cermet coatings［J］. Applied Surface Science，2019，493：956-962.

［8］代宽宽，宋光明，吴钱林，等．Mo-Ni-B系三元硼化物陶瓷涂层激光熔覆制备及其腐蚀性能［J］．腐蚀与防护，2012，33（5）：375-377，389.

［9］饶群力，王浩伟，周尧和．高硬度镍硼合金涂层的组织转变和性能［J］．材料工程，2000（6）：30-33.

［10］Ke D，Pan Y，Xu Y，et al. VC and Cr_3C_2 doped WCoB-TiC ceramic composites prepared by hot-pressing [J] . International Journal of Refractory Metals and Hard Materials, 2017, 68: 24-28.

[11] 夏志强，郑勇，吕学鹏，等 . FeB 粒度对 Mo_2FeB_2 基金属陶瓷硬质相形貌及力学性能的影响 [J] . 硬质合金，2014，31（5）：290-296.

[12] 李文戈，张博文，邓伟涛 . 船机修造用 Mo_2FeB_2 金属陶瓷涂层的有限元模拟及性能分析 [J]. 上海海事大学学报，2022，43（01）：119-126.

[13] Xinling G, Wei W, Shaojie L I. Fabrication and properties of APS- and RTS-Sprayed TiB2/Mo2FeB2 multiphase ceramic coating on Q235 Steel [J] . Materials Science Forum, 2012, 704-705 (PT.2) : 1244-1252.

[14] Li Y, Liu J, Chu S. Corrosion resistance of hot-dipped zinc and zinc alloy coated sheet steels under offshore atmospheric environment [J] . Materials and Corrosion, 2007, 58 (8) : 616-620.

[15] Shen F, Tao W, Li L, et al. Effect of microstructure on the corrosion resistance of coatings by extreme high speed laser cladding [J] . Applied Surface Science, 2020, 517: 146075-146099.

Q345R（HIC）钢制球罐焊接工艺研究

夏　巍，王　奎

（武汉一冶钢结构有限责任公司，湖北　武汉　430080）

摘要：碳钢及低合金钢压力容器在湿度较大的 H_2S 环境中易发生硫化物应力腐蚀，对设备的安全运行构成较大威胁，因此本文针对 Q345R（HIC）钢制球罐进行焊接研究及制订焊接工艺评定。通过分析 Q345R（HIC）钢材的特性，选择与之匹配的焊接材料、焊接方法，确定焊接工艺参数，分别采用最大模拟热处理及最小模拟热处理同时进行焊接工艺评定，强化热输入控制和硬度控制等控制措施，对焊接工艺评定试件进行拉伸、弯曲、冲击、硬度及 HIC 及 SSC 试验，试验结果均满足球罐设计及 GB/T 8650—2015、SH/T 3193—2017 等标准要求，验证了焊接工艺参数的可行性和有效性。

关键词：HIC；SSC；焊接工艺；硬度控制；焊后热处理

Research on welding process of Q345R（HIC） steel of spherical tank

Xia Wei，*Wang Kui*

（Wuhan Yiye Steel Structure Co.，Ltd.，Wuhan Hubei 430080，China）

Abstract： Carbon steel and low alloy steel pressure vessels are prone to sulfide stress corrosion in H2S environment with high humidity，which poses a great threat to the safe operation of equipment. Welding process of Q345R（HIC） steel of spherical tank was studied and the Welding Procedure Specification was qualified. By analyzing the characteristics of Q345R（HIC） steel，selecting the matching welding materials and welding methods，and determining the welding process parameters，respectively using the Max.PWHT and Min.PWHT at the same time to evaluate the welding process，strengthen the control measures such as heat input control and hardness control，Tensile，bending，

［**作者简介**］夏巍（1981—），男，湖北鄂州人，在职研究生，高级工程师，注册安全工程师，主要从事压力容器设计与建造和焊接技术研究等工作。

impact, hardness, HIC and SSC tests were carried out on the Welding Procedure Qualification specimens. All the test results met the design of spherical tank and the requirements of Code GB/T 8650–2015 and SH/T 3193–2017, which verified the feasibility and effectiveness of the welding process parameters.

Key words: HIC; SSC; welding process; hardness control; PWHT

0 前言

低合金钢压力容器在湿 H_2S 环境中，会产生氢鼓泡（HB）与氢致开裂（HIC）、应力诱导氢致开裂（SOHIC）与硫化物应力腐蚀开裂（SSCC）等滞后断裂现象。湿环境下压力容器用钢的应力腐蚀开裂行为本质上是氢损伤过程[1]。因电化学腐蚀反应持续不断地生成的氢原子，在湿 H_2S 环境下进入压力容器钢内部，或溶解于材料的晶格中，或被钢中的非金属夹杂物、位错等氢陷阱捕获而聚集在一起形成氢分子，氢分压逐渐增大导致平行裂纹的萌生和扩展。如果压力容器钢表面存在非金属夹杂物，氢原子还会在表面聚集形成氢鼓泡现象[2]。压力容器钢氢致开裂的机理如图 1 所示。

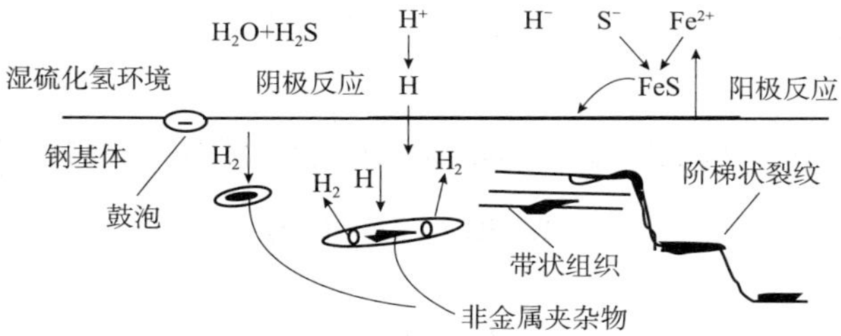

图 1　氢致开裂机理

球罐是石油、化工等行业中重要的储存类大型压力容器设备。球罐低合金钢在湿 H_2S 环境特殊工况下使用，易发生硫化物应力腐蚀，直接影响设备的安全性能[3]。在湿 H_2S 环境中因 H_2S 应力腐蚀导致的事故时有发生。近年来，球罐更向着大型化、高参数化发展，往往还伴随着较长的服役期，适应湿 H_2S 环境的长期安全运行显得尤为重要。

某烷烃综合利用项目位于广东茂名，设计建造储存丙烷、丁烷的 3 台钢制 3000m³ 球罐，球罐主要参数如表 1 所示。该球罐使用环境存在湿 H_2S 环境，球罐的现场组焊需针对 Q345R（HIC）钢材开展焊接工艺研究和焊接工艺评定试验，分析材料选用及焊接工艺参数，把握焊接过程控制重点，并对焊接工艺评定试件进行抗氢致开裂（HIC）试验及抗硫化物应力腐蚀开裂（SSC）试验，验证其抗湿 H_2S 环境应力腐蚀的稳定性。

表 1　3000m³ 丙烷、丁烷球罐主要参数

指标	数值	指标	数值
存储介质	丙烷、乙烷、丁烷	介质总硫含量 /ppm	≤30
设计压力 /MPa	1.77	设计温度 /℃	-20~55
容器类别	Ⅲ /A3	防震烈度	7 度（0.10g）第一组
内径 /mm	Φ18000	焊接接头系数	1.0
壁厚 /mm	55	腐蚀裕量 /mm	3
壳体材质	Q345R（HIC）	锻件材质	16MnD（HIC）Ⅳ
最高允许工作压力 /MPa	1.79	水压试验压力 /MPa	2.24

1　材料选用

1.1　球壳用 Q345R（HIC）钢板

球罐球壳用 Q345R（HIC）钢板的化学成分供应要求及按炉罐号复验结果如表 2 所示，满足 GB/T 713—2014《锅炉和压力容器用钢板》的要求。

表 2　Q345R（HIC）钢板化学成分成品分析（质量分数）　%

化学成分	C	Si	Mn	Cu	Ni	Cr	Mo	Nb+V	B	Ti	Alt	P	S
要求供应值	≤0.20	≤0.55	1.20~1.40	≤0.30	≤0.30	≤0.30	≤0.080	≤0.030	≤0.0005	≤0.010	≥0.020	≤0.010	≤0.003
复验值	≤0.18	≤0.51	1.23~1.38	≤0.21	≤0.24	≤0.26	≤0.075	≤0.028	≤0.0005	≤0.010	≥0.020	≤0.008	≤0.003

球壳用 Q345R（HIC）钢板的化学成分除符合表 2 的要求外，还需符合 Cu+Ni+Cr+Mo≤0.70%、Nb+V+Ti≤0.12%、CE≤0.45% 的要求，其中 CE=C+1/6Mn+（Cr+Mo+V）/5+（Ni+Cu）/15。

氢致裂纹（HIC）与介质的苛刻度、材质纯净度及材料显微组织有关。采用降低 S 含量即减少 MnS 的生成量，是有效提高耐 HIC 性能的手段之一。焊缝中的 P 的含量低是确保接头良好的抗 HIC 开裂敏感的又一有效措施。

在湿 H_2S 应力腐蚀环境下使用的球罐应选用纯净钢作为球壳材料，平衡而稳定的细晶粒组织是抗氢致开裂的理想组织[4]。本项目所供应的球壳用 Q345R（HIC）钢板的晶粒度按照 GB/T 6394—2017《金属平均晶粒度测定方法》的要求进行测定，晶粒度不粗于 6 级。钢板还按照 GB/T 10561—2023《钢中非金属夹杂物含量的测

定 标准评级图显微检验法》规定的 B 法进行了细系、粗系非金属夹杂物评定，非金属夹杂物 A 类、B 类、C 类、D 类、细系、粗系、DS 类均≤1.5 级，且 A+C≤2.0 级、B+D≤2.0 级、A+B+C+D+DS≤4.5 级，评定结论为合格。

球壳用 Q345R（HIC）钢板的力学性能和冷弯性能供应要求及按批号复验结果见表 3，复验结果满足 GB/T 713—2014《锅炉和压力容器用钢板》的要求。

表 3 Q345R（HIC）钢板力学性能和冷弯性能

力学性能	拉伸试验			冲击试验			冷弯试验	Z 向拉伸断面收缩率 Φ/%	试样状态
	R_m/MPa	R_{eL}/MPa	A/%	试验温度/℃	KV_2（横向）/J		b=2a 180°		
					平均值	单个值			
要求供应值	490~620	≥315	≥21	-30	≥47	≥33	D=3a OK	三个试样平均值≥35，允许其中一个试样≥25	max. PWHT min. PWHT
复验值	510~595	≥325	≥23	-30	≥98	≥88	D=3a OK	三个试样平均值≥35，允许其中一个试样≥25	

钢板样胚模拟热处理工艺包括最大模拟焊后热处理工艺（max.PWHT）及最小模拟焊后热处理工艺（min.PWHT）。max.PWHT 的热处理温度为 615±15℃，恒温时间为 7.5h；min.PWHT 的热处理温度为 615±15℃，恒温时间为 2.5h；进出炉温度≤400℃，升温速度≤100℃/h，降温速度≤140℃/h，出炉空冷。

相关研究表明，钢板厚度 1/2 处是偏析和 MnS 夹杂物集中分布的位置。在导致严重偏析的带状组织和 MnS 夹杂共同作用下，钢板的抗 HIC 性能下降[5]。针对本项目球罐的 55mm 厚 Q345R（HIC）钢板，每轧制张在钢板厚度 1/2 处取样增加一组夏比冲击试验，严格控制钢板厚度 1/2 处的力学性能。

1.2 焊接材料

Q345R（HIC）钢制球壳的组焊，从抗应力腐蚀开裂的角度选用焊接材料，用相应的焊接方法焊成的焊缝与母材应有相似的化学成分，熔敷金属中 S、P 质量分数尽量低。焊缝的化学成分对焊缝的组织状态起决定作用，而焊缝的组织又影响其韧性。焊接接头力学性能指标及腐蚀性能指标宜与母材一致。由于球罐焊缝分布为曲面，需全位置焊接，为保证焊接质量，此次球壳组焊采用工艺成熟的手工电弧焊进行全位置焊接，选用性能与母材相近的 CHE507SHA（E5015-G）抗氢型焊条，采用直流电源，焊接工艺性能良好，焊缝金属具有强度低、韧性高和抗裂性能好等特点[6]。焊条熔敷金属的化学成分、力学性能（SR 态）供应要求及复验结果分别如表 4、表 5 所示，复验结果满足 NB/T 47018.2—2017《承压设备用焊接材料订货技术条件 第 2 部分：钢焊条》的要求。

表 4　焊条熔敷金属的化学成分（质量分数） %

化学成分	C	Mn	Si	P	S	Ni
要求供应值	≤0.15	≤1.45	≤0.50	≤0.012	≤0.006	≤0.40
复验值	≤0.14	≤1.40	≤0.46	≤0.010	≤0.004	≤0.38

表 5　焊条熔敷金属力学性能

<table>
<tr><td rowspan="3">力学性能</td><td colspan="3">拉伸试验</td><td colspan="3">冲击试验</td><td>冷弯试验</td><td rowspan="3">试样状态</td></tr>
<tr><td rowspan="2">R_m/MPa</td><td rowspan="2">R_{eL}/MPa</td><td rowspan="2">A/%</td><td rowspan="2">试验温度/℃</td><td colspan="2">KV_2 /J</td><td rowspan="2">180°</td></tr>
<tr><td>平均值</td><td>单个值</td></tr>
<tr><td>要求供应值</td><td>≥490</td><td>≥315</td><td>≥20</td><td>−45</td><td>≥47</td><td>≥33</td><td>按 NB/T 47018 要求执行</td><td rowspan="2">615 ± 15℃
7.5h max.PWHT
2.5h min.PWHT</td></tr>
<tr><td>复验值</td><td>≥505</td><td>≥340</td><td>≥25</td><td>−45</td><td>≥105</td><td>≥96</td><td>OK</td></tr>
</table>

严格控制焊条熔敷金属扩散氢含量。与母材一样，焊接材料中扩散氢的存在，导致焊缝晶格原子间结合力弱化，将使材料发生塑变的断面收率和延伸率下降，材料上、下屈服间距缩短，抗拉强度和屈服强度增大，且冲击韧性下降[7]。焊条经 350~400℃烘干 1~2h 后，对焊条熔敷金属扩散氢含量［H］用水银法或热导法进行测定，以［H］≤4mL/100g 为合格。

2　焊接工艺研究

2.1　制定焊接工艺评定

分析材料的焊接性能是制订焊接接头的抗氢致开裂保证措施的基础。焊缝组织的粗大与否，除了与母材、焊材的化学成分有关外，还与电流、电压、焊接速度等焊接工艺参数有关。焊接残余应力也不利于球罐在湿 H_2S 应力腐蚀环境下服役，采用适宜的热处理工艺进行消应力处理是必要措施，研究不同模拟焊后热处理工况的影响，以确保焊缝金属抗氢致开裂和硫化物应力开裂性能。针对本工程球罐球壳的焊接，制订两种不同模拟焊后热处理工况的焊接工艺评定，通过不同的焊后热处理保温时间，分析对焊缝力学性能及 HIC 及 SSC 试验的影响，见表 6。

表 6 焊接工艺评定清单

工艺评定序号	焊接方法	焊材类型	母材材质	厚度/mm	热处理保温温度/℃	保温时间/h	焊接电流/A	电弧电压/V	焊接速度/（cm·min^{-1}）
PV-206	SMAW	CHE507SHA	Q345R（HIC）+Q345R（HIC）	55	615 ± 15	7.5	155~180	22~28	8~14
PV-207	SMAW	CHE507SHA	Q345R（HIC）+Q345R（HIC）	55	615 ± 15	2.5	155~180	22~28	8~14

2.2 焊前准备

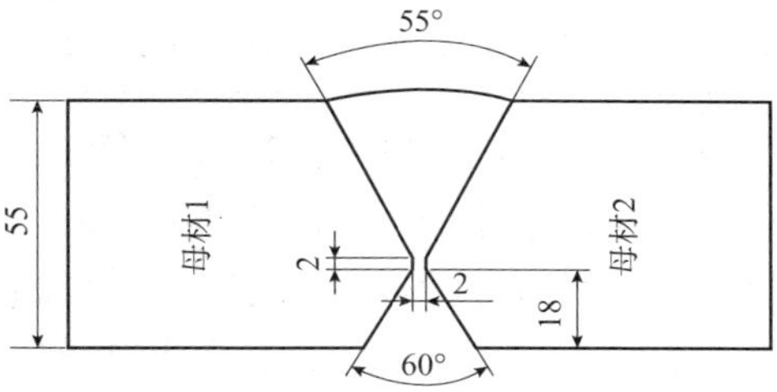

图 2 焊缝坡口形式

焊前准备包括材料的检验、表面处理、坡口加工等，这些步骤对于保证焊接质量至关重要。表面处理包括去除母材表面的油污、锈蚀等杂质，坡口加工则需要根据不同板厚，结合焊接工艺选用合适的坡口形式，并对组对间隙及错变量需严格控制。55mm 厚球壳板开 X 型不对称坡口，如图 2 所示。

2.3 热输入控制

表 7 55mm 厚 Q345R（HIC）钢制球壳板施焊焊接工艺参数

焊道/焊层	焊接方法	填充材料		焊接电流		电弧电压/V	焊接速度/（cm·min^{-1}）	线能量/（kJ·cm^{-1}）
		牌号	直径/mm	极性	电流/A			
外 1	SMAW	CHE507RHA	Φ4.0	反接	150~165	24~26	8~14	15~32.2
外 2~9	SMAW	CHE507RHA	Φ4.0	反接	160~180	24~28	8~14	16.5~37.8
内 1	SMAW	CHE507RHA	Φ4.0	反接	150~165	24~26	8~14	15~32.2
内 2~5	SMAW	CHE507RHA	Φ4.0	反接	160~180	24~28	8~14	16.5~37.8

针对 55mm 厚 Q345R（HIC）钢制球壳板的施焊，在合理焊接顺序的同时合理控制热输入，是减少焊缝含氢量，避免氢致开裂的必要手段。焊接热输入越大，焊缝晶粒组织就越粗大，焊接热输入增大一定程度时，对焊缝的抗 HIC 性能产生

不利影响。将焊接热输入控制在评定合格的焊接热输入的（–10%，+20%）的范围内是合适的。控制 Q345R（HIC）钢制球壳板的焊接热输入在立焊位置不能过大，避免热影响区晶粗化带来焊接接头冲击韧性的下降；控制 Q345R（HIC）钢制球壳板的焊接热输入在横焊位置不能过小，防止冷却速度过大增加淬硬倾向和氢的滞留；在充分保证焊接接头韧性的前提下可适当加大焊接热输入。

2.4　硬度控制

硬度是评估焊接接头性能的重要指标之一。Q345R（HIC）钢焊接中焊接接头的硬度对应力腐蚀敏感性大，是相比于低温冲击韧性更为重要的问题。抗 HIC 钢的焊接接头抗 H_2S 腐蚀能力随着焊接接头硬度的提高而下降，控制材料和焊接接头的硬度，严格限制 Mn、S、P 的质量分数，同时进行焊后消除应力热处理以防止开裂，都是十分重要的[8-9]。

焊接时钢材的淬硬倾向越大，产生冷裂纹的倾向也就越大。钢材的淬硬倾向又与钢材的化学成分、板厚、焊接工艺和冷却速度有关。钢的淬硬组织最常见的是马氏体组织。在马氏体中碳原子以间隙固溶体的形式存在于晶格中。碳的过饱和状态会使铁原子偏离平衡位置引起较大的品格畸变，从而使钢材的组织处于硬化状态。而在焊接时，焊接热影响区的高温区受热温度可以高达 1350~1400℃，此温度下奥氏体晶粒迅速长大，且焊接冷却速度较快，所以粗大的奥氏体晶粒将转变为粗大的马氏体晶粒。马氏体的力学性能不均衡，其脆性偏大，发生断裂时消耗的能量较低，所以焊接接头中若存在马氏体，则易形成淬硬裂纹。但是马氏体组织的形态不同，其对裂纹的敏感性也不同，如低碳板条状马氏体的韧性相对良好，淬硬裂纹倾向不是很大，而钢中的含碳量较高或冷却速度较大时出现的片状孪晶马氏体硬度高、脆性大，易产生淬硬裂纹。

对于厚壁容器，采用焊前预热、合理的焊接工艺、焊接完成后的消氢处理及消除残余应力热处理可提高焊接接头的韧性，也是高质量进行 Q345R（HIC）厚壁板焊接的根本保证[10]。预热能有效减小冷却速度，降低淬硬倾向，也能有效地使氢充分扩散溢出。一般可在焊后采取后热手段，在热影响区冷却到 100℃以上（冷裂纹的上限温度）时迅速加热到 200~300℃，并保温 0.5~1h。焊后及时后热可使扩散氢充分逸出，在一定程度上降低残余应力作用，适当改善焊缝和热影响区的组织，使之韧化，降低淬硬性。采用后热措施还可以适当地降低预热温度。

2.5　模拟焊后热处理

焊后热处理温度对组织中的碳化物形态及分布有一定影响，随着焊后热处理温度的升高，热影响区晶粒度减小，焊接接头硬度逐渐降低，碳化物从细小逐步长大，分散的球状碳化物对低温冲击不利。有关试验和研究表明，Q345R（HIC）钢焊后热处理温度 610℃下焊接接头的综合力学性能最好。正火温度提高后，高温扩散使得偏析得到改善，偏析区域碳当量降低，相变过程形成的珠光体减少。提高正火温度热处理后钢板的强度提高，低温冲击韧性的稳定性增加[11]。本次焊接工艺评定试件的模拟焊后热处理在电加热热处理炉内进行，热处理温度为 615±15℃，max.PWHT 恒温时间为 7.5h，min.PWHT 恒温时间为 2.5h，升温至 400℃以上时升温速度控制在 50~80℃/h；降温时温度高于 400℃，降温速度宜控制在 30~50℃/h，400℃以下自然冷却。

3 试验与分析

3.1 力学性能试验

焊接工艺评定试件施焊完成 24h 后按球罐设计要求进行 100% 的 TOFD+UT 无损检测，分别通过 7.5h max.PWHT、2.5h min.PWHT，然后进行焊接接头力学试验比较其力学性能，试验结果均满足材料及设计文件技术要求，如表 8~ 表 9 所示。

表 8 焊接工艺评定试板力学性能的技术要求

试板状态	拉伸试验	冲击试验（焊缝及焊接热影响区）			侧弯试验
	R_m/MPa	试验温度 /℃	KV_2/J		180°
			平均值	单个值	
焊后热处理 615±15℃，7.5h max.PWHT 2.5h min.PWHT	≥470	-30	≥41	≥29	D=4a

表 9 焊接工艺评定试板力学性能试验结果

试验编号	拉伸试验		冷弯试验	冲击试验		
	R_m/MPa	断裂位置	D=4a；180°	试样尺寸 / mm	缺口位置	AKV/J（-30℃）
PV-206 max.PWHT	543	焊缝	侧弯 4 件，合格	10×10×55	焊缝	93，90.5，92
	548	焊缝			熔合线	83.5，92，91
PV-207 min.PWHT	537	焊缝	侧弯 4 件，合格	10×10×55	焊缝	88，91，93
	545	焊缝			熔合线	91，81，81.5

3.2　硬度测试

硬度测试结果如图 3 所示，热影响区硬度最大值 HV（10）<140，低于标准和设计要求的 HV（10）≤245，也远未达到国际焊接学会提出的具有焊接冷裂纹倾向的临界维氏硬度值 350。热影响区硬度值较高，母材和焊缝区硬度值较低，这是由于该区域具有强度较高的贝氏体组织，而母材、焊缝区大部分为强度较低的铁素体[12]。热影响区硬度越高，产生裂纹的 H_2S 浓度越低，已在相关试验中得到了证实。

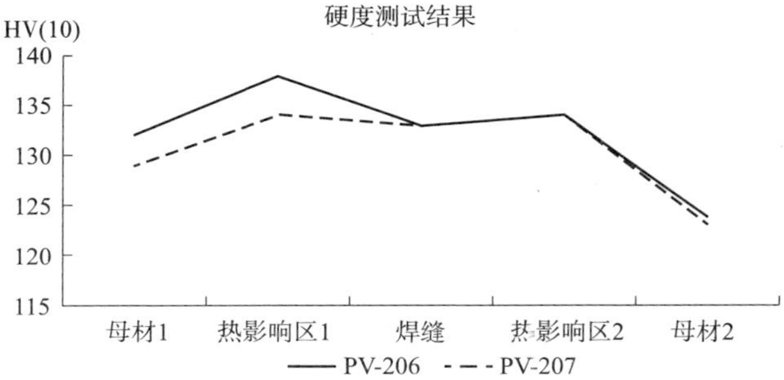

图 3　硬度测试数据

3.3　抗氢致开裂（HIC）试验

依据 GB/T 8650—2015《管线钢和压力容器钢抗氢致开裂评定方法》对焊接工艺评定试件开展抗氢致开裂（HIC）试验，试验信息如表 10 所示，试验结果如表 11 所示。

表 10　抗氢致开裂（HIC）试验信息

试验温度 /℃	试验溶液	pH 值			脱脂方式	试验时间 /h
		初始溶液	试验开始	试验结束		
25	溶液 A	2.7	3.1	3.7	脱脂剂	96

表 11　抗氢致开裂（HIC）试验结果

试板编号	样品编号	检测面	*CLR*/%		*CTR*/%		*CSR*/%	
			实测值	平均值	实测值	平均值	实测值	平均值
PV-206	206-HIC-61	611-W	0	0	0	0	0	0
		612-H	0		0		0	
		613-B	0		0		0	
	206-HIC-62	621-W	0	0	0	0	0	0
		622-H	0		0		0	
		623-B	0		0		0	
	206-HIC-63	631-W	0	0	0	0	0	0
		632-H	0		0		0	
		633-B	0		0		0	
	每组试样的平均值		0		0		0	

续表

试板编号	样品编号	检测面	CLR/%		CTR/%		CSR/%	
			实测值	平均值	实测值	平均值	实测值	平均值
PV-207	207-HIC-51	511-W	0	0	0	0	0	0
		512-H	0		0		0	
		513-B	0		0		0	
	207-HIC-52	521-W	0	0	0	0	0	0
		522-H	0		0		0	
		523-B	0		0		0	
	207-HIC-53	531-W	0	0	0	0	0	0
		532-H	0		0		0	
		533-B	0		0		0	
	每组试样的平均值		0		0		0	

试样 HIC 试验的检测面典型照片见图 4~ 图 5。

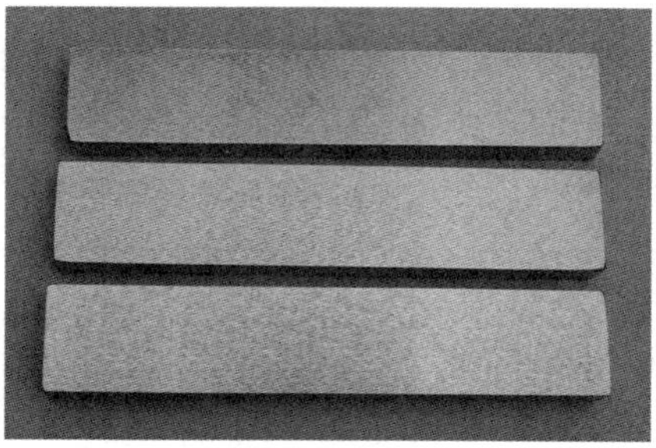

(a)试验前试样照片

(b)试验后试样照

图 4　样品编号为 206-HIC-61~63 试样 HIC 试验的检测面典型照片

(a)试验前试样照片

(b)试验后试样照

图 5　样品编号为 207-HIC-51~53 试样 HIC 试验的检测面典型照片

从 HIC 试验结果可得看出，Q345R（HIC）钢材通过合适的焊接工艺及 7.5h max.PWHT 或 2.5h min.PWHT 模拟焊后热处理，两项焊接工艺评定试件制备的 3

个抗氢致开裂试样进行试验，其试样在氢环境中裂纹长度百分比 *CLR*、裂纹厚度百分比 *CTR*、裂纹敏感百分比 *CSR* 均为 0，满足要求，说明焊接试验采用的焊接工艺参数是可行的。

3.4　抗硫化物应力腐蚀开裂（SSC）试验

参考 SH/T 3193—2017《石油化工湿硫化氢环境设备设计导则》对焊接工艺评定试件开展抗硫化物应力腐蚀开裂（SSC）试验，试验信息如表 12 所示，试验结果如表 13 所示。

表 12　抗硫化物应力腐蚀开裂（SSC）试验信息

试验溶液	试验温度 /℃	脱脂方式	加载方式
溶液 A	24	脱脂剂	持久载荷

表 13　抗硫化物应力腐蚀开裂（SSC）试验结果

试样编号	加载应力 /MPa	试验时间 /h	pH 值			失效检查
			初始溶液	试验开始	试验结束	
81	247	720	2.7	3.0	3.5	未断裂
82	247	720	2.7	3.0	3.5	未断裂
83	247	720	2.7	3.0	3.5	未断裂

试样 SSC 试验的前后典型照片见图 6。

(a)试验前试样照片　　(b)试验后试样照片

图 6　试样 SSC 试验的前后典型照片

从 SSC 试验结果可得看出，Q345R（HIC）钢材焊接工艺评定试样工件加载完成后未断裂，符合合格的要求。

4　结论

1）在湿 H_2S 环境条件下，通过合理选择 Q345R（HIC）钢材料及焊接材料、控制焊接热输入、控制焊接接头硬度、焊后热处理等工艺措施，Q345R（HIC）钢焊接接头的力学性能、抗氢致开裂（HIC）及抗硫化物应力腐蚀开裂（SSC）均能满足性能需求；

2）焊接工艺试验结果的有效性，能够支撑 Q345R（HIC）钢制球罐在湿 H_2S 环境下安全可靠运行。

3）应用本文中所述的焊接工艺，球罐的制造和现场组焊焊接一次合格率达到 99% 以上，球罐的产品焊接试件经热处理后进行拉伸试验、弯曲试验、显微金相和低温冲击试验均合格，特别是抗氢致裂纹试验的 3 个评定指标裂纹长度率、裂纹敏感率和裂纹厚度率检验结果均为 0，从根本上保证了球罐的抗氢致裂纹性能。

参 考 文 献

[1] 陈学东．湿 H2S 及硝酸盐环境中低合金高强度钢制压力容器应力腐蚀开裂敏感性条件分析与安全保障技术研究［D］．杭州：浙江大学，2004.

[2] 王东东．压力容器用 Q345R（HIC）钢的开发与研究［D］．沈阳：东北大学，2017.

[3] 罗俊勇．抗 HIC 钢制压力容器的监督检验［J］．中国特种设备安全，2013，29（07）：42–44.

[4] 于盛开．纯净钢 Q245R（HIC）压力容器焊接工艺［J］．石油化工设备，2014，43（05）：68–71.

[5] 刘海宽，吴小林．Q345R（HIC）钢板抗 HIC 性能不合格的原因分析及对策［J］．宽厚板，2019，25（04）：37–40.

[6] 李建强．抗 HIC 钢在焊接施工中的注意事项分析［J］．科技创新与应用，2014（31）：105.

[7] 宋文明，王克栋，卢雪梅，等．湿 H2S 环境中 Q345R（HIC）的氢扩散规律及性能［J］．石油与天然气化工，2023，52（01）：91–96.

[8] 王志刚，宋浩，胡广岐．不同热处理制度对 Q345R（HIC）焊接接头组织及性能的影响［J］．石油化工设备，2014，43（06）：6–9.

[9] 陈保国，史维琴，李晓龙．循环氢脱硫塔用 Q345R（R–HIC）钢焊接工艺评定［J］．电焊机，2015，45（12）：145–148.

[10] 吴磊，贾乃刚．Q345R（HIC）钢厚壁容器的焊接及缺陷原因分析［J］．硅谷，2013，6（07）：196–197.

[11] 张巧，刘力，张洪伟．热处理工艺对超厚 Q345R（R–HIC）容器封头钢板显微组织和力学性能的影响［J］．大型铸锻件，2021（05）：53–55.

[12] 孙超，王东东，齐建军，等．抗 HIC 压力容器用 Q345R（R–HIC）钢焊接接头组织与性能研究［J］．热加工工艺，2019，48（01）：47–50+54.

屈服强度 890MPa 级实心焊丝力学性能研究

张亚平，刘玉双，熊　刚，田海成，王　哲，韩海峰

（武汉铁锚焊接材料股份有限公司，湖北　武汉　430084）

摘要：采用研制的屈服强度 890MPa 级的实心焊丝进行熔化极气体保护焊的焊接试验，通过单因素法研究保护气体、焊接速度、焊接道温 3 个因素对焊缝金属力学性能的影响。分别采用 Ar+（5%~20%）CO_2 进行了不同气体配方的焊接试验，试验研究的结果为 Ar+5%CO_2 的综合性能最佳；焊接速度在 15~43cm/min 的范围内，随着焊接速度的增加，屈强比增加，冲击韧性先增加后降低，焊接速度为 21~23cm/min 时焊缝具有良好的综合力学性能；道间温度在 70~200℃之间时，随着温度的升高，焊缝强度降低，延伸率升高，当道间温度在 100~150℃时，焊缝具有良好的强韧匹配，当道间温度达到 180~200℃时，强度不满足要求。选用熔敷金属性能较优的工艺参数开展对接焊接试验，焊接接头具有良好的力学性能。

关键词：实心焊丝；力学性能；道间温度

Study on mechanical properties of solid welding wire with yield strength of 890MPa

Zhang Yaping, *Liu Yushuang*, *Xiong Gang*, *Tian Haicheng*, *Wang Zhe*, *Han Haifeng*

（Wuhan Temo Welding Consumables Co., Ltd., Wuhan Hubei 430084, China）

Abstract: A solid wire with yield strength of 890MPa was used for welding experiments. The effects of shielding gas, welding speed and inter-pass temperature on the mechanical properties of weld metal were studied by single factor method. The results show that Ar+（5%-20%）CO_2 can meet the requirements of mechanical properties. In the range of 15-43cm/min, with the increase of welding speed, the yield ratio increases, the impact toughness increases first and then decreases, and the weld

[作者简介] 张亚平，1984 年出生，武汉铁锚焊接材料股份有限公司高级工程师，主要从事焊接材料研发工作，参与多项省部级项目研发工作，某产品获得中国船舶集团有限公司科技进步奖三等奖，在核心期刊发表文章十余篇，并获得多项发明专利。

has good comprehensive mechanical properties when the welding speed is 21–23cm/min. When the inter-pass temperature is between 70–200℃, the strength of the weld decreases and the elongation increases with the increase of temperature. When the inter-pass temperature temperature is between 100–150℃, the weld has a good strength and toughness matching; when the inter-pass temperature reaches 180–200℃, the strength does not meet the requirements. The process parameters with better properties of deposited metal were selected to carry out the butt welding test, and the joint had good mechanical properties.

Key words: solid welding wire; mechanical property; inter-pass temperature

0 前言

高强钢的应用可减少结构自重，节约焊材消耗、焊接工时、减少焊接应力，实现结构综合成本降低的目的。高强钢焊接结构涉及到国民经济建设和国防建设的各个领域，包括容器储罐、起重和采矿设备、海洋工程等工作条件苛刻的领域。尤其工程机械对产品的机动性、灵活性、快速反应等性能要求不断提高，基于结构使用性能要求，高强钢焊接结构在工程机械领域的应用越来越广泛。目前社会行业竞争激烈，为降低成本、提高生产效率，智能化、自动化焊接材料发展迅速，特别是实心焊丝，其熔敷效率高、扩散氢含量低，可降低高强钢冷裂纹敏感性，应用比例逐步扩大[1]。现采用研制的屈服强度890MPa级的实心焊丝进行焊接试验，通过单因素法研究保护气体、焊接速度、焊接道温3个因素对焊缝金属力学性能的影响。

1 试验材料

研制屈服强度890MPa级的实心焊丝成分见表1，熔敷金属力学性能指标见表2。

表1 化学成分（质量分数） %

C	Si	Mn	S	P	Ni+Cr+Mo	Ti
0.075	0.44	1.78	0.0013	0.0015	5.5	0.44

表2 熔敷金属力学性能

屈服强度 $R_p0.2$/MPa	抗拉强度 R_m/MPa	延伸率 A/%	冲击功 KV_2/J（–50℃）
≥890MPa	940–1100	≥14	≥27

焊接母材为涟钢生产屈服强度 890MPa、规格 20mm × 150mm × 300mm 的高强钢，熔敷试板单面坡口为 10°，对接试板单面坡口为 30°。

依据 GB/T 2650《金属材料焊缝破坏性试验 冲击试验》开展冲击韧性试验；依据 GB/T 2651《焊接接头拉伸试验方法》开展接头拉伸试验；依据 GB/T 2652《金属材料焊缝破坏性试验 熔化焊接头焊缝金属纵向拉伸试验》开展熔敷金属拉伸试验；依据 GB/T 2653《焊接接头弯曲试验方法》开展接头弯曲试验。

2 焊接工艺对力学性能的影响

2.1 保护气体对焊缝力学性能的影响

保护气体的组成对焊缝成型、电弧稳定性、焊缝金属化学成分等有重要影响，因此在实际生产过程中应考虑多种因素来选择焊接保护气体。本文利用研制焊丝在固定焊接电流、电压、焊接速度及道温的条件下，开展 Ar 与 CO_2 不同比例的焊接试验，具体工艺参数见表 3。

表 3 焊接试验工艺参数

试验编号	保护气体	焊接电流 /A	焊接电压 /V	焊接速度 /（$cm \cdot min^{-1}$）	焊接道温 /℃
Q1	80%Ar+20%CO_2	220~240	26~28	21~23	100~120
Q2	85%Ar+15%CO_2				
Q3	90%Ar+10%CO_2				
Q4	95%Ar+5%CO_2				

随着保护气体中 CO_2 含量的增加，焊缝表面渣量、飞溅增加，但焊缝成型逐渐平滑。

采用 95%Ar+5%CO_2 保护气体焊接时，熔池平静，声音柔和，焊道表面有极少量的焊渣分布，无需打磨，但是电弧呈笔刷形状，焊缝略凸。原因是 Ar 电离电压较低，电弧稳定性好；CO_2 含量少，熔池冶金反应较弱，但是采用 95%Ar+5%CO_2 保护气体焊接时，氧含量低，熔池中液态金属的铺展性不良，导致焊缝凸，此时需要适当的摆动确保与母材的熔合。随着保护气体中 CO_2 含量提升，电弧的挺度增强，焊缝逐渐平滑，焊接飞溅增多。

采用 80%Ar+20%CO_2 保护气体焊接时，电弧爆破声严重，有较多细小颗粒飞溅至母材两侧，焊缝成型相对平滑，无需较大摆动即可与母材较好的熔合，焊缝表面被一层较薄的氧化物覆盖。这是因为熔滴和熔池的表面张力随着氧含量的提高而降低[2]，熔池液态金属流动性增强，提高焊缝表面的铺展润湿性，使得焊缝熔深熔宽适中，焊道成型平滑。

采用不同比例 Ar 与 CO_2 做保护气体熔敷金属力学性能结果见表 4。不同保护气体与焊缝强度及冲击韧性的关系见图 1~ 图 2。

表 4　不同保护气体焊接试验焊缝力学性能

试验编号	保护气体	屈服强度 $R_p0.2$/MPa	抗拉强度 R_m/MPa	伸长率 A/%	冲击功 KV/J（–50℃）
Q1	80%Ar+20%CO_2	916	957	16.5	67 60 74　均值：67
Q2	85%Ar+15%CO_2	930	977	16.5	74 66 85　均值：75
Q3	90%Ar+10%CO_2	938	980	16.0	80 74 66　均值：78
Q4	95%Ar+5%CO_2	955	1018	17.0	73 78 91　均值：81

由表 4、图 1 及图 2 得出，在相同的焊接规范下，随着保护气体中的 CO_2 含量占比由 5% 至 20% 时，焊缝金属力学性能均可满足要求，但焊缝强度与低温冲击韧性均呈下降趋势。保护气体为 95%Ar+5%CO_2 时焊缝力学性能最优，因此后续焊接速度、道间温度试验均采用 95%Ar+5%CO_2 气体开展。

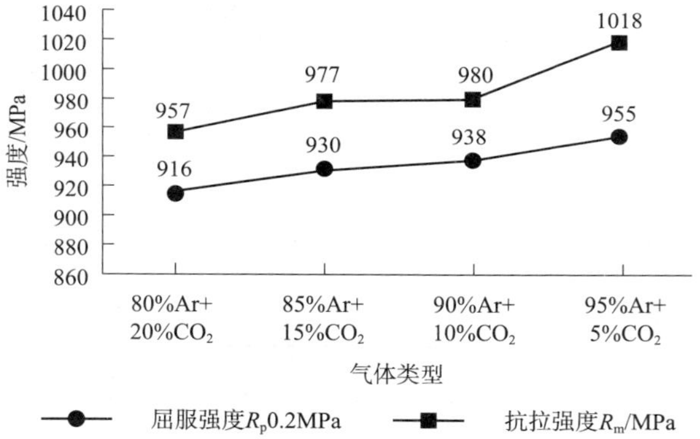

图 1　气体类型与焊缝强度关系

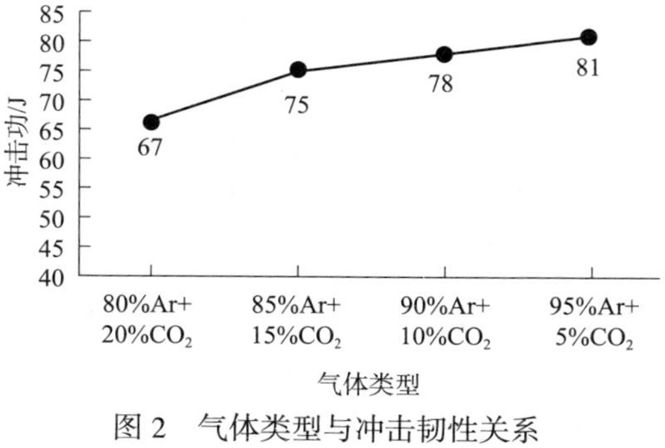

图 2　气体类型与冲击韧性关系

2.2　焊接速度对焊缝力学性能的影响

焊接速度是表征焊接生产效率的重要参数，是控制焊接线能量的关键因素，合理选择焊接速度对保证焊接质量尤为重要。为了验证焊接速度对焊缝力学性能影响，在固定其他焊接规范下，改变焊接速度焊接熔敷试板，具体焊接工艺参数见表 5，具体力学性能见表 6。

表 5　焊接工艺参数

试验编号	焊接速度 /（cm·min^{-1}）	焊接电流 /A	焊接电压 /V	焊接道温 /℃	保护气体
Q5	15~18	220~240	26~28	100~120	95%Ar+5%CO_2
Q4	21~23				
Q6	30~33				
Q7	40~43				

表 6　不同焊接速度焊缝力学性能

试验编号	焊接速度 /（cm·min^{-1}）	屈服强度 R_p0.2/MPa	抗拉强度 R_m/MPa	屈强比	伸长率 A/%	冲击功 KV_2/J（-50℃）
Q5	15~8	915	1001	0.91	17.0	73 70 69　均值：70
Q4	21~23	955	1018	0.94	17.0	73 78 91　均值：81
Q6	30~33	965	1015	0.95	16.0	58 72 73　均值：67
Q7	40~43	989	1024	0.97	14.0	23 54 33　均值：36

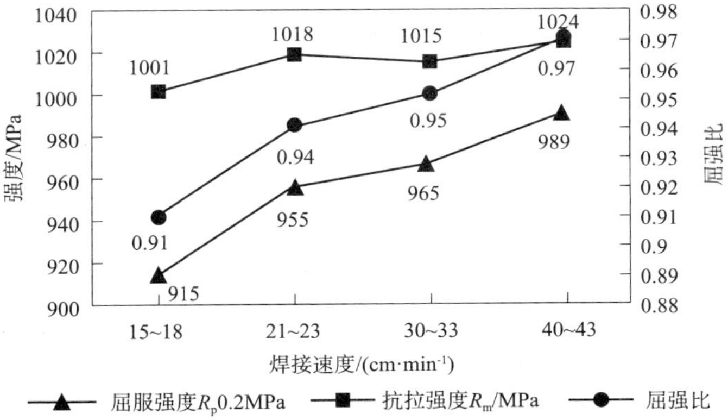

图 3　焊接速度与焊缝强度、屈强比关系

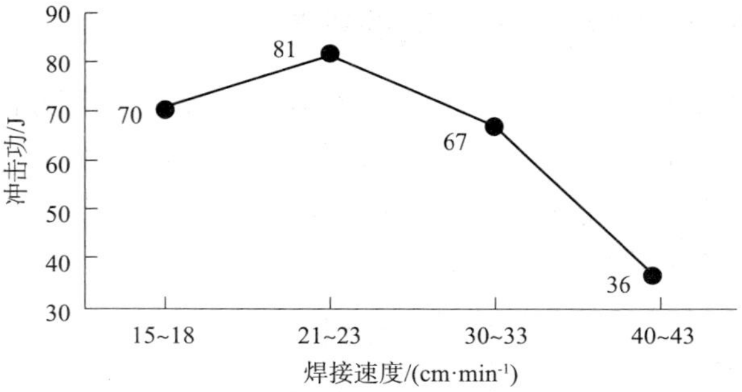

图 4 焊接速度与冲击韧性关系

由图 3 得出，随着焊接速度提高（线能量降低），焊缝金属的屈服强度及抗拉强度均提升，但是屈服强度相较抗拉强度提升的更快，屈强比（屈服强度 / 抗拉强度）从 0.91 增加到 0.97。由图 4 得出，焊接速度在 15~43cm/min 范围内时，低温冲击韧性先升高再急剧降低，焊接速度在 21~23cm/min 时 −50℃低温冲击功可达 80J 以上；焊接速度在 40~43cm/min 时，虽然 −50℃低温冲击功均值≥27J，但是单值开始出现不满足要求的现象。

2.3 焊接道间温度对焊缝力学性能的影响

焊接道温影响焊缝金属冷却速度，对焊缝组织转变过程有影响，包括焊缝组织的晶粒大小、金相组织等，导致焊缝金属力学性能的变化[3]。为了研究道间温度对力学性能的影响，采用研制焊丝在固定其他焊接规范焊下，改变焊接道间温度焊接熔敷试板，具体焊接工艺参数见表 7，具体性能见表 8。

表 7 道温试验焊接工艺参数

试验编号	焊接温度 /℃	焊接电流 /A	焊接电压 /V	焊接速度 /（cm · min^{-1}）	保护气体
Q8	70~90	220~240	26~28	21~23	95%Ar+5%CO2
Q4	100~120				
Q9	130~150				
Q10	180~200				

表 8 不同焊接温度焊缝力学性能

试验编号	焊接温度 /℃	屈服强度 $R_p0.2$/MPa	抗拉强度 R_m/MPa	屈强比	伸长率 A/%	冲击功 KV_2/J（−50℃）
Q8	70~90	975	1020	0.96	14.5	48 55 41 均值：48
Q4	100~120	955	1018	0.94	17	73 78 91 均值：81

续表

试验编号	焊接温度/℃	屈服强度$R_p0.2$/MPa	抗拉强度R_m/MPa	屈强比	伸长率A/%	冲击功KV_2/J（-50℃）
Q9	130~150	936	1002	0.93	17.5	77 79 67　均值：74
Q10	180~200	889	970	0.92	19	53 51 66　均值：58

由表 8 及图 5、图 6 结果得出，随着道间温度从 70℃升高到 200℃时，焊缝金属强度降低，当道间温度达到 180~200℃时，屈服强度已不满足要求；随着道间温度的升高，屈强比从 0.96 降低至 0.92，而延伸率从 14.5% 升高至 19%。道间温度控制在 100~150℃时，焊缝金属强度、延伸率及低温冲击韧性达到良好的匹配。

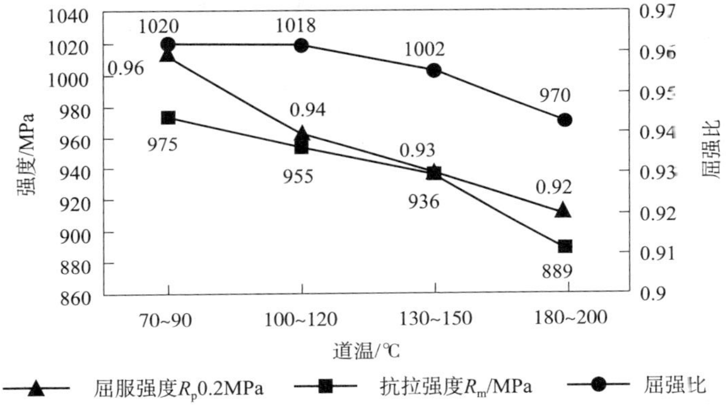

图 5　道温与强度、屈强比关系

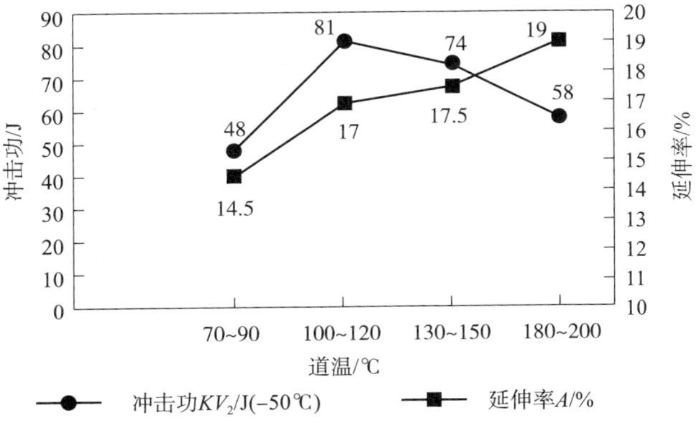

图 6　道温与延伸率、冲击韧性关系

2.4　对接接头试验

由上述系列试验得出，编号为 Q4 的熔敷金属试验焊缝力学性能最优，因此采用该试验参数开展对接接头试验，焊接工艺参数及力学性能分别见表 9、表 10，对冲击断口进行金相组织分析，焊缝组织为针状铁素体，具体结果见图 7。

表 9　对接焊接工艺参数

试验编号	焊接电流 /A	焊接电压 /V	焊接速度 /($cm \cdot min^{-1}$)	焊接道温 /℃	保护气体
Q11	220~240	26~28	21~23	100~120	95%Ar+5%CO_2

表 10　对接接头力学性能和焊缝冲击试验

抗拉强度 R_m/MPa	正反弯（D=6t，120° 不裂，180° 不断）	焊缝冲击功 KV_2/J（-50℃）
997（断母材）	合格	58 55 61 均值：58

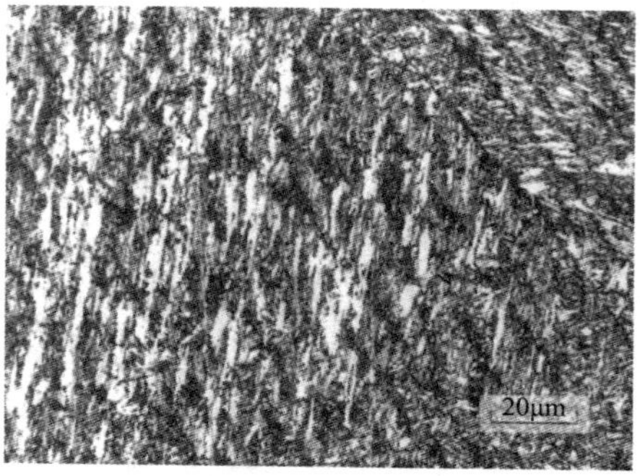

图 7　冲击断口金相组织

3　结论

1）通过使用 Ar+（5%~20%）CO_2 不同气体配方进行熔化极气保焊的焊接试验，均能满足焊缝金属力学性能要求，但 Ar+5%CO_2 气体配方的综合性能最佳；

2）通过采用 Ar+5%CO_2 气体配方的熔化极气保焊焊接方法，进行不同焊接速度、不同层间温度的各种焊接试验，结果为：在焊接电流 220~240A、电压 26~28V、焊接速度 21~23cm/min、道间温度 100~150℃的情况下，焊丝采用 Ar+5%CO_2 气体保护，焊接接头具有良好的综合力学性能，且满足屈服强度 890MPa 级别匹配的性能要求。

参 考 文 献

［1］杨玉民．工程机械行业中的焊接技术应用［J］．工程技术，2016：257-257.

［2］赵玉珍．焊接熔池的流体动力学行为及凝固组织模拟［D］．北京：北京工业大学，2004.

［3］王宪，杜义，张京海，等．道间温度对 10CrNi5MoV 钢气体保护焊接头力学性能的影响［J］．材料开发与应用，2014：37-41.

镍基蒙乃尔复合板设备焊接工艺研究与设备制造

余亚文[1]，金 平[2]，高传清[1]，贺优优[1]，钟 时[1]

（1. 武汉市润之达石化设备有限公司，湖北 武汉 430223；
2. 武汉市锅炉压力容器检验研究所，湖北 武汉 430024）

摘要： 本文主要根据蒙乃尔 N04400+Q345R 复合板设备的结构进行焊接工艺研究，根据设备结构特性，制定合理的焊接工艺，并在设备制造前对其制定的工艺进行评定验证，选择合适的焊接材料，预防焊接缺陷的产生，对制造过程进行严格的质量控制，为设备制造提供正确及有效的工艺指导，为设备安全正常运行提供保障。

关键字： 蒙乃尔 400 复合板；焊接工艺评定；焊接材料；质量控制

Research on welding process and manufacture of nickel based Monel composite plate equipment

Yu Yawen[1]，*Jin Ping*[2]，*Gao Chuanqing*[1]，*He Youyou*[1]，*Zhong Shi*[1]

（1.Wuhan Runzhida Petrochemical Equipment Co.，Ltd.，Hubei Wuhan 430223，China；
2.Wuhan Boiler and pressure Vessel Inspection Institute，Hubei Wuhan 430024，China）

Abstract：This paper mainly studies the welding process according to the structure of Monel N04400+Q345R composite board equipment，develops a reasonable welding process according to the structural characteristics of the equipment，and evaluates and verifies the process before the equipment is manufactured，selects the appropriate welding materials，prevents the occurrence of welding defects，and carries out strict quality control on the manufacturing process. Provide correct and effective process guidance for equipment manufacturing，and guarantee the safe and normal operation of equipment.

Key words：monel 400 composite board；welding process evaluation；welding material；quality control.

［**作者简介**］余亚文（1990—），本科，武汉市润之达石化设备有限公司焊接及热处理责任工程师。

0 前言

蒙乃尔合金在氢氟酸和氟气介质中具有优异的耐蚀性，对热浓碱液也有优良的耐蚀性。同时还耐中性溶液、水、海水、大气、有机化合物等的腐蚀[1]。由于蒙乃尔价格昂贵，采用基层为低合金钢的蒙乃尔复合板可以大幅降低设备的投资成本。某石化单位石油树脂厂 2-V-3201 沉浸槽设备的主体材质为 N04400+Q345R 复合板。焊接工艺评定发现该设备的设计技术条件中指定的过渡层含钛纯镍基焊材（ENi2061）不能用于 Q345R 的表面过渡层堆焊，极易产生焊接微裂纹，所有试样的侧弯试验全部不合格。选择具有良好性能的过渡层焊材是本设备制造的关键，为解决蒙乃尔复合板过渡层焊接的可靠性问题，本公司开展了过渡层焊材的筛选和进一步焊接研究[2]，并对该设备焊接工艺开展相应研究，为设备制造和质量控制提供技术保障。

1 设备制造技术参数

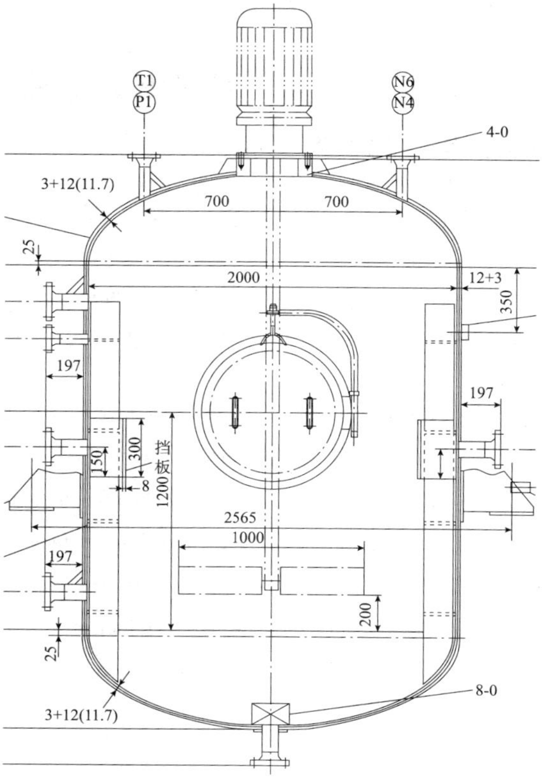

图 1 设备结构示意

蒙乃尔复合板的沉浸槽为立式机械搅拌设备。设计压力 1.2MPa，设计温度 130℃，设备规格为 *DN*2000mm × 3386mm，工作介质为烃类 / 酸性水，介质易爆并具有轻微毒性，设计使用年限为 10 年。设备结构示意见图 1。

设备筒体和封头材质为 ASTM B127 UNSN04400+Q345R 复合板，筒体板厚为（12+3）mm，封头投料板厚为（14+3）mm。该容器椭圆封头为拼接后旋压成型。

筒体纵缝、封头拼缝及筒体与封头环缝为 UNSN04400+Q345R 复合板对接焊缝接头。上封头搅拌器凸缘及人孔法兰、人孔盖板为 16MnIII 堆焊蒙乃尔 400 合金，管口法兰与接管材质均为纯蒙乃尔 400 合金[3]。管口接管与复合板筒体及封头的焊接结构较为复杂，为纯蒙乃尔 400 合金的接管与 UNSN04400+Q345R 复合板焊接的异种钢接头，内侧表面为堆焊层。外侧异种钢焊接接头的主要问题是要保证焊缝金属的抗裂性及力学性能，内侧表面堆焊焊材要保证焊缝金属的耐腐蚀性[4]。

2　焊接工艺评定及焊接工艺研究

为解决过渡层焊材的焊接工艺难题以及该设备不同焊接结构的复杂问题，根据该设备的结构特点，分别进行了 Q345R 堆焊蒙乃尔 400 合金试验的工艺研究、UNSN04400+Q345R 复合板对接焊的工艺研究以及蒙乃尔 400 合金与 UNSN04400+Q345R 复合板异种钢的焊接工艺研究。

2.1　蒙乃尔过渡层堆焊工艺研究

2.1.1　堆焊工艺试验焊材筛选试验

前期针对图纸设计技术要求中堆焊所选焊材 ENi2061 进行了大量的焊接工艺研究，虽然解决了弧坑裂纹问题，但依然存在焊接微裂纹和弯曲裂纹。要么是设计推荐焊材的可焊性较差，要么是购买此批焊材的可焊性较差。

根据以往复合板焊接经验以及参考相关文献资料[5]初步制定 2 组堆焊试验，这两组堆焊试验基层材质、焊接方法、堆焊尺寸与原堆焊试验一致。

第一组试验先在基层试板堆焊一层不锈钢焊条 E309LMo 后再堆焊条 ENi2061；第二组试验是在基层试板直接堆焊覆层焊条 ENi4060。

堆焊层焊材熔敷金属的化学成分见表 1。

表 1　堆焊焊材熔覆金属化学成分（质量分数）　%

组别	牌号	C	Si	Mn	S	P	Cr	Ni	Al	Ti	Fe	Cu	Mo
第一组	E309LMo	0.026	0.64	0.92	0.010	0.021	23.03	13.15	—	—	—	0.16	2.42
	ENi2061	0.02	0.90	0.56	0.003	0.003	—	96.48	0.01	1.60	0.40	0.01	—
第二组	ENi4060	0.014	0.81	3.67	0.006	0.008	—	66.27	0.01	0.26	1.54	27.08	—

这两组试板堆焊完成后做 100% 渗透检测，第一组试验渗透检测发现有一处弧坑裂纹。第二组试验渗透检测没有发现任何缺陷。

从这两组堆焊试验的渗透检测结果来看，虽然第一组堆焊工艺选用焊材 E309LMo+ENi2061 堆焊的结果基本符合要求，但考虑到过渡层焊缝金属的稀释问题，选择第二组过渡层堆焊用焊材 ENi4060 进行焊接工艺评定。

2.1.2 ENi4060 堆焊工艺评定结果

过渡层 ENi4060 堆焊试验的焊接工艺参数见表 2。

表 2 ENi4060 堆焊工艺参数

焊层 / 焊道	焊接方法	填充材料		焊接电流		电弧电压 /V	焊接速度 / (cm·min^{-1})	线能量 / (kJ·cm^{-1})
		牌号	规格 /mm	极性	电流 /A			
过渡层	SMAW	ENi4060	ϕ4.0	DCEP	150~160	26~28	15~20	≤17.9
覆层	SMAW	ENi4060	ϕ4.0	DCEP	150~160	26~28	15~20	≤17.9

试板堆焊完成后静置 24h 进行 100% 渗透检测，检测结果为 I 级合格。

根据 NB/T 47014—2023《承压设备焊接工艺评定》进行力学性能试验检测及化学成分分析。ENi4060 堆焊工艺评定检测结果满足标准要求，横向 180° 侧弯全部合格，未发现裂纹，见图 2。具体试验数据见表 3。

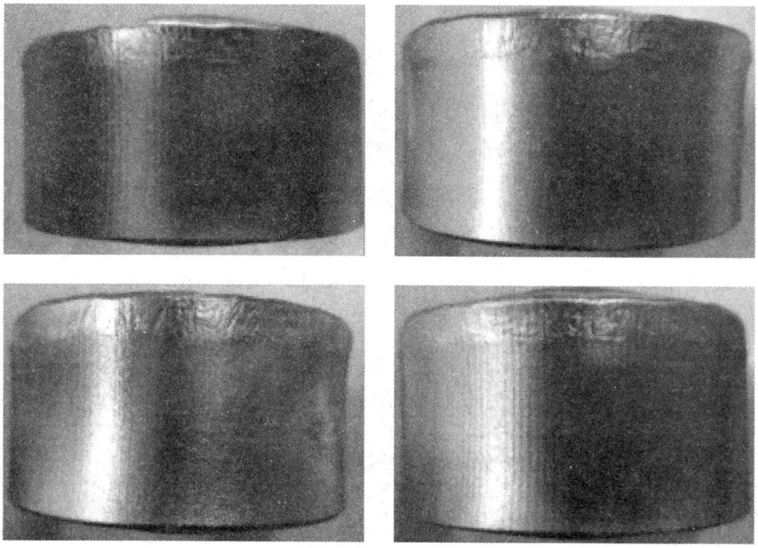

图 2 横向 180° 侧弯试样

表 3 堆焊评定试验数据

试样编号	试样类型	试样厚度 /mm	弯心直径 /mm	弯曲角度 / (°)	试验结果
1#	横向侧弯	10	40	180	合格
2#	横向侧弯	10	40	180	合格
3#	横向侧弯	10	40	180	合格
4#	横向侧弯	10	40	180	合格

2.1.3 堆焊接头微观分析及硬度检测

1）堆焊接头及堆焊层微观分析结果见图 3。

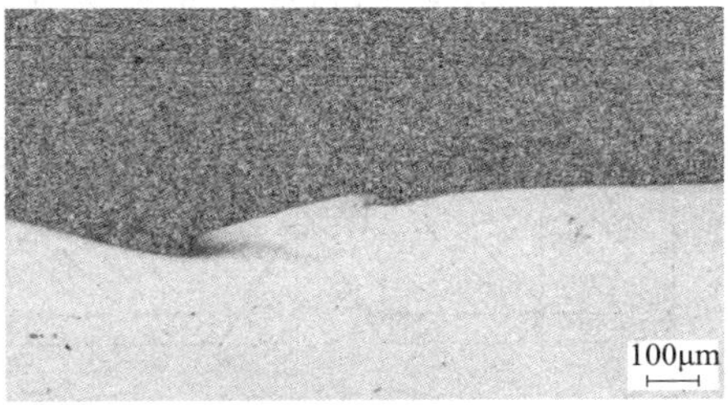

(a)过渡层与基层界面 100×

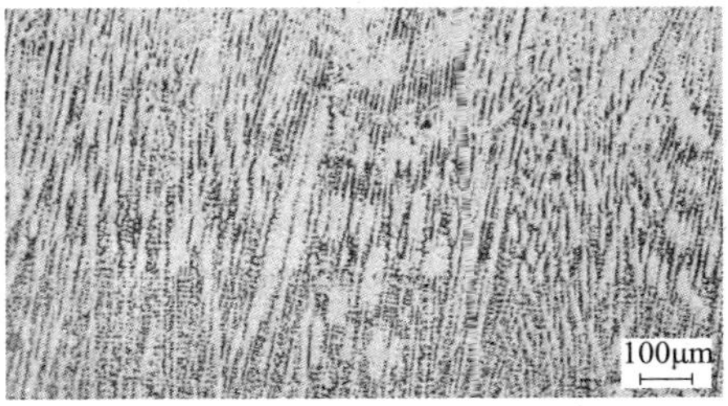

(b)堆焊层焊缝金属微观组织100×

图 3 堆焊过渡层微观金相

金相分析结果显示，熔合线一侧基层显微组织为铁素体 + 珠光体，熔合线另一侧显微组织为枝晶状分布的 γ 固溶体。

2）堆焊接头维氏硬度检测

将堆焊接头按 GB/T 4340.1—2009《金属维氏硬度试验 第 1 部分：试验方法》做维氏硬度检测。以熔合线为中心，上中下三部分各取 3 点见图 4，硬度值见表 4。

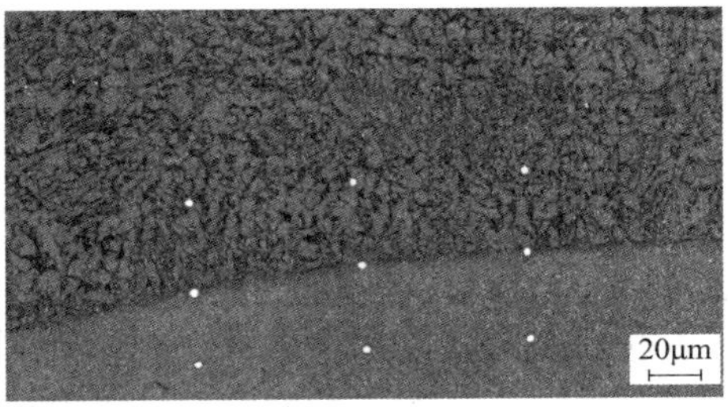

图 4 硬度测试点

表 4 堆焊接头硬度值

测试部位	结果 /HV10		
	1	2	3
熔合线上部（母材）	137.8	136.6	130.7
熔合线	155.9	155.1	156.3
熔合线下部（焊缝）	161.1	161.5	159.5

2.2 蒙乃尔 400-Q345R 复合板对接焊工艺研究

2.2.1 试板坡口制定

试板材质与设备筒体材质一致，均为 UNSN04400+Q345R 复合板，规格为

300mm × 500mm × （3+12）mm，接头形式为板对接。试板下料采用等离子弧进行切割，用自动铣边机将坡口处表面氧化层和过热层去除。

复合板对接坡口见图 5，复合板坡口的制定对焊接质量起到了非常关键的作用[6]，首先考虑的是焊接时的操作性，除了选择合适的接头间隙、钝边及坡口的角度还应该考虑基层焊接时对复合层的影响，在焊接过程中复合板坡口处容易分层以及基层焊材污染复合层材料。坡口加工完成后对其进行 100% 渗透检测完好。

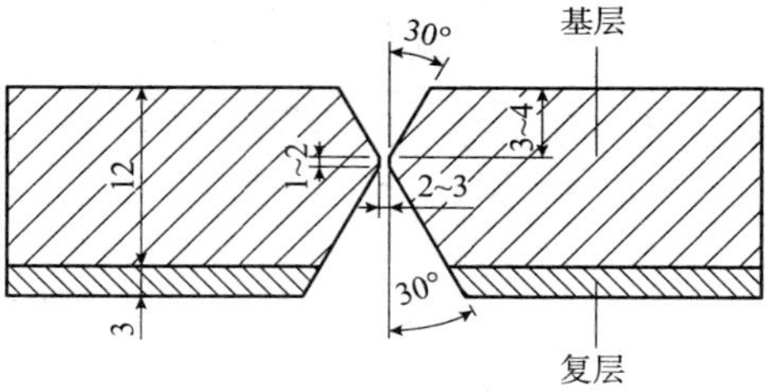

图 5　复合板对接坡口

2.2.2　焊接工艺参数

为了提高焊接效率及设备焊缝外观成型美观，采用气保焊（GMAW）+ 埋弧焊（SAW）+ 焊条电弧焊（SMAW）三种组合焊接方法。焊接顺序是首先用 GMAW 焊接 Q345R 基层内侧部分，焊至内侧基层母材齐平，焊材用气保焊丝 ER50–6，焊丝直径 1.2mm；然后用 SAW 焊接 Q345R 基层外侧焊缝，焊材为埋弧焊丝 H10Mn2/ 焊剂 SJ101，焊丝直径 4.0mm；最后用 SMAW 焊接蒙乃尔 400 复合层焊缝，因为有了之前堆焊的试验结果，所以复合层的过渡层及覆层焊材均使用 ENi4060 焊条。具体复合板对接焊接工艺参数及焊接顺序见下表 5，焊接过程严格控制层间温度，基层部分焊接层间温度≤300℃，过渡层及覆层部分层间温度≤150℃。

表 5　焊接工艺参数及焊接顺序

焊层 / 焊道	焊接方法	填充材料		焊接电流		电弧电压 /V	焊接速度（$cm \cdot min^{-1}$）	线能量（$kJ \cdot cm^{-1}$）
		牌号	规格 /mm	极性	电流 /A			
基层 1	GMAW	ER50–6	ϕ1.2	DCEP	190~220	24~28	25~30	≤14.7
基层 2	GMAW	ER50–6	ϕ1.2	DCEP	190~220	24~28	25~30	≤14.7
基层 3	GMAW	ER50–6	ϕ1.2	DCEP	190~220	24~28	25~30	≤14.7
过渡层 5	SMAW	ENi4060	ϕ4.0	DCEP	150~160	26~28	15~20	≤17.9
覆层 6	SMAW	ENi4060	ϕ4.0	DCEP	150~160	26~28	15~20	≤17.9
背面	碳弧气刨 + 修磨见金属光泽							
基层 4	SAW	H10Mn2/ SJ101	ϕ4.0	DCEP	500~600	28~34	35~40	≤34.9

2.2.3　焊接工艺评定结果

焊后对试板进行 100%RT 检测，检测结果为 I 级合格。根据标准规范进行力学性能试验检测，试验结果均满足要求，试验数据见表 6。

表 6　复合板对接评定试验数据

全厚度拉伸试验

试样编号	试样宽度 /mm	试样厚 /mm	横截面积 /mm^2	断裂载荷 /kN	抗拉强 /MPa	断裂部位和特征
1#	20.0	14.9	298	170	570	母材 / 塑断
2#	20.0	14.8	296	169	570	母材 / 塑断

横向侧弯试验

试样编号	试样类型	试样厚度 /mm	弯心直径 /mm	弯曲角度 /（°）	试验结果
3#	侧弯	10	40	180	合格
4#	侧弯	10	40	180	合格
5#	侧弯	10	40	180	合格
6#	侧弯	10	40	180	合格

冲击韧性试验

试样编号	试样尺寸 /mm	缺口类型	缺口位置	试验温度 /℃	冲击吸收功 /J	备注
7#	55×10×10	夏比 V 型	Q345R 热影响区	0	198、201、175	—
8#	55×10×10	夏比 V 型	Q345R 焊缝	0	118、127、120	—

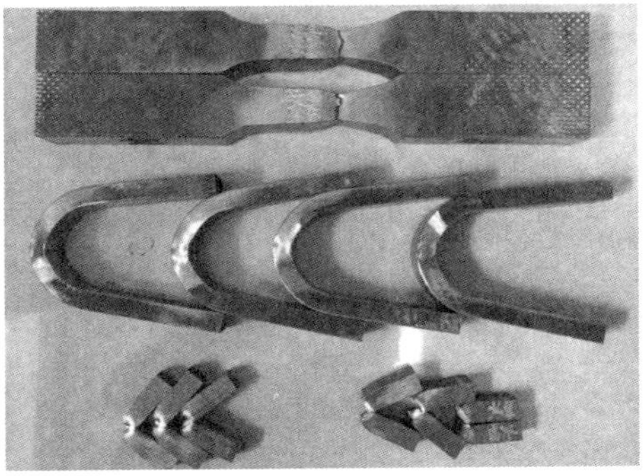

图 6　工艺评定试样

2.3　蒙乃尔 400-Q345R 复合板与蒙乃尔 400 合金的异种钢焊接工艺研究

2.3.1　试板坡口制定

设备管口接管与设备筒体角焊缝接头为蒙乃尔 –Q345R 复合板与蒙乃尔 400

合金的异种钢焊接接头[7]。异种钢焊接接头一侧母材为 UNSN04400，厚度为 14mm，另一侧母材为 UNSN04400+Q345R 复合板，厚度为（3+12）mm。试板下料采用等离子弧切割方法，用自动铣边机将坡口处表面氧化层和过热层去除。焊接方法为焊条电弧焊（SMAW），焊接材料还是选择 ENi4060 焊条，直径 4.0mm，焊接坡口见图 7。接头坡口处主要以 UNSN04400 与 Q345R 为主的异种钢焊接接头，堆焊材质与异种钢接头材质一致。

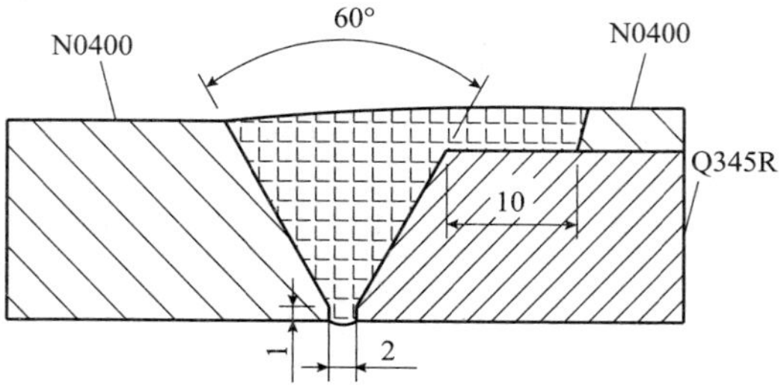

图 7 异种钢焊接坡口

2.3.2 焊接工艺参数

该处接头首先将异种钢对接接头焊完成，再对复合板剥离处进行堆焊，对接接头焊接工艺参数见表 7 所示，剥离处堆焊工艺与 2.1.2 中 ENi4060 堆焊工艺一致。所有焊接过程层间温度控制在 150℃以内。

表 7 焊接工艺参数及焊接顺序

焊层 / 焊道	焊接方法	填充材料		焊接电流		电弧电压 /V	焊接速度（$cm \cdot min^{-1}$）	线能量 /（$kJ \cdot cm^{-1}$）
		牌号	规格 /mm	极性	电流 /A			
1	SMAW	ENi4060	ϕ3.2	DCEP	110~150	24~26	12~16	≤19.5
2	SMAW	ENi4060	ϕ4.0	DCEP	110~150	20~26	12~16	≤19.5
3~5	SMAW	ENi4060	ϕ4.0	DCEP	110~150	20~26	12~16	≤19.5
背面	砂轮机修磨见金属光泽							
6	SMAW	ENi4060	ϕ4.0	DCEP	110~150	20~26	12~16	≤19.5

2.3.3 焊接工艺评定结果

焊后对该试板进行 100%RT 检测，检测结果为 I 级合格。最后根据标准规范进行力学性能试验检测，试验结果均满足要求，试验数据见表 8。

表 8　异种钢对接评定试验数据

全厚度拉伸试验（为了使拉伸试样两侧厚度一致，我们将复合板的复合层铣去 1mm）

试样编号	试样宽度 / mm	试样厚 / mm	横截面积 / mm^2	断裂载荷 / kN	抗拉强度 / MPa	断裂部位和特征
1#	20.1	13.8	277.38	154	555	焊缝 / 塑断
2#	20.0	13.9	278	156	560	焊缝 / 塑断

横向侧弯试验

试样编号	试样类型	试样厚度 /mm	弯心直径 /mm	弯曲角度 /（°）	试验结果
3#	侧弯	10	40	180	合格
4#	侧弯	10	40	180	合格
5#	侧弯	10	40	180	合格
6#	侧弯	10	40	180	合格

冲击韧性试验

试样编号	试样尺寸	缺口类型	缺口位置	试验温度 /℃	冲击吸收功 /J
7#	55 × 10 × 10	夏比 V 型	Q345R 热影响区	0	136、134、141

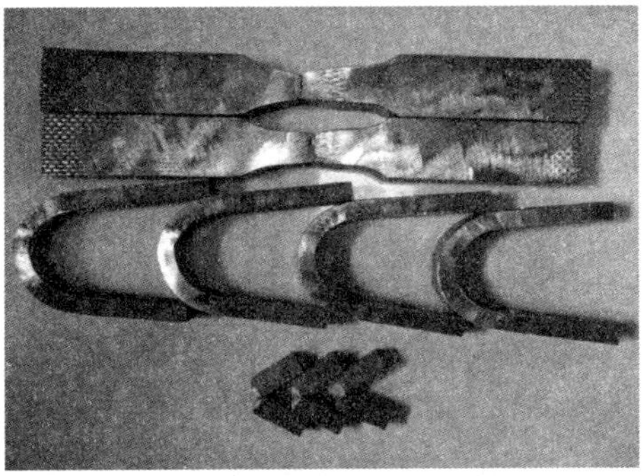

图 8　异种钢焊接工艺评定试样

3　制造过程中的质量控制

3.1　原材料入厂检验

设备不同部件所用的原材料按相应的板材、管材、锻件等国家级行业标准进行成分分析和力学性能检验。蒙乃尔 400–Q345R 复合板基层材料 Q345R 采用电炉冶炼工艺生产的细晶粒镇静钢，交货状态为正火板，覆层材料 ASTM B127 UNSN04400 供货状态为退火且表面经过酸洗钝化处理。复合板制造根据 NB/T 47002.2 标准要求在四川某厂进行爆炸复合。复合板回厂后按 NB/T 47013.3 标准要求进行 100% 超声检测，超声检测没有发现复合板未结合等缺陷。蒙乃尔 400 合金锻件及无缝钢管供货状态均为退火，所有锻件均为整体Ⅲ级锻件。化学成分复验满足标准要求，具体化学成分见表 9。

表 9 蒙乃尔 400 合金板材、锻件、无缝管化学成分（质量分数） %

原材料 \ 成分	C	Si	Mn	S	P	Ni	Fe	Cu
板材	0.12	0.14	0.98	0.002	0.002	63.68	1.99	32.8
锻件	0.18	0.21	1.08	0.001	0.001	64.15	1.78	31.6
无缝管	0.15	0.22	1.15	0.001	0.001	63.72	1.52	32.1

原材料的其它力学性能及尺寸复验检测均满足标准要求。

设备所用碳钢及低合金钢焊材由四川某焊材厂提供，焊材符合 NB/T 47018—2022《承压设备用焊接材料订货技术条件》的要求。蒙乃尔 400 合金及堆焊焊材由哈尔滨某焊材厂提供，焊材符合 GB/T 13814—2008《镍及镍合金焊条》及 GB/T 15620—2008《镍及镍合金焊丝》的标准要求。

3.2 场地和加工设备要求

设备制造应在专用车间进行，生产场地应整洁干净、无油污；所有与覆层蒙乃尔 400 合金进行接触的加工设备和工装都应该用不锈钢进行衬隔，如开焊接坡口的铣加工设备的平台和压板上都应衬焊不锈钢板；卷板必须用不锈钢专用卷板机，即滚筒必须是不锈钢堆焊轧辊，以防止铁离子和碳污染；清理焊缝用的钢丝刷都必须是全不锈钢。板材下料使用等离子进行切割并用自动铣边机将坡口处表面氧化层和过热层去除，不得用氧乙炔火焰进行切割。复合板下料应从复层进行切割，不得从基层进行切割。

3.3 壳体制造与组装控制

设备筒体卷圆前对卷板机滚筒进行了仔细清理，滚筒无任何油渍、焊渣及其它污物。所有筒体、接管等部件在组装前进行了认真检查和清扫，无焊疤、焊条头、焊接飞溅物、浮锈及其它杂物等。复合板组对时，以覆层为准，复合板焊缝处覆层的错变量不大于覆层厚度的 50%，且不大于 1.5mm。

接管与法兰组装时，保证法兰面的水平或垂直，其偏差不大于法兰外径的 1%，且不大于 3mm。法兰螺栓孔一般应跨中布置。

壳体与下封头环缝焊接完毕后，划线开孔，装配接管法兰及补强圈。蒙乃尔 400 合金与设备壳体组焊时，使接管端部与壳体复合层界面平齐，再用堆焊材料将内部堆焊成平齐结构。

3.4 设备焊接过程控制及检验结果

根据工艺评定结果并结合设备结构特点制定了相对应的焊接工艺规程（WPS）。

1）设备制造前焊接工程师针对焊工和检验员进行了焊接工艺交底，让焊工及检验员熟知本设备焊接工艺规程，并对产品结构特性和焊接节点有足够的认识；

2）焊前对坡口各两侧 25mm 范围内及堆焊部件整个堆焊面进行表面清理，去除锈迹、金属屑、氧化皮并用溶剂清洗去除油脂、水分与其他污染物；

3）严格控制焊接顺序及焊接变形。先焊接 Q345R 基层部分后焊蒙乃尔 400 复合层部分，焊接顺序严格按照焊接工艺规程要求进行，防止基层金属渗入复合层材料中且严禁用基层焊材在复合层上焊接。对复合层的层间温度按≤120℃进行严格控制，并尽量采用小线能量焊接；

4）堆焊部件在焊接过程考虑堆焊部件变形，留有足够的余量以便于后续机加工。堆焊方向为环形向，尽量避免纵横向堆焊。平盖状部件堆焊考虑了相应的防变形工装。堆焊前按标准要求对部件进行了 100% 表面检测合格后堆焊，再保证堆焊效率的前提下每相邻两堆焊焊道重叠至少 40%；

5）焊接过程中，检验员对焊接过程进行了严格监督并随时抽查焊接质量，所有焊缝均按 WPS 要求进行，并有焊接检验记录。

3.5 设备焊缝无损检测

设备 A、B 类焊接接头进行了 100% 射线检测，其结果符合 NB/T 47013.2—2015《承压设备无损检测　第 2 部分：射线检测》中的规定，Ⅱ级合格。

所有堆焊层表面以及 A、B、D 类焊缝复合层表面进行了 100% 渗透检测，其结果符合 NB/T 47013.5—2015《承压设备无损检测　第 5 部分：渗透检测》中的规定，Ⅰ级合格。

所有 D 类焊缝焊接完成后，焊缝外表面基层部分按 NB/T 47013.4—2015《承压设备无损检测　第 4 部分：磁粉检测》进行了磁粉检测，Ⅰ级合格。

3.6 设备液压试验

设备按规定的项目检测合格后按图纸要求及 TSG 21—2016《固定式压力容器安全技术监察规程》的要求进行了水压试验。水压试验的水温为 23℃，试验用水的氯离子含量为 14mg/L。水压试验满足图纸技术要求，试验合格。

3.7 设备包装及运输

设备水压试验完成泄压后将水排除净并吹干，对设备内表面蒙乃尔 400 复合层进行酸洗钝化处理，钝化合格后通入 0.05MPa 的氮气，用盲板封闭全部开口。

设备外表面油漆喷涂前进行喷砂除锈，母材表面除锈等级符合 GB/T 8923.1—2011《涂覆涂料前钢材表面处理 表面清洁度的目视评定 第 1 部分：未涂覆过的钢材表面和全面清除原有涂层后的钢材表面的锈蚀等级和处理等级》中 Sa2.5 级的要求。油漆喷涂完成对油漆厚度进行检测，满足标准要求。

4 结论

1）经过一系列的焊接工艺试验研究，确定了本设备接管和法兰堆焊过渡层的焊接材料及焊接工艺。

2）根据设备结构特点，完成了蒙乃尔复合板对接、异种钢对接及蒙乃尔接管与筒体的异种钢的焊接工艺研究，并形成指导生产的焊接工艺。

3）对设备制造过程进行严格的质量管控，顺利完成设备制造。该设备在某石化单位投入使用已超过 8 年，目前运行状态良好。

参考文献

[1] 陆世英 . 超级不锈钢和高镍耐蚀合金［M］. 北京：化学工业出版社，2012.

[2] 李念江 . 蒙乃尔 / 碳钢复合板的焊接及其在压力容器上的应用［J］. 压力容器，1988（04）：72–74.

[3] 孟家燕 . 美国蒙乃尔合金体系［J］. 材料开发与应用，1992（01）：44–49.

[4] 戈兆文 .NB/T 47015《压力容器焊接规程》的技术基础［J］. 中国特种设备安全，2013，29（01）：53–55.

[5] 杜洪海，朱宏顺 .16Mn 钢表面蒙乃尔合金的堆焊［J］. 石油化工安全技术，2003（05）：27–29.

[6] 冯成红 . 蒙乃尔合金复合钢板焊接接头结构设计［J］. 化工设备与管道，2002（03）：41–42+46–54.

[7] 喻红梅，张爱学，王型，等 . 蒙乃尔合金与 Q235 钢的焊接［J］. 焊接，1997（06）：22–23.

15CrMoR 焊条电弧焊和富氩气保焊的对比试验研究

伍　砚，束润涛，鲁　浩，龚茂玉，文羽军

（湖北长江石化设备有限公司，湖北　荆州　433226）

摘要： 采用焊条电弧焊（SMAW）、富氩气保焊（GMAW）两种焊接方法制作 3 组焊接试样，其中 SMAW 一组试样，GMAW 两组试样分别做消氢处理以及不做消氢处理。所有试样的拉伸强度和弯曲试验均满足要求。对 3 个焊接试件样品进行微观金相分析，焊缝和热影响区均为铁素体 + 珠光体组织，未发现其它组织转变。试验结果表明，15CrMoR 承压设备完全可以用富氩气保焊的实心焊丝进行焊接。

关键词： 15CrMoR；焊接方法；比较

Comparative experimental study on SMAW and GMAW of 15CrMoR

Wu Yan，*Shu Runtao*，*Lu Hao*，*Gong Maoyu*，*Wen Yujun*

（Hubei Changjiang Petrochemical Equipment Co.，Ltd.，Jingzhou Hubei 433226，China）

Abstract：Three groups of samples were prepared by two welding methods，SMAW and GMAW，in which one group of SMAW samples and two groups of GMAW samples were treated with and without dehydrogenation respectively.The tensile strength and bending tests of all samples meet the requirements. The microstructure analysis of the 3 welded samples showed that the weld and heat affected zone were all ferrite and pearlite structures，and no other structural changes were found.According to the test results，the 15CrMoR pressure equipment can be welded with solid wire by GMAW.

Key words：15CrMoR；welding method；compare

［作者简介］伍砚（1986—），本科毕业，焊接工程师，从事焊接工艺研究和新产品开发工作，E-mail：329943897@qq.com。

0　前言

气保焊（GMAW）在各个行业都有广泛的应用，早期使用的气体都是单一的二氧化碳，后来使用为以氩气为主＋少量二氧化碳的富氩气保焊[1-5]，应用情况良好。目前在航空航天、船舶制造和部分压力容器制造业都已到广泛使用。在法规层面，无论国内还是国外均没有对其进行限制。本次试验，我们选用 15CrMoR 钢板进行不同焊接方法的比较试验，即在同一块 δ16mm 的钢板上切割出 3 组焊接试板，采用 SMAW、GMAW 两种方法焊接工艺评定的试样，其中增加了一组 GMAW 焊接方法未做消氢处理的试样。按 NB/T 47014—2023 的要求进行了工艺评定试验，并对焊接接头进行了微观分析。

1　焊接工艺评定项目

本次试验针对 15CrMoR 的平板对接采用 SMAW、GMAW 两种焊接方法的试样进行工艺评定试验。

1.1　焊接工艺评定试件的制备

采用 SMAW、GMAW 两种焊接方法共 3 组对接接头的焊接试件在同一张 15CrMoR 的板材上取样，其中 GMAW 试样在焊后分别做消氢处理及不做消氢处理。焊接试验的板材厚度为 16mm，试样的长度 600mm，宽度 150mm，共 6 件 3 组，每组焊接工艺评定选用 2 件进行平板对接，板料钝边（1~2mm）、单面 V 型坡口角度（55°~60°）、组对间隙（0~2mm）基本一致。

1.2　焊接工艺评定项目

两种不同焊接方法的试板要求见表 1。鉴于此前武汉润之达公司做过铬钼钢免除焊后消氢的试验，结果为 15CrMoR 和 07Cr2AlMoRE 钢的焊接可以免做焊后消氢处理，为验证此说法，针对富氩混合气保焊试板也做了一组免除焊后消氢的焊接试板。所有试板焊接完成后，同炉同规范进行消除应力热处理（PWHT），热处理规范按（675 ± 15）℃ × 4h。

表 1　焊接工艺评定项目

评定编号	焊接方法	气体成分及比例	焊接材料	焊后消氢	焊后热处理
P0983-1	SMAW	—	AT-R307B ϕ4.0	250~350℃ × 1h	（675 ± 15）℃ × 4h
P0983-2	GMAW	85%Ar+15%CO_2	CHW-55B2Rϕ1.2	250~350℃ × 1h	（675 ± 15）℃ × 4h
P0983-3	GMAW	85%Ar+15%CO_2	CHW-55B2Rϕ1.2	—	（675 ± 15）℃ × 4h

1.3 焊接工艺参数

焊接工艺参数按表 2 进行规定，严格依据工艺要求施焊并实时监控。

表 2 焊接工艺参数

评定编号	焊接电流 / A	电弧电压 / V	焊接速度 / （mm·min^{-1}）	焊接线能量 / （mm · min^{-1}）	预热和层间温度 /℃	气体流量 / （L · min^{-1}）
P0983-1	140~180	22~27	100~150	≤2.9	≥150	—
P0983-2	240~320	26~32	300~350	≤2.0	≥150	15~20
P0983-3	240~320	26~32	300~350	≤2.0	≥150	15~20

依据表 2 进行焊接，打底焊道时，选择较小的焊接电流及较快的焊接速度，中间填充及盖面时，选择较大的焊接电流及较慢的焊接速度，其中 P0983-2、P0983-3 各道的实际焊接工艺参数基本一致。

焊接完成后对 P0983-1、P0983-2 两件试板进行 250~350℃ × 1h 消氢处理，保温缓冷。P0983-3 试板焊接完成后在空气中静置冷却，不做消氢处理。

2 工艺评定试验结果

2.1 焊接接头力学性能试验

参照 NB/T 47014—2023 标准对 3 件焊接试样进行了常温拉伸、180° 弯曲试验及 -10℃/-20℃夏比冲击试验，试验样品的照片见图 1~ 图 3，力学试验结果见表 3，冲击试验结果见表 4。

图 1 P0983-1 焊条电弧焊（SMAW）试样

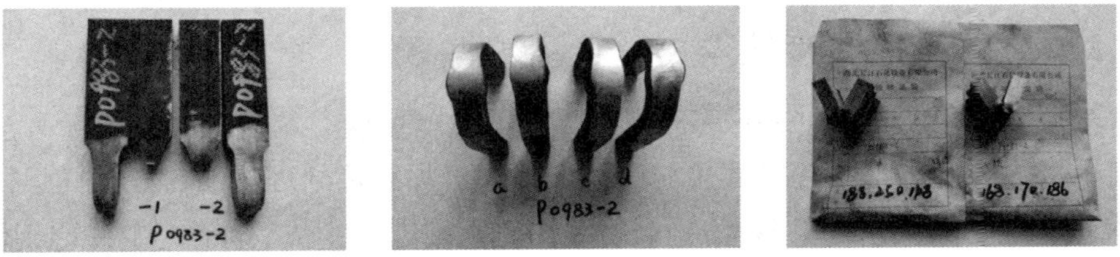

图 2 P0983-2 富氩气保焊（GMAW）消氢试样

图 3 P0983–3 富氩气保焊（GMAW）未做消氢试样

表 3 焊接接头拉伸试验结果

编号	焊接方法	试样尺寸 /mm	抗拉强度 /MPa	断裂部位	侧弯 180°
P0983–1	SMAW	21.41 × 15.69	546	母材	合格 无缺陷
		20.07 × 15.35	564	母材	
P0983–2	GMAW （消氢试样）	19.19 × 15.57	536	母材	合格 无缺陷
		22.35 × 15.54	545	母材	
P0983–3	GMAW （未做消氢）	20.29 × 15.43	572	母材	合格 无缺陷
		20.36 × 15.68	553	母材	

从试验结果可知，焊接接头的拉伸强度差异不大，弯曲试验全部合格。

表 4 焊缝和热影响区冲击试验

评定编号	试样尺寸 /mm	–10℃冲击吸收能量 KV_2/J		–20℃冲击吸收能量 KV_2/J	
		焊缝	热影响区	焊缝	热影响区
P0983–1	10 × 10 × 55	84/96/80 （87）	162/158/170 （163）	50/54/92 （65）	142/135/102 （126）
P0983–2		188/250/148 （195）	168/170/186 （174）	79/98/57 （78）	119/147/124 （130）
P0983–3		246/214/150 （203）	228/194/240 （221）	150/95/35 （93）	133/144/90 （122）

焊条电弧焊的冲击试验结果虽然满足 NB/T 47014—2023 标准要求，但与富氩气保焊相比，–10℃焊缝金属冲击值不及富氩混合气保焊的一半。

2.2 焊接接头硬度试验

参照 GB/T 4340.1—2009《金属材料 维氏硬度试验 第 1 部分：试验方法》标准，采用触摸屏自动转塔数显显微硬度计，对焊后热处理后的 3 件试样焊接接头截面上中下做维氏硬度检测，每条线中的检测点位间隔 1.0mm，坐标图中的 0 为熔合线，左侧为热影响区，右侧为焊缝。检测示意图及结果见图 4~ 图 6。

图 4　P0983−1 焊接接头维氏硬度检测结果

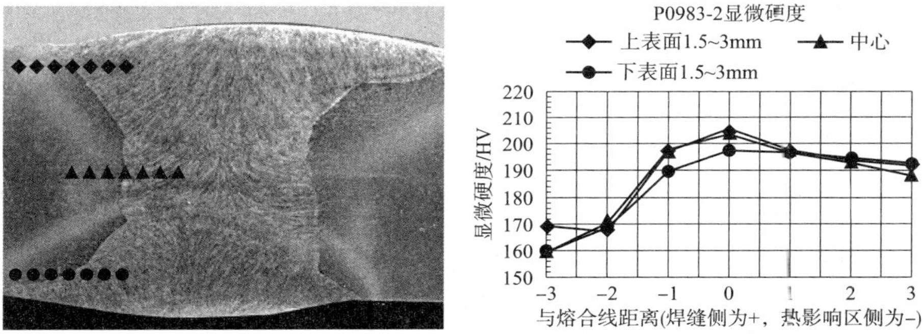

图 5　P0983−2 焊接接头维氏硬度检测结果

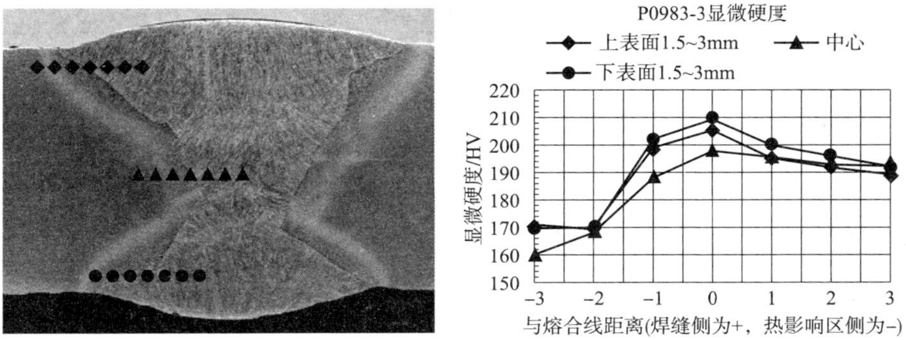

图 6　P0983−3 焊接接头维氏硬度检测结果

从检测结果来看，3 个试件熔合线的维氏硬度最高，且检测数据相差不大，大约在 195~210HV 之间。

从熔合线往焊缝区检测，3 个试件距熔合线 1~3mm 之间的硬度值略有下降并趋于平缓，硬度平均值大约在 190~200HV 之间。

从熔合线往热影响区检测，距熔合线 1mm 范围的硬度值略有下降，从熔合线 1mm 到 2mm 处的硬度值陡然下降，距熔合线 3mm 的硬度值逐步接近母材正常范围。

2.3 熔敷金属化学成分分析

按 GB/T 4336—2016《碳素钢和中低合金钢多元素含量的测定火花放电原子发射光谱法》，对几种焊接试件的熔敷金属进行化学分析，见表 5。

表 5 化学成分分析（质量分数） %

试件编号	C	Si	Mn	P	S	Cr	Ni	Mo	Cu
P0983-1	0.075	0.32	0.63	0.021	0.014	1.21	0.02	0.55	0.02
P0983-2	0.12	0.387	0.69	0.017	0.008	1.09	0.03	0.48	0.06
P0983-3	0.118	0.50	0.79	0.019	0.010	1.19	0.03	0.49	0.06

试件编号 P0983-1 的焊材为 R307B 直径 ϕ4.0 的焊条，编号 P0983-2 和编号 P0983-3 的焊材为 CHW-55B2R 直径 ϕ1.2 的气保焊焊丝。对 3 个试件焊接接头焊缝芯部的熔敷金属进行化学成分分析，均满足相应的热强钢焊条标准 GB/T 5118—2012 及热强钢实心焊丝标准 GB/T 39279—2020。

2.4 高温拉伸试验

15CrMoR 为耐热型低合金钢，具有较好的耐高温性能，焊接试件的耐高温性能须满足材料标准 GB/T 713.2 及 GB/T 150 相关要求。因此，委托江苏容大材料腐蚀检验有限公司进行了焊接接头高温拉伸试验，试验结果见表 6。

表 6 高温拉伸试验结果

样品名称	试样类型	试验温度 / ℃	抗拉强度 / （R_m · MPa^{-1}）	规定塑性延伸强度 / （$R_{P0.2}$ · MPa^{-1}）
P0983-1	圆形截面试样	500	434	246
P0983-2	圆形截面试样	500	430	229
P0983-3	圆形截面试样	500	433	237
GB/T 713.2 合格指标	—	500	—	≥174

从试验结果来看，3 组试件的焊接接头耐高温性能都非常理想，高温抗拉强度基本一致，塑性延伸强度亦相差不大。

3 微观分析

按 GB/T 13298—2015《金属显微组织检验方法》对 3 个试件的焊接接头分别进行了低倍金相检测（见图 4~ 图 6），也对焊接接头的母材（图 7）、焊缝金属（图 8）和热影响区（图 9）进行了高倍金相分析。鉴于 3 块试件的母材都取自同一块钢板，因此，仅选用一个试样对母材进行了进行检测，母材金相组织为铁素

体 + 珠光体带状组织。3 块焊接试件焊缝金属及热影响区的金相组织均为铁素体 + 贝氏体，未发现其它组织转变和微观缺陷。

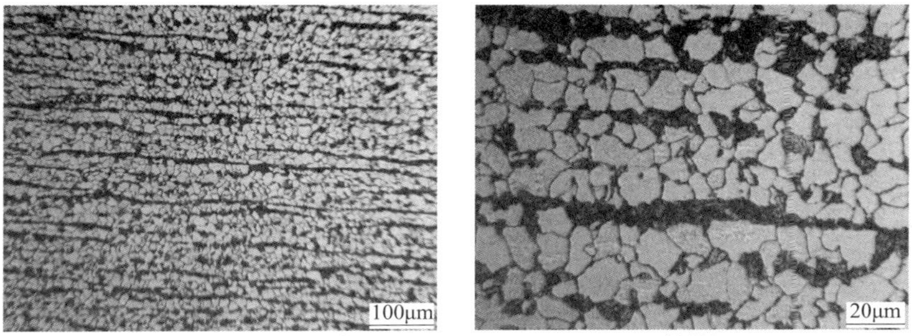

(a)100×　　(b)400×

图 7　母材金相分析

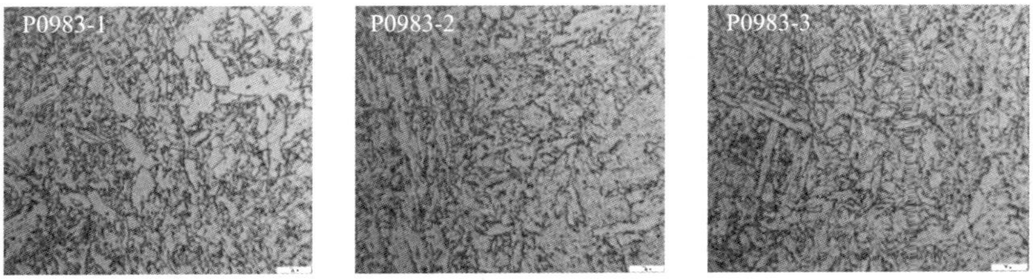

图 8　焊缝金属微观组织 400 ×

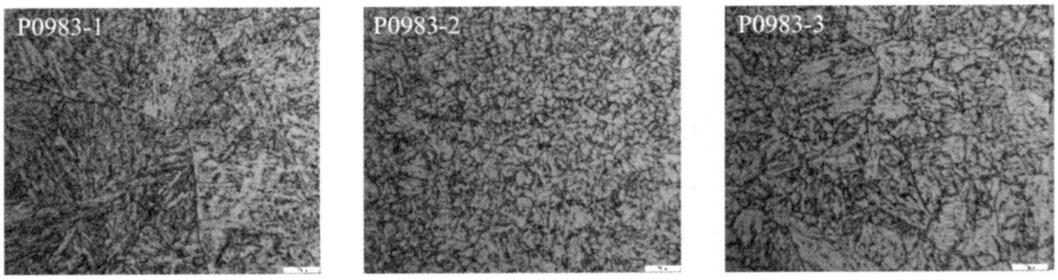

图 9　热影响区微观组织 400 ×

4　讨论

此次 15CrMoR 焊接工艺评定试验的 2 对 GMAW 焊接试件采用 85% 的氩气 +15% 的二氧化碳作保护气，此配方是经过焊接试验筛选的气体配方。与单一的二氧化碳气体相比，富氩气保焊采用氩气隔绝空气中的氧气和氮气，可以有效阻止其参与焊接过程中的冶金活动，避免在焊缝中形成夹渣，并降低飞溅的数量，对比公司做过的 15CrMoR 纯 CO_2 气保焊及其他单位一些药芯焊丝工艺试验结果[6]，富氩气保焊的冲击性能远远高于 CO_2 气保焊和药芯气保焊。与焊条电弧焊相比，富氩气体保护焊焊缝金属的纯净度更高，冲击韧性更好。太原重型机床有限公司用富氩气保焊焊接厚壁封头采用 80Ar+20%CO_2 的富氩气保焊进行焊接，早已成功应用于 15CrMoR 耐热钢的生产制造[7]。

采用富氩气保焊飞溅少，熔敷效率高[8]，焊接速度快。具有焊接热输入低、可靠性高、工艺性好的特点，是绿色环保经济高效且可靠的焊接方法，在船舶制造、压力容器和航空航天领域已得到大量应用[9-10]。与焊条电弧焊相比，实芯焊丝不需要烘烤，不需考虑焊丝潮湿导致焊缝吸氢的脆性问题，无焊条头回收，管理更为方便。

5 结论

1）用两种焊接方法进行了 3 种工艺下的工艺评定试验，结果均满足 NB/T 47014 及相应材料标准要求，焊缝及热影响区冲击值不仅满足标准要求，且都具有足够大的富余量，高温性能测试良好，微观分析亦未发现组织异常和微观缺陷。

2）富氩气保焊焊接接头焊缝部位的低温冲击韧性更优；取消焊后消氢处理不影响富氩气保焊焊接接头的力学性能。因此，15CrMoR 承压设备完全可以用富氩气保焊的实心焊丝进行焊接。

参考文献

[1] 赵家炜 .Ar+CO_2 混合气体保护焊在压力容器制造上的应用研究［J］. 化工施工技术，1998（06）：3-7.

[2] 郭会民，赵仕哲，李万万 . 熔化极混合气体保护焊工艺研究与应用［J］. 火箭推进，2007（02）：53-58.

[3] 赵连桂 .Ar92% +CO_2 8% 两元富氩混合气体保护焊的应用［J］. 现代焊接，2012（10）：3.

[4] 张广力 . 压力钢管制造的富氩气体保护焊方法［J］. 中国高新技术企业，2014（23）：2.

[5] 相阿峰，井晋虎，尚广收，等 . 富氩混合气体保护焊工艺试验及应用［J］. 焊接技术，1999（01）：17-18.

[6] 黄超，徐祥久 .15CrMoR 钢药芯焊丝气体保护焊工艺及接头组织性能［J］. 锅炉制造，2017（01）：44-47.

[7] 王晋生，吴喜民 .15CrMoR 耐热钢焊接性能研究［J］. 大型铸锻件，2006（01）：14-16.

[8] 周建军 .MAG 焊气体混合比对熔敷特性的影响［J］. 中国水运（下半月），2008（06）：142-144.

[9] 刘蔚倩 . 压力容器的富氩混合气体保护焊工艺［J］. 湘南学院学报，2005（05）：53-55.

[10] 成艳红，侯金龙 . 混合气体保护焊在压力容器焊接中的应用［J］. 化学工程与装备，2010（06）：78-79.

第五部分

失效分析研究

双相不锈钢常压汽提塔仪表接管开裂泄漏失效分析

卢雪梅，李燕姣，陈梦婷，吴娜荣，孟 祥，郭志军，宋文明

（机械工业上海蓝亚石化设备检测所有限公司，上海，201613）

摘要：某公司双相不锈钢常压汽提塔投用 15 天即发生开裂泄漏，本文通过宏观检验、无损检测、金相检验、裂纹面形貌分析、EDAX 成分分析等方法，对接管焊缝、对接焊缝和母材开裂原因进行了分析。结果表明，开裂发生在塔体下部夹套加热段，内壁表面启裂，为氯化物应力腐蚀开裂。2205 双相不锈钢不适用该塔的操作条件是其开裂的主要原因，焊接工艺不当导致焊接接头组织中出现脆性析出相，降低了材料抗应力腐蚀开裂性能。建议设备根据介质和操作条件重新选材，优化设备的结构设计，避免介质中的杂质元素（Cl^-）在设备表面产生富集效应，制造上严格把控焊接质量。

关键词：汽提塔；泄漏；双相不锈钢；焊接；应力腐蚀开裂

Failure analysis of pipe cracking and leakage of duplex stainless steel atmospheric stripper

Lu Xuemei，*Li Yanjiao*，*Chen Mengting*，*Wu Narong*，*Meng Xiang*，*Guo Zhijun*，*Song Wenming*

（Machinery Industry Shanghai Lanya Petrochemical Equipment Inspection Co.，Ltd.，Shanghai 201613，China）

Abstract：The cracking and leakage occurred in the atmospheric pressure stripper of a company 15 days after it was put into service. In this paper，the cracking reasons of the nozzle weld，butt weld and base metal were analyzed by macroscopic inspection，nondestructive testing，metallographic

［**作者简介**］卢雪梅，汉族，女（1982—），材料加工工程专业，硕士，高级工程师，主要从事压力容器、压力管道失效分析、安全评估、腐蚀检测及相关的科研。E-mail：434673699@qq.com。

inspection, crack surface morphology analysis, EDAX component analysis and other methods. The results show that the cracking occurs in the heating section of the jacket at the lower part of the tower, and the inner wall surface cracks, which is chloride stress corrosion cracking. The main reason for cracking is that 2205 duplex stainless steel is not suitable foe the tower's operating conditions. Improper welding process leads to brittle precipitate in the welded joint, which reduces the stress corrosion cracking resistance of the material. It is recommended that the equipment re-select materials according to the medium and operating conditions, optimize the structure design of the equipment, avoid the enrichment effect of impurity elements in the medium (Cl^-) on the surface of the equipment, and strictly control the welding quality in manufacturing.

Key words: stripping column; leakage; duplex stainless steel; welding; stress corrosion cracking

0 前言

常压汽提塔是在一定条件下，利用塔内气液两相直接接触进行传质传热，实现气液混合物分离的一种专用设备[1]。某公司常压汽提塔主要工艺目的为脱出树脂中的C5溶剂，原为碳钢设备，经一段时间运行后，因全面腐蚀原因进行了更换。新设备采用了塔底夹套设计，塔体材质S22053，夹套材质20钢，夹套内介质为导热油，塔内介质为C5溶剂液、树脂液、气提气、原料闪蒸汽、水汽等，设计压力0.55MPa，工作压力0.07MPa（顶）/0.075MPa（底），设计温度300℃，工作温度84℃（顶）/180℃（底），该塔在投入运行15天后发生泄漏。

1 宏观检验及无损检测

1.1 裂纹部位的宏观检测情况

装置开工时，为防止物料在塔内凝固，先将夹套加热到280℃后，再进物料。泄漏后停车，拆除夹套，对塔内外壁进行宏观和渗透检测（PT），发现漏点位于塔筒体下方厚板端焊缝处和夹套与接管焊缝处，接管材质为S22053，规格：ϕ55mm × 7mm；汽提塔夹套上方的塔筒体环缝、纵缝、母材板上均存在沿筒体轴向扩展的裂纹，裂纹长度占环缝总长的2/3；在塔体下部，壁厚为22mm的筒体人孔接管与筒体焊缝、母材存在多条裂纹。塔筒体多个小接管与筒体焊缝热影响区存在多道裂纹（见图1）。塔体中部以上未发现裂纹，筒体焊缝编号及失效部位见图2，由工艺知，汽提塔上部为气体，B2焊缝以下为液体。

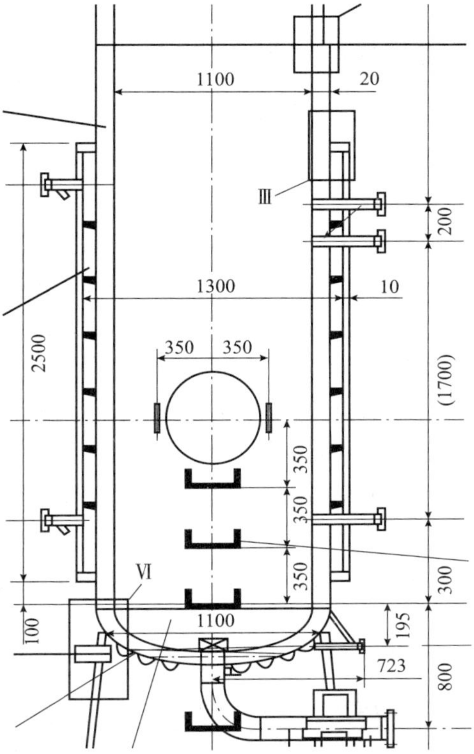

图 1　开裂部位示意

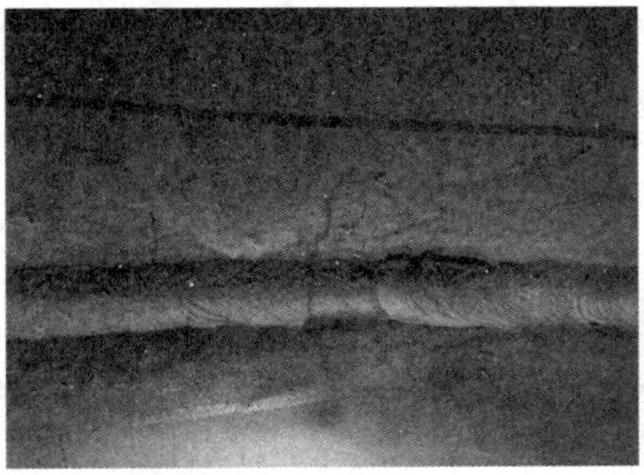

(a)内壁焊缝裂纹形貌

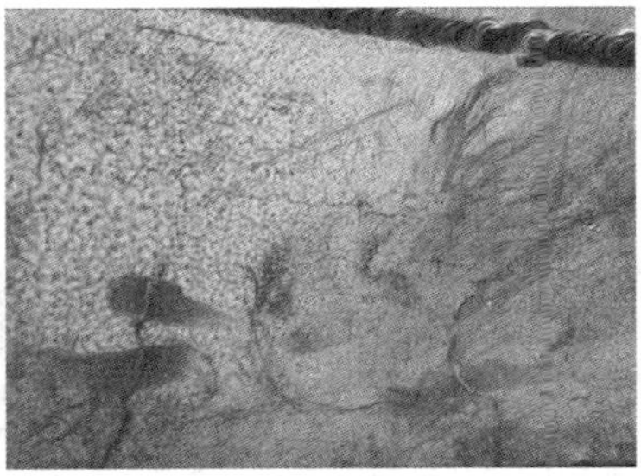

(b)远离焊缝的母材内壁裂纹形貌

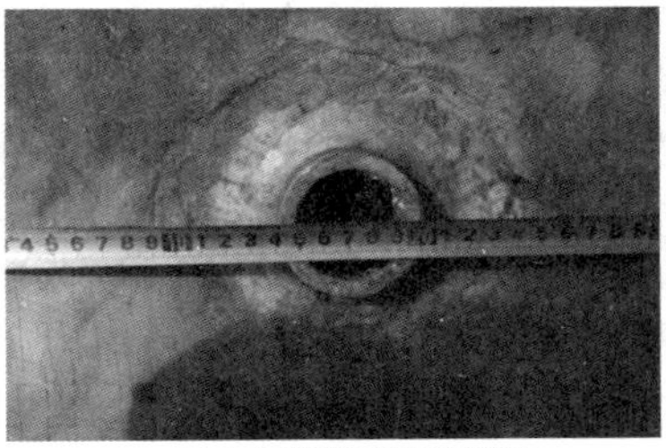

(c)内壁接管及周边裂纹

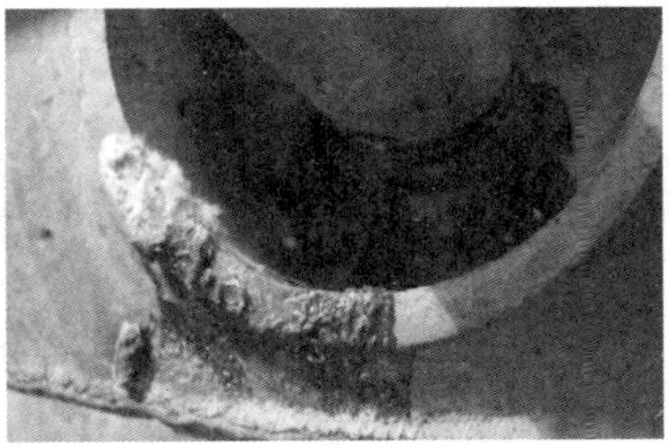

(d)夹套外壁垢物

图 2　现场拍摄不同部位的裂纹形貌及夹套垢物

1.2　样品规格及渗透检测结果

用户提供的失效样品为塔器仪表接管，规格 $\phi 57\mathrm{mm}\times 7\mathrm{mm}$，材质为 S22053，接管外为一套管，其目的为防止夹套内导热油与仪表接管接触，套管规格：$\phi 180\mathrm{mm}\times 20\mathrm{mm}$，材质 Q345R。

S22053 失效管段为仪表接管，失效接管内、外壁表面光亮，未发现均匀腐蚀、点腐蚀等痕迹，管壁表面亦无氧化、机械损伤等痕迹，依据 NB/T 47013.5—2015[2]的方法，对失效接管内、外壁进行渗透检测，结果见图 3。

塔筒体与夹套接管角焊缝周围存在环向裂纹，裂纹长约 220mm，裂纹存在较多分叉，塔筒体近接管部位其他区域亦存在微裂纹，裂纹呈网状。

沿接管纵向剖开失效管段，可见接管与筒体为承插焊，接管外圆筒与筒体以圆筒外侧角焊缝形式连接。PT 结果显示，漏点部位有裂纹，裂纹沿管轴向分布、无分叉，内壁还存在多条平行裂纹，未贯穿壁厚，启裂点位于与焊缝较近的部位，向接管两端扩展；观察接管焊接接头截面，焊缝内亦存在裂纹，裂纹分叉较多，无扩展规律。

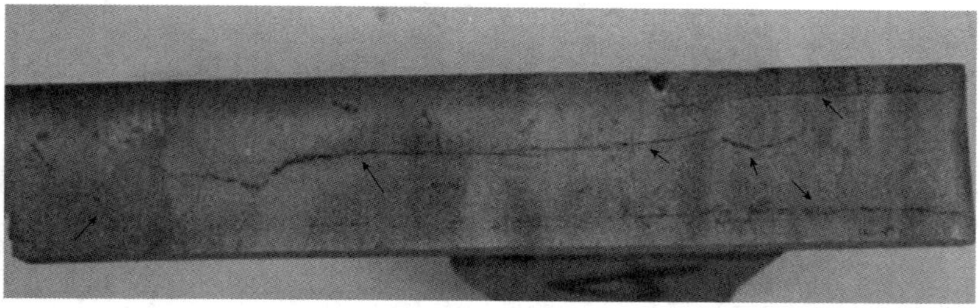

(a)接管内壁

(b)焊缝截面

图 3　失效接管部位渗透检测结果

2　失效分析

2.1　化学成分分析

依据 GB/T 223 对失效样品化学成分进行分析，结果见表 1~ 表 2，S22053 筒体母材、接管母材化学成分符合 GB/T 713.7—2013《承压设备用钢板和钢带　第 7 部分：不锈钢和耐热钢钢板》及 GB/T 21833《奥氏体 – 铁素体双相不锈钢无缝钢管》的要求；焊缝化学成分也满足 GB/T 983—2012《不锈钢焊条》中 E2209–15 的要求。

表 1　母材化学成分分析结果　%

分析位置		元素（质量分数）								
		C	S	P	Si	Mn	Cr	Ni	Mo	N
测试值	筒体母材	0.02	0.002	0.029	0.45	1.37	22.53	5.64	3.20	0.17
	接管母材	0.02	0.002	0.030	0.45	1.28	22.38	4.91	3.16	0.17
标准值		≤0.030	≤0.015	≤0.030	≤1.00	≤2.00	22.00~23.00	4.50~6.50	3.00~3.50	0.14~0.20

表 2　焊缝化学成分分析结果　%

	元素（质量分数）									
	C	S	P	Si	Mn	Cr	Ni	Mo	Cu	N
测试值	0.03	0.025	0.03	0.53	1.46	22.38	8.92	3.19	0.67	0.14
标准值	≤0.04	≤0.03	≤0.04	≤1.00	0.5~2.0	21.5~23.5	7.5~10.5	2.5~3.5	≤0.75	0.08~0.20

2.2　金相组织分析

在接管与筒体焊缝开裂处（带焊缝）、远离焊缝无裂纹处截取试样进行金相检验，结果见图 4。筒体母材、接管母材金相组织均为 F+A，铁素体含量约 55%；焊缝金相组织为 F+A，铁素体含量约 23%。经高倍观察，近焊缝区域母材热影响区组织中存在析出相，析出相呈线状、块状分布于铁素体相内，裂纹沿析出相晶界扩展，远离焊缝区域组织正常；另外，焊缝组织铁素体相为亦存在析出相、微裂纹、孔洞，裂纹沿析出相晶界、铁素体奥氏体两相晶界扩展，最大长度约 8.24mm。

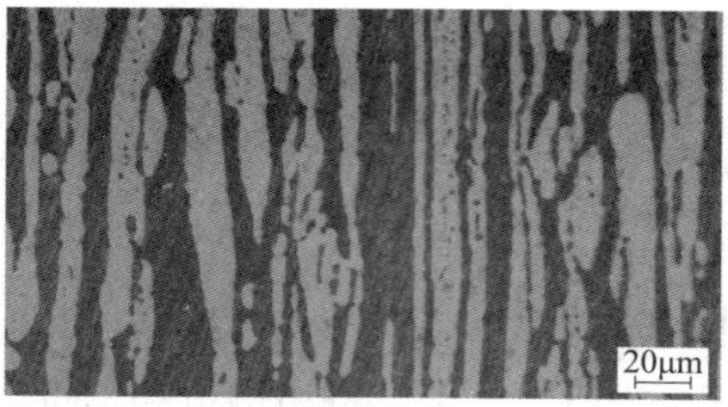

(a) 接管母材

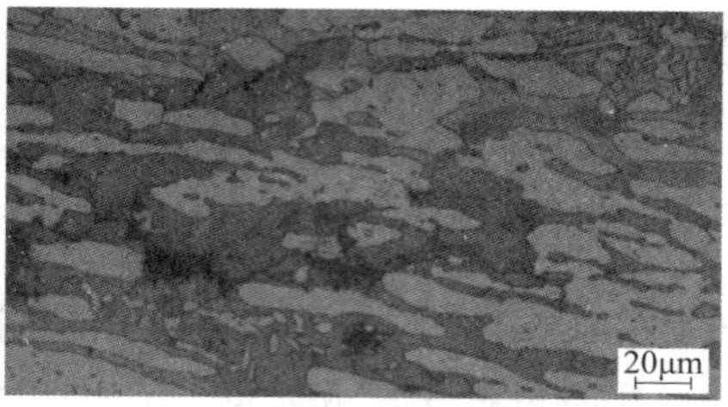

(b) 接管母材内裂纹

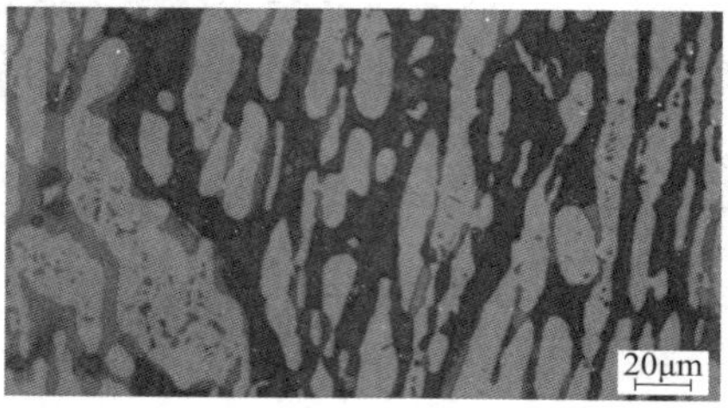

(c)筒体母材

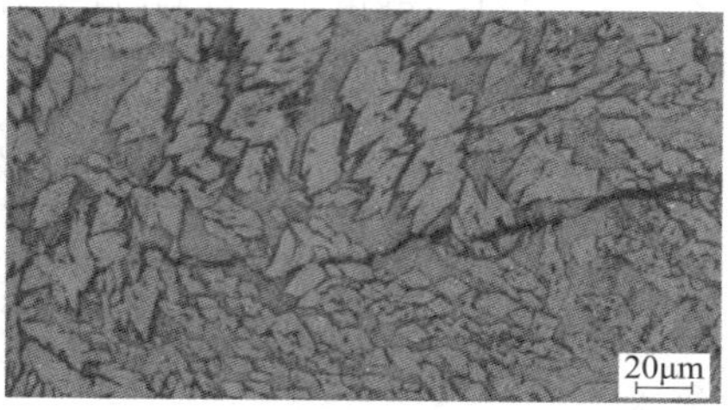

(d) 焊缝组织及裂纹

图 4　焊接接头金相组织

2.3　硬度测定

以金相检验面为测定面，对失效件硬度进行测定，结果见表 3，各区域硬度值均低于 GB/T 713.7 标准规定的要求。

表 3　硬度测定结果

测定位置		测定结果 /HV10
测试值	筒体母材	274、276、269
	筒体侧热影响区	269、249、251
	筒体与接管间角焊缝	262、250、254
	接管侧热影响区	259、258、261
	接管母材	275、253、261
标准值 GB/T 713.7		≤293HBW（300HV）

2.4　裂纹面形貌分析

打开接管漏点部位裂纹，裂纹面宏观形貌呈灰黑色，表面粗糙，存在金属小颗粒；采用扫描电镜对裂纹面微观形貌进行观察，见图 5，裂纹面存在二次裂纹，断面存在“河流状”花样，解理台阶较明显，无韧窝形态，为解理开裂特征；检验中发现裂纹面附着有较多颗粒状、块状垢物，经 EDAX 分析，垢物中含有对材质有害的 Cl 元素，质量分数 3.6%。结合设备运行介质、工艺及失效位置，判定 Cl^- 为塔内介质中的杂质成分。

(a)断口形貌

(b)断面垢物及EDAX检测位置

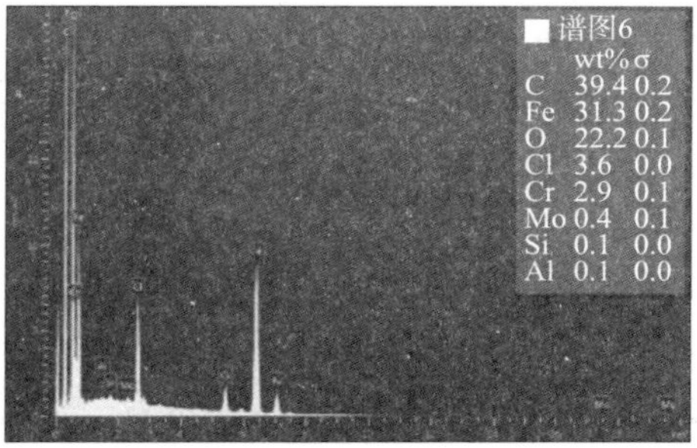

(c)EDAX检测结果

图 5　塔筒体与夹套接管断口

3　结果与分析

3.1　理化检验

化学成分复验结果表明，失效件板材、焊缝化学成分均符合标准要求，且接管母材、筒体母材分别满足 GB/T 21833 和 GB/T 713.7 标准要求。

3.2　焊接工艺对接管失效的影响

金相检验结果，接管与筒体焊缝组织中铁素体含量偏低，平均值约 23%。对于 2205 双相不锈钢，一般要求母材中铁素体含量在 40~60% 之间，焊缝中铁素体含量通常规定为 30~65% 之间，但应尽可能稳定在 30%~40% 之间[3]。组织中的铁素体含量过高、过低都会影响材料耐腐蚀性能，尤其是焊缝组织，当焊接线能量较高、焊接件冷却速度较低时，组织中的奥氏体相生长过快，数量增多，割裂了铁素体相[4-6]。

金相检验中发现，距焊缝较近的接管母材和筒体母材组织中存在线状、块状析出相，析出相将铁素体相割裂。在焊接过程中，铁素体和奥氏体相界处首先会发生共析反应：铁素体转变为二次奥氏体和碳化物（富铬的 $M_{23}C_6$），即首先在界面处析出富铬的碳化物。在形成碳化物的过程中，奥氏体中的 C 元素向界面处扩散，与此同时铁素体中的 Cr、Mo 元素以及其他碳化物形成元素也向界面扩散，从而可以顺利地析出碳化物。由于碳化物的形成，造成界面附近的铁素体区域 Cr、Mo 元素的贫化，致使贫 Cr、Mo 的铁素体稳定性降低[7]，加之温度的影响，失去稳定性的铁素体会转变成二次奥氏体[8-11]。随着共析反应的进行，材料中原本含量就很低的 C 开始出现不足，碳化物无法继续析出，共析反应无法继续进行。

另外，失效部位焊缝密集，接管与筒体、套管与筒体的焊接，两焊缝直线距离仅 41.5mm，两道焊缝间的焊接残余应力叠加，对应力腐蚀的敏感性大大增加。

3.3 运行工艺对接管失效的的影响

从用户了解到，失效常压气体塔封头以下为液相介质，进料口距塔器下封头约 15m，正常运行时固体物料从进料口下落掉入下方液体时会发生液体飞溅。塔底夹套运行温度约 280℃，飞溅至塔壁的液体会蒸发、浓缩，附着于管壁，尤其在一些流动不畅的区域，如横向接管、死角等浓缩将更加严重。失效接管位于封头上方 300mm 的位置，在液体飞溅影响区，形成局部干湿交替的工况，使裂纹面附着物中 Cl 元素质量分数达到约 3.6%。

3.4 2205 材料的适用性

双相不锈钢的连续使用温度范围为 –50~ 250℃[11]。被设备塔体下部采用夹套加热，夹套内导热油工作温度 280℃，塔底介质温度 180℃，存在气液两相的工况，使塔体下部壁温不均，并存在局部高于 250℃的可能，使材料的脆性增加，对氯离子应力腐蚀敏感性提升。

2205 材料较 300 系列不锈钢虽然具有较好的抗氯化物应力腐蚀开裂能力，但设备运行温度较高，Cl^- 又发生了富集，超过了双相不锈钢应力腐蚀开裂临界值（180℃时，Cl^- 临界质量分数为 0.07%），裂纹面微观形貌特征以解理开裂为主，符合氯化物应力腐蚀开裂特征[10-11]。

3.5 选材和设计结构对接管失效的影响

由于用户未提供单纯 2205 母材材料的样品，故未能得出塔体母材开裂的原因。

但裂纹宏观形貌符合应力腐蚀开裂特征，开裂部位亦集中在夹套段。因此判断塔体母材的开裂为氯化物应力腐蚀开裂。说明 2205 双相不锈钢在目前的操作条件下的适用性有待进一步研究。

失效接管垂直于塔器筒体安装，飞溅液体进入接管内流动性较差，较筒体内壁介质更易发生浓缩富集，相同温度条件下，Cl^- 含量越高，应力腐蚀开裂敏感性越大。另外，启裂点位于焊缝正对接管内表面，该管与筒体焊接形式为双面角焊缝，两侧焊缝中间区域热输入较大、温度较高，对应接管母材位置经历热膨胀、冷收缩，产生较大的残余应力，含 Cl^- 环境中应力较大部位会优先发生开裂[9-12]。

4 结论与建议

塔底接管焊缝、热影响区、母材开裂机理为氯化物应力腐蚀开裂。设备选材和结构不当是造成开裂的主要原因，焊接工艺不当促进了裂纹的萌生和扩展。

本设备原为碳钢材料制造，可以使用一定的年限，因全面腐蚀原因更换为 2205 双相不锈钢。在选材上未充分认识到双相不锈钢在高温含氯介质的应力腐蚀敏感性，结构设计和制造上存在诸多不合理。因此，建议按腐蚀经济学原理来重新选材，可将腐蚀严重的塔体段母材和接管升级为 2507 双相不锈钢，同时改进塔体进料方式和加热方式，优化制造工序、严格把控双相不锈钢的焊接质量，尤其是焊缝较为密集区域。

参考文献

[1] 王鹏 .60m^3 汽提塔用爆炸复合板性能及焊接工艺研究 [D]. 沈阳：沈阳理工大学，2012.

[2] NB/T 47013.5—2015：承压设备无损检测　第 5 部分：渗透检测 [S].

[3] 黄明忠，刘小红，文陆一 . 铁素体 – 奥氏体双相不锈钢中铁素体的测量 [J]. 化工装备技术，2015，36（6）：61–64.

[4] 汪彬，田雷，温志刚，等 . 不同焊接工艺下双相不锈钢焊接接头组织和性能的对比分析 [J]. 热加工工艺，2012，51（1）：138–139+146.

[5] 刘婷婷 . 2205 双相不锈钢焊接工艺研究 [D]. 哈尔滨：哈尔滨工业大学 .

[6] 杨银辉，严彪，郑鑫 . 双相不锈钢高温时效 σ 相析出行为研究进展 [J]. 材料导报，2011，25（19）：105–109.

[7] 吴天海 .2205 双相不锈钢中 σ 相的析出及其对组织性能的影响 [D]. 沈阳：东北大学 .

[8] 张志强，荆洪阳，徐连勇，等 . 铁素体 / 奥氏体双相不锈钢焊接接头组织和性能的研究进展 [J]. 材料热处理学报，2020，41（5）：13–27.

[9] 张志强，荆洪阳，徐连勇，等. 双相不锈钢多层多道焊接接头微观组织表征[J]. 焊接学报，2017，38（5）：79-82.

[10] 李亚军，刘绍东，童根，等. 热处理对复合板容器 S22053 锻件制接管性能的影响分析[J]. 压力容器，2022，39（6）：68-74.

[11] 郭志军. 压力容器腐蚀控制[M]. 第二版. 北京：化学工业出版社，2016：217-221.

[12] 齐恩伍. 基于 ANSYS 的填料塔夹套接管的应力分析[J]. 山东化工，2017，46（12）：2.

S32205 双相不锈钢塔器水压试验爆裂原因分析

束润涛[1]，李 标[2]

（1. 武汉市润之达石化设备有限公司，湖北 武汉 430223；
2. 珠海探科工程技术服务有限公司，广东 珠海 519000）

摘要：某公司制造的 S32205 双相不锈钢塔器在水压试验时发生爆裂，封头接管连带部分残余封头被炸飞，爆炸断口在接管与封头角接焊缝附近的封头侧母材上，断口呈脆性特征。对封头不同部位取样后进行力学性能、冲击试验、断口形貌、电镜和能谱检测等失效分析，发现封头不同区域的冲击值差异很大，断口附近的σ脆性相大量析出、铁素体含量很低、冲击值也很低，其原因是封头成型后固溶热处理出炉时水冷很不规范，导致局部σ相析出。封头母材的σ脆性析出与接管角焊缝的焊接应力叠加加剧了水压试验的失效风险。

关键词：S32205；封头爆裂；σ相析出

Analysis of rupture cause of S32205 duplex stainless steel tower in hydrostatic test

Shu Runtao[1]，*Li Biao*[2]

（1.Wuhan Runzhida Petrochemical Equipment Co.，Ltd.，Wuhan Hubei 430223，China；
2.Zhuhai Tanko Engineering Technology Service Co.，Ltd.，Zhuhai Guangdong 519000，China）

Abstract：The S32205 duplex stainless steel tower manufactured by a company burst during the hydraulic test，the head nozzle and part of the head was blown off. The explosion fracture was brittle on the base material near the joint weld between the nozzle and the head. After sampling different parts of the head，the failure analysis，such as mechanical properties，impact test，fracture morphology，electron microscopy and energy spectrum detection，found that the impact value in different areas of the head is very different，and the σ-brittle phase near the fracture precipitates in large quantities，

［作者简介］束润涛（1966—），武汉市润之达石化设备有限公司总经理兼研发中心主任，湖北省焊接技术协会常务理事。长期从事石化设备的材料、焊接和腐蚀失效的分析研究工作。E-mail：shu8088@263.net。

the ferrite content is very low, and the impact value is also very low. The reason is that the water cooling during the solid solution heat treatment is very irregular, resulting in the partial σ-phase precipitate. The combination of the brittle precipitation of the head base material and the welding stress of the connecting pipe fillet weld exacerbates the risk of failure in hydrostatic testing.

Key words: S32205; Head burst; σ-phase precipitate

0 前言

某公司生产的双相不锈钢塔器规格为 1300mm × 20000mm × 30mm，材质为 ASME SA-240 规范中的 S32205 双相不锈钢，封头厚度为 32mm，接管规格为 DN420mm × 60.8mm。塔器设计压力为 66bar，制造完毕进行水压试验，当试验压力升高至 101.6bar 时，双相不锈钢封头的 N2 接管直接爆炸后飞出，幸未造成人员伤亡。

事故发生后，对塔器本体材料、接管材料、焊缝金属和锻件都进行了相应的复验，均满足标准要求。封头采购订货要求和封头出厂资料均为固溶，且检测的硬度值满足母材标准要求，封头的质量证明文件显示热处理工艺卡和热处理报告的证据链完整，封头强度设计、质量证明书、焊接工艺及焊接过程控制均经 AI 检验师审核，水压试验过程操作规范。

1 现场勘查及力学性能取样分析

1.1 现场勘查情况

在塔器水压试验的事故现场，接管连带一部分封头残段被炸飞了约 30m 远。塔器封头爆炸后的现场照片见图 1~ 图 4。

图 1　接管爆飞后形状

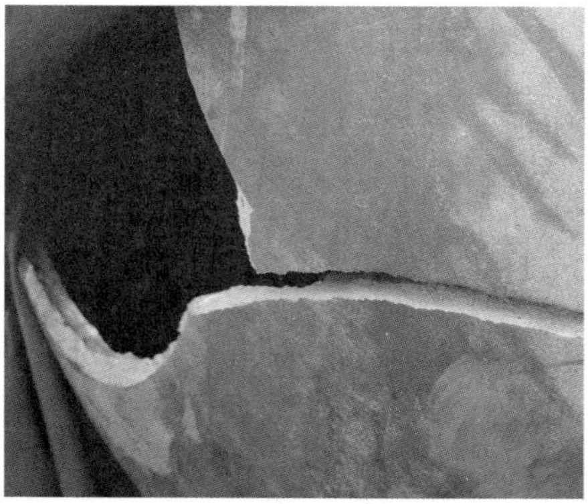

图 2　接管爆飞后封头裂纹痕迹

图 3　接管炸飞后的断裂面形貌

图 4　封头断裂面形貌

从现场勘查的照片来看，判定开裂起爆点位于接管与封头焊缝侧母材的热影响区呈椭圆形不规则开裂，断口处全部位于母材侧，为无塑性变形的脆性断裂，且断裂截面发生严重分层；被炸飞的接管焊缝形貌完好，表面未见明显焊接缺陷。

1.2　化学成分和力学性能取样分析

将塔器封头取样后进行化学成分分析和力学性能试验，化学成分检验结果见表 1，力学性能试验结果见表 2。

表 1　化学成分复验结果（质量分数）　%

	C	Si	Mn	S	P	Cr	Ni	Mo	N
封头	0.023	0.61	1.12	0.000	0.026	22.54	5.6	3.1	0.21
	0.024	0.61	1.12	0.000	0.027	22.53	5.6	3.1	0.21
	0.028	0.63	1.14	0.000	0.025	22.33	5.5	3.1	0.21
焊材	0.02	0.58	1.60	0.000	0.020	22.90	8.1	3.0	0.17

经成分分析，封头材质检测结果满足 ASME SA–240M–2019 规范要求，焊缝金属检测结果满足 ASME BPVC.II.A– 2019 SFA–5.9/SFA–5.9M 规范要求。

表 2　封头材料力学性能试验结果

序号	取样部位	抗拉强度 R_m/MPa		屈服强度 $R_{P0.2}$/MPa		延伸率 A/%	
		横向	纵向	横向	纵向	横向	纵向
1	封头	782	769	491	509	29	29
2	封头	773	762	497	501	28	36

封头取样部位的力学性能满足标准要求。

硬度检测结果见表 3，封头焊接接头各区域的维氏硬度均未超标。

表 3　维氏硬度检测结果

序号	检测部位	检测 1/HV10	检测 2/HV10
1	封头母材	279、271、278	247、250、253
2	热影响区（HAZ）	261、277、279	262、262、260
3	焊缝中心（ER2209）	248、251、254	247、248、247
4	热影响区（HAZ）	248、252、255	245、248、248

参照图纸技术要求，对封头与接管的焊接接头不同区域及远离焊缝 200mm 的母材进行 –45℃低温冲击试验，试验结果见表 4，离焊缝紧邻区域的冲击吸收能量都很低；离焊缝 200mm 处取样的冲击吸收能量较高，焊缝冲击吸收能量正常。

表 4　-45℃冲击试验结果

序号	缺口部位	冲击吸收能量 KV_2/J
1	靠近开裂处 30mm 内的封头本体	12.0、12.7、10.7
2	热影响区	7.5、7.2、7.5
3	焊缝芯部	87.7、65.2、72.8
4	离插管焊缝 200mm 处封头本体	104.2、70.2、70.8

2　微观分析及铁素体检测

2.1　裂纹断面形貌分析

对发生爆炸的断口进行仔细观察，发现裂纹源位于封头内壁，在内壁上留下多处弧形裂纹断口，以及高低起伏裂纹、河流状条纹，为裂纹萌芽和扩展区。壁厚中部到外部断口相对平整，属于瞬间断裂，见图 3 和图 4。在扫描电镜下对内壁处进行观察，既有韧性开裂特征（见图 5），也有脆性沿晶开裂特征（见图 6），在水压作用下脆性裂纹由内壁向外壁瞬间扩展。金相分析发现，裂纹延条形铁素体中 σ 脆性相的走向扩展，见图 7 和图 8。

图 5 韧性开裂区 1600×

图 6 脆性开裂区 1600×

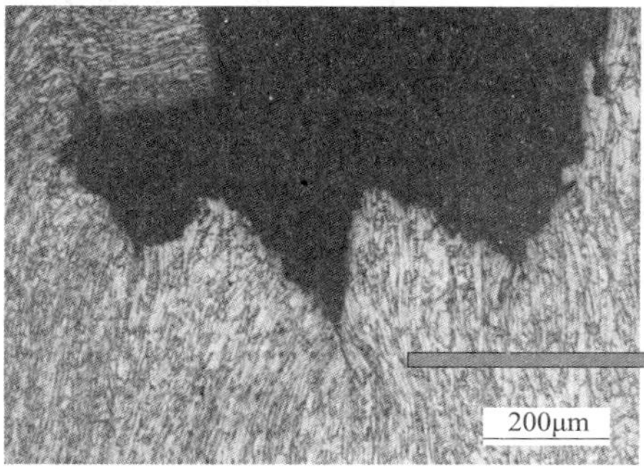

图 7 裂纹根部形貌

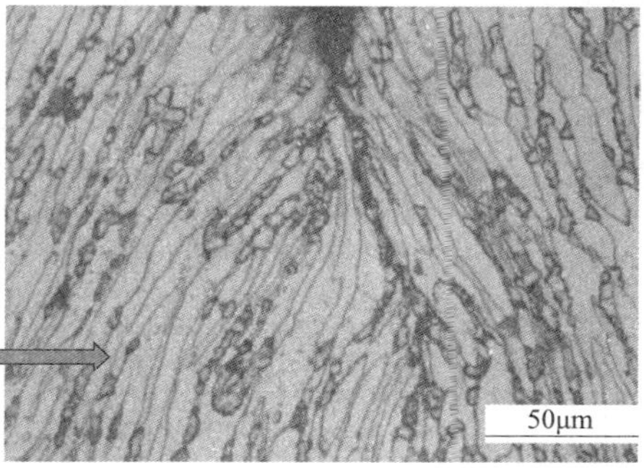

图 8 裂纹延链状 σ 相方向扩展

2.2 封头母材微观组织分析

通过对冲击试验结果较差区域的微观组织检测分析发现，有大量析出相，见图 9 中深色部分，而远离焊缝且冲击韧性较好的区域则没有连续且明显的析出相（见图 10）。

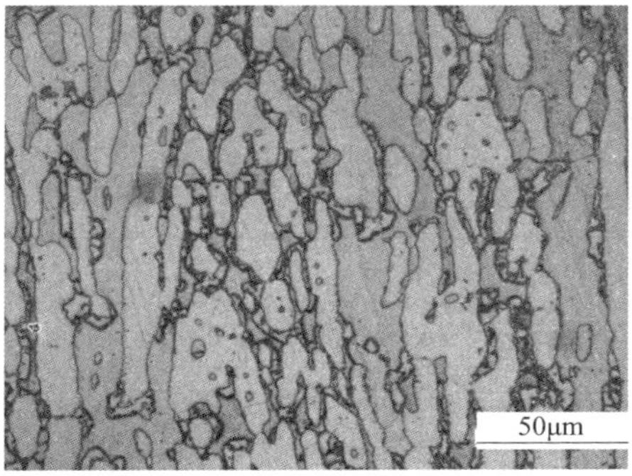

图 9 靠近裂纹的金相 500×

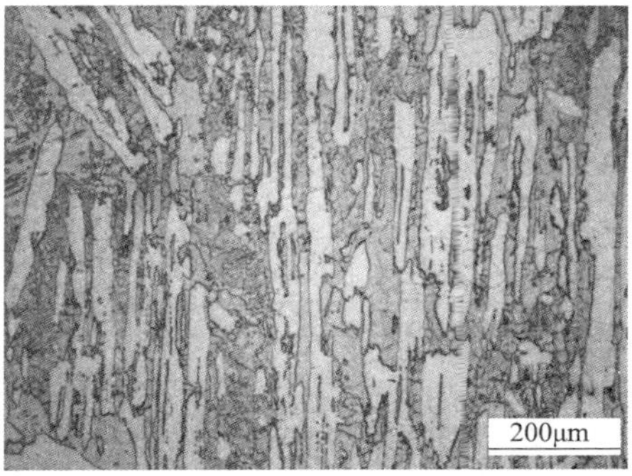

图 10 离裂纹 200mm 处的金相 100×

2.3 电镜和能谱分析

对冲击试验数据较差的试样上取样进行电镜分析（图 11），在铁素体中发现第三相颗粒状析出物，经能谱分析判定为高铬钼的 σ 脆性相，见图 12 和表 5。

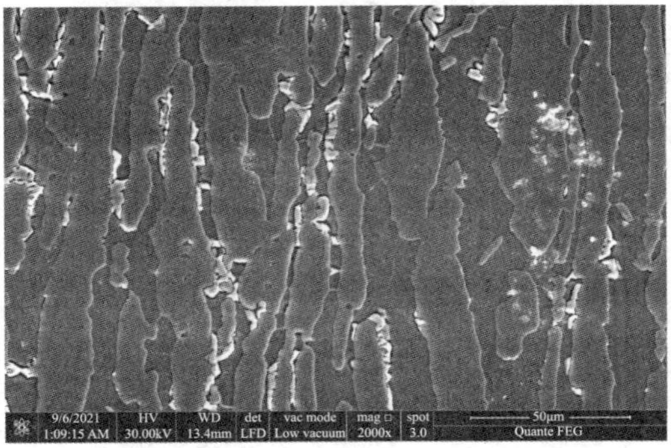

图 11 扫描电镜的析出相形貌 2000×

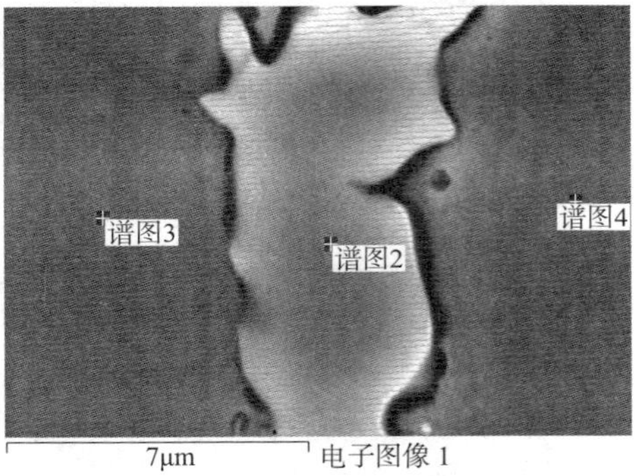

图 12 能谱分析点扫描位置示意

表 5 点扫描元素含量（质量分数） %

谱图	Si	Cr	Mn	Fe	Ni	Mo
谱图 2	1.00	27.99	1.21	57.41	3.36	9.03
谱图 3	0.61	21.91	1.31	66.71	6.54	2.93
谱图 4	0.81	22.14	1.35	66.34	6.43	2.93

能谱分析结果显示，谱图 3 和谱图 4 为正常的双相不锈钢成分，而图谱 2 的成分显示 Cr 和 Mo 含量上升，判定为脆性 σ 析出相。

2.4 铁素体含量分析

用金相法对封头靠近焊缝部位、远离焊缝部位和焊缝芯部的试验进行铁素体含量分析，每个试样检测 5 个视场，取平均值。铁素体检测结果见表 6。

表 6 铁素体含量分析（质量分数） %

序号	部位	视场 1	视场 2	视场 3	视场 4	视场 5	平均值
1	靠近焊缝	6.5	22.5	5	5.5	14	10.7
2	远离焊缝	39	38	37	36	26	35.2
3	焊缝芯部	33	53	27	46	26	37

检测结果为靠近焊缝部位的铁素体含量很低，仅有 10.7%，大大偏离了固溶态要求铁素体为 40%~60% 的平衡相范围；远离焊缝部位铁素体平均值为 35.2%，

也不满足封头固溶处理后的平衡相要求；焊缝芯部的铁素体含量为 37%，满足焊缝金属铁素体含量为 30%~60%[1]的要求。

3 失效机理及解决方案

3.1 对检测结果的分析讨论

焊缝附近封头母材的铁素体含量很低，是因为 σ 相在析出过程中吸收了大量的 Cr，而 σ 相区的 Ni 被释放至临近区域，这样就会在 σ 相临近的贫铬富 Ni 区形成 γ_2 相。经常规固溶后铁素体 + 奥氏体的平衡相，在 σ 相区的析出温度段时效后则由铁素体分解为 $\sigma+\gamma_2$ 相的共析组织[2]。实际上是 σ 相的析出和 γ_2 相的形成共同挤占了铁素体的面积，使铁素体面积大幅减少。在 σ 相敏化温度驻留时间越长，σ 相和 γ_2 相挤占铁素体的空间越大，材料的脆性风险也越大。

封头母材的化学成分、拉伸强度和硬度均满足标准要求，但焊缝断裂面附近母材的冲击韧性很差，其他区域的冲击韧性虽然较好，但冲击值却并不均匀。封头冲击韧性数据离散性很大，且断裂面附近的冲击数据很低，说明封头的质量问题非常严重。

此次爆炸断裂面未涉及焊缝金属，且焊缝金属的冲击韧性较好，铁素体平均值满足要求，说明封头爆炸开裂与焊接质量没有直接的因果关系。

3.2 封头 σ 相析出的原因分析

双相不锈钢热处理、热加工及焊接热循环过程中 σ 脆性相析出的负面影响很大[3-5]。目前双相不锈钢封头的制造虽然规定为热压 + 固溶热处理，但却并没有规定封头出炉后到入水的间隔时间。

S32205 的化学成分与瑞典牌号 SAF2205 基本相同，根据 SAF2205 双相不锈钢中间相的析出动力学曲线图可以看出，双相不锈钢在敏化温度不仅有碳化物和氮化物析出，而且还有脆性倾向严重的 σ 相和 χ 相，σ 相和 χ 相会在铁素体相中析出，见图 13。

根据图 13，SAF2205 在 900℃左右约 3min 开始析出脆性倾向严重的 σ 相和 χ 相，随着停留时间延长，脆性相的析出温度范围扩大，10min 以后会扩大到 750~980℃，且 σ 脆性相累积的总量会增加，冲击韧性急剧降低。经事后调研，该封头厂的冷却池离固溶热处理炉很远，需要用吊车转运到水池进行冷却，这个过程有可能会超过 3min。此外，封头在进行固溶热处理前，将封头倒扣在工装上，出炉后将其挂钩后吊入水中，封头的直边段向下先入水池，封头内部的空气憋气导致底部朝上的部分缓慢冷却，使 σ 相大量析出。合理的工装设计应该是在封头开孔部位开一个不小于 30mm 的小孔或在工装上布置排气管[7]，以便封头倒扣入池时不会憋气产生浮力，使封头全部快速浸入水中，达到快速均匀水冷的目的。

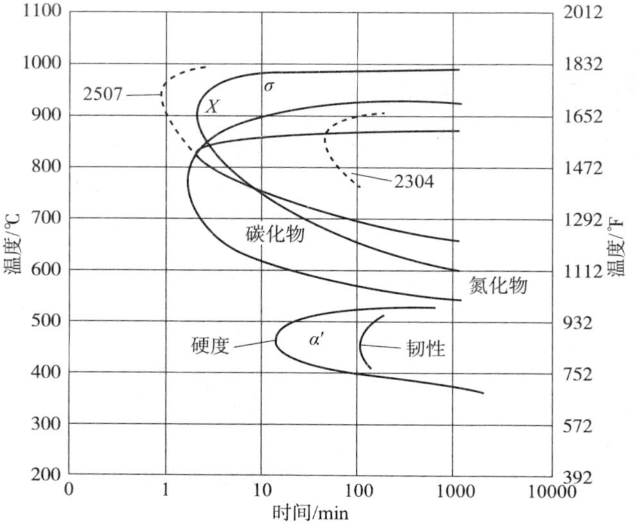

图 13　SAF2205 双相不锈钢中间相的析出动力学曲线

3.3　焊接应力的影响

通常认为双相不锈钢是完全耐应力腐蚀的，因此，在工程应用领域往往容易忽略加工变形应力和焊接应力对使用寿命的负面影响。过大的焊接应力仍然容易引起双相不锈钢的应力腐蚀开裂，应引起足够的重视。文献［2］指出，热变形引起的晶格缺陷使 σ 相析出大大加速。冷变形后进行 800℃时效时也会也加大 σ 相的析出速度[2]。

万娱用 55mm 的 SAF2205 厚壁双相不锈钢焊接接头为研究对象进行了相应的研究[8]。

该设备封头厚度为 32mm，接管厚度为 60.8mm，接管与封头焊接接头为全焊透的 K 型坡口，坡口及角焊缝中焊材的填充量很大，在焊接热循环过程中过热区和热影响区会进一步促进铁素体中 σ 相的析出，并形成很大的焊接应力。而双相不锈钢设备通常没有消除焊接应力的热处理要求，封头在固溶热处理后的不规范冷却使封头局部 σ 相大量析出，在焊接应力和水压试验对应力再平衡的作用下，直接导致接管在水压试验中爆飞。从图 3 可以看出，爆炸的起裂点位于接管与封头角焊缝的热影响区。

4　结论和建议

4.1　结论

1）根据以上分析，塔器在水压试验中接管爆飞的事故与焊接质量没有必然联系，也与水压试验过程的操作失误无关。

2）封头接管角接焊缝附近的双相不锈钢本体脆性倾向明显，σ脆性相严重析出、铁素体比例很少，说明封头固溶出炉后在 σ 析出相区停留时间较长。

3）封头母材 σ 脆性相析出与接管角焊缝的焊接应力叠加，加剧了水压试验的失效风险。

4.2　建议

S22053 双相不锈钢封头固溶出炉后必须在 100s 内入水进行水冷，且全部沉入水中的时间不应超过 20s。对固溶及水冷过程进行一镜到底的视屏跟踪，并作为见证资料提交。

参考文献

[1] 黄明忠，刘小红，文陆一．铁素体－奥氏体双相不锈钢中铁素体的测量[J]．化工装备技术，2015，36（06）：61-64.

[2] 吴玖．双相不锈钢［M］．北京：冶金工业出版社，1999：24.

[3] 马明，丁桦，唐正友，等．2205 双相不锈钢中 σ 相的析出行为[J]．东北大学学报，2014，35（04）：504-507.

[4] 王国华．σ 相的析出对双相不锈钢组织性能的影响［J］．中国冶金，2011（06）：15-18.

[5] 熊庆人，霍春勇，李为卫，等．2205 双相不锈钢焊接热影响区的组织转变行为[J]．焊接学报，2007（11）：53-57+115-116.

[6] 陆世英，超级不锈钢和高镍耐蚀合金［M］．北京：化学工业出版社，2012：155.

[7] 丁颖，刘大博．00Cr22Ni5Mo3N 双相不锈钢封头固溶热处理［J］．石油化工设备，2010，39（02）：58-60.

[8] 万娱．双相不锈钢厚板焊接残余应力的实验研究与数值模拟[D]．青岛：中国石油大学（华东），2019.

碱回收锅炉高温过热器钢管腐蚀失效原因分析

陈永康[1]，史建波[1]，林奕锦[2]，周和荣[2]

（1. 武汉武锅能源工程有限公司，湖北　武汉　430205；
2. 武汉科技大学 耐火材料与冶金国家重点实验室，湖北　武汉　430081）

摘要： 针对某造纸企业碱回收锅炉高温过热器钢管（T22 钢）外壁腐蚀失效进行分析，采用金相显微镜、扫描电子显微镜、X 射线衍射仪和激光拉曼仪对失效钢管进行宏观形貌、腐蚀产物组成、截面形貌分析。结果表明：其表面腐蚀产物主要为 Fe_2O_3 和 Fe_3O_4，并在腐蚀产物和金属基体交界处及金属基体浅表晶界发现含 S、Cl 元素的腐蚀产物；引起钢管腐蚀的原因是由于碱回收锅炉复杂的烟气介质环境导致腐蚀并沿晶界拓展，表面生成的铁氧化物结构疏松导致鼓包，脱落后失去腐蚀层防护作用，导致腐蚀坑加大。

关键词： 碱回收锅炉；高温过热器；腐蚀失效；晶间腐蚀；激光拉曼

Analysis of corrosion failure causes of high temperature superheater steel pipe in alkali recovery boiler

Chen Yongkang[1]，*Shi Jianbo*[1]，*Lin Yijin*[2]，*Zhou Herong*[2]

（1.Wuhan Wuguo Energy Engineering Co.，Ltd.，Wuhan Hubei 430205，China；
2.State Key Laboratory of Refractories and Metallurgy，Wuhan University of Science and Technology，Wuhan Hubei 430081，China）

Abstract：The corrosion failure of T22 steel tube in alkali recovery boiler of a paper making enterprise was analyzed. Metallographic microscope, scanning electron microscope, X–ray diffractometer and laser Raman instrument were used to analyze the macroscopic morphology, corrosion product composition and cross section morphology of the failed steel tube. The results show that the surface corrosion products are mainly Fe_2O_3 and Fe_3O_4, and the corrosion products containing S and Cl elements are found at the junction between the corrosion products and the metal matrix and the superficial grain boundary of the metal matrix. The reason for the corrosion of the steel pipe is that the complex flue gas medium environment of the alkali recovery boiler leads to corrosion and expands along the grain boundary, the iron oxide structure generated on the surface is loose, leading to bulge, and the corrosion layer protection is lost after falling off, resulting in increased corrosion pits.

Key words: alkali recovery boiler; High temperature superheater; Corrosion failure; Intergranular corrosion; Laser Raman

0 前言

碱回收锅炉通过烧烧造纸过程产生的黑液，达到烧烧黑液中的有机物产热、回收并循环利用黑液中的碱性物质和减少污染物的排放，被广泛应用于造纸行业[1-4]。黑液的主要由 Na_2S、NaOH、Na_2SO_4、Na_2CO_3 等碱和盐中的一种或多种加溶解于其中的纤维素组成，某些特殊造纸原材料的黑液中还含有 KCl、H_2S 及含 S 有机物等物质。黑液及其烧烧产物的强腐蚀性以及锅炉受热面管所处的高温高压运行工况，使锅炉的水冷壁、过热器、省煤器等受热面管发生腐蚀、开裂失效。此外，有证据表明，烟气脱硝用脱硝剂（主要成分为尿素）加剧碱性黑液及其烧烧产物对受热面管的腐蚀。因此，由锅炉受热面部件失效引起的各种事故时有发生，困扰着锅炉的安全稳定运行[5-7]。

本文对腐蚀减薄严重的锅炉过热器管进行腐蚀失效分析，通过对不同部位进行宏观观察、腐蚀残留物分析、元素分布以及管截面组织及腐蚀产物分析等，剖析钢管运行过程发生腐蚀的原因，为锅炉过热器组件在特定运行环境的科学选材及锅炉安全运行提供参考。

1 失效试件及分析内容

失效试件为服役约 8 个月后的锅炉高温过热器钢管，材质为 ASME SA-213 T22（公称化学成分为 2.25Cr1Mo），规格为 ϕ51mm × 6.5mm。

试验方法及分析内容包括：失效试件的宏观形貌分析、腐蚀坑表面和试件纵截面的扫描电镜（SEM）分析、试件纵截面金相分析、试件各部位腐蚀产物的 EDS 分析、XRD 分析和拉曼分析。

2 试验结果及分析

2.1 表面宏观形貌

图 1 为失效试件表面宏观形貌。试件表面覆盖黑褐色和红棕色腐蚀产物［见图 1（a）］，钢管表面出现较多的凹坑和凸起腐蚀产物包；凹坑深度较大，表面减薄严重，呈现明显的凹凸不平现象，凹坑内覆盖了部分红色腐蚀产物

［见图 1（b）］；凸起腐蚀产物高度较高，呈包状堆积（称为鼓包），腐蚀产物表面有较多孔隙，结构较为疏松，较容易脱落［见图 1（c）］。

(b)局部形貌放大　　(c)局部形貌放大

图 1　T22 钢管宏观形貌

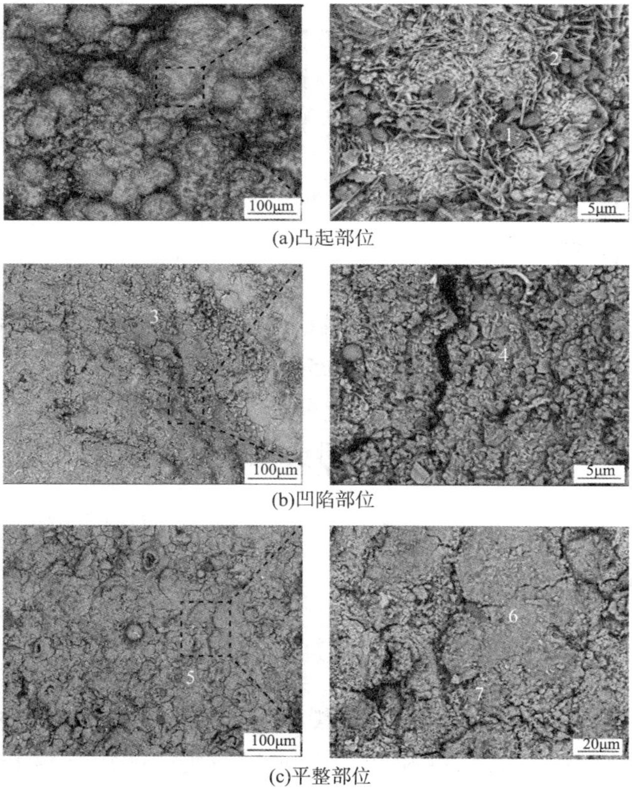

(a)凸起部位

(b)凹陷部位

(c)平整部位

图 2　钢管表面微观形貌

2.2　表面微观形貌分析

图 2 和表 1 为钢管表面不同部位腐蚀产物的微观形貌和元素组成。钢管表面鼓包是由较多的球状或颗粒状腐蚀产物相互连接形成［见图 2（a）］，而球状腐蚀产物由块状和片状腐蚀产物堆积形成，腐蚀产物主要为 O 和 Fe 元素，还有少量的 Mo、Na、Mg（见表 1）。钢管表面凹坑部位腐蚀产物较少［见图 2（b）］，且呈碎块状，腐蚀产物结构较为疏松，有较多的细小裂纹，腐蚀产物元素主要为 O 和 Fe，但部分区域 Cl 元素含

量较高。图 2（c）为钢管表面平整部位形貌，显示表面相对较为平展，无明显的突出腐蚀堆积物，但表面有较多的裂纹和孔隙，结构较松散，且表面裂纹相互交叉形成类似晶界的网格状，腐蚀产物元素主要为 O 和 Fe 元素还有少量的 Cl 元素。

表 1　钢管腐蚀产物能谱

点	元素含量							
	O	Cr	Fe	Mo	Cl	Mg	Na	K
1	52.68	—	42.03	1.74	—	1.65	1.9	—
2	29.42	—	70.58	—	—	—	—	—
3	5.48	—	56.98	—	23.55	—	1.36	9.88
4	23.22	2.27	74.52	—	—	—	—	—
5	24.77	—	7.71	—	3.51	—	—	—
6	22.77	—	74.92	—	2.31	—	—	—
7	3.51	—	96.49	—	—	—	—	—

2.3　表面腐蚀产物 XRD 分析

图 3 为钢管表面腐蚀产物的 XRD 分析结果，显示腐蚀产物主要含有 Fe_3O_4 和 Fe_2O_3，这一结果与图 5 腐蚀产物截面拉曼光谱结果相对应，显示腐蚀层外层的腐蚀产物主要为 $\alpha-Fe_2O_3$ 和 $\gamma-Fe_2O_3$，中层和内层的腐蚀产物主要为 $\alpha-Fe_2O_3$ 和 Fe_3O_4。

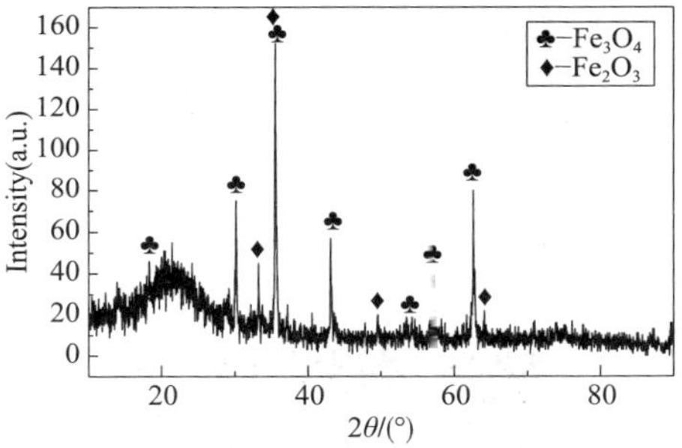

图 3　钢管腐蚀产物 XRD 分析

2.4　钢管截面形貌分析

图 4 为钢管截面不同部位的微观形貌，截面鼓包部位形貌显示，截面厚度在 1.52mm 以上，且鼓包层内部结构较为疏松，在中间部位有较多的大裂纹，见图 4（a），靠近基体的腐蚀层相对较为紧密，但仍然有较多的细小孔隙，见图 4（b），钢管表面凹陷部位截面形貌显示，凹陷部位的腐蚀层厚度在 92.3μm 左右，腐蚀层厚度较为均匀，结构较为紧密，且腐蚀呈岛状向基体方向扩散，见图 4（c），腐蚀前沿放大后，显示形成不规则的、网格状的腐蚀通道，这些通道可能呈现出明显的沟槽，显示出金属的晶粒结构，见图 4（d）。平整部位截面形貌显示，腐蚀层有较多的裂纹，结构较为疏松易脱落，且腐蚀向基体扩散的程度要严重，部分腐蚀向基体的扩展深度超过了腐蚀层，见图 4（e），且在靠近基体侧的腐蚀前沿，腐蚀呈明显的网格状沿晶界延伸（一种晶间腐蚀）特征，见图 4（f），在

晶粒边界的金属会被优先腐蚀，导致晶粒之间的连接变弱，在腐蚀层产生较多的裂纹。

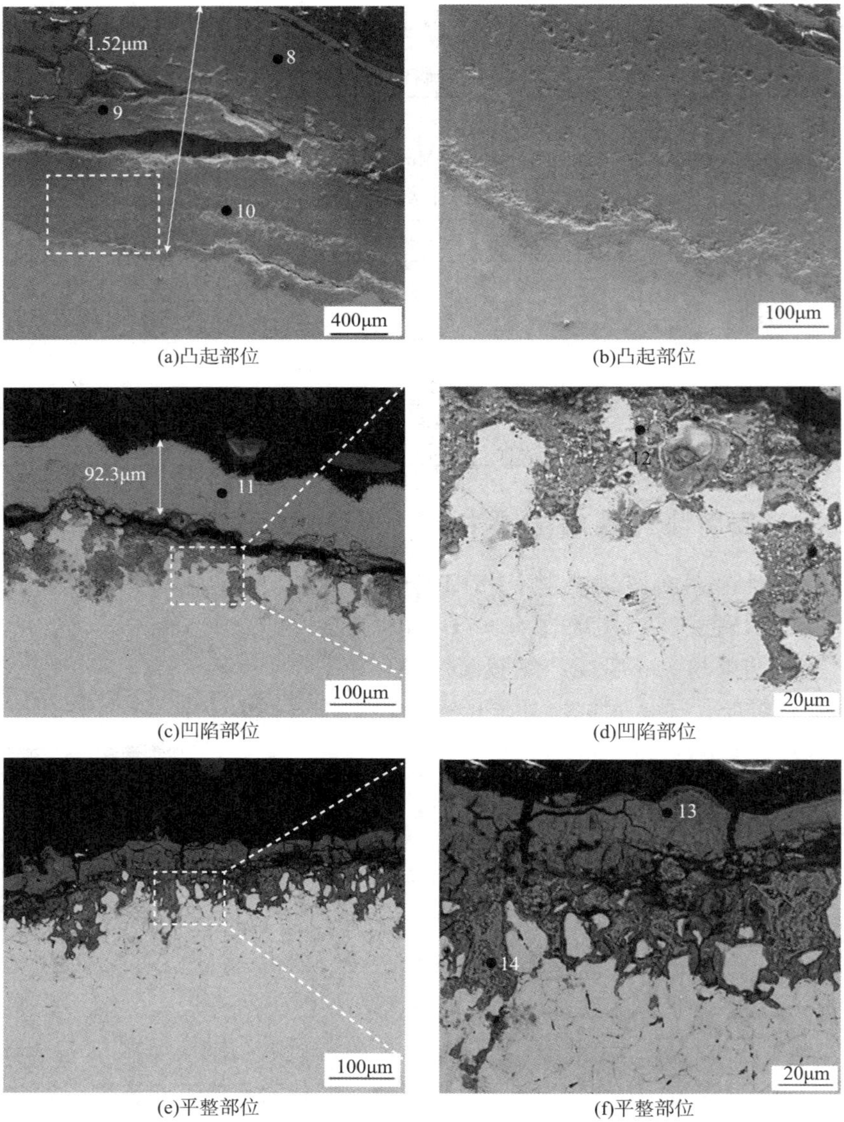

(a)凸起部位　(b)凸起部位

(c)凹陷部位　(d)凹陷部位

(e)平整部位　(f)平整部位

图 4　钢管截面微观形貌

2.5　截面腐蚀产物分析

图 5 为鼓包腐蚀产物截面拉曼光谱结果，显示腐蚀层外层的腐蚀产物主要为 $\alpha-Fe_2O_3$ 和 $\gamma-Fe_2O_3$，中层和内层的腐蚀产物主要为 $\alpha-Fe_2O_3$ 和 Fe_3O_4。结合表 2

钢管截面不同位置的腐蚀产物能谱分析来看，腐蚀层主要元素为 O 和 Fe，靠近基体侧的腐蚀层还有少量 Cr，说明鼓包腐蚀产物主要为铁的氧化物。但在钢管的凹陷部位和平整部位腐蚀层外侧的元素主要为 O 和 Fe 还有少量的 Mo，但是靠近基体的腐蚀前沿中，还有少量的 Cr、Mo、S 和 Cl 元素。

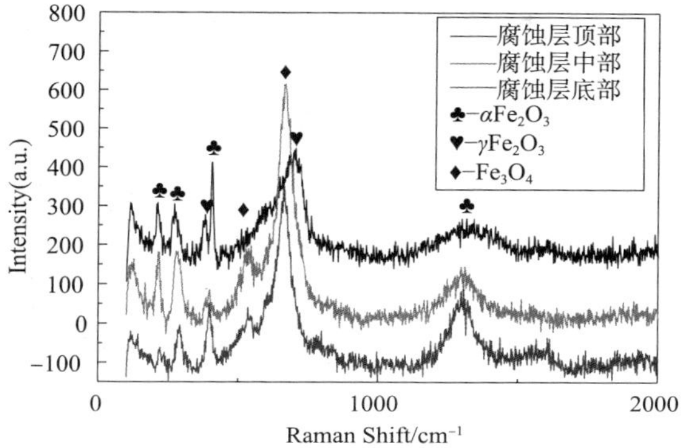

图 5 钢管截面腐蚀产物拉曼光谱分析

表 2 钢管截面不同位置的腐蚀产物能谱分析

点	元素含量							
	O	Cr	Fe	Mo	Cl	S	Na	K
8	24.07	—	75.93	—	—	—	—	—
9	16.36	—	83.23	0.41	—	—	—	—
10	21.75	2.74	75.51	—	—	—	—	—
11	25.31	—	73.78	0.91	—		—	—
12	17.20	1.45	72.74	2.29	5.43	0.89	—	—
13	29.52	5.48	61.93	—	2.42	—	—	0.65
14	35.85	4.65	55.33	2.03	0.97	0.43	—	0.74

2.6 除去腐蚀产物凹坑形貌分析

图 6 为钢管除去腐蚀产物表面形貌，腐蚀后的表面呈现凹凸不平，有较多的球形坑洞和微小的裂纹，见图 6（a），这些特征通常是由于腐蚀介质沿晶界扩散造成。经局部放大后显示有明显的凹陷或沟槽形成不规则的、波浪状的腐蚀通道，形状类似晶粒和晶界，见图 6（b），且金属的晶粒结构和晶粒凸起和凹陷明显，呈现明显的沿晶界腐蚀（晶间腐蚀）特征。能谱分析发现腐蚀层与基体交界处位置的 Cl 和 S 元素明显升高。腐蚀环境中的 S 和 Cl 元素会沿基体晶界向内扩散，

破坏晶界的结合，导致晶界开裂。S 和 Cl 元素向晶间微裂纹渗透，可加剧晶界处腐蚀，这与截面能谱分析发现的晶界腐蚀处存在 S 和 Cl 元素现象相符。

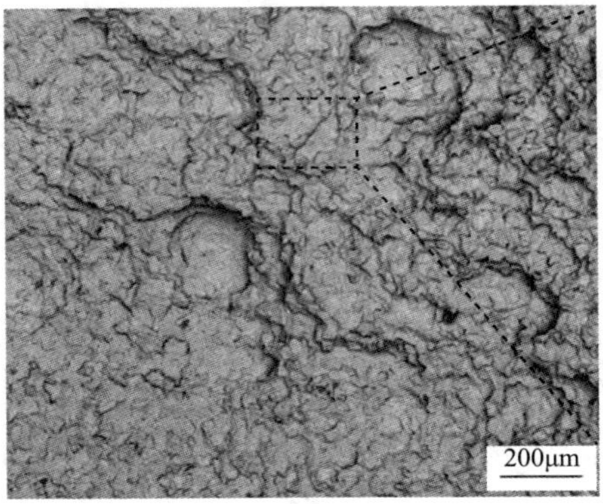

图 6　钢管除去腐蚀产物表面形貌

2.7　分析与讨论

2.7.1　失效钢管服役条件描述

失效钢管所在的高温过热器位于锅炉炉膛顶部，主要吸收烟气的对流热。管内介质为蒸汽，压力为 10.8MPa，温度为 515℃。管外侧为碱性黑液和造纸臭气烧烧产生的烟气 + 熔融态混合盐碱，烟气成分包括：空气、水、CO_2、S 及其氧化物、氮氧化物等；熔融盐包括 Na_2S、Na_2SO_4、Na_2CO_3、NaOH、KCl、NaCl；钢管外壁温度 570~580℃（正常服役条件下的计算温度）；此外，锅炉采用炉内脱硝工艺，脱硝剂为尿素。

2.7.2　腐蚀分析与讨论

综合 3.1~3.6 节的试验结果并结合失效钢管的服役条件分析，失效钢管的腐蚀由高温氧化腐蚀、硫腐蚀、氯腐蚀共同作用的结果。

1）关于氧化腐蚀

氧化腐蚀是锅炉受热面管普遍存在的腐蚀现象，如果不考虑其它腐蚀的影响，氧化腐蚀是一种均匀腐蚀，在前述服役温度下的腐蚀产的为 Fe_2O_3、Fe_3O_4、Cr_2O_3，Fe_3O_4 和 Cr_2O_3 氧化膜对钢具有保护作用，阻碍氧化腐蚀行为向金属基体内部推进。单一的氧化腐蚀不是锅炉高温过热器管的主流腐蚀。当其它因素破坏和氧化膜的保护作用时，氧化腐蚀向金属基体内快速推进，氧化腐蚀成为锅炉高温过热器钢管的主流腐蚀。本试验的 X 射线衍射分析结果（图 3）和拉曼光谱分析结果（图 5）显示腐蚀产物主要成分为 Fe_2O_3 和 Fe_3O_4，说明氧化腐蚀为失效件的主流腐蚀。

2）关于硫腐蚀

参与腐蚀的S来源于烧烧物臭气中的H_2S、S的有机物和熔融盐中的Na_2SO_4。高温硫腐蚀包括气态物质（单质S的蒸汽、SO_2等）对钢的腐蚀和熔融态Na_2SO_4对钢管的热腐蚀，其中以熔融态Na_2SO_4对钢管的腐蚀作用更为突出。熔融态Na_2SO_4对钢的热腐蚀作用如下[8]：

$$Cr_2O_3+Na_2SO_4=Cr_2(SO_4)_3+Na_2O$$

$$Fe_3O_4+Na_2SO_4=Fe_2(SO_4)_3+Na_2O$$

$$Cr_2O_3+Na_2SO_4=CrS+Na_2O+O_2$$

$$Cr_2O_3+Na_2O=NaCrO_2$$

$$Cr_2O_3+Na_2O+O_2=NaCrO_4$$

由此可见，熔融态Na_2SO_4对Fe_3O_4和Cr_2O_3氧化膜有极强的破坏作用，使氧化腐蚀无障碍向金属基体推进。硫腐蚀的显者特点是其腐蚀产物为疏松多层的氧化物和硫化物，其中硫化物多位于靠近金属基体侧，当腐蚀延伸至晶界时，晶界处的硫化物更为明显。图4（d）中的点12、图4（f）中的点14两处能谱分析数据（表2）中捕捉到S正好契合硫腐蚀的特征。

3）关于氯腐蚀

氯来源于熔融盐中的氯化物KCl、NaCl。附着在钢管表面的金属氧化物、Na_2SO_4与氯化物形成低熔点共晶物，并生成HCl、Cl_2等高腐蚀性的活性气体，对金属产生强烈的腐蚀；氯离子扩散至金属晶界、空隙等缺陷部位使金属基体氯化；氯腐蚀的自催化作用促使腐蚀向金属基体内扩展。腐蚀凹坑表面腐蚀残留物能谱分析和失效钢管截面能谱分析发现多处氯元素含量较高的部位：图2（b）的3#点Cl元素含量达23.55%（见表1），图4（d）12#点、（f）14#点及表2显示晶界处含有氯元素。

4）关于腐蚀产物的包状堆积（鼓包）和凹坑的形成

基于前述硫腐蚀和氯腐蚀具有很强的破坏Fe_3O_4，Cr_2O_3的隔离保护作用，露出的金属基体被氧化，产生新的Fe_3O_4，Cr_2O_3保护层再次被硫、氯腐蚀破坏。不断循环上述过程，致腐蚀在局部向金属基体纵深发展而形成腐蚀坑，腐蚀产物不断堆积而形成鼓包，部分部位的鼓包脱落而露出腐蚀凹坑。表1和表2中捕捉到硫元素和氯元素的点均位于腐蚀坑底部和金属浅表层的晶界部位，是对前述腐蚀过程的印证。

5）短时服役引起失效的可能原因

钢管在服役环境下超出寿命周期是正常的现象，短期服役即发生腐蚀失效可能与下述因素有关：

①钢管表面温度高于正常工作温度，加速材料的腐蚀；

②黑液中的 KCl、Na_2SO_4 含量高于正常范围；

③燃烧“臭气”；

④炉内脱硝工艺的影响。

3 结论和建议

1）T22 钢管表面发生明显的腐蚀现象，表面腐蚀产物主要为 Fe_2O_3 和 Fe_3O_4。

2）管材基体呈现明显的沿晶界腐蚀（一种晶间腐蚀）特征；

3）管材表面鼓包可能是灰层或腐蚀性介质等导致点蚀形成和扩展，同时在沿晶界腐蚀和垢下腐蚀共同作用下引起腐蚀产物凸起。

4）建议控制烟气温度、黑液中 Na_2SO_4、KCl 含量，脱硝工艺控制尿素的喷入量。

参 考 文 献

[1] 史建波 . 两种型式碱回收锅炉的比较 [J] . 中华纸业，2019，40（22）：52–53.

[2] 陶文东，许明，史建波 . 竹浆碱回收锅炉烟气污染物排放影响因素探析 [J] . 中华纸业，2023，44（16）：37–39.

[3] Damasceno A，Carneiro L，Andrade N，et al. Simultaneous prediction of steam production and reduction efficiency in recovery boilers of pulping process [J] . Journal of Cleaner Production，2020，275：124103.

[4] Yin Y，Liu J，Yang J，et al. Energetic–environmental–economic assessment of utilizing weak black liquor to produce syngas for replacing evaporation based on coal water slurry gasification [J] . Energy，2023，283：129203.

[5] 石荣雪，张适宜，张胜寒 . 基于大数据分析的电厂锅炉水冷壁失效研究 [J] . 化工进展，2016，35（09）：2640–2646.

[6] 范志东，马翼超，张志博，等 . 超（超）临界锅炉水冷壁管泄漏失效分析 [J] . 热加工工艺，2017，46（23）：254–258，253.

[7] 李曼 . 以大数据分析为载体的锅炉水冷壁失效分析 [J] . 工业加热，2019，48（4）：65–66.

[8] 郭志军编著 . 压力容器腐蚀控制 [M] . 北京：化学工业出版社，2016.

低压加热器管板与壳体T型焊接接头开裂失效分析

黄超鹏[1]，廖兵兵[2]，李　琪[3]，段荣涛[4]，王永桃[5]

（机械工业上海蓝亚石化设备检测所有限公司，上海　201518）

摘要：某电厂低压加热器服役5年后于管板和壳体的连接焊缝部位发生严重开裂，本文通过宏观检查、断口形貌分析、金相组织分析、能谱分析（EDS）、化学成分分析和硬度检测等方法，对焊缝开裂原因进行了分析，结果表明：由于管板焊接热影响区形成了对应力腐蚀开裂敏感的淬硬马氏体组织且焊接接头未进行消应力热处理，该在碱性环境中，管板焊接热影响区发生了碱脆，支裂纹在焊缝中扩展造成设备失效。

关键词：马氏体；热影响区；碱脆；失效分析

Failure analysis on cracking of T-type welded joint of low pressure heater tube sheet and shell

Huang Chaopeng[1], *Liao Bingbing*[2], *Li Qi*[3], *Duan Rongtao*[4], *Wang Yongtao*[5]

（Machinery Industry Shanghai Lanya Petrochemical Equipment Inspection Co.，Ltd.，Shanghai 201518）

Abstract: Serious cracking occurred in the joint weld between tube plate and shell after 5 years of service in a power plant. The causes of cracking were analyzed by macroscopic inspection, fracture morphology analysis, metallographic structure analysis, energy dispersed-spectrum analysis （EDS）, chemical composition analysis and hardness testing. The results showed that: Due to the formation of hardened martensite structure in the heat affected zone of the tube and plate welding, which is sensitive to stress corrosion cracking, and the lack of stress reduction heat treatment of the welded joint, cracks

---

［作者简介］黄超鹏（1989—），男，汉族，硕士，高级工程师。主要研究方向：金属材料失效分析。E-mail：dfyfyy@163.com。

are formed in the heat affected zone of the tube and plate with high service environment temperature and a certain alkali concentration, and the crack branches expand in the weld, resulting in equipment failure.

Key words: martensite; heat affected zone; caustic cracking; failure analysis

0 前言

低合金高强钢具有良好的综合力学性能、加工性能和经济性，广泛应用于建筑结构、工程机械和石油化工设备等，由于钢中合金元素含量较少，低合金高强钢具有良好的焊接性，但随着强度级别提高，钢的焊接性也逐渐变差，易出现热影响区淬硬倾向、粗晶区脆化、冷裂纹、焊接残余应力大等问题[1-5]，在碱性介质中低合金钢焊接接头的易发生碱脆[6-11]，为避免出现上述问题需要辅以焊前预热、焊后热处理、焊接过程控制等措施以改善组织性能、降低残余应力[12-16]。

某电厂低压加热器为U型管式换热器，实际使用约5年后发生失效，如图1所示，管板与壳体短接连接焊缝的MT检测结果显示在9点~3点（顺时针）方向上共检出22条裂纹，裂纹呈横向，裂纹间距数十毫米不等，3点和9点方向的裂纹长度相对更长，所有裂纹的中心都位于焊缝，部分裂纹扩展至管板母材和壳体母材。

1 设备型号、材质、裂纹位置及设计参数

1.1 设备规格型号、材质及裂纹位置

换热器直径1230mm，长度14400mm，有效换热面积830m^2，管板材质P355GH-Z，厚度120mm，壳体材质Q245R，厚度为14mm。失效设备的管板与筒体的接头型式为T型对接见图1，交工资料显示：焊缝焊接方式为内侧手工焊条（J507Φ3.2、Φ5）电弧焊、外部清根后采用埋弧自动焊焊接（H10Mn2+HJ330Φ4），焊缝在每焊2层后进行1次MT检测，焊后进行MT检测，检测均合格。

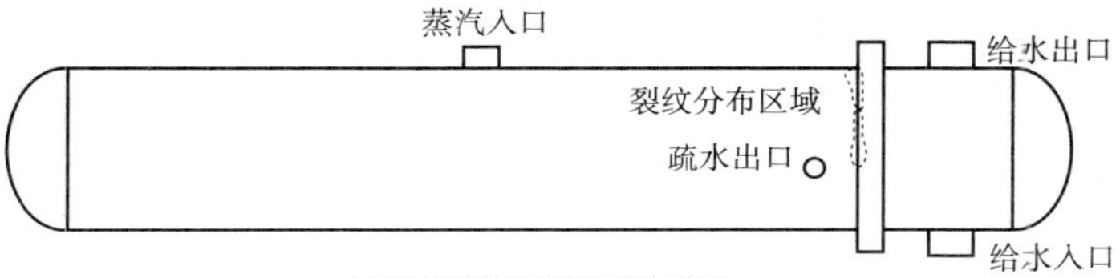

(a)设备结构和缺陷分布位置

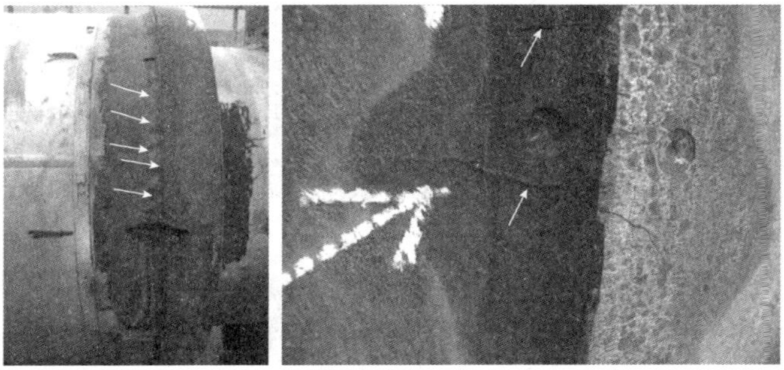

(b)失效部位　　(c)裂纹形貌

图 1　设备失效部位

1.2　设备工艺参数

设备工艺参数见表 1。

表 1　设备设计参数

设计参数	设计压力 / MPa	设计温度 / ℃	工作压力 / MPa	工作温度 / ℃	介质	程数	标准
管程	4.0	170	1.7	130	水	2	GB 150.1~150.4
壳程	0.75	320/170	0.6	292/159	蒸汽、水	—	TSG R0004 JB/T 8184

2　样品宏观检测及化学成分分析

2.1　宏观检测

对在 3 点方向截取的包含多条裂纹的试验样品进行 PT 检测，如图 2 所示，检测结果表明内壁侧管板热影响区形成与焊缝平行的裂纹，且焊缝上的横向裂纹与该热影响区裂纹相连，内壁侧裂纹数量多于外壁侧，外壁侧有裂纹的位置在内壁侧均可见与之位置和形态相对应的裂纹，据此判定裂纹自容器内壁侧启裂，外壁侧可见的裂纹均为贯穿性裂纹。由图 3 可见，引起失效的焊缝中的横向裂纹是热影响区环向裂纹的分支。

如图 4 所示，在 2# 样品上截取试样 1、试样 2，在 1# 样品上截取试样 3、试样 4，后续理化检验均在截取的试样上开展。

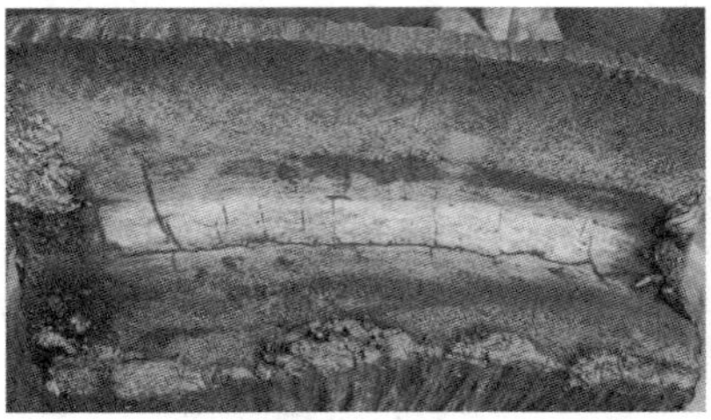

(a)1#样品焊缝内壁PT结果

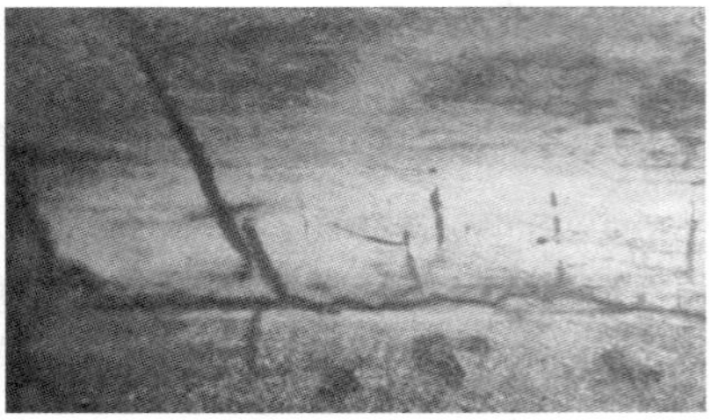

(b)2#样品内壁局部裂纹形貌

(c)与2#样品对应区域的外壁侧裂纹形貌

图 2　渗透检测（PT）结果

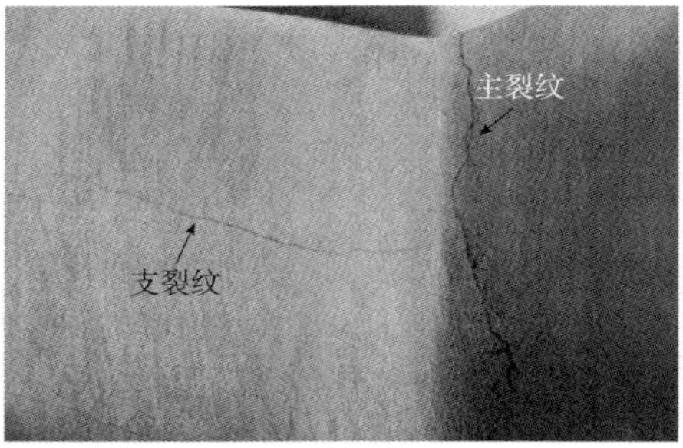

图 3　去除表面氧化层后的裂纹形貌

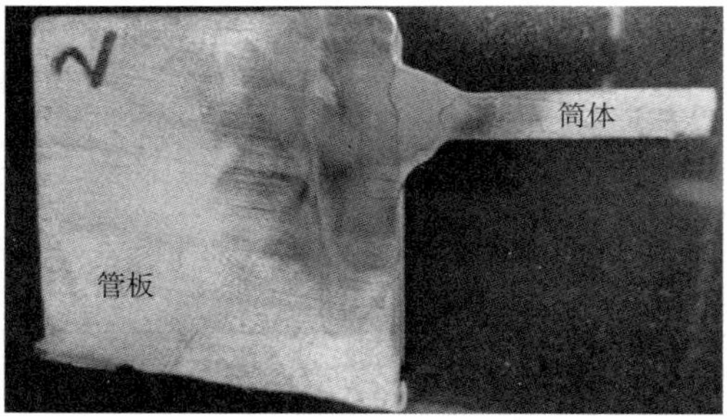

图 4　试样截取

2.2　化学成分

在试样母材和焊缝上取样，依据 GB/T 4336—2016《碳素钢和中低合金钢多元素含量的测定 火花放电原子发射光谱法（常规法）》对其进行化学成分分析，结果见表 2，可见该低压加热器的壳体、管板和焊缝的化学成分均符合相应标准的要求。

表 2 管材的化学成分（质量分数） %

项目	C	S	P	Si	Mn	Cr	Ni	Mo	Nb	Ti	V	Cu	Al
壳体	0.16	0.005	0.012	0.21	0.65	0.062	0.018	0.005	0.006	0.002	0.002	0.037	—
GB/T 713	≤0.20	≤0.010	≤0.025	≤0.35	0.50~1.10	≤0.30	≤0.30	≤0.08	≤0.050	≤0.030	≤0.050	≤0.30	—
管板	0.18	0.002	0.015	0.26	1.54	0.090	0.051	0.045	0.022	0.003	0.002	0.017	0.046
EN 10028	0.10~0.22	≤0.015	≤0.025	≤0.60	1.10~1.70	≤0.30	≤0.30	≤0.08	≤0.020	≤0.03	—	≤0.030	≥0.020
焊缝	0.065	0.008	0.021	0.42	0.88	0.032	0.009	0.002	—	—	0.003	—	—
GB/T 5117	≤0.10	≤0.015	≤0.025	≤0.90	≤1.60	≤0.20	≤0.30	≤0.30	—	—	≤0.08	—	—

3 断口检测及微观分析

3.1 断口低倍及电镜分析

将试样中的热影响区裂纹和焊缝横向裂纹打开，得到组合断口的整体形貌见图 5，由图可见热影响区裂纹和焊缝横向裂纹相连通；如图 6，两断口表面呈黑色，无明显塑性变形，断口表面可见放射状纹理，放射条纹的发散方向即为裂纹扩展方向，可见裂纹自内壁侧管板焊接热影响区表面启裂，并沿深度方向扩展，与主裂纹垂直的支裂纹穿透整个焊缝并扩展至壳体母材和管板母材。

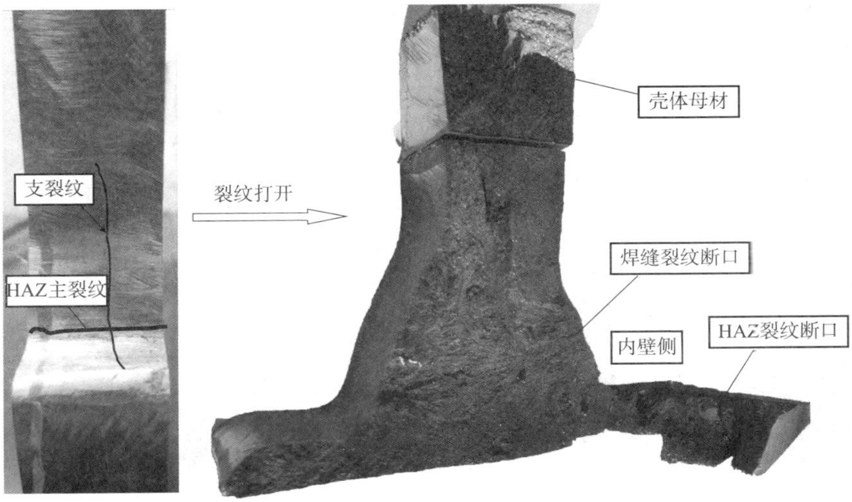

图 5 试样 1 裂纹断口整体形貌

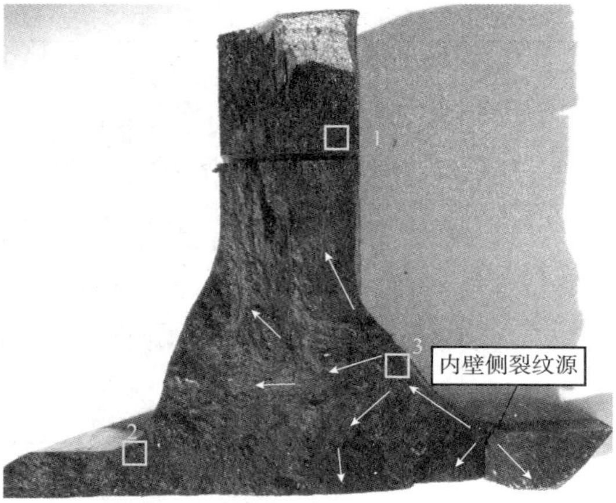

(a)与焊缝垂直的支裂纹断口

(b)焊接热影响区主裂纹断口

图 6　裂纹断口宏观形貌、裂纹扩展方向（图示箭头方向）和 SEM 观察区域（方框标记区）

采用扫描电子显微镜（SEM）对裂纹断口的微观形貌进行了观察分析。由图 7 可见，断口上的母材区、焊接热影响区和焊缝区表面均呈“石状花样”，为沿晶断口特征[17]。

(a)图5中区1-壳体母材区

(b)区2-埋弧焊热影响区

(c)区3-焊缝区

(d)区4-手工焊热影响区

图 7　断口表面微观形貌

3.2　硬度试验

依据 GB/T 4340.1—2009《金属材料 维氏硬度试验 第 1 部分：试验方法》，在焊缝横截面试样中不同部位进行维氏硬度（HV10）测试，测试部位见图 8。由表 3 可见，壳体母材、壳体热影响区和管板母材的硬度未见异常，焊缝中心部位硬度与母材接近，内壁焊缝表面硬度相对母材更高，平均为 226HV10；管板热影响区过热区硬度异常，平均为 432 HV10，管板 HAZ 过热区形成马氏体组织。

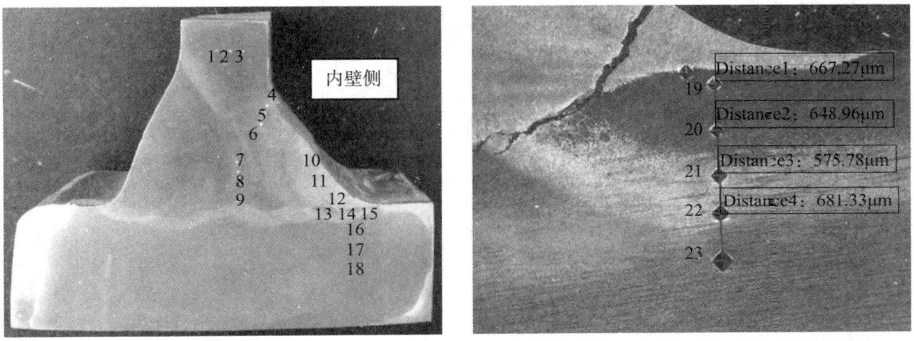

(a)硬度测点1~18　　(b)硬度测点19~23(自HAZ过热区至管板母材)

图 8　硬度测点位置

表 3　硬度检测结果

测点编号	测试位置	硬度值 /HV10	平均值
1、2、3	壳体母材	156；153；151	153
4、5、6	壳体热影响过热区	180；188；189	186
7、8、9	焊缝中部	173；184；175	177
10、11、12	内壁侧焊缝表面	211；231；237	226
13、14、15	管板热影响过热区	427；438；431	432
16、17、18	管板母材	186；174；168	176
19、20、21、22、23	管板热影响区硬度梯度	435；418；308；260；179	—

测点部位 19、20、21、22 位于检测点 15~16 之间的过渡区，硬度从高到低逐步递减。

3.3　金相检验

如图 9 所示，筒体母材、管板母材、筒体热影响区的金相组织均为 F+P，焊缝组织由 F（晶界先共析铁素体和魏氏组织）+P 组成，管板热影响区过热区组织为板条状马氏体。裂纹源位于管板热影响区过热区，裂纹多分支且沿晶界扩展，裂纹在管板壁厚方向扩展，裂纹扩展至管板母材并在母材中沿晶界扩展，部分与热影响区主裂纹垂直的分支裂纹扩展至焊缝并在焊缝中沿晶界扩展；所有裂纹内均有腐蚀产物填充。

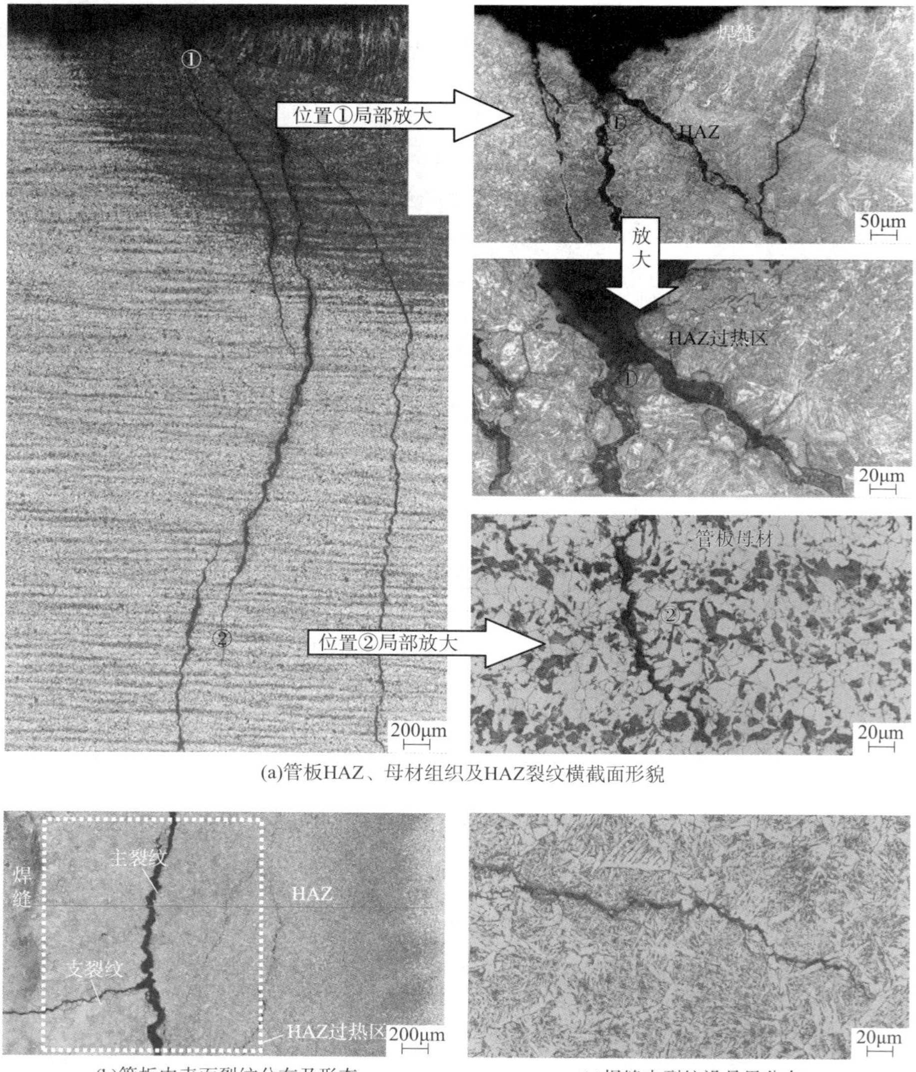

(a)管板HAZ、母材组织及HAZ裂纹横截面形貌

(b)管板内表面裂纹分布及形态

(c)焊缝中裂纹沿晶界分布

图 9　金相组织及裂纹显微形貌

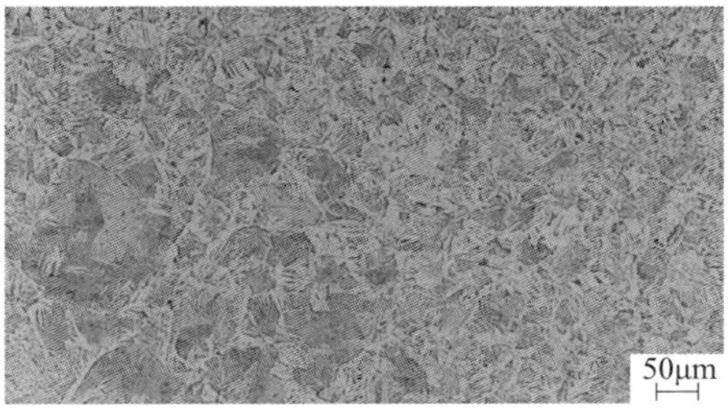

(d)壳体热影响区

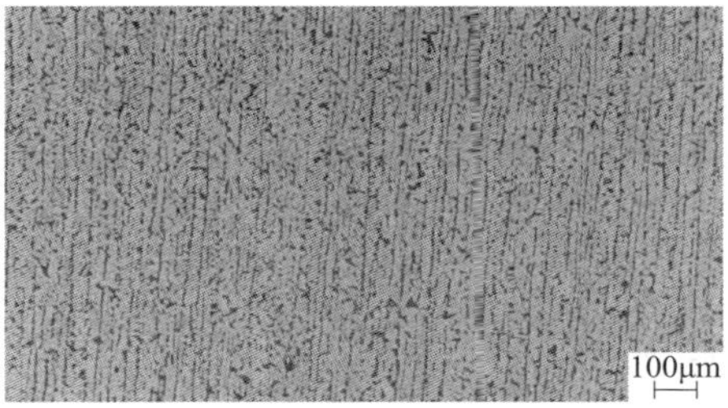

(e)壳体母材

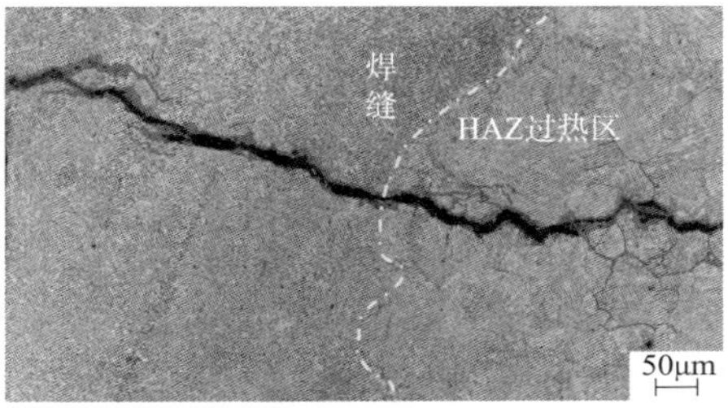

(f)热影响区裂纹扩展至焊缝

(g)过热区马氏体组织

图 9 金相组织及裂纹显微形貌（续）

3.4 能谱分析

由图 10 可见，断口表面附着物主要由 Fe 和 O 元素组成，质量分数分别为 64.0% 和 24.7%，此外还含有微量的 Na、Mn、Si 元素，质量分数分别为 0.3%、0.8%、0.4%，说明腐蚀产物主要为金属氧化物，其中 Na 元素来源于蒸汽介质。

(a)HAZ裂纹断口表面EDS测试位置

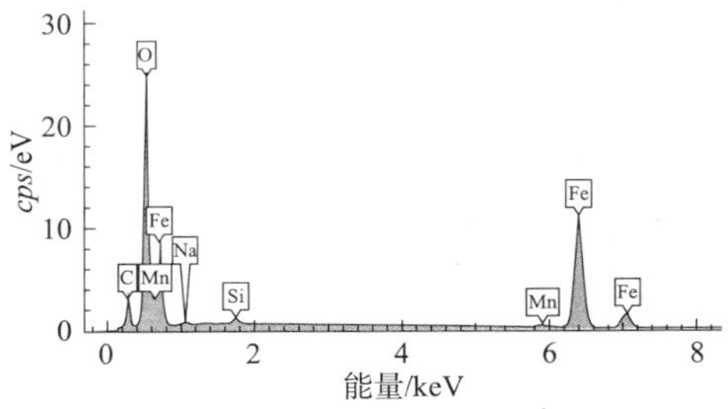

(b)腐蚀产物的EDS谱

图 10 HAZ 裂纹断口表面 EDS 及谱图

4 裂纹产生原因分析讨论

管板母材、壳体母材和焊缝金属的化学成分符合标准要求，管板母材、壳体母材的金相组织和硬度未见异常，排除材质缺陷引起失效的可能性。

裂纹源位于焊接热影响区过热区的马氏体淬硬组织层，主裂纹与焊缝平行，裂纹具有网状形貌并扩展至母材和焊缝区域，裂纹在热影响区、焊缝和母材中均沿晶界扩展，裂纹内填充有较多的氧化物腐蚀产物，腐蚀产物中含有微量 Na 元素，以上特征符合碱应力腐蚀开裂损伤形态。

对碱应力腐蚀开裂的主要影响因素包括敏感的材料、应力水平、碱浓度和温度[16–18]。

在各类金属组织中马氏体组织是对碱脆等应力腐蚀开裂最敏感的类型[16, 19–20]。焊接过程中，随焊接热输入的增加，低合金高强钢 HAZ 过热区组织在过冷奥氏体连续冷却转变过程中的转变速率由快变慢，最终得到的组织由板条马氏体向魏氏组织过渡[2, 21]。管板焊接时内侧手工焊条（J507 Φ3.2）电弧焊打底，为确保焊透，采用了较细的焊条，打底焊的焊接热输入量不大，由于熔池温度梯差的作用，导致管板过热区冷却速度太快，便发生马氏体组织转变，填充焊用 ϕ5.0 的粗焊条，热输入比较大，冷速较慢，焊缝及热影响区产生魏氏体组织。设备未进行焊后消应力热处理，焊缝和焊接热影响区的焊接残余应力较大。

焊接接头的服役环境为蒸汽 / 水，开裂部位位于疏水出口之上，介质为 292.3℃蒸汽，工作温度较高，在液面以上的金属表面由于开停车导致的蒸汽冷凝与蒸发可能会形成介质浓缩条件，导致锅炉水在这些部位发生反复蒸发浓缩，干湿交替的工况升高了碱浓度，从而产生了碱脆的介质环境。设备疏水出口以下的焊缝尽管焊接接头组织状态相同，但位于液相，在流动水环境中不易形成碱浓缩环境，因此该部位未发生开裂。

5 结论及改进措施

1）低压加热器管板与壳体短接焊接接头的失效机理为碱应力腐蚀开裂。由于管板焊接热影响区形成对碱脆的淬硬组织且焊接接头未进行消应力热处理，增大了该焊接接头对碱脆的敏感性。

2）为避免类似失效的发生，对于可能存在碱脆工况的设备应进行焊前预热，预热能降低过热区的冷却速度，避免产生淬硬马氏体的组织转变；有效的预防措施还包括按 HG/T 20581—2020《钢制化工容器材料选用规范》[22]进行选材和对焊缝进行消应力热处理。

3）筒体与管板的 T 型对接的接头因母材壁厚差异大，焊后拘束应力较大。可在管板设计与筒体对接的凸台，使管板与筒体形成等厚对接接头。

4）在操作上，应避免设备内部出现干湿交替的工况，防止锅炉水在设备局部发生反复蒸发浓缩。

参 考 文 献

[1] 郑乔 . 低合金高强钢焊接残余应力与变形的数值模拟［D］. 重庆：重庆大学，2019.

[2] 马清波，黄显峰，黄君辉，等 . 不同热输入条件下 Q345E 低合金钢焊接过热区的组织和冲击性能［J］. 电焊机，2019，49（12）：95–98.

[3] 崔忠圻 . 金属学与热处理［M］. 北京：机械工业出版社，2007.

[4] 刘恒，高惠临，丁学光 . 焊接热循环对 X80 管线钢粗晶区组织性能的影响［J］. 热加工工艺，2007（07）.

[5] 叶义海，郑德旭，罗绪珍，等 . 核级低合金钢手工回火焊接热影响区组织性能研究［J］. 电焊机，2018，48（05）：34–39.

[6] 李文海，周永强 .3.5 Mt/a 催化裂化装置蒸汽发生器故障分析与处理［J］. 石油化工设备，2019，48（06）：68–72.

[7] 徐胜 . 设备局部结构形式对其自身风险的影响［J］. 压力容器，2017，34（02）：57–63.

[8] 周家成，潘延君，谷阳，等 . 乙烯装置稀释蒸汽管线弯头泄漏原因分析及对策［J］. 石油化工设备技术，2020，41（02）：35–38+6.

[9] 曹东辉 . 碳钢容器应力腐蚀分析［J］. 氯碱工业，2008（04）：41–42.

[10] 刘新阳 . 柴油蒸汽发生器腐蚀开裂分析［J］. 石油化工腐蚀与防护，2013，30（03）：54–57.

[11] 王江强 . 蒸汽管道法兰泄漏原因分析及对策［J］. 设备管理与维修，2018，39（10）：114–116;

[12] 刘岳 . Q345C 钢焊接接头组织转变和力学行为研究［D］. 成都：西南交通大学，2017.

[13] 赵松岩 .Q235B 和 Q345R 钢板材的焊接性分析［J］. 农业装备与车辆工程，2013，51（02）：58–60.

[14] 王宁煦 . 压力容器用钢板 16MnR 焊后热处理工艺参数的研究与优化［D］. 天津：天津理工大学，2014.

[15] 史绍贤，陈丽园，谢明，等 .16MnR 低合金钢焊接接头的组织与力学性能研究［J］. 热加工工艺，2011，40（15）：130–131+134.

[16] 郭志军. 压力容器腐蚀控制［M］. 第二版. 北京：化学工业出版社，2016：177–181.

[17] 崔约贤，王长利 . 金属断口分析［M］. 哈尔滨：哈尔滨工业大学出版社，1998：182–183.

[18] 王荣 . 失效分析应用技术［M］. 北京：机械工业出版社，2019.

[19] GB/T 30579—2014：承压设备损伤模式识别［S］.

[20] 杜启帆 . 热输入对 Q690qENH 低合金高强钢 GMAW 焊接接头耐蚀性影响研究［D］. 天津：天津理工大学，2022.

[21] 李亚江 . 焊接冶金学 – 材料焊接性［M］. 北京：机械工业出版社，2006：20–21.

[22] HG/T 20581—2020：钢制化工容器材料选用规范［S］.

渣油加氢装置 WP347 高压管件焊缝裂纹原因分析及返修处理措施

刘云秀[1]，刘汉华[2]，束润涛[3]

（1. 中化泉州石化有限公司，福建 泉州，362130；
（2. 烟台万华化学（福建）有限公司，山东 烟台，265599；
3. 武汉市润之达石化设备有限公司，湖北 武汉，430223）

摘要：某石化公司渣油加氢装置反应系统 347 高温高压管道和管件在焊接过程中，有 28 个焊接接头进行稳定化热处理后出现大量裂纹，其中 12 件厚壁管件在热影响区出现连续长条裂纹。本文通过理化复验、金相分析、硬度检测和晶粒度分析等手段进行了分析和讨论，认为同心大小头晶粒过粗是造成再热裂纹主要原因，焊接热输入过大是导致焊缝硬度过高及热影响区应力过大的主要原因。建议母材晶粒度规定为 4~7 级或更细，焊缝金属和热影响区的布氏硬度不超过 210HB。对≥25mm 厚壁管道的焊接接头，在优化焊接工艺的前提下重新焊接，并取消了焊后稳定化热处理，目前使用情况良好。

关键词：WP347；晶粒度；稳定化热处理；再热裂纹

Cause analysis of weld crack and repair measures of WP347 high-pressure pipe fittings in residual oil hydrogenation unit

Liu Yunxiu[1]，*Liu Hanhua*[2]，*Shu Runtao*[3]

（1.Sinochem Quanzhou Petrochemical Co.，Ltd.，Quanzhou Fujian 362130，China；
2.Yantai Wanhua Chemical （Fujian） Co.，Ltd.，Yantai Shandong 265599，China；
3.Wuhan Runzhida Petrochemical Equipment Co.，Ltd.，Wuhan Hubei 430223，China）

Abstract： During the welding process of 347 high-temperature and high-pressure pipes and fittings in residual oil hydrogenation unit of a petrochemical company，a large number of cracks were

［**作者简介**］刘云秀(1965—)，男，汉族，山东青岛人，1990 年毕业于青岛化工学院化工设备与机械专业，高级工程师，现从事炼油设备管理工作，发表论文 14 篇。E-mail：liuyunxiu@sinochem.com。

found in 28 welded joints after stabilization heat treatment, among which 12 thick wall pipes had continuous long cracks in the heat affected zone. By means of physical and chemical reinspection, metallographic analysis, hardness testing and grain size analysis, the results show that the coarseness of concentric head grains is the main cause of reheat crack, and the excessive welding heat input is the main cause of excessive hardness of weld and excessive stress in heat affected zone.It is recommended that the grain size of the base metal be specified as grade 4 to 7 or finer, and that the Brinler hardness of the weld metal and the heat affected zone not exceed 210HB. The welded joint of the pipe thicker than 25mm was re-welded under the premise of optimizing the welding process, and the post-welding stabilization heat treatment was cancelled.

Key words: WP347; grain size; stabilized heat treatment; reheat crack

0　前言

某石化公司渣油加氢装置反应器进出口高温管道为WP347管件和TP347直管，涉及到管件与管件的对接和管件与直管段的对接焊缝，工艺要求进行焊后稳定化热处理。装置反应器进出口管道焊口经稳定化热处理后，有28道焊接接头出现开裂。裂纹大多出现在管件熔合线以外的热影响区，也有少量出现在直管段焊缝及其热影响区。将开裂部位进行返修，经再次稳定化热处理后在12件同心大小头的热影响区仍然出现了许多裂纹。

347管件材料在ASTM A403《锻轧制奥氏体不锈钢管件》中的牌号为WP347，使用管件的直管材料为ASTM A312《无缝和焊接奥氏体不锈钢公称管》中的TP347不锈钢管。347是含铌Cr-Ni奥氏体不锈钢，由于含稳定化元素Nb，具有良好的抗高温氧化性能，在酸、碱、盐等溶液中也都有良好的耐腐蚀性能。在工程项目建设中，设计技术规定通常要求对347管道进行焊后稳定化热处理[1]。

1　焊接接头裂纹统计及裂纹形貌特征

在施工过程中出现的28道焊口裂纹情况见表1，其中序号1~5的壁厚≥25mm，序号6是壁厚为≤25mm较薄直管对接焊道。

表1　渣油加氢装置WP347/TP347管道焊接接头裂纹情况统计表

序号	裂纹部位	规格 / mm	数量 / 件	稳定化热处理后裂纹描述
1	同心大小头侧	Φ508 × 50.1/ Φ406.4 × 40.49	12	WP347大小头熔合区及热影响区焊后有连续裂纹，返修热处理后，热影响区又出现裂纹

续表

序号	裂纹部位	规格 / mm	数量 / 件	稳定化热处理后裂纹描述
2	90° 弯头侧	Φ406.4 × 40.49	8	WP347 弯头侧靠近熔合区及热影响区微裂纹
3	45° 弯头侧	Φ406.4 × 40.49	1	WP347 弯头熔合区和热影响区微裂纹
4	同心大小头侧	Φ350/*DN*300 × 35.71	1	WP347 大小头上部熔合区和热影响区微裂纹
5	直管侧热影响区	Φ273 × 28.58	1	TP347 热影响区发现 2 道 10mm 长的裂纹
6	直管对接焊缝	Φ219、Φ168、Φ89，$\delta \leq 25$	5	TP347 焊缝有长度 4~8mm 不等的裂纹

以上 28 组对接焊缝的裂纹有 23 组在母材热影响区开裂，只有 5 组焊接接头的裂纹在焊缝金属上。

以下是序号 1 的 Φ508mm × 50.1mm/Φ406.4mm × 40.49mm 同心大小头焊缝侧的宏观裂纹形貌，见图 1。

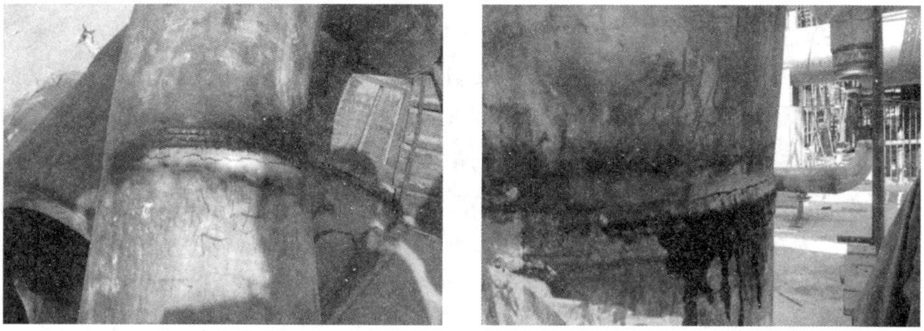

(a)大小头热影响区　　(b)大小头焊缝熔合区

图 1　大小头热影响区及熔合区裂纹照片

材质为 A403 的 WP347 同心大小头规格为 Φ508mm × 50.1mm/Φ406.4mm × 40.49mm，为国内厂家推制而成，这 12 件同批次的大小头集中安装在装置反应器出、入口的高温高压管道上。大小头对接焊合格进行局部稳定化热处理后，经 PT 检测发现这 12 件同心大小头在焊缝热影响区靠近小头侧产生不规则的环形裂纹。进行返修并再次稳定化热处理后，在同一部位仍然出现很多类似裂纹。

2　材质复验及制造工艺

2.1　材质复验

对发生裂纹的厚壁弯头、大小头按炉批号取样进行了化学成分、力学性能复验，复验结果见表 2 和表 3。

表 2　WP347 弯头和大小头化学成分复验结果（质量分数）　%

检测部件	C	Si	Mn	S	P	Cr	Ni	Nb+Ta
弯头	0.06	0.39	1.49	0.002	0.028	17.7	9.7	0.8
大小头	0.06	0.34	1.56	0.002	0.028	17.6	9.6	0.8
ASME SA-403	≤0.08	≤1.00	≤2.00	≤0.030	≤0.045	17~20	9~13	10C~1.1

表 3　WP347 弯头和大小头常温力学性能复验结果

检测部件	$R_{P0.2}$/MPa	R_m /MPa	A/%
弯头	230、230	546、549	63、63
大小头	265、305	565、570	60、56
ASME SA-403	≥205	≥515	≥28

复验结果显示，原材料的化学成分和力学性能均能满足 ASME SA-403 标准要求。

2.2　管道焊接及稳定化热处理工艺

2.2.1　焊接工艺及检验方法

管道所有焊接接头的连接方式全部为单面焊双面成型，U 型坡口，根部钝边采用 $\phi 2.4$ 的氩弧焊打底，坡口的焊缝金属采用 $\phi 4.0$ 的焊条电弧焊填充盖面。对于不等厚的对接管道，对厚度偏大的部件进行内部机加工削薄处理，等厚焊接。

2.2.2　焊缝检验方法为超声波 UT+ 表面 PT 渗透检验。

2.2.3　稳定化热处理工艺

管道焊后对焊接接头进行局部稳定化热处理，热处理工艺为 900 ± 10℃，保温 4h。

3　微观分析

针对 12 件 Φ508mm × 50.1mm/Φ406.4mm × 40.49mm 厚壁同心大小头热影响区两次出现裂纹的情况，委托第三方有资质的单位取样对裂纹截面形貌、焊接接头各区域的组织、维氏硬度及晶粒度进行了检测分析。

3.1　焊接接头裂纹截面宏观形貌

裂纹由大小头外壁母材熔合线边缘启裂，沿厚度方向向管内母材扩展，裂纹深度已达 3/4 壁厚，截面裂纹形貌见图 2。

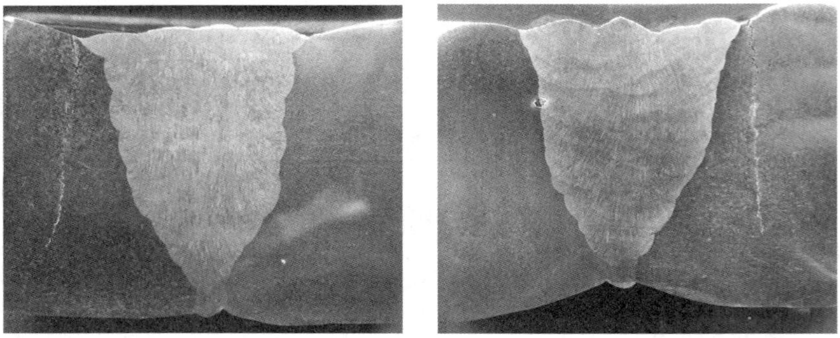

(a)小头端熔合线边缘裂纹宏观形貌(1)　　(b)小头端熔合线边缘裂纹宏观形貌(2)

图 2　焊接接头截面裂纹形貌

3.2　焊接接头金相组织

将取样的 2 个样品进行微观金相分析，焊缝金属的金相组织为奥氏体 + δ 铁素体，热影响区的金相组织为奥氏体，位于焊缝两侧热影响区的晶粒都明显粗大，而大小头侧的晶粒则更为粗大，裂纹的启裂部位位于晶粒粗大的大小头侧。见图 3 和图 4。

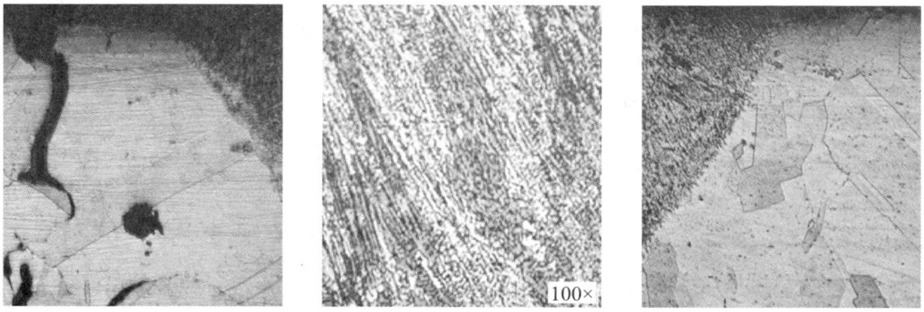

(a)大小头侧100×　　(b)焊缝金属100×　　(c) 弯头侧100×

图 3　样品 1 焊接接头微观组织

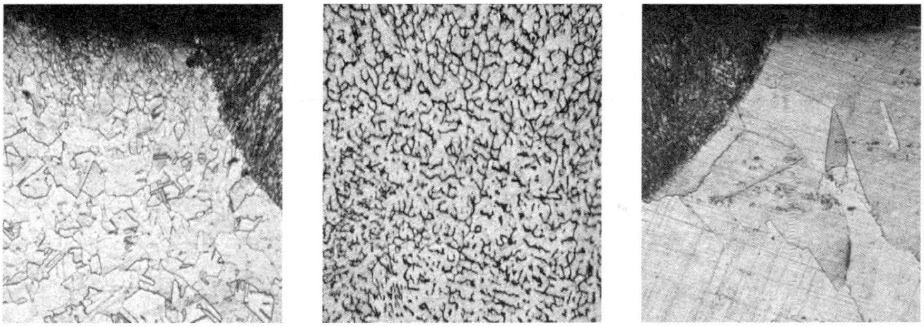

(a)弯头侧100×　(b)焊缝金属100×　(c)大小头侧100×

图 4　样品 2 焊接接头微观组织

3.3　维氏硬度检测

对经过稳定化热处理后的焊接接头进行维氏硬度检测（见表 4），发现 1# 和 2# 试样焊缝金属的硬度值普遍都在 225~255HV 之间，热影响区的硬度也在 205~220HV 之间，检测试样已经过 900℃稳定化热处理，说明焊态焊缝和热影响区的硬度值更高。1# 试样大小头母材的硬度值接近和达到国内标准 GB/T 5310—2017《高压锅炉用无缝钢管》中规定的不高于 200HV 的门槛值[2]，2# 试样的母材硬度值同样满足 GB/T 5310—2017 的标准规定。

表 4　焊接接头硬度检测结果

检测试样	部位	检测值	平均值
1# 样品	焊缝金属	246、253、224、237	240
	弯头侧热影响区	202	202
	大小头热影响区	205、220	212
	弯头母材	189	189
	大小头母材	197、202	200
2# 样品	焊缝金属	239、244、238、248	242
	弯头侧热影响区	213	213
	大小头热影响区	207、210	209
	弯头母材	187	187
	大小头母材	192、184	188

3.4　晶粒度检测

针对裂纹均发生在大小头侧热影响区的现象，将其中 3 个大小头取样后进行晶粒度检测，检测结果见表 5。

表 5 WP347 大小头晶粒度检验结果

管件样品数量	大小头检测数量和级别		
	1	2	3
晶粒度检验级别	0.5~1.0	1.0	0.5~1.0

ASTM A403 标准中第 5.16 规定在最终热处理之后，所有“H” 级别钢的管配件，应具有按 E112 试验方法测定为 7 级或更粗的晶粒度[3]。而其它尾缀不带 H 的 347 管件，则没有晶粒度的级别规定，也就是说 WP347 管件的晶粒度粗细都可以。检测结果虽然与标准没有偏离，但大小头的晶粒却明显过于粗大。

4 裂纹返修及实际运行情况

4.1 裂纹返修工艺及热处理工艺要求

4.1.1 优化焊接工艺，焊条 $\phi3.2$，采用多层多道的低线能量进行焊接，且焊缝外表面的布氏硬度值不宜高于 210HB。

4.1.2 对于厚度大于 25mm 的对接焊缝，裂纹修复后免做焊后稳定化热处理；对于壁厚不大于 25mm 的对接焊缝，焊接完成后按 880℃/3.5h 做局部稳定化热处理。

4.1.3 母材晶粒度要求：对重新更换的同心大小头，要求晶粒度 4~7 级。

4.2 裂纹返修情况

对制造厂重新进行高温推制的 12 件大小头进行金相检测，晶粒度在 3~4 级之间，不满足重新更换采购的技术要求，经商议让步接收。由于重新采购的管件仍存在 3 级较粗的晶粒度，和其它返修管件一样，现场返修难度依然很大，热影响区仍有微裂纹，被迫采用燃气将管件烘烤预热到 100℃以后进行补焊。返修后经 PT 检验合格，焊缝硬度值均≤210HB，满足返修技术要求。经商议，所有壁厚不小于 25mm 厚壁管件的焊接接头均不作稳定化热处理。

壁厚小于 25mm 的 5 个焊接接头按要求进行返修，且按 880℃/3h 进行了焊后稳定化热处理。经热处理后产生的裂纹较少而且很浅，轻微打磨消除后检验合格。

4.3 返修及使用情况

对所有焊接接头的裂纹返修及使用情况见表 6。

表 6　裂纹返修及使用情况

<table>
<tr><th>序号</th><th>裂纹部位</th><th>规格 /mm</th><th>数量 / 件</th><th>裂纹返修处理措施</th><th>使用情况</th></tr>
<tr><td>1</td><td>同心大小头侧</td><td>Φ508 × 50.1/
Φ406.4 × 40.49</td><td>12</td><td>大小头晶粒粗大，全部更换。不做焊后稳定化处理</td><td rowspan="6">装置检修期间拆保温后 PT 检测无裂纹
目前已连续使用 8 年以上</td></tr>
<tr><td>2</td><td>90° 弯头侧</td><td>Φ406.4 × 40.49</td><td>8</td><td rowspan="4">返修合格后不做稳定化处理</td></tr>
<tr><td>3</td><td>45° 弯头侧</td><td>Φ406.4 × 40.49</td><td>1</td></tr>
<tr><td>4</td><td>同心大小头侧</td><td>Φ350/DN300 × 35.71</td><td>1</td></tr>
<tr><td>5</td><td>直管侧热影响区</td><td>Φ273 × 28.58</td><td>1</td></tr>
<tr><td>6</td><td>直管侧热影响区</td><td>Φ219、Φ168、
Φ89，δ≤25</td><td>5</td><td>返修合格并进行焊后稳定化处理</td></tr>
</table>

5　裂纹成因分析

5.1　晶粒粗大增加再热裂纹的敏感性

晶粒尺寸对钢的再热裂纹敏感性具有重要影响。细小的晶粒增加抗裂性，这是因为破坏首先发生在晶界上，减小晶粒直径增加晶界面积可以减少单个晶界上的偏析量和局部应力，这样引发裂纹就要有更高的总体应力[4]。此次使用的管件绝大部分晶粒过粗，这是造成焊接难度增加和稳定化热处理开裂的主要原因。

管道对接焊的焊接结构均为单面焊双面成型，管道或管件的壁厚越大，焊缝外表面的拉伸应力越大。拉伸应力与焊缝外表面坡口两侧的收缩尺寸密切相关，壁厚越大，外表面的尺寸收缩量越大，外表面的尺寸收缩必定会造成热影响区晶粒滑移，若焊接收缩应力大于晶界滑移阻力，则会在晶界发生强制开裂。由此可见，晶粒并不是越粗大越好，应进行级别限定。

参考国内高温不锈钢标准 GB/T 5310—2023，07Cr18Ni11Nb 为 347H 等同的材料，规定的晶粒度为 4~7 级，而尾缀为 FG 的 07Cr18Ni11Nb 规定晶粒度为 7~10 级。

5.2　焊缝硬度过高的原因分析

焊缝金属和热影响区硬度过高是焊接参数过大或焊接速度过慢导致热输入过大造成的，焊缝金属凝固时在高温段停留的时间较长，碳化物在焊缝和热影响区大量析出[5]。焊缝硬度与焊接残余应力也有一定的关联关系，当焊接速度较慢时，单道焊缝的截面尺寸较大，而单道焊缝的截面尺寸越大，焊接的收缩应力也越大，相应的增加了焊缝两侧热影响区表面的收缩应力，易导致熔合区及热影响区产生裂纹。当焊接接头进行稳定化热处理时，在应力松弛作用下，其薄弱部位会形成局部应力松弛而开裂。

尽管标准对焊缝的硬度值没有要求，但焊缝硬度值是检验焊接工艺实施情况的直观体现。因此，施工过程必须严格按 WPS 的工艺要求施焊，以杜绝热输入过大造成焊缝和热影响区硬度过高且焊接应力过大的负面影响。

5.3 稳定化热处理后发生再热裂纹的原因分析

王建军针在 TP347 材料焊接接头的再热裂纹敏感性研究中发现，稳定化热处理后在晶界存在大量的析出物，具有明显的再热裂纹敏感性[6]，胡奇峰认为 TP347 材料的焊后稳定化热处理会使焊缝中的微缺陷扩展，发展为再热裂纹[7]。

而管道安装现场的问题更多，不具备理想化的炉内热处理条件。对焊接接头进行稳定化热处理时，管子内外的温差应力是也是产生再热裂纹的主要原因之一。此外，焊缝铁素体枝晶间碳化物析出、低熔点的非金属夹杂物也是促进再热裂纹的重要因素。稳定化热处理 900℃的温度恰恰处于碳化物敏感温度的范围边缘，根据［文献 4］图 6-45 显示，347 材料在 900℃约 25min 后便出现再热裂纹倾向。

对于 347 和 321 等稳定化不锈钢是否进行焊后稳定化热处理，在国内外一直存在争议。但该案例显示，进行焊后稳定化热处理弊大于利。

6 总结和建议

1）管件母材晶粒过于粗大是潜在质量隐患，建议规定母材晶粒度按 4~7 级或更细验收。

2）焊缝硬度过高是热输入过大造成的，建议规定焊缝金属的布氏硬度不超过 210HB，以确保焊接接头综合性能更佳。

3）通过实际运行情况来看，免做焊后稳定化热处理的管道使用情况可靠性较高，建议所有焊接接头均取消焊后热处理。

参考文献

［1］SH/T 3554—2013：石油化工钢制管道焊接热处理规范［S］. 北京：中国石化出版社，2013.

[2] GB/T 5310—2017：高压锅炉用无缝钢管［S］. 北京：中国标准出版社，2017.
[3] ASME SA-403 2019：锻轧奥氏体不锈钢制管配件［S］. 北京：中国石化出版社，2019.
[4] 利波尔德，科特基 . 不锈钢焊接冶金学及焊接性［M］. 北京：机械工业出版社，2008：175-180.
[5] 束润涛，朱华平 .TP347 不锈钢高压管道焊缝脆性成因分析及工艺改进 . 焊接脆性与腐蚀和安全（1）［C］. 北京：中国石化出版社，2017：281.
[6] 王建军 . TP347 钢管焊接接头热处理和再热裂纹研究［D］. 甘肃：兰州理工大学，2022.
[7] 胡奇峰 .TP347 不锈钢高压厚壁管焊后稳定化热处理失效研究［D］. 武汉：武汉工程大学，2017.

马氏体不锈钢地脚螺栓断裂失效原因分析

李　成，周迎平，贾　芳

（东方电气（武汉）核设备有限公司 技术部，湖北　武汉　430223）

摘要： 本文针对某电厂现场断裂的双头地脚螺栓，采用宏观检测、化学成分分析、金相检验、断口分析、电镜扫描、非金属夹杂物检测、力学性能和硬度检验等手段对螺栓的断裂原因进行了综合分析。结果表明，酸洗过度导致螺牙表面有明显的沿晶裂纹和凹坑状等缺陷。螺栓安装时的预紧力导致表面微观裂纹向材料内部延伸而发生断裂。

关键词： C1－110；地脚螺栓；断裂；断口分析；裂纹源；失效分析

Fracture failure analysis of martensitic stainless steel anchor bolts

Li Cheng，*Zhou Yingping*，*Jia Fang*

（Dongfang Electric （Wuhan） Nuclear Equipment Co.，Ltd.，
Technology department ，Wuhan Hubei 430223，China）

Abstract: In this paper，macroscopic detection，chemical composition analysis，metallographic inspection，fracture analysis，electron microscopy scanning，non-metallic inclusion detection，mechanical properties and hardness testing are used to comprehensively analyze fracture cause of martensitic stainless steel anchor bolts.The results show that excessive pickling leads to obvious defects such as crystal cracks and pits on the surface of the screw teeth. The preload force during bolt installation causes microscopic cracks on the surface to extend into the material and causes the bolt to break.

Key words: C1-110；anchor studs；fracture；fracture analysis；crack source；failure analysis

［作者简介］李成（1986—），男，湖北孝感人，硕士研究生，主要从事核电堆内构件用金属材料的性能研究。E-mail：Licheng01@dongfang.com。

0　前言

某电厂在设备安装现场，发现有两颗 M20 双头地脚螺栓断裂。断裂螺栓是按照 GB/T 3098.6 制造的 C1–110 双头螺栓，材料为马氏体钢，最小抗拉强度 1100MPa，规格为 M20 × 135mm，安装预紧力矩为 250N · m。

为分析螺栓断裂原因，特从现场带回断裂螺栓和同批次备件螺栓进行分析，开展理化性能检测，主要包括化学成分、金相组织、非金属夹杂物、硬度、室温拉伸和断口宏 / 微观形貌等试验项目，并结合螺栓制造工艺、使用环境、失效特征等因素，查找螺栓断裂失效原因。

1　螺栓断裂形貌、及材质分析

1.1　宏观检查

螺栓断口形貌检查结果如图 1 所示。断口表面可以观察到明显的锈蚀，断口平坦，无明显的塑性变形，瞬断区面积较小，整个断口为脆性断口。裂纹源位于螺栓螺纹根部 R 位置，相对于其他位置，裂纹源区的锈蚀最为严重。

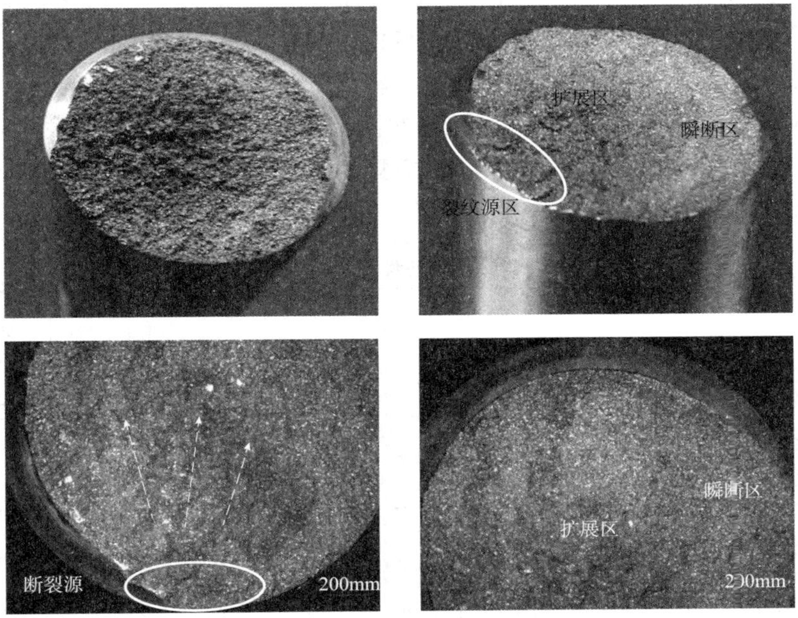

图 1　断裂螺栓断口宏观形貌

1.2 理化检测

1.2.1 化学成分

对螺栓取样进行化学成分检查，检查结果如表 1 所示。化学成分检测结果满足 GB/T 3098.6—2014《紧固件机械性能 不锈钢螺栓、螺钉和螺栓》中 C1 紧固件的要求。

表 1 化学成分检测结果（质量分数） %

	C	Si	Mn	P	S	Cr	Ni	备注
断裂螺栓（M20）	0.10	0.37	0.45	0.020	<0.005	12.17	0.12	实测
GB/T 3098.6—2014	0.09–0.15	≤1.0	≤1.0	≤0.05	≤0.03	11.5–14	≤1.0	—

GB/T 3098.6—2014 中马氏体不锈钢组别 C1，紧固件原材料通常是按 GB/T 1220—2007《不锈钢棒》标准采购对应的原材料，C1 组别的原材料对应的是 12 Cr13 采购棒料，旧牌号为 1Cr13 [1]。

1.2.2 力学性能

用线切割分别在断裂螺栓和同批次的备件螺栓（M20）上各取 1 个 $\Phi 5$ 的拉伸试样，按照 GB/T 228.1 进行室温拉伸试验，试验结果见表 2。由表中结果可知，断裂螺栓和同批次备件螺栓（M20）的拉伸试验结果中的抗拉强度和屈服强度符合 GB/T 3098.6—2014 对 C1–110 的拉伸试验技术要求。

从断裂螺栓截取一段试样，在试样的横截面上采用数显维氏硬度计对断裂螺栓进行维氏硬度检测，由表 2 可知，断裂螺栓的维氏硬度符合 GB/T 3098.6—2014 对 C1–110 的硬度试验要求。

表 2 断裂螺栓和备件螺栓力学性能结果

		抗拉强度 R_m/MPa	屈服强度 $R_{p0.2}$/MPa	延伸率 A/%	硬度 /HV
GB/T 3098.6—2014		≥1100	≥820	—	350~440
断裂螺栓及同批次螺栓	M20（断裂）	1234	961	18.77	408/404/399
	M20（备件）	1259	987	17.45	—

1.2.3 非金属夹杂物

按 GB/T 10561—2005《钢中非金属夹杂物含量的测定方法》，截取断裂螺栓和备件螺栓纵向试样，经镶样、磨抛后置于万能材料显微镜下观察非金属夹杂物，非金属夹杂物见图 2 所示，评定结果见表 3。检测结果显示，该批螺栓非金属夹杂物种类为 D 类和 DS 类，且均满足技术要求。

表 3　断裂螺栓和备件螺栓非金属夹杂物级别

	A 类	B 类	C 类	D 类	DS 类
M20（断裂）	0	0	0	1.5	1.5
M20 备件 8#	0	0	0	1.0	1.0
M20 备件 17#	0	0	0	1.0	1.5
技术要求	≤2.0	≤2.0	≤2.0	≤2.0	≤2.0

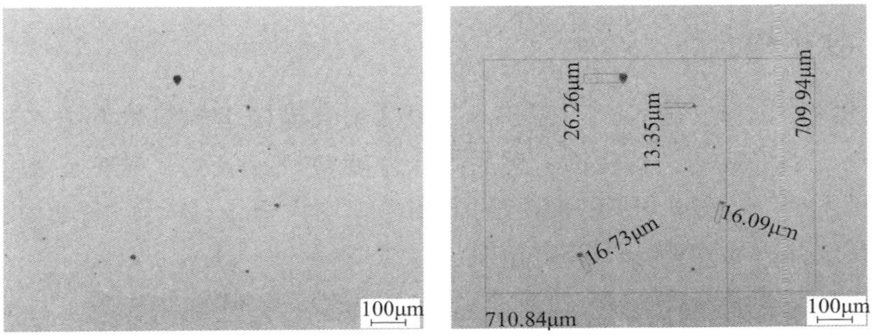

(a)Mt20螺栓(断裂)

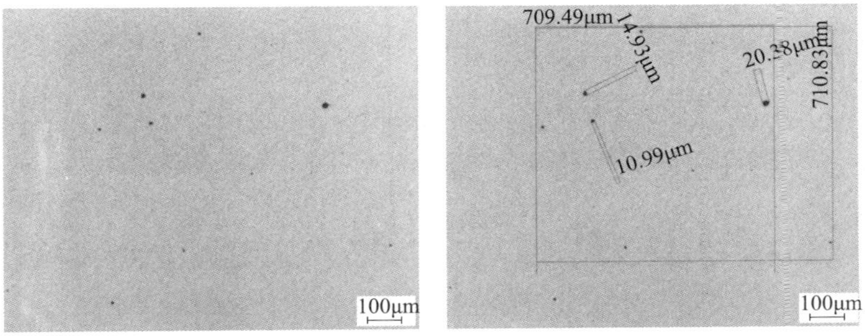

(b)M20备件螺栓 8#

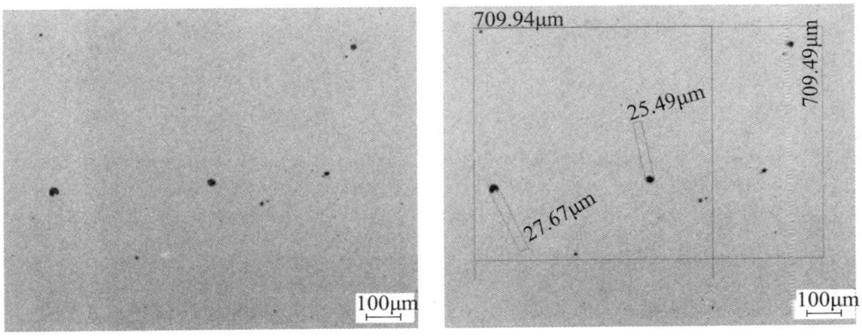

(c)M20 备件螺栓 17#

图 2　断裂螺栓和备件螺栓非金属夹杂物

根据前述 C1–110 马氏体不锈钢的成分和机械性能检测结果，该螺栓所采用的原材料类别应为 GB/T 1220《不锈钢棒》中的 12Cr13（1Cr13），该类不锈钢材料的热处理工艺为淬火 + 回火。为达到 110 级的强度级别，该不锈钢经淬火热处理后，在马氏体点进行了回火热处理。通常情况下，强度越高塑性和韧性就越低，脆性敏感性越大，这是马氏体不锈钢螺栓无塑性断裂的重要原因。

2　显微组织及微观分析

2.1　金相组织

将前述螺栓试样，按 GB/T 13298—2015《金属显微组织检验方法》，经打磨、抛光后，在王水溶液中进行浸蚀，然后置于万能材料显微镜下观察显微组织，金相组织结果见图 3。由图 3 可知，螺栓的金相组织均为板条马氏体组织，均未发现异常粗大的马氏体、原奥析出等有害组织。

100×　　500×

(a)M20螺栓(断裂)

100×　　500×

(b)M20备件螺栓8#

图 3　断裂螺栓及备件螺栓金相组织

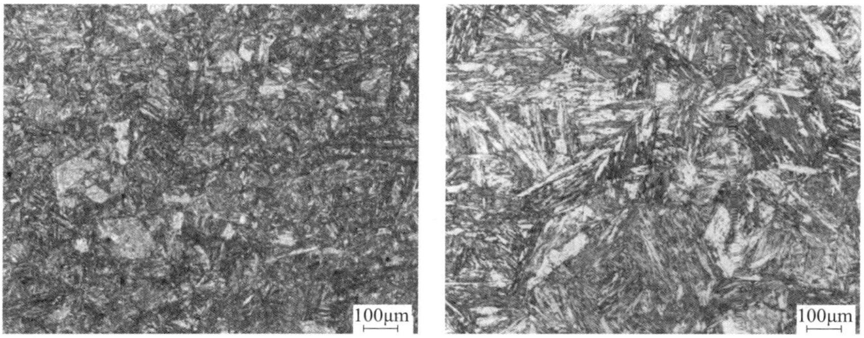

100×　　500×

(c)M20备件螺栓17#

图 3 断裂螺栓及备件螺栓金相组织（续）

2.2 断口检查

断裂螺栓的断口试样采用酒精、超声波清洗后，利用扫描电镜观察断口形貌，结果如图 4~ 图 6 所示。可以看到，螺栓断口的裂纹源区、扩展区及瞬断区均是沿晶开裂，断口呈现不同程度晶粒多面体外形的冰糖状花样。螺栓断裂源位于螺牙与螺栓光滑表面的交界处（螺纹开始处），如图 4，断裂源附近是以沿晶开裂起裂的［图 4（c）和图 4（d）］，螺纹的螺牙表面存在沿晶开裂裂纹［图 4（c）］。

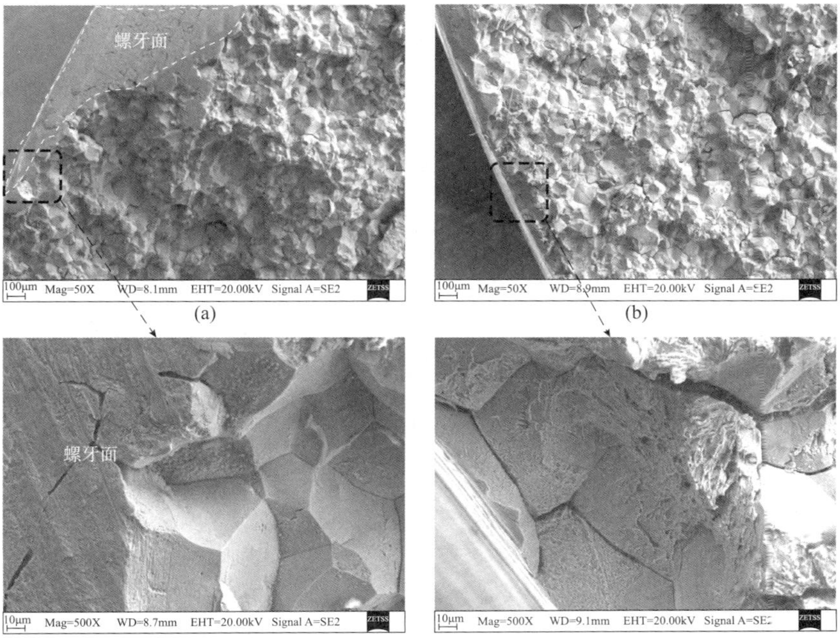

(c)　　(d)

图 4 裂纹源附近微观形貌

裂纹扩展区的微观形貌见图 5，是典型的沿晶 + 二次裂纹特征。

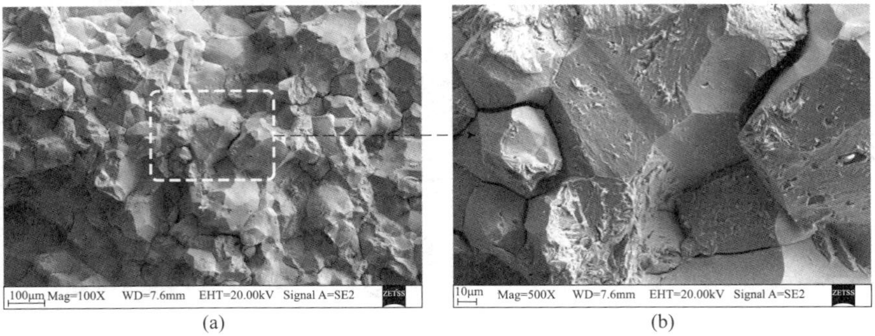

图 5　裂纹扩展区微观形貌

裂纹瞬断区微观形貌见图 6，是沿晶 + 二次裂纹特征，瞬断区的最终部分都是沿晶开裂，没有一点塑性特征［图 6（c）］。

结合宏 / 微观特征，螺栓断裂为脆性沿晶断裂。

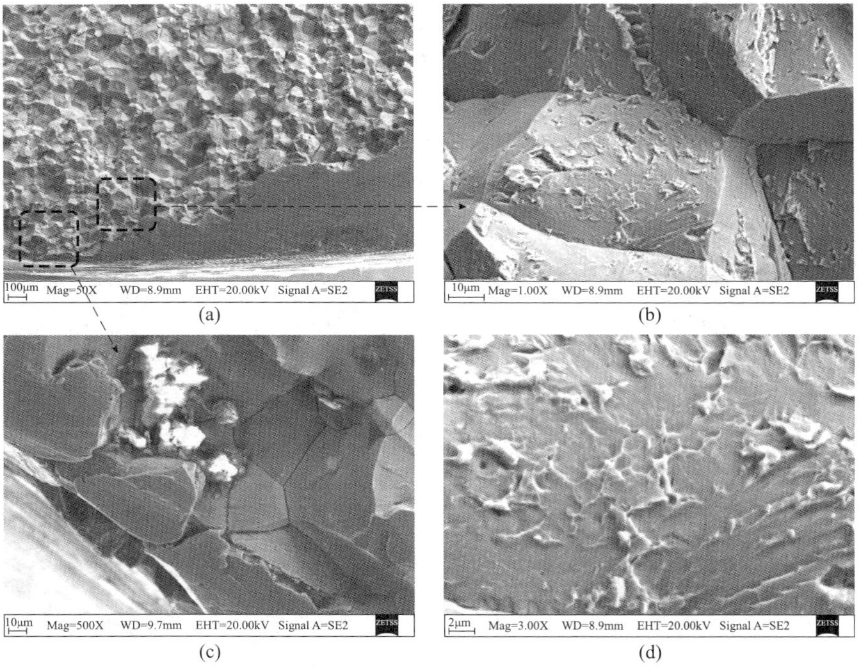

图 6　瞬断区附近微观形貌

2.3　螺栓螺牙微观分析

2.3.1　螺牙表面形貌分析

从螺栓断口分析中的图 4（a）和图 4（c）可以看出，靠近裂纹源附近的螺牙表面有大量的沿晶裂纹缺陷，此处需要对螺牙表面状态进行重点微观观察。将上述送检螺栓置于场发射扫描电子显微镜（SEM）下观察断口附近螺牙表面的微观形貌，见图7所示。可见，螺牙表面在未侵蚀状态下（原始状态）晶界已开裂，且呈现典型的宽化特征。晶内存在密集的小凹坑，非正常的机加工表面特征，表明晶内也经受过严重腐蚀，已将机加工痕迹侵蚀掉。结合该批螺栓交货状态为酸洗钝化交货，推断该螺栓发生了“过酸洗”现象，即酸洗过度，造成螺栓发生了严重的表面损伤。

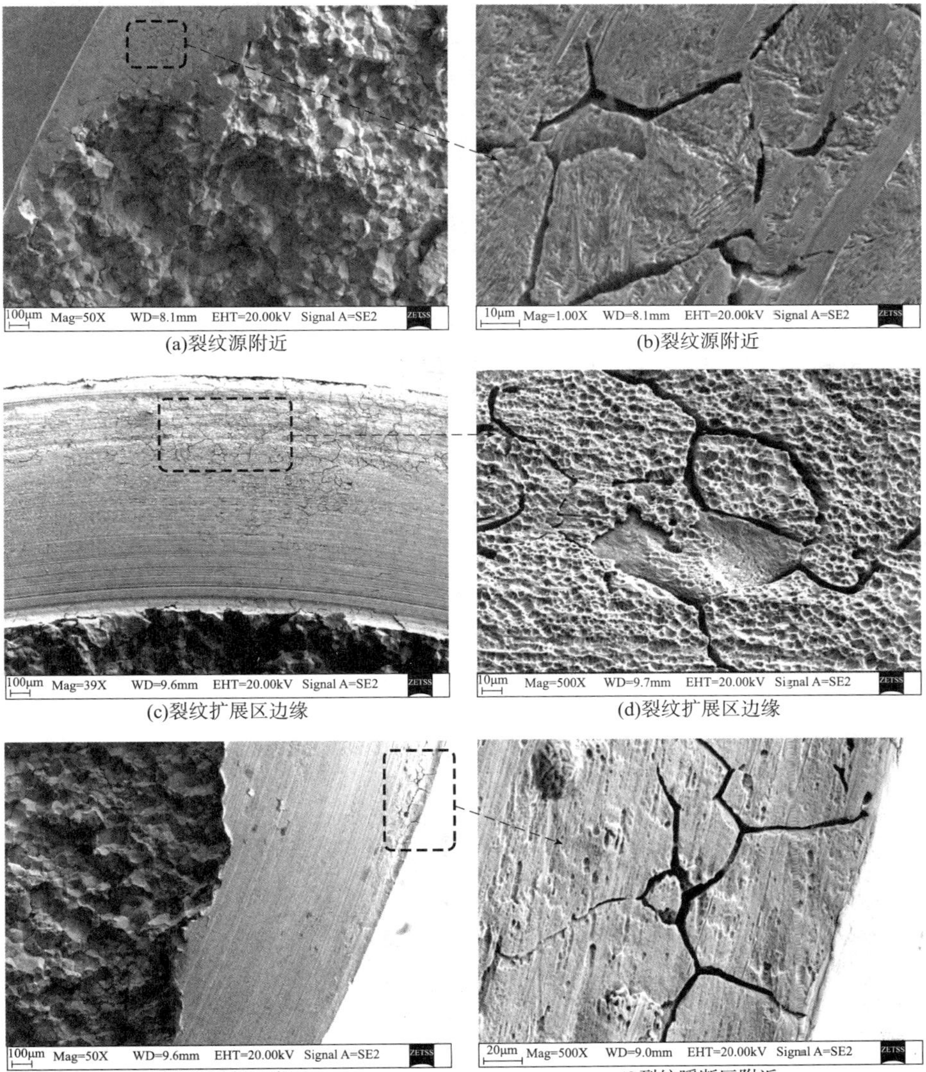

(a)裂纹源附近　(b)裂纹源附近

(c)裂纹扩展区边缘　(d)裂纹扩展区边缘

(e)裂纹瞬断区附近　(f)裂纹瞬断区附近

图7　断口附近螺牙表面微观形貌

2.3.2 螺牙截面形貌分析

对断裂螺栓和不同规格螺栓备件的螺牙部分进行截面分析，观察螺牙截面微观形态，如图 8~ 图 9 所示。可见，螺牙表面有大量、多源、密集型微裂纹，裂纹深度为 1~2 个晶粒。同时在螺栓的光杆部分也有类似的密集型裂纹［见图 9（a）］。因该批次地脚螺栓在交货前进行过酸洗钝化处理，因此该螺栓截面裂纹为典型的“过酸洗”诱发的晶间裂纹。

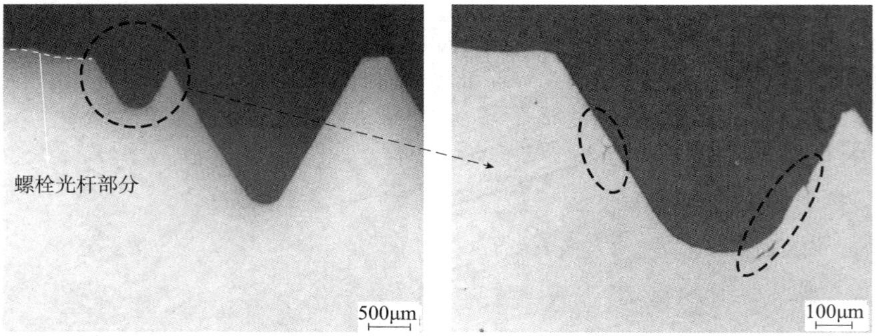

(a)螺牙抛光态(靠近光杆)

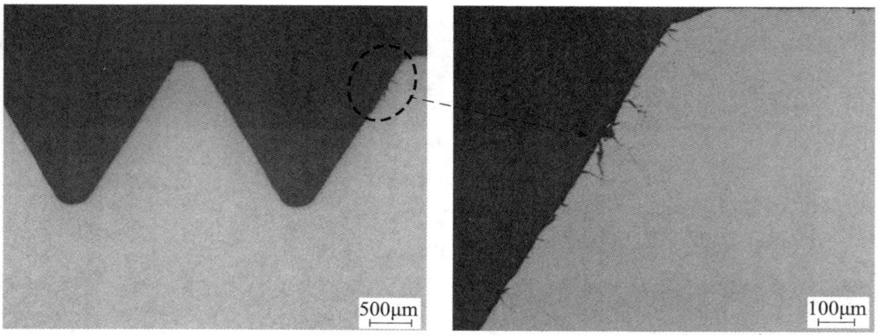

(b)螺牙抛光态(螺纹中间部分)

(c)螺牙侵蚀态(随机位置)

图 8　M20 断裂螺栓螺牙形貌

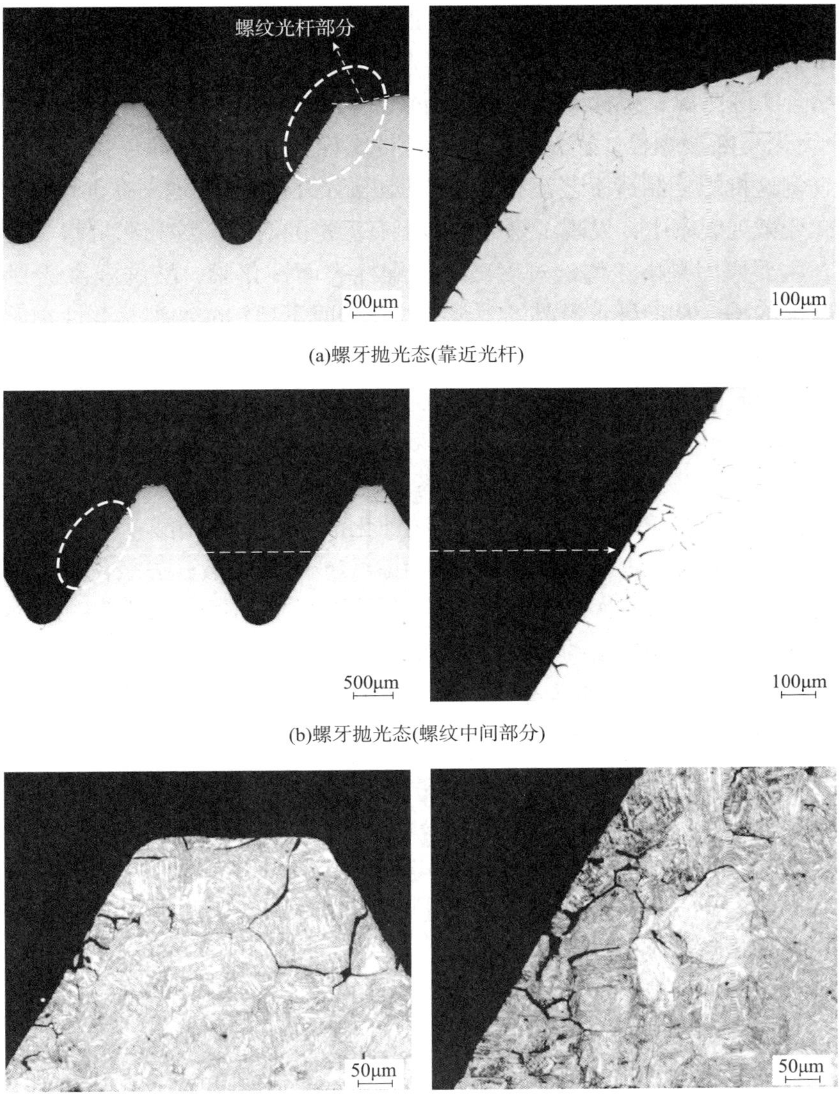

(a)螺牙抛光态(靠近光杆)

(b)螺牙抛光态(螺纹中间部分)

(c)螺牙侵蚀态(随机位置)

图 9 M20 备件 8# 螺栓螺牙形貌

3 分析与讨论

1）断裂螺栓和同批次备件螺栓，从化学成分、力学性能和显微组织及非金属夹杂物等，均满足技术要求。

2）螺栓从螺纹与光杆过渡区螺牙位置断裂。宏观上，断口粗糙平整、无明显塑性变形，断面有较多闪闪发光小晶面。微观上，整个断面呈现冰糖状花样的沿晶断口。结合实际工况，螺栓紧固后发生断裂失效，螺栓为脆性断裂。

3）无论是断裂螺栓，还是同批次的备件螺栓，螺牙侧面都存在沿晶开裂裂纹特征。查询这批螺栓制造工艺流程，均要求进行酸洗钝化处理。在前述 2.3 节中断裂螺栓螺牙微观观察中，发现了螺牙表面上有大量的沿晶裂纹和凹坑状等过度酸洗的特征。主要原因是由于酸洗过度破坏了螺栓表面钝化膜，酸洗液渗透到晶界形成晶界腐蚀沟槽，从而导致沿晶的微观裂纹；同时不锈钢酸洗液是酸性物质，螺牙表面基体在酸洗液中极易发生电化学腐蚀，从而发生基体溶解，若过度酸洗会使得螺牙表面的金属基体过多溶解而产生凹坑状缺陷。

4）根据螺栓厂家提供的文件，这批双头螺栓采用的酸洗钝化液主要含量为硝酸＋氢氟酸的钝化膏，同时并未对钝化膏使用时间进行严格的控制。根据 RCC-M F6500 章节规定[2]：奥氏体不锈钢的酸洗钝化液一般采用硝酸＋氢氟酸；马氏体不锈钢酸洗钝化或仅仅表面除锈的话一般用磷酸或硝酸溶液；去氧化皮的话，一般用 5% 左右的稀硫酸。本次断裂螺栓为 C1-110 马氏体不锈钢，使用硝酸＋氢氟酸型的钝化膏会加速酸洗过度的效应，是导致螺栓脆性断裂的根本原因。

5）螺栓光杆和螺纹过渡区易发生应力集中现象，也会加速螺栓在此处断裂。

6）因此酸洗过度致使螺牙表面产生沿晶裂纹、凹坑状等缺陷，同时在螺栓光杆和螺纹过渡区的应力集中，共同促进裂纹脆性扩展，形成宏观的沿晶开裂，并在螺栓预紧力作用下扩展，最终发脆性断裂。

1Cr13 是一种马氏体不锈钢，由于强度较高，且具有良好的耐水腐蚀性能，常用于电站涡轮叶片[3~4]和传动轴，由于材质问题导致的失效案例时有发生[5~6]，但因为酸洗过度导致的失效则极为罕见。

4 结论与建议

1）这批螺栓的化学成分、抗拉强度、屈服强度和硬度符合 GB/T 3098.6—2014 中对 C1-110 的技术要求。

2）酸洗过度导致螺牙表面有明显的沿晶裂纹和凹坑状等缺陷，酸洗过程使用主要含硝酸 + 氢氟酸的钝化膏，加剧了酸洗过度的效果。故酸洗工艺不当是导致螺栓发生脆断的根本原因，需优化酸洗钝化工艺或者取消酸洗钝化工艺。

3）螺栓光杆和螺纹过渡区的尖锐特征会加剧螺栓的应力集中，导致螺栓脆断，可以通过优化螺栓结构以减少应力集中。

参考文献

[1] GB/T 1220—2007：不锈钢棒［S］. 北京：中国标准出版社，2007.

[2] RCC-M 2007：F6500 清洁方法的要求［S］.2007.

[3] 郎雪琴，代琨 .1Cr13 叶片钢组织和性能的研究［J］. 汽轮机技术，2024，66（04）：318-320.

[4] 何瑞龙，刘钢钢 .1Cr13 不锈钢活动导叶裂纹修复［J］. 人民黄河，2023，45（S2）：155-157.

[5] 徐科，胡则栋，张维 .1Cr13 泵轴端部断裂原因分析［J］. 金属热处理，2019，44（S1）：398-401.

[6] 刘志龙，张戈，梁晓捷，等 .1Cr13 锻件低温冲击韧性不合格原因及热处理工艺优化研究［J］. 大型铸锻件，2024（04）：80-84.

换热器浮头螺栓断裂原因分析

陈学兵[1]，赵天波[2]，李大为[2]，宋家华[2]

（1. 中国石化长岭分公司，湖南 岳阳 414012；
2. 湖北长江石化设备有限公司，湖北 洪湖 433226）

摘要：浮头式换热器的浮头螺栓在湿硫化氢环境的选材和制造十分关键，近年来失效案例较多，造成换热器内漏后装置被迫停车。本文对 A193 B7M 螺栓失效原因进行了成分复验、硬度检测和微观分析，断裂螺栓的硬度过高且均为马氏体脆性组织，为热处理不当或热处理工艺管理失控所致。经重新回火处理并进行了硫化氢应力腐蚀试验，满足使用条件。

关键词：换热器；浮头螺栓；断裂失效；热处理

Analysis of fracture reason of floating head bolt of heat exchanger

Chen Xuebing[1]，*Zhao Tianbo*[2]，*Li Dawei*[2]，*Song Jiahua*[2]

（1. Sinopec Changling Branch，Yueyang Hunan 414012，China；
2.Hubei Changjiang Petrochemical Equipment Co.，Ltd.，Honghu Hubei 433226，China）

Abstract：The material selection and manufacture of floating head bolts of heat exchangers in wet hydrogen sulfide environment is very important.In recent years，more failure cases，resulting in heat exchanger leakage after the device was forced to stop. In this paper，the failure causes of A193 B7M bolt were re-examined in terms of composition，hardness and micro-analysis. The hardness of fracture bolt was too high and all of them were martensite brittle structure，which was caused by improper heat treatment or out of control of heat treatment process management. After re-tempering treatment and hydrogen sulfide stress corrosion test，to meet the conditions of use.

Key words：heat exchanger；floating head bolts；fracture failure； heat treatment

［**作者简介**］陈学兵，男，本科，中石化长岭分公司高级工程师，主要从事石化设备的管理和维护工作。

0　前言

某公司100万吨/年催化柴油加氢装置脱丁烷塔进料换热器在装置开车投产运行一周后发生内漏，拆下外头盖，发现20根A193 B7M浮头螺栓中有17根发生断裂。

1　设备简介及螺栓断裂形貌

脱丁烷塔进料换热器型号为BES500–3.42/2.8–47.8–5/25–4I，设备简图见图1，使用工况技术参数见表1。

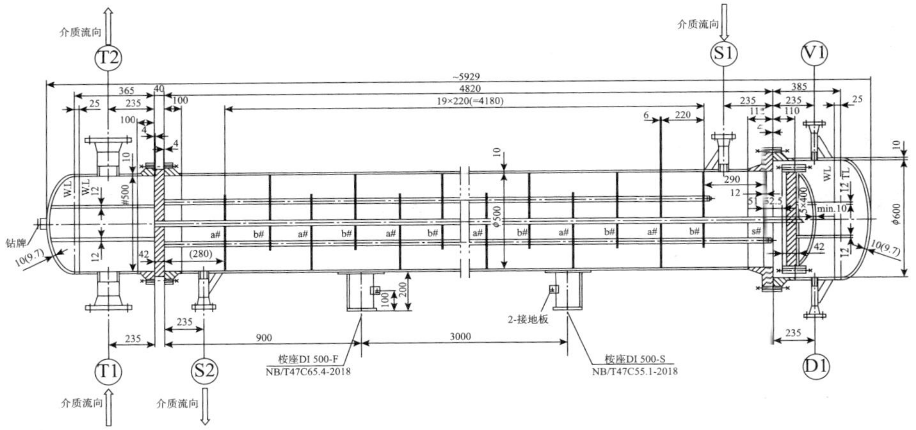

图1　换热器简图

表1　换热器主要设计技术参数

设计数据	管程	壳程
设计压力/MPa	3.42	2.8
设计温度/℃	200	200
操作介质	液化气、H_2S	粗汽油 H_2S 约10000ppm
主体材料	09Cr2AlMoRE管束	Q245R筒体/封头

设备浮头螺栓设计使用的材质为ASTM A193 B7M，螺栓规格M24×220。所有螺栓都是脆性断裂，未见分枝裂纹。螺栓断裂形貌见图2。

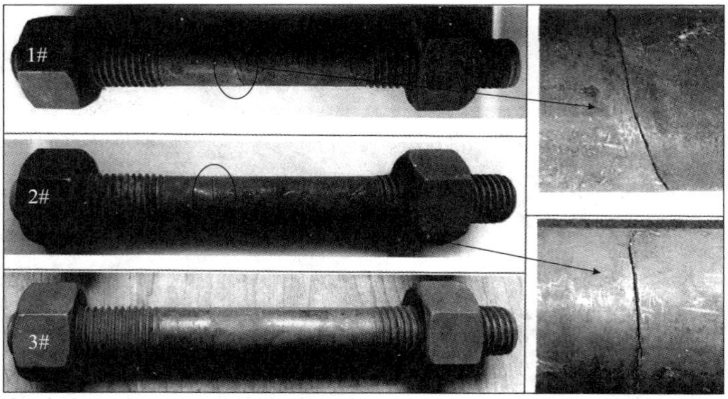

图 2　断裂宏观形貌

2　螺栓材质复验及金相分析

2.1　化学成分复验

参考 ASTM A193/A193M—2017 标准，取三根断裂螺栓进行化学成分分析，分析结果见表 2。

表 2　螺栓标准规定化学成分和复验结果 %

件号	碳	硅	锰	磷	硫	铬	钼
标准规定	0.38~0.48	0.15~0.35	0.75~1.00	≤0.035	≤0.040	0.8~1.10	0.15~0.25
1	0.395	0.235	0.81	0.018	0.008	0.96	0.181
2	0.398	0.244	0.83	0.017	0.0081	0.97	0.185
3	0.405	0.241	0.84	0.019	0.0085	0.96	0.182

从断裂螺栓的实际化学成分看，满足标准要求。

2.2　力学性能拉伸试验复验

取 2 件没有断裂的螺栓进行拉伸试验，其结果见表 3。

表 3　B7M 螺栓力学性能复验结果

件号	抗拉强度 R_m/MPa	屈服强度 $R_{p0.2}$/MPa	伸长率 A/%
1	1300	1225	11
2	1293	1216	11
标准规定	690	550	18

螺栓拉伸试验强度很高，远超 B7M 回火态正常的强度范围。伸长率不满足标准规定 B7M 螺栓伸长率≥18% 的要求，性能异常。

2.3 硬度检测复验

对 3 个螺栓试样的两端进行布氏硬度检测，用台式硬度计对螺栓外圆进行测试，其检测结果见表 4。

表 4 布氏硬度检测结果

检测部位	测试样品		
	1	2	3
端部硬度值 /HB	390、385、392	388、383、376	383、388、382
外圆硬度值 /HB	387、379、386	368、378、382	369、376、382

从检测结果来看，硬度值远高于标准规定的≤235HB 的要求，不满足标准规定要求。

2.4 金相分析

对断裂失效螺柱送检验单位进行光学金相组织分析，结果表明，其金相组织均为马氏体。

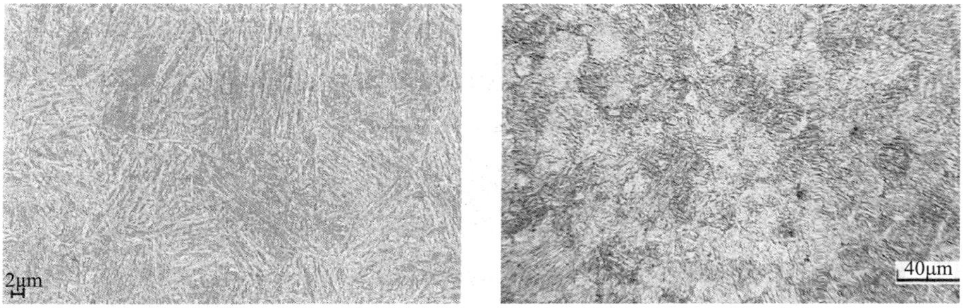

图 3 1 号件金相组织

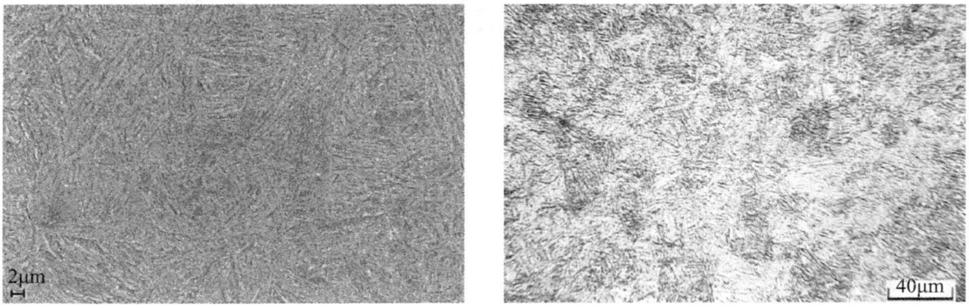

图 4 2 号件金相组织

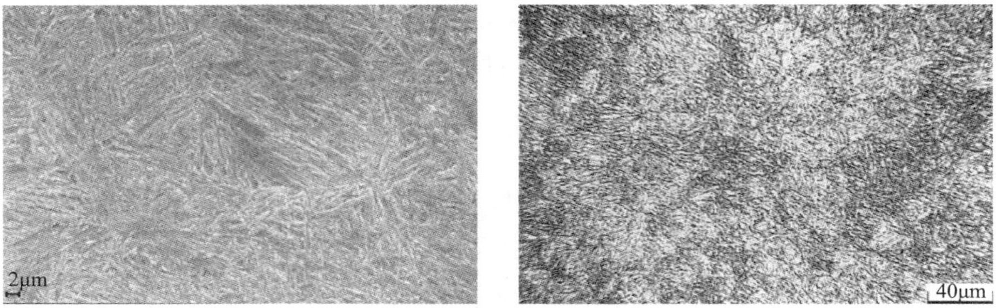

图 5　3 号件金相组织

送检 B7M 螺栓金相分析的马氏体组织与力学性能检测的高强度和高硬度检测结果完全吻合。

3　螺栓重新热处理后的性能试验

螺栓化学成分满足标准要求，基本可以断定螺栓出现马氏体脆硬组织的根本原因是没有进行回火热处理或热处理工艺失控。因此，我们对没有断裂的螺栓进行了重新热处理试验及耐硫化氢应力腐蚀试验。

对其中一根螺栓进行性能优化的重新热处理，热处理工艺按 720℃回火，保温 45min 后缓冷。断裂螺栓和重新热处理试样见图 6。

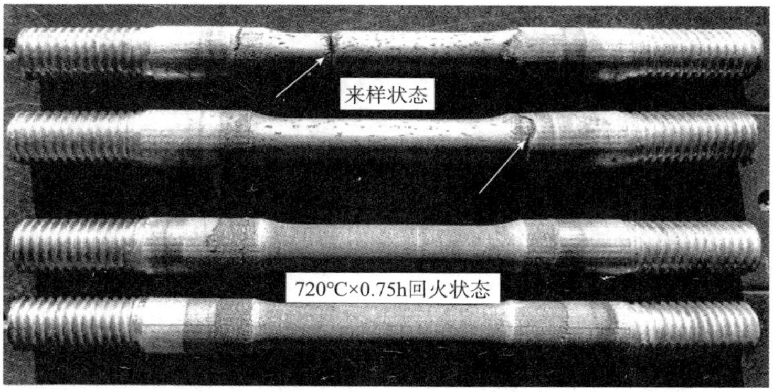

图 6　断裂螺栓和重新热处理试样

3.1　热处理后的金相组织检测

对重新进行 720℃ /45min 回火处理的螺栓取样进行金相分析，其组织为回火索氏体，见图 7。

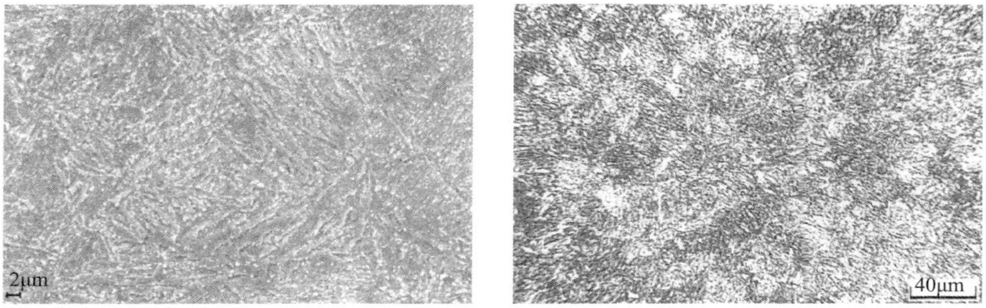

图 7 重新回火后的金相组织

3.2 硬度检测

对试样进行回火热处理后，由于实际回火试样的数量不够，无法满足常温力学性能试验要求，以硬度检测的结果进行验证，检测结果表 5。

表 5 螺栓回火热处理后布氏硬度检测结果

件号	端部硬度值 /HB	外圆硬度值 /HB
3–1	234、242、238	238、243、245

经回火热处理后硬度值大幅下降，其降幅高达 150HB 左右。但仍然高于标准规定的≤235HB 的要求。

3.3 湿硫化氢应力腐蚀试验

对断裂螺栓的原始来样与进行重新回火处理后的螺栓进行湿硫化氢应力腐蚀试验。试验依据 GB/T 4157—2006《金属在硫化氢环境中抗特殊形式环境开裂实验室试验》方法 A– 拉伸试验，选用 A 溶液（5% 氯化钠 +0.5% 冰乙酸 + 饱和硫化氢），试验应力选取 ASTM A234 B7M 标准值的 70% 屈服强度 385MPa。腐蚀试验结果见表 6。

表 6 湿硫化氢应力腐蚀试验数据表

序号	试件状态	加载应力 / MPa	溶液 PH 值		试验时间 / h	试验结果
			开始时	结束时		
1	原样	385	2.9	3.8	72	断裂
2	720℃回火状态	385	2.9	3.8	72	未断裂

从试验结果可知，原样在硫化氢腐蚀试验条件下发生断裂，而进行回火热处理后的螺栓试样未发生断裂。

4 螺栓断裂原因分析

《ANSI NACE MR0175》第 A2.2.4 关于螺栓和紧固件，在设计可能直接暴露与酸性环境的螺栓，使用抗 SSC 的螺栓，可接受的螺栓材料。所以图纸中选用的螺栓材料没有问题。

《ANSI NACE MR0175》第 A2.1.6 对于碳钢和低合金钢在经过轧制、冷锻或其他会导致永久性外层纤维变形超过 5% 的制造加工后，应进行热处理应力消除。热处理应力消除温度应不低于 595℃，最终的最大硬度应为 22HRC。

《NACE MR0175-2003》第 6.2.1.2 要求，螺栓材料应满足 ASTM A193/A193M B7M，最小屈服强度为 550MPa 和硬度不大于 22HRC。

《ASTM A193/A193M B7M》的 6.1.5 条规定，B7 和 B7M 栓接材料应进行液体淬火加回火的热处理。对于 B7M 栓接部件，例如螺栓，螺柱或螺钉，其最后的热处理温度如果是温度不低于 620℃的回火，则应在全部机加工和成型加工（包括滚压和任何切削螺纹）完成后进行。允许进行用于硬度试验，非破坏性评定或超声螺栓拉力的表面制备。为满足拉伸的要求，布氏硬度应高于 200HBW（93HRB）

在有水和硫化氢共存的情况下，与腐蚀环境和外加拉应力作用下，即会发生硫化氢应力腐蚀开裂（SSC），硫化物应力开裂与金属表面的因酸性介质腐蚀所产生的原子氢引起的金属脆性有关。在硫化物存在时硫化物会促进氢的吸收，原子氢能扩散进入金属内部，降低金属的韧性，增加裂纹敏感性。

除环境因素外，钢材的硬度是钢材 SSC 现场失效的重要因素，是控制 SSC 的重要指标。很多耐腐蚀类标准都规定了硬度指标要求，NACE MR0175 中规定的硬度小于等于 HRC22（22HRC 转化布氏硬度为 237HB）。我国 SH/T 3193—2017《石油化工湿硫化氢环境设备设计导则》中规定的硬度值也是小于等于 237HB。

这台设备在刚开始开车时，操作温度低于 80° C，壳程介质粗汽油含有微量的水，同时含有约 10000PPm 的硫化氢，构成了湿硫化氢的腐蚀环境，浮头螺栓在壳程介质中。

断裂螺栓的硬度在 390HB 左右，远远超出上述标准所要求的 235HB 或者 237HB，其表 3 中的强度值 1300MPa，远远高于强度指标 690MPa，伸长率低于标准值 18%，所提供的螺栓没有按照标准的要求进行淬火后的回火，导致材料硬度过高，高硬度状态下的螺栓材料增加了湿硫化氢环境下腐蚀的敏感性，故在开车操作时的湿硫化氢环境下在拉应力的作用下发生断裂。

试样回火后，其硬度值在 238HB 左右，已基本接近标准要求的硬度值，其性能有较大的改善，其耐 SSC 应力腐蚀开裂的能力有很大的提高，故回火后的试样 SSC 试验没有断裂。

再次制造此设备产品螺栓时，更换了螺栓的制造单位，要求制造单位在螺栓制造完成后进行淬火加 720℃的回火热处理，制造完成后检测螺栓硬度均在 235HB 以下，设备更换螺栓后使用至今没有再出现断裂现像。

5　结论

1）经分析，B7M 螺栓发生断裂的原因是力学性能超标，微观组织为不耐硫化氢腐蚀的脆性马氏体，螺栓材质不满足标准要求；

2）湿硫化氢腐蚀环境下，螺栓除选择材料外，也需要关注其工艺管理和制造过程，特别是在淬火后应认真进行高温回火热处理，保证其硬度值不高于 235HBW，同时为了满足其强度要求，其硬度值尽量不低于 200HBW。

参考文献

[1] NACE MR0175-2015：Petroleum and natural gas industries –Materials for use in H_2S-containing environments in oil and gas production [S] .NACE international，2015.

[2] ASTM A193/A193M-2017：Standard Specification for Alloy-Steel and Stainless Steel Bolting for High Temperature or High Pressure Service and Other Special Purpose Applications [S] . ASTM，2017.

[3] 曹亚熹，李永华. 压力容器制造中硬度检测的作用[J]. 中国特种设备安全，2015，31(03)：30-31，37.

氨制冷机组管路焊接接头开裂失效的原因分析

赵小娟[1]，束润涛[2]，王　瀚[1]

（1. 冰轮环境技术股份有限公司，山东 烟台 264002；
2. 武汉市润之达石化设备有限公司，湖北 武汉 430000）

摘要：某制冷用氨系统机组在系统运行初期，20# 钢管路阀门和接管的焊接接头出现开裂泄漏。经材质复验及断口微观分析，接管材质强度超标，不符合材料标准要求，且焊接过程管理失控，组装间隙过大，管内侧横焊位置焊缝余高过大，降低了流通面积形成流阻，导致振动疲劳失效。

关键词：管道；焊接失控；脆性断裂

The analysis for cracks of welding joints in ammonia refrigeration unit pipeline

Zhao Xiaojuan[1]，*Shu Runtao*[2]，*Wang Han*[1]

（1. Moon Environment Technology Co.，Ltd.，Yantai Shandong 264002，China；
2. Wuhan Runzhida Petrochemical Equipment Co. Ltd.，Wuhan Hubei 430000，China）

Abstract：In the initial stage of an ammonia refrigeration unit system，the welding seam between pipeline valve and tube was cracked and leaked，which base materials both were 20 steel. After material retest and micro-analysis for fracture surface，it was found that the strength of the tube's base material was too high，which didn't met the requirement of material standard. Furthermore，the welding process management was out of control. The assembly gap was too large. The weld residual height of the transverse welding position inside the pipe is too large，which reduces the flow area and forms flow resistance，resulting in vibration fatigue failure.

Key words：pipes；uncontrolled welding；brittle fracture

［**作者简介**］赵小娟（1971—），女，高级工程师，毕业于西安交通大学，主要从事压力容器制造工艺工作。

0　前言

某制冷用氨系统机组在系统调试运行初期，在机组管路中排气截止阀和接管的焊接接头的接管侧热影响区产生裂纹，引起了泄漏。多个机组出现类似情况，且在同一位置。管内介质为A717的氨气，设计温度为-10/+35℃，设计压力为1.4MPa。接管规格为$\phi108\times4.0$mm和$\phi159\times4.5$mm，材质为GB/T 8163标准的20号钢。在冬季最冷的1月初施焊，使用焊材ER50-6进行氩弧焊，未做焊后热处理。

1　接管裂纹处焊缝检验及原材料复验

1.1　裂纹外观形貌及射线检测

选择某典型开裂处，将焊缝和有裂纹侧的接管切割下进行分析。

经检测，焊缝外侧宽度约9~10mm，余高≤1.0mm，满足尺寸要求；焊缝内侧宽度约5~9mm，宽窄不一，余高约2.5~4.0mm。按GB/T 150.4—2011《压力容器 第4部分：制造、检验和验收》标准[1]规定，焊缝内侧余高严重超标。

主裂纹与焊缝交界处接的管内侧焊缝余高约4 mm，焊趾处存在咬边凹陷现象，应力集中特征明显。在主裂纹附近存在较多与其平行的微裂纹。接管内部焊缝热影响区裂纹形貌见图1。

将截取的试样进行X射线探伤检测，底片上显示裂纹处焊缝较宽，与外观检测结果对应相同。从焊缝宽度过大说明该部位的组对间隙较大，焊接填充金属过多，焊接应力相应也较大。在焊缝宽度较大部位附近的接管母材上存在多处裂纹，见图2。

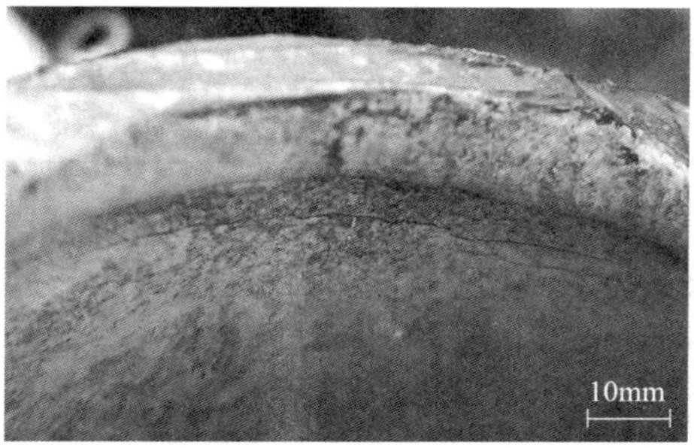

图1　接管内部焊缝热影响区裂纹形貌

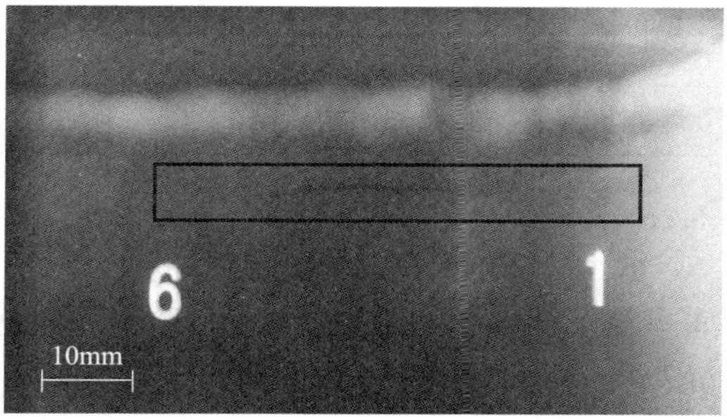

图2　X射线检测照片

1.2 焊接接头表面硬度检测分析

接管焊缝采用 ϕ2.0mm、ER50-6 手工钨极氩弧焊横焊，焊接两层，局部因组装错边超差等原因焊接三层。对取样的焊接接头的表面按 GB/T 4340.1—2009《金属材料 维氏硬度试验 第 1 部分：试验方法》进行维氏硬度检测，结果见表 1。

表 1 焊接接头维氏硬度 HV10

位置	母材				热影响区				焊缝			
	实测值			平均值	实测值			平均值	实测值			平均值
内侧	167	170	160	166	171	182	176	177	171	175	178	175
外侧	162	156	154	158	166	170	182	173	183	183	197	188

从检测数据来看，管材硬度高于 20# 钢的正常值（根据 GB/T 1172—1999《黑色金属硬度及强度换算值》标准，换算 20# 钢的允许抗拉强度对应的硬度值为 117~156HV）。

1.3 接管材质复验

1.3.1 化学成分复验

采用火花原子发射台式光谱仪对硬度偏高的 20# 钢钢管和焊缝进行化学成分测试，结果见表 2。

表 2 钢管和焊缝金属化学成分测试结果 %

项目	C	Si	Mn	P	S	Ni	Cr	Cu
GB/T 8163 标准	0.17~0.23	0.17~0.37	0.35~0.65	≤0.030	≤0.030	≤0.30	≤0.25	≤0.20
实测值	0.22	0.20	0.44	0.018	0.005	0.095	0.12	0.020
焊材标准	0.06~0.15	0.8~1.15	1.4~1.85	≤0.025	≤0.025	≤0.15	≤0.15	≤0.50
焊缝实测值	0.082	0.85	1.50	0.004	0.015	0.05	0.03	0.08

注：表中所有实测值均为两次测试数据取的平均值。

该试样化学成分检测结果满足 GB/T 8163—2018《输送流体用无缝钢管》标准对 20 钢的成分要求，但 C 含量实测值偏高，接近标准上限。焊缝熔敷金属满足 GB/T 8110—2008《气体保护电弧焊用碳钢、低合金钢焊丝》规定的成分要求，以及 NB/T 47018《承压设备用焊接材料订货技术要求》标准中 S 含量≤0.015% 的要求[2]。

1.3.2　钢管力学性能检测

在裂纹附近接管上沿纵向取拉力试样按 GB/T 228.1《金属材料拉伸试验　第 1 部分：室温试验方法》进行检测，结果见表 3。

表 3　20 号钢管力学性能测试结果

项目	抗拉强度 R_m/MPa	规定塑性延伸强度 $R_{P0.2}$/MPa	伸长率 A/%	硬度 /HV
GB/T 8163	410~530	≥245	≥20	根据 GB/T 1172—1999 标准，换算 20 号钢的硬度值为：117-156 HV10
材质书	465、479	301、309	29.5、27.5	—
实测值	556	421	26	沿接管周向检测了 4 个部位，每个部位检测 3 个点。每个检测部位的平均数据为：158、159、157、165 HV10

由表 3 可见，母材实测的抗拉强度严重超标，且远高于材质书的抗拉强度，不满足 GB/T 8163 标准要求。虽然标准没有规定屈服强度的上限，但从实测值来看，屈服强度远超出 20# 钢的正常范围。

鉴于 GB/T 8163 标准对材料无硬度要求，参考 GB/T 1172—1999 标准中表 2[3] 碳钢硬度与强度换算值，对 20# 钢进行对应换算，其标准规定的抗拉强度下限 410MPa 对应的硬度值为 117HV，上限值 530MPa 对应的硬度值为 156HV10。母材实测硬度平均值与表 1 母材测试的硬度值相近，全部超过参考标准的上限值。实测力学性能复验结果与材质书上的数据偏差很大。

2　焊接接头金相分析和焊缝金属不同区域的硬度检测

2.1　焊接接头宏观低倍形貌

将接管焊接接头裂纹处的试样进行研磨加工后用光学显微镜观察，发现裂纹从根部的热影响区开始，一直延伸到盖面层，盖面层为粗大的柱状晶，柱状晶以下为过渡段等轴晶，再以下填充层和打底层晶粒细小，在低倍下难以辨认。其焊接接头的宏观低倍金相见图 3。

从截面的低倍形貌来看，主裂纹源位于焊缝趾根的熔合区，一直延伸至盖面焊道。主裂纹与接管内部焊缝余高过大有关，根部熔合区为应力集中区域。焊缝余高越大，趾根部位的应力越大。根据图 3（b）横向位置判断，在主裂纹附近的焊缝余高根部，有一垂直于主裂纹的 V 型缺口，缺口末端有微裂纹痕迹。焊缝根部存在咬边现象，容器和管道内表面的咬边容易形成不流动的死区进而浓缩腐蚀介质，加剧局部腐蚀，且易在压力的作用下诱发裂纹。

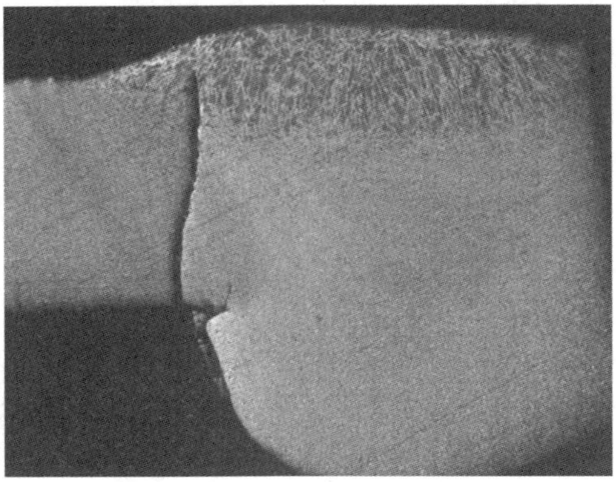

(a)上部为盖面焊道

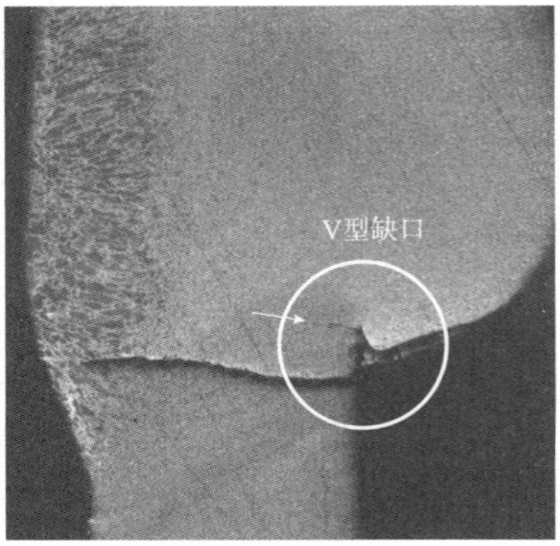

(b)横焊位置根部焊肉下坠示意图

图 3　焊接接头裂纹部位截面低倍（12.5×）形貌

2.2　焊缝金属微观组织分析

对焊缝进行进一步金相分析，发现焊缝盖面层为明显粗大魏氏体柱状晶组织，盖面层下部与填充层的过渡段为等轴晶的魏氏体和珠光体，见图 4。

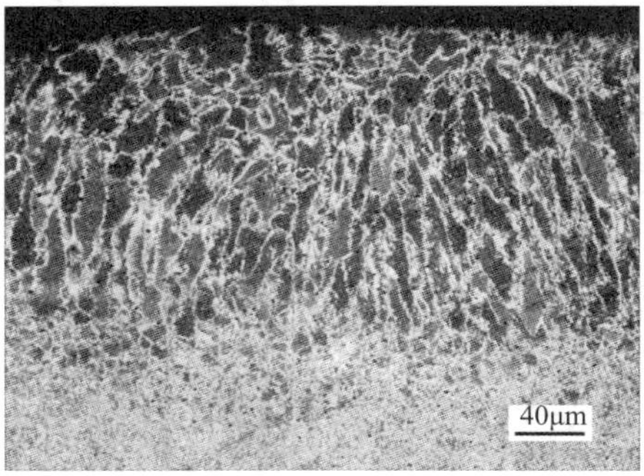

(a)放大25×

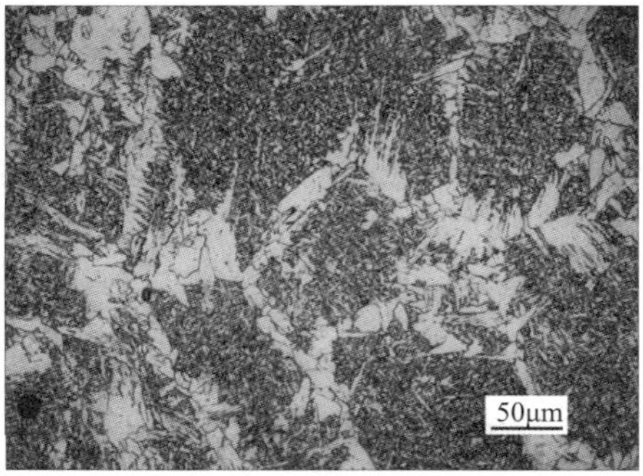

(b)放大200×

图 4　盖面焊缝填充过渡层焊缝的微观组织特征

填充及打底层较细的晶粒为珠光体、铁素体及少量魏氏体组织，这个焊接接头的焊缝金属实际上是三种组织形态，即柱状晶粗大的魏氏体加珠光体，等轴晶的魏氏体加珠光体，还有细晶粒的铁素体、珠光体及少量魏氏体。

根据试样剖面裂纹痕迹可知，裂纹从焊接接头热影响区根部启裂，沿外侧垂直开裂。对左侧热影响区进行金相分析，也是魏氏体加珠光体组织，见图 5。

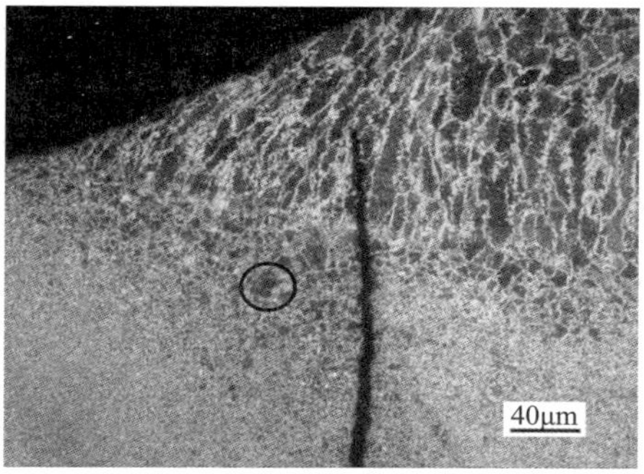

(a)放大25×

(b)放大200×

图 5　热影响区魏氏体组织

该焊接接头虽然采用氩弧焊，但焊接热输入量很大，因为这种大热输入回火焊道的作用，使焊道覆盖层下面的原始柱状晶被正火细化，形成了等轴晶的平衡相组织。但盖面层热输入太大，且施焊季节为冬季，环境温度低，冷却过快，促使高温奥氏体晶粒长大并在冷却过程中形成魏氏体组织。魏氏体组织脆性大、硬度高、韧性差，是一种有害组织，应尽量避免。

2.3　焊接接头维氏硬度分析

鉴于焊缝金属及热影响区各部分的组织差异很大，便对焊接接头各微区进行了维氏硬度分析，检测结果见图 6 和表 4。

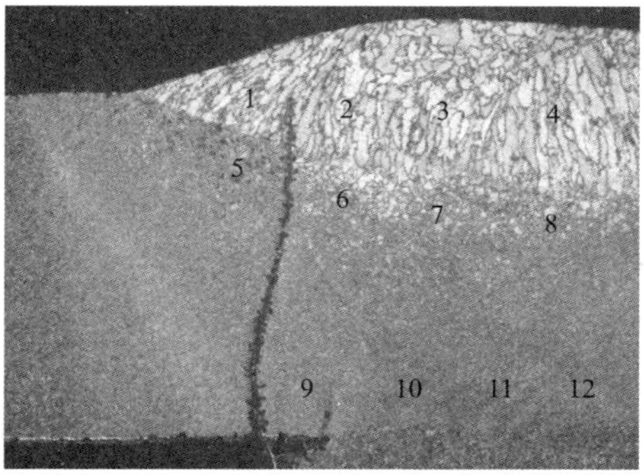

图 6　焊接接头维氏硬度检测部位示意

表 4　焊缝各部位维氏硬度检测分析结果　　HV10

测试部位	检测结果				平均值
柱状晶粗晶部位	208	190	190	208	199.0
魏氏体加珠光体	198	205	171	211	196.2
打底层焊缝	150	149	152	147	149.5

打底焊道为珠光体、铁素体及少量魏氏体，其维氏硬度远低于上部的魏氏体柱状晶组织。根部打底焊道实际上是被上道焊缝进行了回火热处理。

材料硬度与组织存在一定对应关系。魏氏组织级别越高，其硬度有增强的趋势，文献介绍，采用 H08Mn2SiA 氩弧焊焊接的模拟焊道，3 级魏氏组织的硬度值约 160HV，4 级魏氏体组织的硬度大于 161HV[4]，而本案例盖面层及盖面层过渡段焊缝的平均硬度值高达 190HV 以上，理论上属于最高级别的魏氏体组织。

3 失效分析讨论

3.1 钢管材质检验管理

根据图 1 所示，管内焊缝热影响区的环向应力开裂足以说明母材存在明显质量隐患。从原材料复验情况来看，虽然化学成分满足 GB/T 8163 的标准要求，但力学性能不满足标准要求。从材料力学性能的实际复验指标判断，该材料经高温轧制后只经过了退火处理，或正火处理的保温时间不足，其轧制残余应力没有完全消除。

3.2 焊缝余高的负面影响

本案例的接管为现场安装的立式结构，焊缝为横焊焊缝。由于组对间隙很大造成接管焊缝根部余高过大，且焊缝内部存在咬边现象，导致焊缝趾根应力过于集中，而且在接管内部形成凸起台阶，该台阶阻挡氨气在管内正常输送。接管的尺寸为 $\phi108\times4$，管子内径为 $\phi100$mm，内部焊道的余高≥4mm。焊缝余高平均按 4mm 计算，则在此部位的管道流体通道缩小为 $\phi92$mm，其流通面积大约减少 15.36% 左右。焊缝余高过大大幅缩小了管内流通面积，再加上管内焊缝余高不会整圈一致，使流体正常通过时突然形成偏流流阻而产生持续振动。

管道流体在正常运行过程中，在管壁间会产生摩擦阻力。除了摩擦阻力外，还有一种压差阻力，它是在流动方向上存在不同的压力而发生的。即在流动通道上存在局部障碍物（如阀门、管件）或截面积突然扩大与收缩，引起流速的变化，流体的动能转化为静压，产生了压差，即使以后恢复到原来的流速，但在流速变化时会产生涡流，故而增大了阻力。这类压差阻力工程上又称为局部阻力[5-6]。而该案例焊缝内凸的余高阻碍了流体的正常运行，事实上也是一种压差阻力。接管内部的凸起台阶形成局部气阻的压差阻力，会在焊缝余高凸起部位产生持续振动，瞬间增加了对焊接接头的冲击载荷，使焊接接头处于疲劳状态。在振动疲劳作用下，在焊缝趾根的应力集中处萌生微裂纹，并进一步扩展至盖面层，导致焊接接头疲劳断裂。

该接管与截止阀相连，如果截止阀急速关闭，会产生“水锤现象”。多套机组同一位置都出现了焊缝开裂，说明焊缝余高形成的流阻与“水锤”的共同作用，且在原材料先天不足的情况下，使焊接接头在短期内疲劳失效。

3.3　魏氏体组织的形成机理及危害

在严格按照 WPS 进行焊接且热输入量正常的情况下，发生魏氏组织转变的级别较低，都在 2 级以下，对材料韧性影响较小，强度基本不变[7]。但该案例盖面焊缝中的魏氏体组织远大于 3 级。魏氏体组织级别越大脆性倾向越明显，该部件在试运行阶段便由于材质问题及管内焊缝余高过大等因素出现开裂，其由魏氏体脆性导致开裂的负面影响还没有表现出来。

盖面层的魏氏体组织是由于焊接热输入较大且冷却速度较快的情况下形成的，其负面影响没有引起足够的关注，通常情况下，魏氏体级别较高的焊接接头极大地降低使用寿命，具有一定的安全风险。某石化企业常顶挥发线 20# 材质的管道使用仅 10 个多月就发生硫化氢泄漏，经检查分析焊缝金属为魏氏体组织导致的脆性断裂[8]。

4　结论和建议

1）接管材料抗拉强度超出 GB/T 8163 标准规定，为不合格产品。建议严格把控材料采购渠道，并对接管材料进行严格复验，确保原材料满足使用要求。

2）管道组对间隙过大是导致管内焊缝余高过大的主要原因，使管内流通面积大幅减少，气体在焊缝内凸两侧通过时形成较大的压差阻力和持续振动，且截止阀的关停导致的“水锤现象”又加大了振动疲劳的影响，在振动疲劳作用下从焊缝内侧萌生裂纹并贯穿至外壁。

3）建议加强焊接质量的过程控制管理，严格控制组对间隙和焊缝余高，避免焊缝余高过大形成压差阻力而造成疲劳开裂。严格按照焊接工艺施焊，避免焊缝和热影响区出现高级别的魏氏体组织，确保焊接接头能够长寿命使用。

致谢：本文微观分析由陈方玉教授完成。

参考文献

[1] GB 150.4—2011：压力容器　第 4 部分：制造、检验和验收[S]．北京：中国标准出版社，

2011.
[2] NB/T 47018.3—2017：承压设备用焊接材料订货技术条件 第 3 部分：气体保护电弧焊钢焊丝和填充丝 [S]. 北京：中国标准出版社，2017.
[3] GB/T 1172—1999：黑色金属硬度强度换算值 [S]. 北京：中国标准出版社，1999.
[4] 姜龙，张方，王勇. 碳钢焊缝、热影响区魏氏组织的形成及性能特点 [J]. 余热锅炉，2013（1）：7-17.
[5] 王剑，关丽君，林晓青. 阀门流量流阻试验与影响因素分析 [J]. 阀门，2022（02）：139-143.
[6] 龙彪，龙伟. 突缩截面的流体阻力数值模拟及优化 [J]. 机械，2016，43（05）：10-13.
[7] 宁玫，李志群，孙梅红，等. 魏氏组织形成机理及对钢管性能影响的分析研究[J]. 天津冶金，2008，149（05）：118-124+151.
[8] 束润涛. 焊接脆性与腐蚀和安全 [M]. 北京：中国石化出版社，2017：231.

过滤分离器快开盲板马蹄形连接失效分析

李乃文[1]，赵　博[2]，代　强[2]，李再鑫[2,3]

［1. 河北省特种设备监督检验研究院（河北省）承压设备检测评价技术创新中心，
河北　石家庄　050200；2. 中国特种设备检测研究院，北京　100029；
3. 中国石油大学（北京）克拉玛依校区，新疆　克拉玛依　834000］

摘要： 针对某公司过滤分离器快开盲板马蹄形连接发生断裂的情况，通过采用宏观形貌观察、微观形貌观察、金相组织分析、化学成分分析等方法，分析了该马蹄形连接器断裂的原因。研究结果表明：宏观断口的大部分裂纹扩展区域呈现光亮表面，在微观上显示为凝固自由表面，这是铸造缺陷所致，导致了材料力学性能下降，是该样件发生断裂的主要原因。同时，金相组织中发现了大量的缩松，进一步说明了在该样件中存在大量铸造缺陷，这些缺陷严重的影响了试样的力学性能和安全可靠性。

关键词： 断裂；铸造缺陷；力学性能

Failure analysis of Quick-Opening blind flange horseshoe connection for filter separators

Li Naiwen[1]，*Zhao Bo*[2]，*Dai Qiang*[2]，*Li Zaixin*[2,3]

（1.Hebei Special Equipment Supervision and Inspection Institute，Shijiazhuang Hebei，050200，China；
2.China Special Equipment Inspection & Research Institute，Beijing 100020，China；
3.China University of Petroleum-Beijing at Karamay，Karamay Xinjiang 834000，China）

Abstract： In response to the fracture of the quick-opening blind plate horseshoe-shaped connection in a certain company's filter separator，an analysis of the cause of the fracture was conducted using methods such as macroscopic morphology observation，microscopic morphology observation，metallographic structure analysis，and chemical composition analysis. The research findings indicate

［作者简介］李乃文（1988—），男，工学硕士，高级工程师，主要从事特种设备检测与科研工作。

that the majority of the area where the macroscopic fracture occurred exhibits a bright surface, while the microscopic analysis reveals characteristics of a solidification-free surface. This can be attributed to casting defects, which led to a deterioration in the material's mechanical properties and serves as the primary cause for the specimen's fracture. Furthermore, a substantial number of shrinkage voids were identified in the metallographic structure, which further emphasizes the presence of numerous casting defects in the specimen. These defects significantly impact the mechanical properties and safety reliability of the specimen.。

Key words: Fracture; Casting defects; Mechanical performance

0 前言

过滤分离器是一种原料净化设备，可用于滤除原料中的各种微小颗粒，被广泛用于石油化工行业等。某公司过滤分离器采用快开盲板密封，该设备的马蹄形连接在使用中发生断裂，见图 1。该马蹄形连接随过滤分离器安装，使用时间约为 8 年，期间每年仅开启 2~3 次，使用频率较低。由于该部件不属于压力容器关键部件，因此没有制造信息。但是使用方每年定期刷氟碳漆进行耐候性防护。受公司委托我单位对该马蹄形连接进行取样试样，查找该连接部件断裂原因，为设备安全运行提供技术支持。

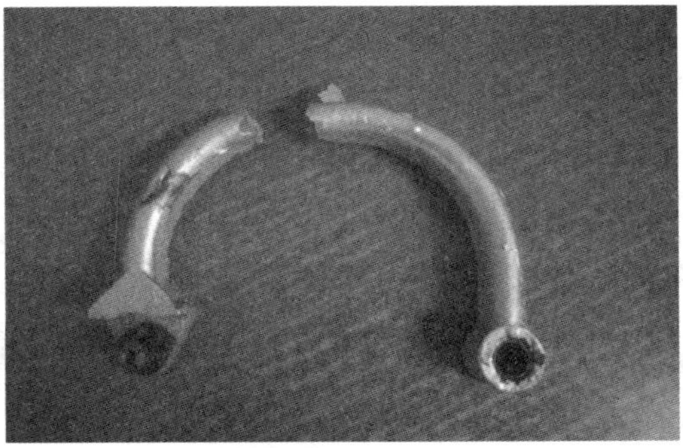

图 1　断裂的马蹄形连接形貌

1 失效原因分析

1.1 宏观观察与分析

马蹄形连接的宏观形貌如图 2 所示（背景中格子板 1 格为 10mm），为半环结构，全长约 180mm，高 100mm。试样开裂位置为沿半环中部靠近上方处，该处为马蹄形连接形变时的最大受力点。根据设备方描述和断裂发生的位置，推测该断裂的受力来自于马蹄形连接开合时承受的弯曲应力。

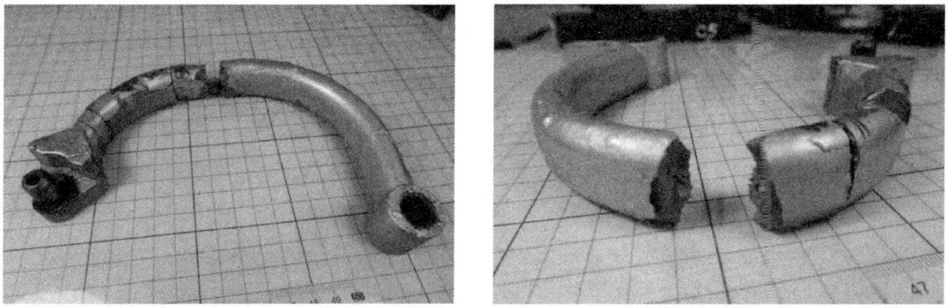

(a)　　　　　　　　　　　　(b)

图 2　马蹄形连接样件宏观形貌

对断口进行宏观观察，断口的宏观形貌如图 3 所示。由图 3 可知，马蹄形连接断口宏观难以见到明显塑性变形，样件整体呈脆性断裂[1]。

图 3　马蹄形连接断口宏观形貌

图 4 为马蹄形连接断口的宏观形貌侧视图。由图 4 可见，断口基本可整体分为两个区域，其中 1 区域表面灰暗且断口平齐，位于马蹄形连接的上部，为断口起始位置。2 区域断口凸凹较大，且部分呈现明显金属光泽，明显出现具有取向的组织特征，为裂纹扩展区域[2]。

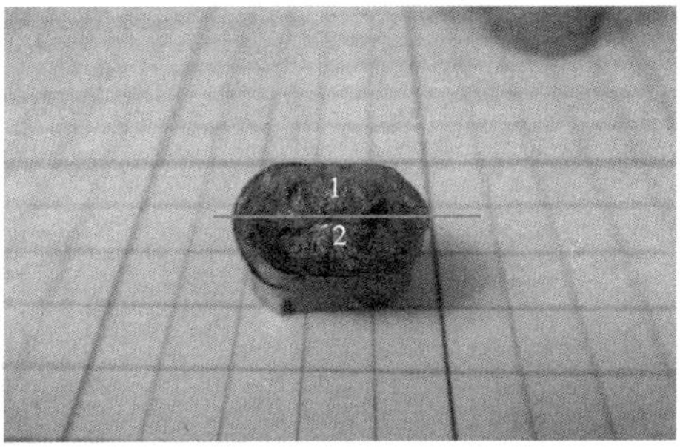

图 4　马蹄形连接断口宏观形貌

注：切割线上部为 1 区域，切割线下部为 2 区域

宏观形貌说明马蹄形连接在 U 形结构受闭合应力时发生断裂，且断裂和组织具有一定关系。

1.2 微观观察与分析

对图3中的起裂位置与裂纹扩展位置的微观形貌进行观测，其结果如图5所示。

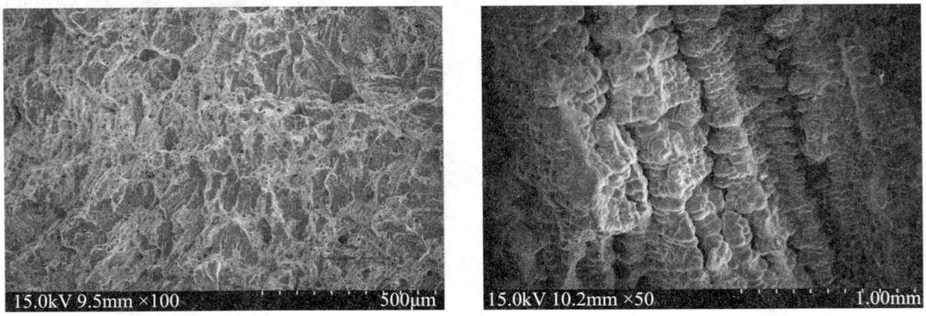

(a)起裂位置　　(b)裂纹扩展位置

图5　马蹄形连接断口微观形貌

由图可知，起裂位置断口表面出现部分韧窝，此外还存在大量微小刻面，为较为典型的准解理断裂特征。裂纹扩展区域为大量自由表面凝固结构，为钢液凝固时收缩导致，并且呈较为典型的凝固枝晶。宏观的取向特征和表面金属光泽均由此而来。

微观形貌表明裂纹扩展沿铸造缺陷开展，且铸造缺陷带来的力学性能下降为其断裂原因之一[3]。

1.3 金相组织分析

对试样接近断口位置进行金相组织分析，其结果如图6所示。

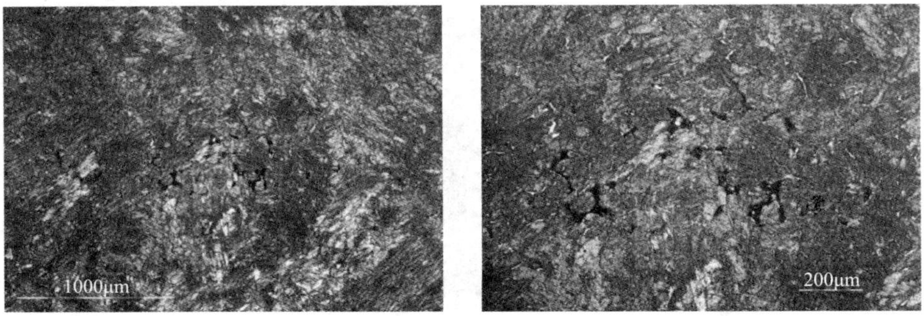

(a)50×　　(b)100×

图6　马蹄形连接金相组织

由图可知组织主要由马氏体组成，并存在少量的α－铁素体。组织较为粗大，符合铸态组织特征[4]。此外，由图还可见样件存在大量的缩松，为铸造缺陷。

由于原始信息未给出样件的材料牌号与制造标准，因此无法判断样件的力学性能要求，但大量的缩松会极大降低样件的力学性能[5]。

1.4 化学成分分析

表 1 为对样件进行的化学成分分析，其化学元素成分如下。

表 1　马蹄形连接的化学成分（质量分数）　%

元素	C	Si	Mn	P	S	Ni	Cr	Cu	Nb	Mo
样品	0.078	0.62	0.454	0.035	0.0098	4.19	15.99	3.00	0.024	0.216

同样由于材质信息标准缺乏，无法给出样件的化学元素的参考标准。但从元素成分上看，该样件比较符合 X5CrNiCuNb16-4（即 17-4PH）不锈钢的化学元素成分要求，为马氏体型不锈钢[6]。

1.5 失效原因分析

由于对马蹄形连接设计与材质给出信息较少，因此失效原因的可参照信息不多，需要从设备设计角度考虑。从设计原理上看，该样件主要作用为通过变形产生外应力，需要材料具有较好的力学性能和不易产生塑性变形特征，因此选择马氏体不锈钢铸件符合原始设计思路，金相组织大体符合选材思路。断口起裂位置为准解理特征也符合马氏体不锈钢铸钢的断裂特征。

但是宏观断口大部分裂纹扩展区域呈现光亮的表面，微观上显示为凝固自由表面的特征，这些特征通常是由于铸造缺陷形成而导致，这些缺陷显著降低了材料力学性能，为该样件断裂的主要原因[7]。同时，金相组织中间存在大量的缩松，表明该样件中存在大量的铸造缺陷，这对其力学性能和整体的安全性产生显著的负面影响。

同时，考虑到该铸造缺陷主要是由于液态金属在凝固时未充分填充所造成，这涉及到铸造工艺的问题，因此，同一批次生产的其他零部件也可能存在类似的问题[8]。

2 建议

1）加强对马蹄形连接的验收检查，可采用抽检等方式，利用金相和力学性能检查，以确保其性能满足标准要求。

2）必要时可考虑更换信誉更好的供货单位。

3）鉴于马蹄形连接的材质成分和使用地的实际环境，可在使用过程中考虑减少防腐蚀氟碳涂料的涂刷次数，以节约运行成本。

参 考 文 献

[1] 朱绍严，刘云贵，王昌金，等.05Cr17Ni4Cu4Nb不锈钢拉杆断裂原因分析[J].热加工工艺，2022，51（16）：161-164.

[2] 李骏鹏，周宇，梁旭，等.钢轨轨顶弯钩形滚动接触疲劳裂纹空间扩展特性研究[J].铁道学报，2022，44（07）：125-134.

[3] 王晨龙.高速列车齿轮箱体材料铸造缺陷及其动载断裂机理研究[D].石家庄：石家庄铁道大学，2023.

[4] 林强，冯金辉，陈刚，等.铁素体/马氏体钢在液态铅铋中的断裂力学试验研究进展[J].固体力学学报，2023，44（03）：317-345.

[5] 苏连升.熔模铸件缩松缺陷原因分析及解决方案[J].特种铸造及有色合金，2022，42（10）：1309-1312.

[6] 张忠伟，左敦桂，赖云亭.17-4PH不锈钢阀杆的断裂原因[J].腐蚀与防护，2022，43（04）：65-68+73.

[7] 许盛发，张守银，刘敬伟，等.熔模铸造低合金钢热裂问题的分析及解决[J].特种铸造及有色合金，2022，42（02）：261-264.

[8] 王健，王奕钦，罗世君.某低压铸造铝合金缸盖缺陷的分析[J].装备制造技术，2021（12）：165-168+172.

蒸汽发生器碳钢换热管腐蚀失效分析

黄　冲，束润涛，袁中华，胡广志，李大为

（湖北长江石化设备有限公司，湖北　荆州　434000）

摘要：通过对蒸汽发生器管束的宏观腐蚀形貌进行观察，并对 10# 钢 U 型换热管外壁腐蚀凹坑、附着物及污垢取样进行电镜能谱分析，判定泄漏的主要原因为管外垢下腐蚀穿孔。经水质分析报告判断，产生垢下腐蚀的主要原因是蒸汽原料水的浊度严重超标。浊度超标后的悬浮物沉积于换热管外表面形成泥垢，导致硫和氯大量聚集而形成垢下腐蚀穿孔。建议采取措施将原料水的浊度控制在标准规定的范围内，并对原料水的水质进行长期监控和定期抽查，同时在壳程底部入口外设置一个沉降过滤罐，定期收集和排放过滤罐沉降的污泥，将易结垢并造成垢下腐蚀的悬浮物拦截在换热器壳程之外。

关键词：蒸汽发生器；滞止区；垢下腐蚀

Corrosion failure analysis of carbon-steel heat exchange tube in steam generator

Huang Chong, *Shu Runtao* , *Yun Zhonghua*, *Hu Guangzhi*, *Li Dawei*

（Hubei Changjiang Petrochemical Equipment Co., Ltd., Jingzhou Hubei 434000, China）

Abstract: After observing the macroscopic corrosion morphology of the steam generator tube bundle and conducting electron microscope energy spectrum analysis on the corrosion pits, deposits, and dirts on the outer wall of U-shaped heat exchanger tubes made of 10# steel, it is determined that the main cause of the leakage is under-deposit corrosion outside the tubes. The water quality analysis report indicates that the main reason for the under-deposit corrosion is the severely overstandard turbidity of the steam raw water. After the turbidity of the suspended matter exceeded the standard, it deposited on the outer surface of the heat exchanger tubes to form mud, causing the accumulation of sulfur and chlorine to form under-deposit corrosion through the deposit. It is suggested that measures be taken to control the

［**作者简介**］黄冲，工程师，从事失效分析、产品研发和质保工作，E-mail：cjpcehe@163.com。

turbidity of the raw water within the specified range and monitor and periodically inspect the water quality. At the same time, a settling and filtering tank should be set up at the inlet of the shell side bottom to collect and discharge the sludge regularly, thereby intercepting the suspended materials prone to scaling and causing under-deposit corrosion outside the shell side of the heat exchanger.

Key words: steam generator; stagnant region; under-deposit corrosion

0 前言

中石化某炼化分公司干气制乙苯装置乙苯精馏塔塔顶蒸汽发生器，管束使用仅半年左右换热管便发生腐蚀泄漏。换热器结构为釜式 U 型管蒸发器，换热管材质为 10# 钢，换热管规格为 $\phi25\times2.5$。2021 年装置大检修期间对管束进行更换，2022 年 1 月进行回装后使用，2022 年 7 月发现管束内漏严重，停车试压发现 17 支 U 型管出现了腐蚀穿孔，经堵管后继续使用，不久后又出现了泄漏，管束被迫进行报废处理。由于在壳程对管束进行水压试验难以判断换热管的泄漏点及腐蚀机理，便对管束拆解进行失效分析。

1 蒸汽发生器设计数据表和结构简图

1.1 设备规格和设计数据表

釜式 U 型管蒸发器外径为 ϕ2200mm，管束直径 ϕ1100mm，管束整体为碳钢。设计参数见表 1。

表 1 设计数据表

	管程	壳程
工作温度 /℃	172.3/156.5	134.7/133.8
工作压力 /MPa	0.15	0.22
工作介质	乙苯塔顶气	水、蒸汽
设计温度 /℃	192	155
设计压力 /MPa	0.33	0.4

设计数据表显示管程温度高于壳程，壳程流体处于蒸发状态，壳程压力高于管程。

1.2 设备简图和管束结构

鉴于换热管内外温差较大，为防止蒸发的气泡对换热管外壁产生持续的气蚀冲刷，该蒸发器设计为釜式结构[1]，目的是使管束全部浸泡在水中，受热产生的气体沿换热管外壁上升到釜式空腔中随蒸汽从出口管线直接带走，避免与换热管发生碰撞。

为避免壳程底部入口对换热管的冲刷影响，在蒸汽发生器壳程底部入口处的管束上设置了一块防冲板。壳程底部入口管直径 ϕ50mm，在壳程入口处管束上的防冲板宽度为 250mm，防冲板中心距管板 931mm。蒸汽发生器管束结构见图 1。

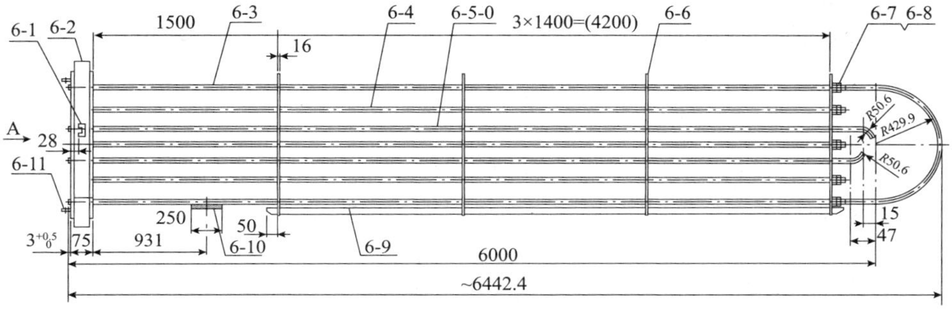

图 1　蒸汽发生器管束结构

从图示壳程底部入口管和管束防冲板的位置来看，入口管与管板的距离较大。从流体向右侧运动方向的规律来看，防冲板左侧流速远低于右侧的流速，左侧流体客观上形成了滞止区，固体悬浮物在流速较低的换热管外壁易形成沉积物。

2　管束外部及换热管宏观腐蚀形貌

2.1　管束宏观腐蚀形貌

虽然管束管程侧有 17 支 U 型管进行了堵管，但管头焊缝和管挢形貌完整，均未发现任何腐蚀痕迹。管束外部的大部分区域和 U 型管的弯管部位均存在污垢，但在壳程入口处的污垢更为严重。管束管头堵管情况见图 2，管束外侧的形貌特征见图 3。

图 2 显示，管程下部换热管端部可见明显的泥黄色污垢，疑似管外污垢串混至管程。

图 2　管束管板堵管形貌

图 3（a）壳程管束管板到第一块折流

板之间的左侧和下部也存在明显的泥黄色污垢，污垢的厚度高达 2mm 以上，在管束中部和 U 型管部位未见泥黄色痕迹，仅有较薄且均匀的浮锈图 3（b）。

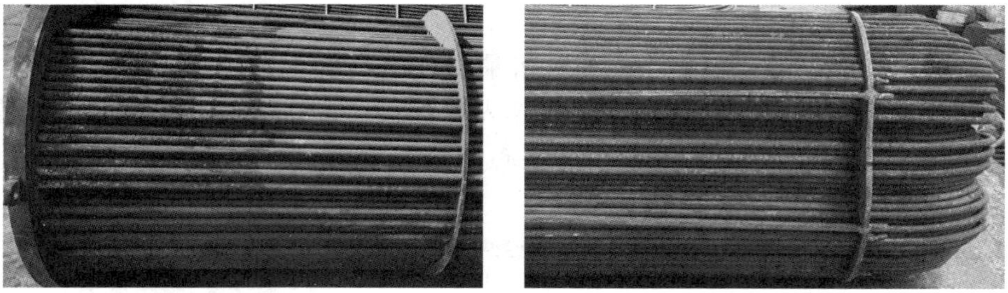

(a)管束壳程入口段　(b)管束U型管段

图 3　管束壳体腐蚀形貌

管束底部入口部位的防冲板左侧换热管上的污垢明显多于右侧的污垢，以第一块支撑板为分界点，防冲板两侧污垢状附着物形貌见图 4。

(a)防冲板两侧污垢状附着情况　(b)污垢附着在换热管表面的形貌

图 4　壳程入口处的污垢形貌

具体观察，管束上部的换热管外表只有极少量的杂质附着物，清除附着物后在换热管表面未发现腐蚀凹坑和均匀减薄。

换热管管外结垢主要集中在靠近管板的防冲板左侧及管束下方布管区域，呈铁红色。防冲板右侧中下部管束也有垢层，但结垢的情况明显好于防冲板左侧区域。

2.2　换热管宏观腐蚀形貌

将换热管取样剖切后观察，管子内壁只有浮锈，应为水压试验留下的沉积物，并无腐蚀坑点，样管内形貌见图 5（a），外壁垢下腐蚀非常严重，腐蚀形貌见图 5（b）。

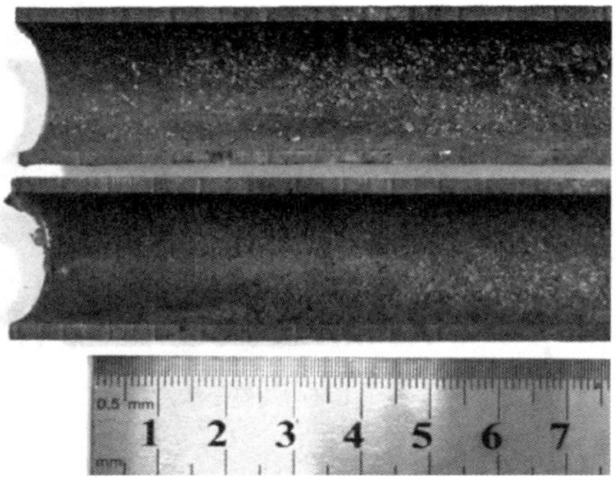

(a)样管内形貌

(b)样管外形貌

图 5 送检样品管内外宏观腐蚀形貌

3 换热管材质复验及微观分析

3.1 化学成分分析

在失效管子无裂纹的部分取样进行化学分析，结果见表 2。换热管符合 NB/T 47019.2 标准要求[2]。

表 2 化学成分复验结果（质量分数） %

	C	Si	Mn	P	S	Cr	Ni
标准规定	0.07~0.13	0.17~0.37	0.35~0.65	≤0.025	≤0.015	≤0.25	≤0.25
实物分析	0.11	0.21	0.41	0.011	0.006	0.04	0.04

3.2 力学性能试验

在失效管子无裂纹的部分取样进行力学性能试验，结果见表 3，符合 NB/T47019.2 标准要求。

表 3 力学性能

10#	抗拉强度 R_m/MPa	屈服强度 $R_{p0.2}$/MPa	伸长率 A/%
NB/T47019.2	335~475	≥205	≥25
试验结果	361，384	285，298	34.5，28.0

3.3 换热管微观组织和晶粒度分析

将换热管取样后进行金相分析，显微组织为铁素体 + 珠光体，未发现其它异常组织，见图 6。平均晶粒度级别为 9.5 级，见图 7。

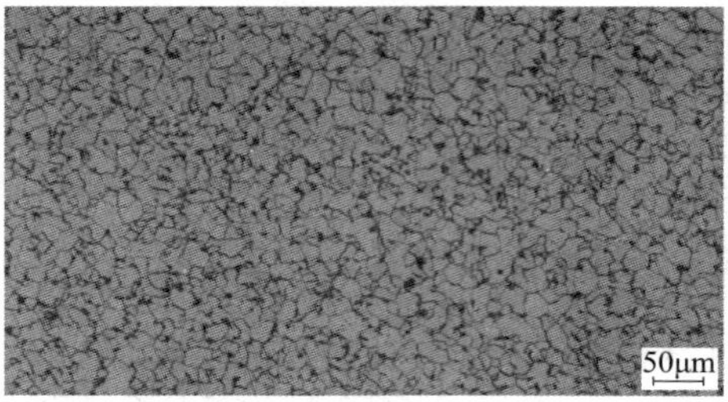

图 6　微观组织分析 200×

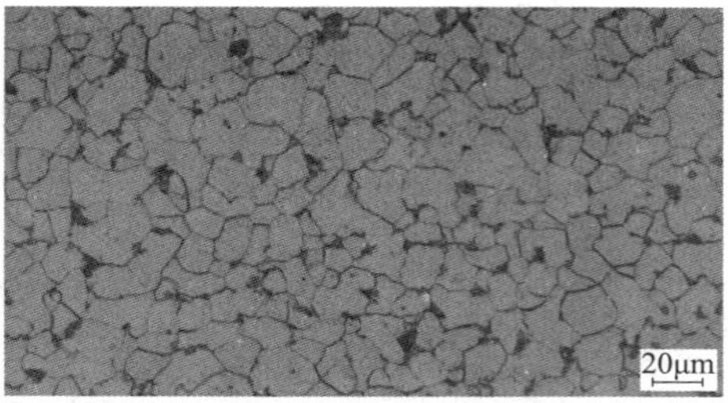

图 7　晶粒度检测 500×

3.4　非金属夹杂物检测

按 GB/T 10561—2023《钢中非金属夹杂物含量的测定　标准评级图显微检验法》[3]，用金相显微镜对样管进行取样分析。经检测分析，样管的非金属夹杂物控制水平很高。具体分析结果见表 4。

表 4　非金属夹杂物检测结果

A		B		C		D		DS
细	粗	细	粗	细	粗	细	粗	
0	0.5	0.5	0	0	0	0.5	0	0.5

非金属夹杂物检测结果非常好，满足 NB/T 47019.2 中 A/B/C/D 各类粗系和细系夹杂物均不大于 1.5 级的要求。

4　电镜和能谱分析

4.1　电镜分析

对换热管穿孔部位取样后，轻轻敲掉管子外壁厚厚的铁红色垢层，保持原始腐蚀形貌，对蚀孔及蚀孔相关区域进行电镜分析。电镜显示腐蚀凹坑区域的形貌特征为极为细小且疏松的球状颗粒和条状物，高倍电镜显示为晶体状的盐类化合物（见图 8）。

4.2　能谱面扫描分析

对电镜所示蚀孔底部进行面扫描的色谱定性分析，发现样品表层有 C、Cl、Co、Fe、K、O、S、Si、Ti 等元素，其面扫描电子图像和能谱面扫描色谱图分别见图 9 和图 10。对面扫描区域进行全元素定量分析的色谱图见图 11，面扫描全元素分析结果见表 5。

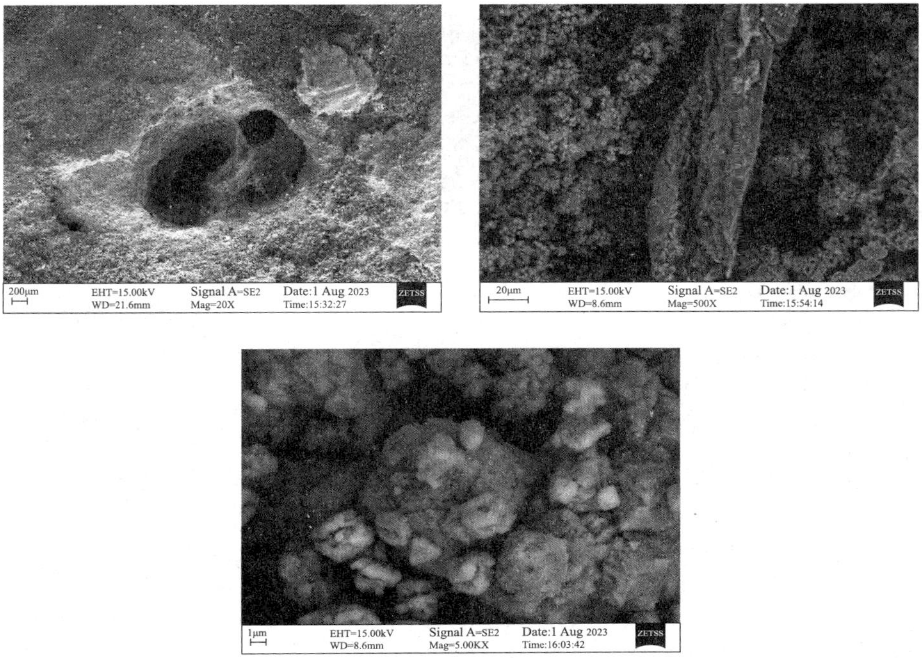

图 8　样品管外壁腐蚀产物的电镜形貌

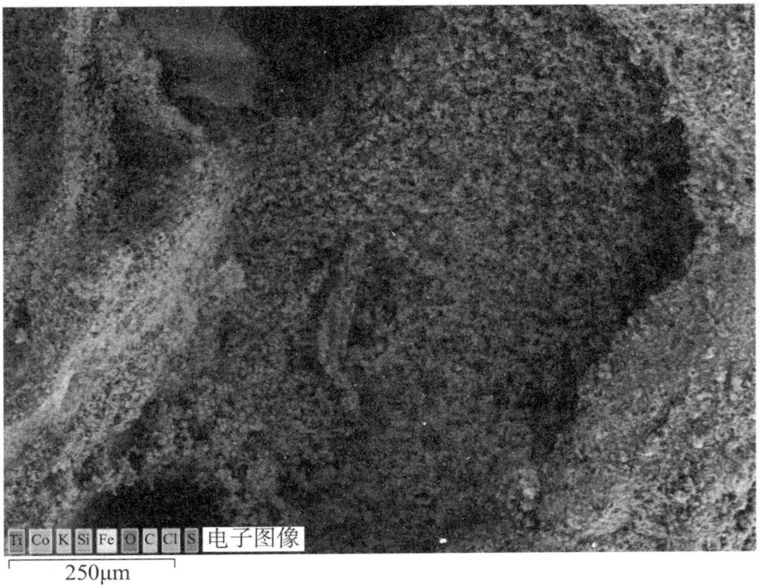

图 9　面扫描电子图像 100×

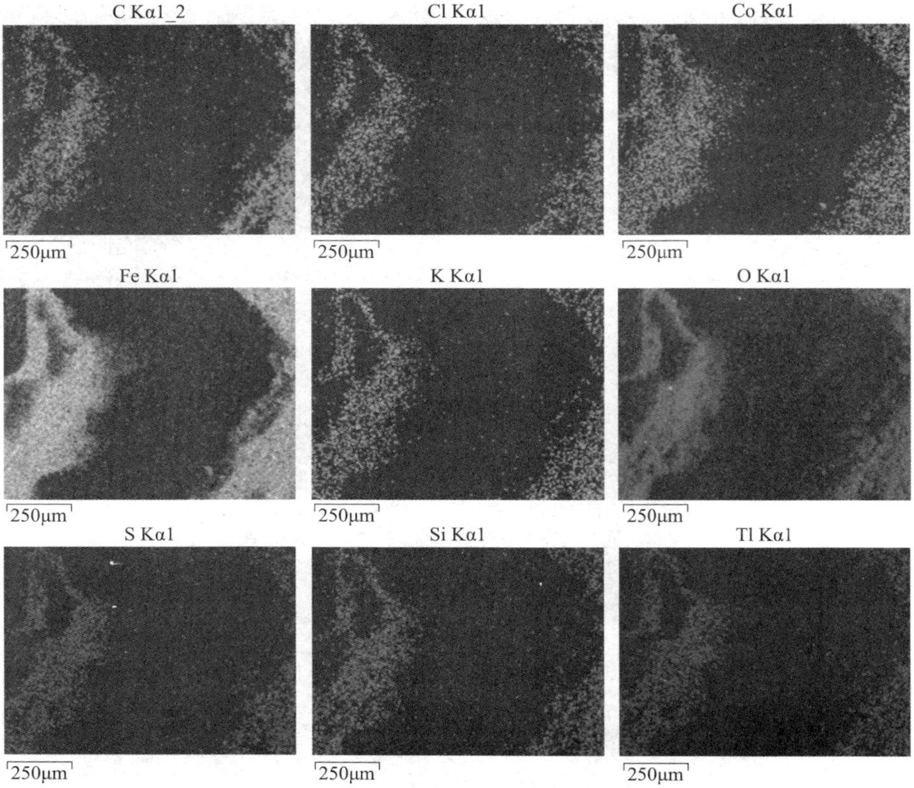

图 10　能谱面扫描色谱图

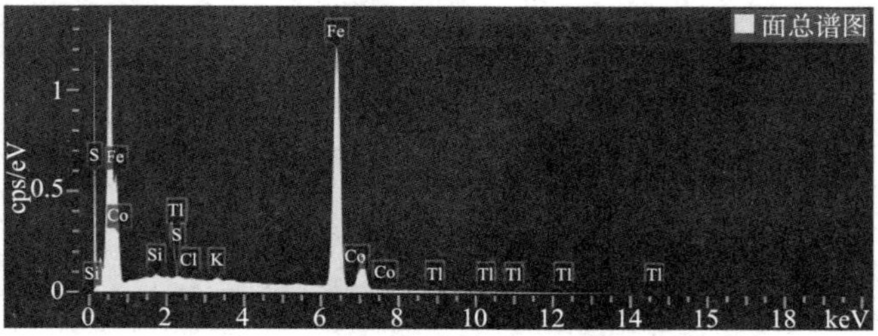

图 11　面扫描元素定量分析谱图

表 5　蚀坑底部面扫描总谱图元素分析结果（质量分数） %

谱图元素	Cl	O	Fe	C	K	Si	TI	Co	总计
K 线	0.04	18.29	75.51	7.82	0.23	0.20	0.46	0.45	100

4.3　能谱点扫描分析

在腐蚀凹坑处任选 9 个点在电子显微镜下进行微区能谱检测，见图 12。将电镜能谱微区检测结果汇总，见表 6。

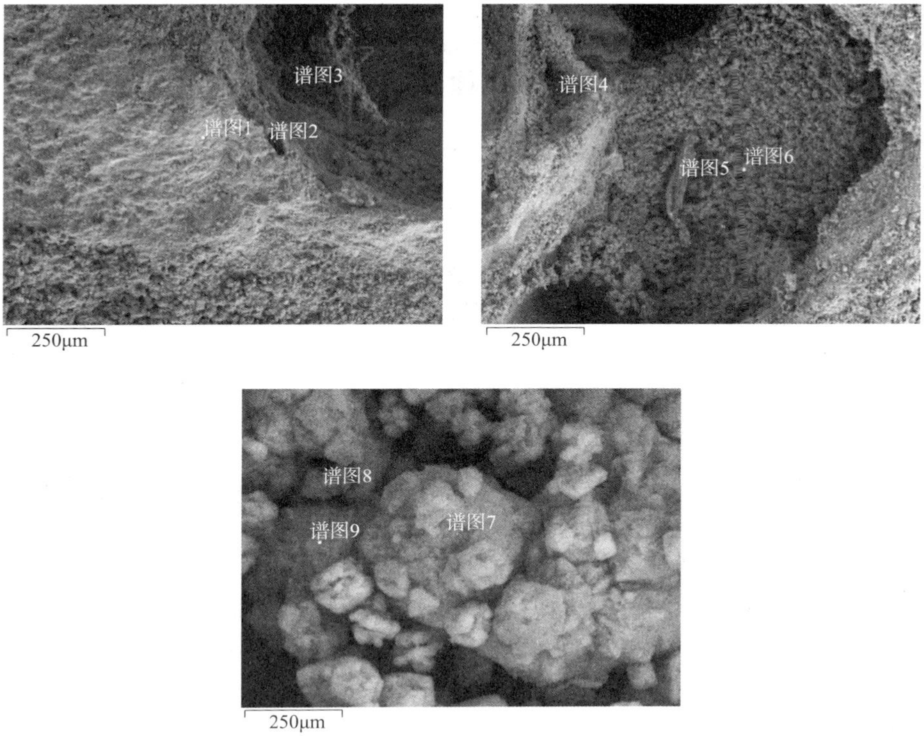

图 12　电镜能谱微区检测

表 6　能谱微区测试结果汇总（质量分数） %

谱图 K 线	S	Cl	O	Fe	C	Si	总量
1	0.66	—	24.17	56.1	18.59	0.49	100
2	—	0.02	3.96	96.02	—	—	100
3	1.11	—	18.32	80.57	—	—	100
4	—	0.08	2.50	97.43	—	—	100
5	0.6	—	33.15	66.25	—	—	100
6	—	0.92	73.86	25.22	—	—	100
7	0.69	0.54	17.55	81.23	—	—	100
8	—	0.04	26.16	73.80	—	—	100
9	0.16	0.41	23.9	75.52	—	—	100

蚀坑表层的主要腐蚀成分为铁和氧，还有促进腐蚀的氯和硫。蚀坑表层的氧既有水的氧化因素，也有空气氧化残留元素，Fe 离子是碳钢材料的腐蚀产物。

5 分析和讨论

5.1 垢下腐蚀产生的原因和机理分析

换热器管束垢下腐蚀的案例很多，常规奥氏体不锈钢垢下腐蚀通常情况下会存在点蚀和应力腐蚀[4]，碳钢和低合金钢的垢下腐蚀则为溃疡性腐蚀坑蚀[5]，其腐蚀穿孔的速率远高于不锈钢材料。以下是该设备换热管产生垢下腐蚀的分析：

1）流体通过底部入口进入壳程后，管束底部的防冲板将流体左右分流，一部分从防冲板右侧往上，通过折流板管孔与换热管的间隙穿过支撑圈进入壳程管束的另一个隔仓，一部分通过防冲板左侧进入壳程。防冲板左侧区域的流速远低于防冲板右侧，是一个相对的滞止区。

2）蒸汽被加热后，在第一个折流板区域上部的空间很小，处于憋气状态，气体从第一个折流板隔仓上部向右侧快速流动，故管束上部换热管的污垢很少。

3）受蒸汽压力的影响，壳程实际上处于气液两相状态。根据管束壳程腐蚀痕迹判断，管束有一半位于液面以下，在气相环境的上部换热管基本上没有腐蚀，因为气相水蒸气的体积膨胀后流速变大，不易沉积污垢；而管束壳程下部沉浸在液面以下，水的流速远低于气相的流速，从其它设备和管道随流体带来的铁离子在滞止区沉积，S 和 Cl 在垢下聚集形成垢下腐蚀。

4）垢层越厚，腐蚀越严重。换热管外壁的垢下腐蚀主要发生在壳程入口左侧的流体滞止区，充分说明是垢下腐蚀导致了换热管的腐蚀失效。

5）从换热管外壁溃疡性腐蚀形貌来看，是典型的垢下腐蚀特征，腐蚀产物主要是氯化铁和硫化亚铁。污垢中的硫化亚铁在管束抽出后与氧气反应，生成氧化铁和二氧化硫：$4FeS+7O_2 = 2Fe_2O_3+4SO_2$，氯化铁是一种共价铁盐化合物，化学式为 $FeCl_3$，为黑棕色结晶，呈粉状也略带块状。

6）从性质上判断，谱图 1、3、5 是硫酸亚铁的腐蚀产物；谱图 2、4、6、8 是氯化铁的腐蚀产物；谱图 7 和谱图 9 是氯化铁和硫酸亚铁的复杂分子结构，腐蚀产物实际上都是盐类结晶体。

5.2 腐蚀来源

1）水中残存微量的氯离子是不可避免的，硫可能是在其它工况跑冒滴漏串混到了水侧。在业主提供的有限的水质检测报告中，发现 2022 年 8 月 5 日的检测报告中有 19.97ppm 的氯离子和 0.032ppm 的硫化物。而另一份没有显示时间的截屏数据显示，水中的浊度高达 154.05FTU。

2）GB/T 1576—2018《工业锅炉水质》[6]和 SH/T 3099—2021《石油化工给

排水水质》[7]标准的浊度均为≤20 FTU。提供的水质检测数据远高于标准要求，说明水质已发生明显恶化。

6　结论和建议

1）通过对 10# 钢 U 型换热管宏观腐蚀形貌观察，以及电镜和能谱分析，判定产生腐蚀的主要原因为管外垢下腐蚀，产生垢下腐蚀的主要原因是蒸汽原料水的浊度严重超标。浊度超标后的悬浮物沉积于换热管外表面形成泥垢，导致硫和氯大量聚集而形成垢下腐蚀穿孔。

2）浊度超标是引起壳程入口左侧滞止区换热管垢下腐蚀的主要原因，建议采取措施将原料水的浊度控制在标准规定的范围内，并对原料水的水质进行长期监控和定期抽查。

3）建议将壳程底部入口外设置一个沉降过滤罐，定期收集和排放过滤罐沉降的污泥，将易结垢并造成垢下腐蚀的悬浮物拦截在换热器壳程之外。

参 考 文 献

[1] GB/T 151—2014：热交换器［S］.

[2] NB/T 47019.2—2021：锅炉、热交换器用管订货技术条件 第 2 部分：规定室温性能的非合金钢和合金钢［S］.

[3] GB/T 10561—2023：钢中非金属夹杂物含量的测定 标准评级图显微检验法［S］.

[4] 郝建峰 .100 万 t/a 加氢装置高压换热器 E1103 换热管失效浅析［J］. 石油化工设备技术，2016，37（05）：22-23.

[5] 夏婷 . 催化裂化装置水冷器的腐蚀与防护［J］. 石油石化绿色低碳，2019，4（03）：41-46.

[6] GB/T 1576—2018：工业锅炉水质［S］.

[7] SH/T 3099—2021：石油化工给排水水质［S］.

316H 不锈钢空气冷却器腐蚀失效分析和建议

束润涛

（武汉市润之达石化设备有限公司，湖北　武汉　430223）

摘要：316H 不锈钢空气冷却器短时使用后失效，在壳体及管箱环焊缝及热影响区发现有不同程度的裂纹，在膨胀节上发现密集的点蚀坑。对应力腐蚀特征明显的底部管箱的短节与锥段焊接接头取样进行了失效分析，观察到裂纹起裂于器壁外部，且在裂纹缝隙中发现有高浓度的 Cl^-，在焊接接头敏化区晶界的腐蚀沟槽中也有一定浓度的 Cl^-。硬度检测发现锥段硬度超标，这是促进氯离子应力腐蚀的重要原因。分析认为腐蚀介质来源于外部海洋性气候含氯离子的雨水环境，雨水浸入保温层后渗透至金属器壁，在高温蒸发浓缩后导致焊接接头处发生应力腐蚀开裂。建议采取措施防止设备被雨水浸入，锥体成型后应进行固溶热处理以消除成型应力。

关键词：316H；氯离子；腐蚀

Analysis and suggestion on corrosion failure of 316H stainless steel air cooler

Shu Runtao

（Wuhan Runzhida Petrochemical Equipment Co.，Ltd.，Wuhan Hubei 430223，China）

Abstract：316H stainless steel air cooler failed after short-term use，cracks of different degrees were found in the shell and channel girth welds and heat affected zone，and dense pitting pits were found on the expansion joints. The failure analysis was carried out on the samples of the welded joints of the short section and the cone section of the bottom channel with obvious stress corrosion characteristics. It was observed that the cracks started outside the wall，and a high concentration of Cl^- was found in the crack crevices，and a certain concentration of Cl^- was also found in the corrosion grooves of the grain boundaries in the sensitization zone of the welded joint. The hardness test found that the hardness of the

［**作者简介**］束润涛（1966—），武汉市润之达石化设备有限公司总经理兼研发中心主任，湖北省焊接技术协会常务理事。长期从事石化设备的材料、焊接和腐蚀失效的分析研究工作。E-mail：shu8088@263.net。

cone section exceeded the standard, which is an important reason to promote chloride ion stress corrosion. The analysis shows that the corrosive medium originates from the rain environment containing chloride ions in the external Marine climate, and the rain water penetrates into the metal wall after dipping into the insulation layer, and causes stress corrosion cracking at the welding joints after evaporation and concentration at high temperature. It is recommended that measures be taken to prevent the equipment from being immersed by rain, and solid solution heat treatment should be carried out after the cone molding to eliminate the molding stress.

Key words: 316H; Chloride ion; corrosion

0 前言

某石化公司 100 万吨 / 年连续重整装置 S31609（316H）放空气冷却器使用三个月后壳体及管程锥体的焊接接头出现大量裂纹，在膨胀节外壁发现大量密集的蚀坑。该设备为立式固定管板式换热器，上下管箱为锥段，锥段的大开口与管板焊接，壳程壳体也与管板为焊接连接，壳体中部设计有不锈钢膨胀节。由于管程和壳程温度都较高，设备安装后用保温棉进行了隔热包覆。该设备管程锥段、管板、换热管，以及壳程壳体、膨胀节和接管材质均为 316H 不锈钢材料，管程锥段卷制后无热处理要求。

该设备规格型号为 NEN1200-0.53/0.42-378-4.5/19。管程为含氯的放空气体，工作温度为 473/143℃，工作压力 0.35MPa，设计温度 513℃，设计压力 0.53MPa；壳程为净化空气，工作温度为 93/362℃，工作压力 0.17MPa，设计温度 454℃，设计压力 0.42MPa。

1 设备腐蚀情况概述

目视观测，在管程上部锥体小端外壁的环向主裂纹附近有许多微小裂纹，见图 1。管程下锥体直边段与管箱短节焊接接头有贯穿性环向裂纹，还有很多与焊缝方向垂直的小裂纹，见图 2。膨胀节直边段与筒体的环向焊缝出现大量横向裂纹，膨胀节上部水平位置还发现有密集的点蚀痕迹，见图 3~ 图 4。

图 1、图 2 和图 3 宏观照片显示裂纹发生的部位和形态均有不同。上部锥段管箱的焊接接头未发现裂纹（图 1）。下部锥段管箱短节的焊缝热影响区未发现环向裂纹，仅有少量与焊缝垂直的细小裂纹，贯穿性的环向裂纹主要发生在锥段侧热影响区的敏化带和应力集中带（图 2）。膨胀节直边段与筒体对接接头未发现热影响区的环向裂纹，仅有部分与焊缝垂直的细小裂纹（图 3）。

为了解管程锥体内壁及管头焊缝的腐蚀情况，通过管程开口对出口和入口锥段的不锈钢内壁进行观察，上部锥段内壁无贯穿性裂纹，下部锥段除贯穿性裂纹外，未发现其他明显腐蚀痕迹。对管板与管子的连接焊缝进行仔细观察，也未发现任何微裂纹和点腐蚀痕迹。说明管程含氯的高温放空混合气对 316H 不锈钢并不具有腐蚀特性，初步判定腐蚀介质来源于壳体外部。

图 1　上部锥体的环向裂纹形貌

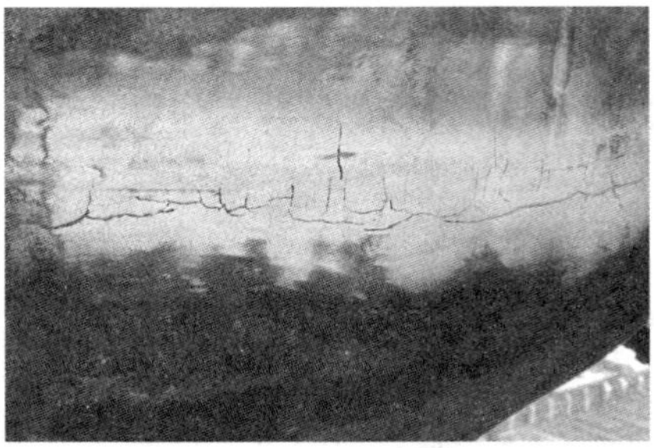

图 2　下部锥体与管板焊接接头的裂纹形貌

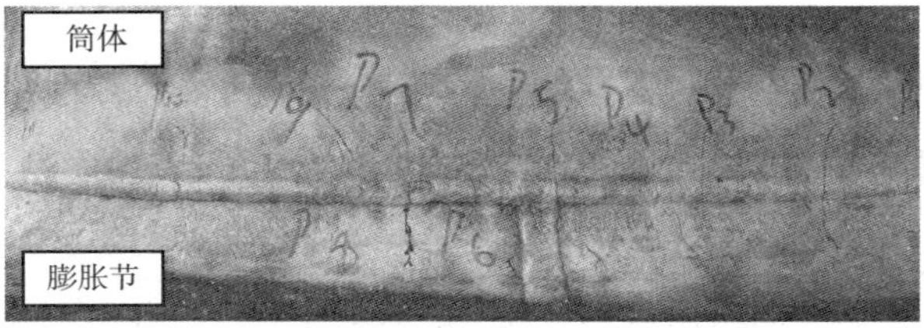

图 3　膨胀节与筒体连接的焊接接头出现许多与焊缝垂直的横向裂纹

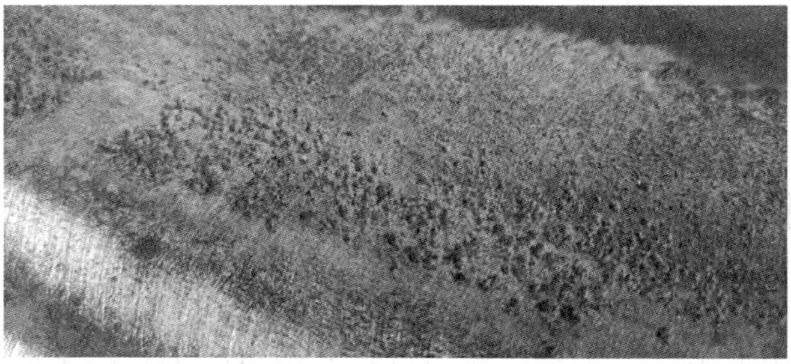

图 4　膨胀节水平位置发现麻坑状密集的点腐蚀形貌

2　失效分析

2.1　电镜和能谱分析取样

为了解引起该设备失效的腐蚀来源及腐蚀机理，对拆换报废的 316H 不锈钢下椎体直边段环焊缝的焊接接头取样进行了化学成分、硬度检测以及电镜和能谱分析，取样分析试样见图 5。

由于中部壳体采取挖补的焊接修复措施对裂纹进行了修补，无法对中部壳体和膨胀节进行取样，故将膨胀节点蚀部位的岩棉取样后进行了分析。

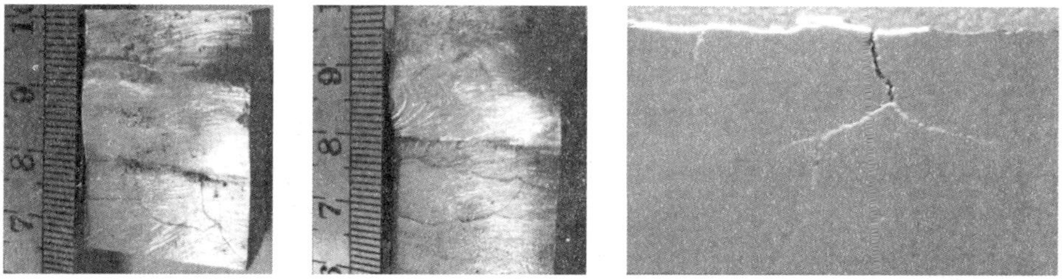

(a)表面裂纹原始试样　(b)表面裂纹原始试样　(c)对表面裂纹抛磨后的形貌

图 5　预制金相试样的宏观形貌

通过取样观察，裂纹均起裂于外表层，主裂纹起始于熔合线外 5~12mm 的敏化区和应力集中区［图 5（a）、5（b）］，部分环向裂纹已向内壁扩展贯穿，主裂纹末端向两侧扩展出分枝裂纹［图 5（c）］。

2.2　化学成分和硬度检测

2.2.1　化学成分复验

对 316H 样品焊接接头的母材和焊缝进行化学成分复验，结果如下：

表 1　316H 母材和焊缝金属的化学成分复验（质量分数） %

牌号	C	Si	Mn	S	P	Cr	Ni	Mo
316H 母材	0.05	0.53	1.11	0.001	0.033	16.64	10.20	2.08
焊缝	0.035	0.43	1.71	0.001	0.020	18.62	11.55	2.11

经成分复验，焊接接头样品的母材满足 ASME SA-240 标准中 316H 的化学成分要求，焊缝成分满足技术要求中 ER316L/03Cr19Ni12Mo2 的化学成分要求。

2.2.2　焊接接头硬度检测

由于试样的裂纹很多，无法做拉伸和弯曲试验，便对试样的短亏侧母材、焊缝金属和锥段母材外侧表面进行了维氏硬度检测，检测结果见表 2。

表 2　316H 锥体直边段母材和焊缝维氏硬度检测

	硬度值（HV0.05）					平均
短节侧母材	198	190	185	193	202	193.6
焊缝	243	273	275	276	262	263.8
锥体段母材	288	280	280	253	267	273.6

维氏硬度检测结果显示，短节侧母材的硬度值满足 GB/T 24511—2017 的标准要求，锥体段母材的硬度值超标（≤220HV），焊缝金属的硬度值高于锥段母材而低于短节母材。锥体段母材的高硬度说明锥段成型加工时的冷做硬化倾向非常明显。

2.3 焊缝微观分析

通过电子显微镜和光学显微镜分析，焊缝与母材熔合良好，焊接接头未见微观缺陷，焊缝为奥氏体 + 少量铁素体，枝状晶极细，高倍金相和高倍电镜均未观察到碳化物析出痕迹，说明焊接过程中对焊接工艺的要求把控很好。母材短节和锥段的微观组织均为奥氏体，未见马氏体转变痕迹。焊缝和熔合区电镜分析见图 6，焊缝金属光镜分析见图 7。

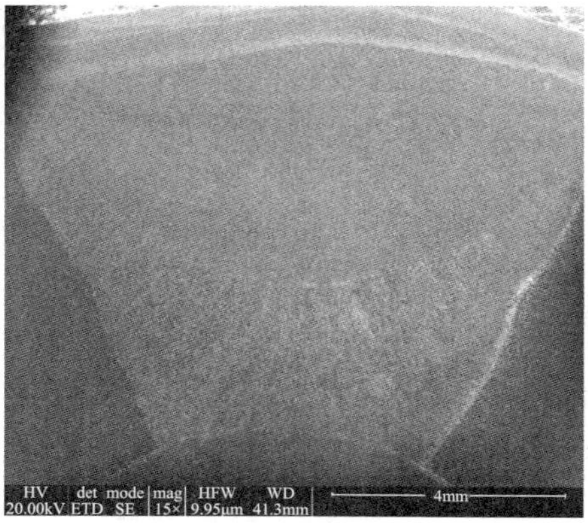

(a)焊缝和熔合区 15×

(b)焊缝枝状晶 200×

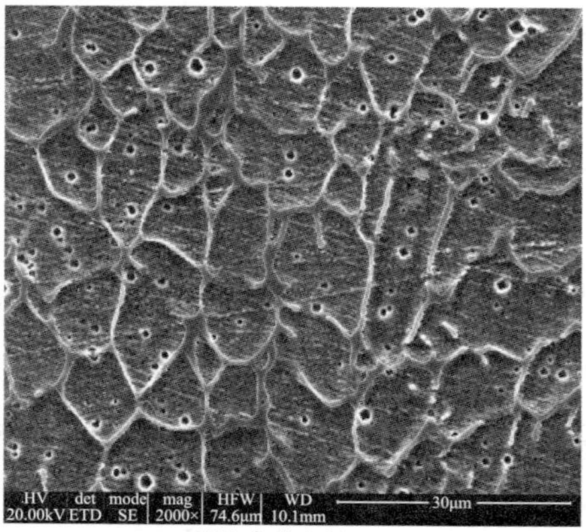

(c)焊缝高倍电镜 2000×

图 6 焊缝金属的电子显微镜照片

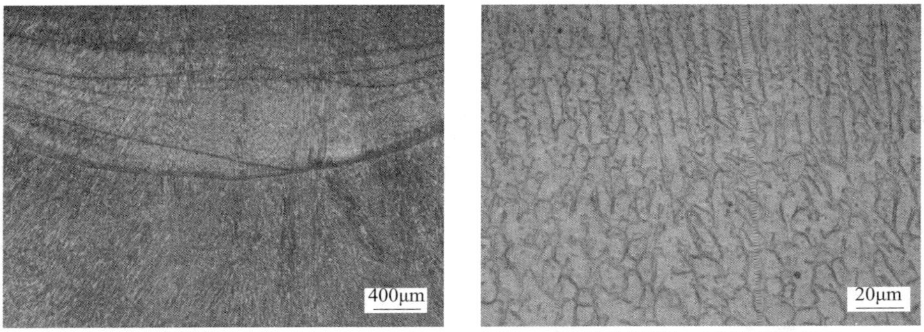

(a)焊缝低倍金相 25×　　(b)焊缝奥氏体+少量铁素体 1000×

图 7 焊缝金属的光学显微镜照片

2.4 裂纹形貌的电镜扫描分析

对 316H 锥段裂纹处的外壁用去离子水进行清洗后，用扫描电镜观察，发现几条主裂纹都存在明显的位错，且还有很多沿晶开裂的分支裂纹，见图 8~ 图 13。

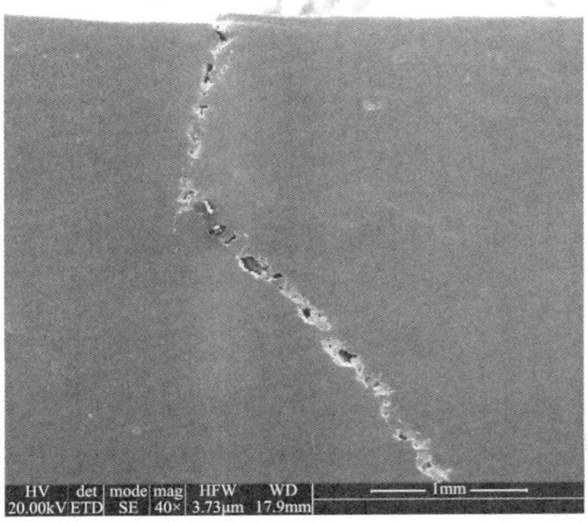

图 8 电镜照片 40 ×

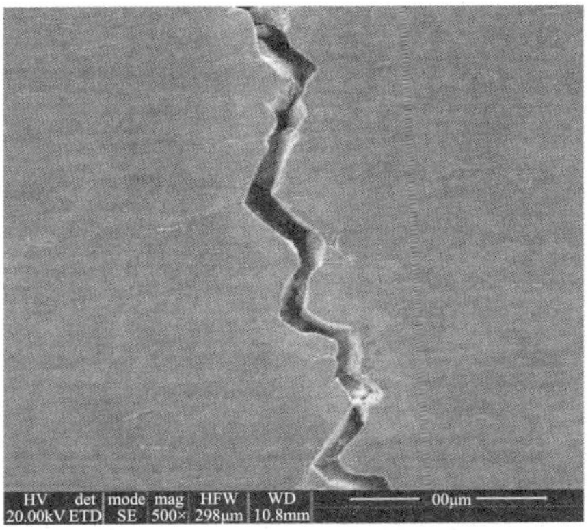

图 9 电镜照片 500 ×

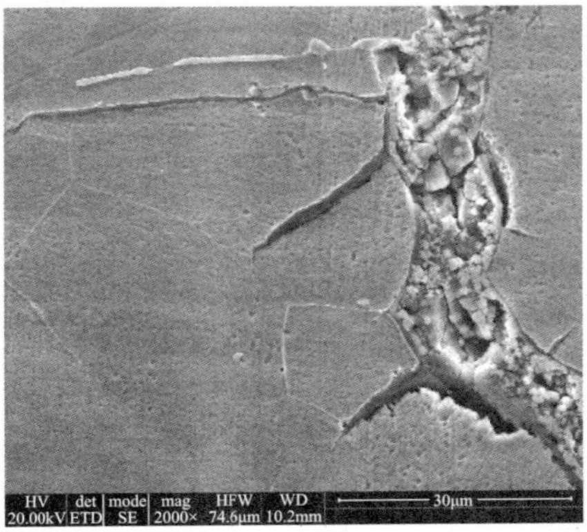

图 10 电镜照片 2000 ×

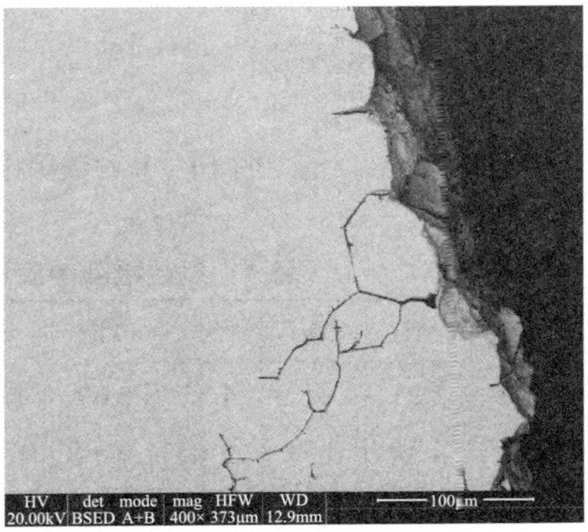

图 11 电镜照片 400 ×

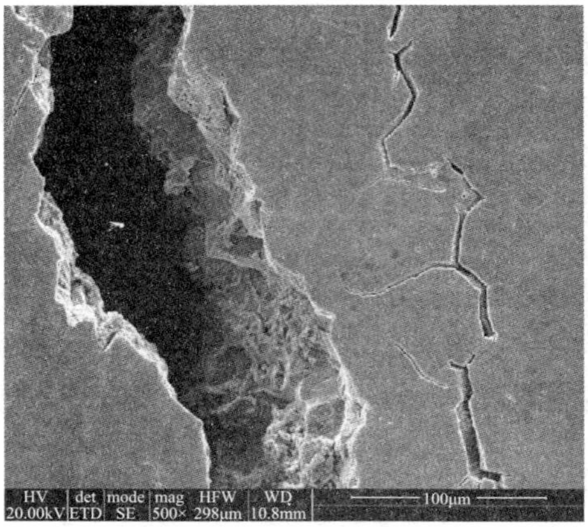

图 12 电镜照片 500 ×

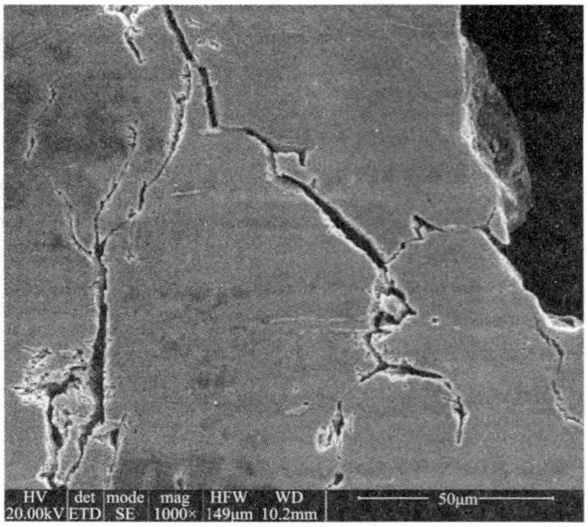

图 13 电镜照 1000 ×

图 8~ 图 10 的电镜照片显示，不同裂纹部位存在明显的位错。图 11~ 图 13 在主裂纹边缘存在明显的分枝裂纹，且分支裂纹沿晶间扩展延伸，为晶间腐蚀诱发的应力腐蚀开裂。

2.5 腐蚀产物和晶间产物能谱分析

2.5.1 裂纹缝隙中腐蚀产物的能谱分析

在图 8 所示的裂纹缝隙中选取 3 个点进行能谱分析，其点测部位的电镜照片和能谱分析结果如下。

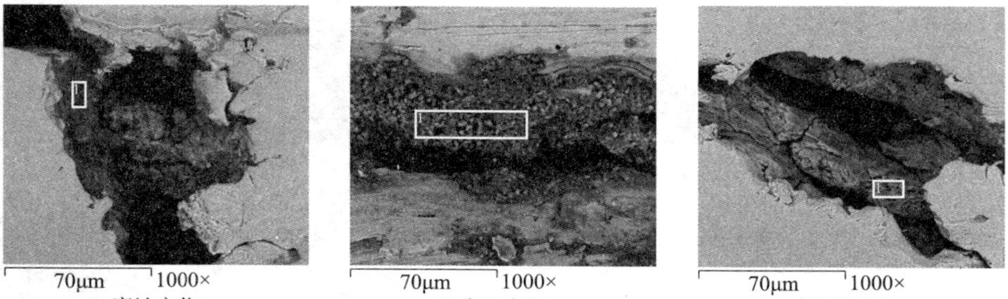

(a)腐蚀产物1 (b)腐蚀产物2 (c)腐蚀产物3

图 14 裂纹缝隙中腐蚀产物的能谱分析

表 3 裂纹缝隙中腐蚀产物能谱检测的重量百分比 %

	O	Al	Mg	Si	Cl	S	K	Ca	Ti	Cr	Fe	Zn
1	47.72	3.21		4.55	0.69	1.07	0.61	Ni/2.45		5.52	31.3	2.88
2	59.38	4.58	0.77	9.16	7.75			0.81	6.54	1.99	9.02	
3	42.07	Ni/2.34		0.55	9.38	Mo/4.59		0.29	25.95	13.12		1.71

腐蚀产物中的 KCl、$CaCl_2$、$MgCl_2$ 为海洋性雨水浓缩后的盐分，其他元素是不锈钢腐蚀后的微粒，也有气体物料中的混合固体物微粒。

2.5.2　裂纹末端结晶体及晶间析出物能谱分析

图 8 所示裂纹的末端有两个不同形貌的结晶体，取样用去离子水清洗后进行了能谱分析，见图 15。

电镜高倍扫描发现焊接接头外壁的热影响区表面有晶界腐蚀痕迹，将热影响区用去离子水清洗并抛磨后，对有腐蚀痕迹的晶界进行了高倍（10000×）能谱分析，见图 16。

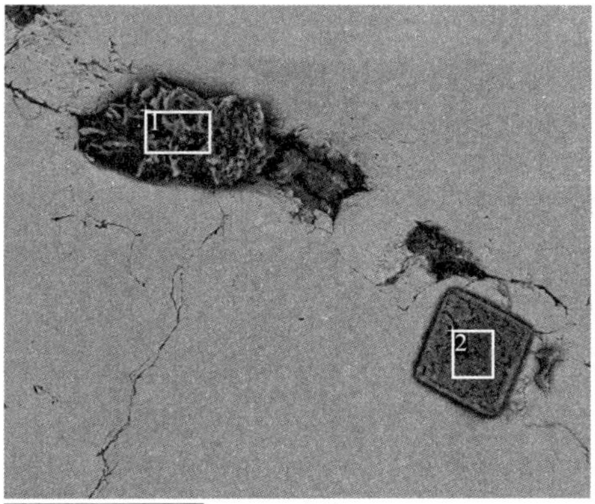

图 15　裂纹末端结晶体能谱检测 500×

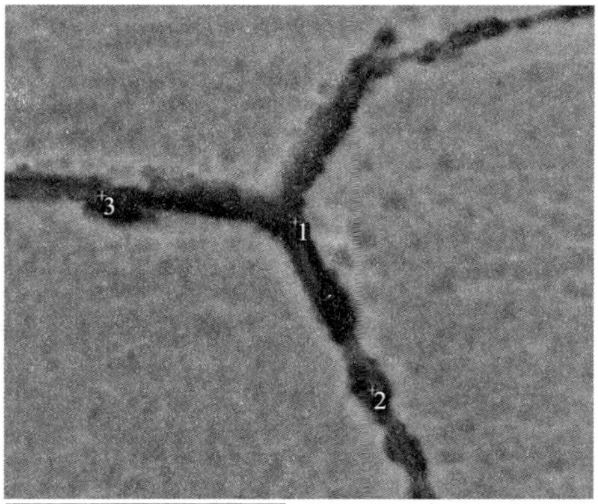

图 16　晶界析出物能谱分析 10000×

表 4　裂纹末端结晶体能谱检测结果（质量分数）　%

	O	Mn	Cl	Ni	Ca	Cr	Fe	Zn
1	14.10	1.73	45.45	2.91	0.38	1.21	33.24	0.99
2	17.75	0.63	46.77	1.75		1.43	31.66	

这两颗不同形貌结晶体的主要成分是含氯化铁的混合物，是氯离子对铁基 316H 不锈钢腐蚀后的结晶体。

表 5　热影响区晶界析出物能谱分析结果（质量分数）　%

	O	Si	Mn	Cl	Ni	Mo	Cr	Fe	Zn	S
1	7.88	0.32	1.13	5.48	6.95	1.94	22.86	50.44	3.01	—
2	12.54	0.39	0.93	4.65	7.25	—	20.82	50.01	2.61	0.68
3	16.25	0.33	0.64	5.53	6.87	2.09	18.03	48.71	1.54	—

晶界能谱分析的检测结果未发现 C 元素和 N 元素，却出现了 Cl^-，说明晶界

析出的 C 已经被 Cl^- 置换出来。

2.6 保温棉检测

通过宏观、微观及能谱分析，所有腐蚀介质的源头都指向设备器壁外部的氯离子。为了进一步证明裂纹启裂于设备壳体外侧，将膨胀节上平台处的保温棉取样，送国家玻璃纤维产品质量检测中心进行检测，其检测结果见表 6。

表 6 保温棉溶出物检测结果

	Cl^-	F^-	SiO_3^{2-}	Na^+	pH 值
测定值	0.15%	0.0006%	0.011%	0.0059%	7.3
标准规定	$Cl^-+F^-\leqslant 0.0045\%$		$SiO_3^{2-}+Na^+\leqslant 0.017\%$		7.0~11.7

依据 JC/T 618—2019《绝热材料中可溶出氯化物、氟化物、硅酸盐和钠离子的化学分析方法》的标准，检测的 Cl^- 远高于（$Cl^-+F^-\leqslant 0.0045\%$）的要求。从标准规定来看，保温棉中远高于标准规定的氯离子不可能是原始保温棉的氯离子含量，应属于外来雨水或海洋潮湿空气浸入蒸发浓缩后的残留物。

3 腐蚀机理分析

3.1 腐蚀来源分析

根据以上腐蚀形貌、微观分析、能谱分析及针对岩棉的氯离子分析，基本可以判定引起设备外壁点腐蚀和应力腐蚀开裂的腐蚀源为氯离子。

该公司地处海边，离海岸线不足 3km。设备安装在框架内，上面有封顶，侧向没有封闭，雨水会在海风的影响下飘进装置淋湿设备。而氯离子是由海洋潮湿环境、雨水浸入保温棉内部蒸发浓缩，引发 316H 外壁的应力腐蚀和点腐蚀。

3.2 应力腐蚀和点腐蚀分析

设备壳体外壁的腐蚀因素为壳程海洋性潮湿或雨水环境聚集的氯离子，氯离子对奥氏体不锈钢的腐蚀形态有应力腐蚀和点腐蚀。

该设备下部锥体环焊缝敏化区应力腐蚀开裂的严重程度远大于其它筒体段焊接接头的裂纹，说明冷作应力对不锈钢的开裂起到了加速度的作用。316 不锈钢的镍含量较高，冷变形一般不产生马氏体转变，但随着变形量的增加，其屈服强度仍会大幅上升，这是锥体直边段硬度远高于母材标准规定上限的原因。该设备的锥体段在卷制完成后没有经过固溶热处理来消除冷作应力，存在位错的滑移台阶，给氯离子的渗透创造了条件。腐蚀机理为晶界碳化物析出 + 冷作应力 + 焊接应力应力叠加，加剧并促成了焊缝边缘的氯离子应力腐蚀开裂。

316L 母材经 192h 的酸性盐雾试验基本无腐蚀痕迹[1]，但 316L 焊接接头经 102h 的盐雾试验后开始产生腐蚀迹象，随时间的延长，腐蚀加剧[2]。通常情况下，干气状态的氯离子对不锈钢的腐蚀比较轻微。管程含氯混合气温度较高，为干燥的气体，对锥段内壁不构成腐蚀影响。但锥段及中间壳体在外部潮湿环境的浓缩条件下腐蚀加速。

氯离子主要在缝隙和污垢中浓缩，破坏表面钝化膜，保温棉被雨水浸入，事实上形成了介质浓缩的基本条件。由于 316H 的含碳量较高（0.04%~0.10%），焊接接头的敏化带在焊接热循环过程中析出碳化物，导致晶界的耐腐蚀能力下降。通常认为耐晶间腐蚀不锈钢材料的碳含量应≤0.03%，但碳含量≤0.02% 时才具有最明显的耐晶间腐蚀效果，碳含量偏高还会增加不锈钢的点腐蚀倾向[3]。表 5 显示晶界已出现腐蚀沟槽，根据晶界沟槽中的能谱分析，发现晶界聚集了大量的氯离子。在晶界沟槽内的阳极电流高度集中，带负电的 Cl^- 从外部迁入，浓度增加，金属离子水解产生 H^+，与 Cl^- 形成腐蚀性强烈的盐酸[4]，向晶界滑移台阶处渗透并形成沿晶裂纹。

立式设备膨胀节上平台与外保温层形成一个密闭夹套环境，而膨胀节内部的高温净化空气则类似高温釜里的物料，当雨水通过保温棉浸入到塔器外壁，顺外壁而下在膨胀节小平台处的夹套处不断蒸发浓缩，形成大量的点蚀特征，以及膨胀节直边段与筒体焊接接头的应力腐蚀。

有资料显示，316SS 不锈钢的变形量超过 10% 会出现沿晶开裂，在相同水化学条件下，316SS 在 325 时的裂纹扩展速率大于 288℃时的扩展速率[5]，而本设备下部的管程入口和上部的壳程入口都高于 288℃。说明奥氏体不锈钢会随温度的升高膨胀应力也会相应有所增加，从而对腐蚀裂纹起到加速扩展的作用。

4　结论和建议

4.1　结论

经过失效分析，判断该设备的腐蚀因素为外部海洋性环境引起氯离子的渗透腐蚀。316H 不锈钢锥体的成型应力，铆装时的组装应力与焊接应力叠加，是造成氯离子应力腐蚀的主要原因。立式换热器中部膨胀节上部的环形小平台与外保温层密闭的夹套，形成了氯离子的点腐蚀环境，这是导致膨胀节上发生严重点蚀的主要原因。

4.2 建议

1）防止雨水浸入及对保温层的技术要求

为防止保温层被海洋性环境中含氯离子的雨水浸入，应考虑对设备框架的侧壁用板材进行封装。同时，加强保温棉的采购和施工管理，确保使用期间保温棉中的氯离子满足标准要求。

2）关于设备选材及锥体段消除应力建议

考虑到保温层渗水导致膨胀节的点腐蚀问题，建议提高不锈钢膨胀节的材质，可考虑选用 825 或 625 等耐氯离子腐蚀更好的材料。

为避免并延缓锥段焊接接头的应力腐蚀，上下管箱锥体在卷制并焊接制造完成后，应进行整体固溶热处理，以彻底消除锥段部分的冷作应力，并打硬度进行验证，确保固溶后的硬度值不大于板材标准规定硬度值的上限。

致谢：感谢为失效分析提供金相、电镜和能谱分析的陈方玉教授。

参 考 文 献

[1] 李贺，吕超杰，吴金华，等．酸性盐雾环境对典型金属材料的腐蚀研究［J］．机电信息，2022（07）：86-88.

[2] 刘水根，操戈，郑鹏华．船舶奥氏体不锈钢管 TIG 自动焊腐蚀行为研究［J］．材料保护，2024，57（01）：196-203.

[3] 陆世英．不锈钢［M］．北京：原子能出版社，1995：184-185.

[4] 左景伊，左禹．腐蚀数据与选材手册［M］．北京：化学工业出版社，1995：27-28.

[5] 杜东海，陆辉，陈凯，等．冷变形 316 不锈钢在高温水中的应力腐蚀开裂行为［J］．原子能科学技术，2015，49（11）：1977-1983.